中国气象局气象干部培训学院
基层台站气象业务系列培训教材

地面气象观测

主　编　崔讲学
副主编　柯怡明　杨志彪

气象出版社
China Meteorological Press

内容简介

本书是在吸纳、总结现有国内外地面气象观测技术的基础上，结合基层地面气象观测站业务需要编写而成的。全书共21章，主要讲述地面气象观测工作的组织工作、地面气象要素的观测方法、地面气象仪器的工作原理和维护维修方法及地面气象观测质量的控制等，以基础原理和方法等实用知识为重点，强化观测数据质量保证，以有利于引导地面气象观测员活学活用。本书既包括气象台站业务中必须掌握和严格遵守执行的内容，也包括地面气象观测技术的较新进展。

本书是中国气象局培训中心组织编写的地面气象观测业务培训教材，既可作为基层台站业务人员自学参考资料，也可作为高等院校气象专业师生的辅导资料。

图书在版编目(CIP)数据

地面气象观测/崔讲学主编. —北京：气象出版社，2011.7(2019.1重印)
ISBN 978-7-5029-5247-1

Ⅰ.①地… Ⅱ.①崔… Ⅲ.①地面-气象观测 Ⅳ.①P412.1

中国版本图书馆CIP数据核字(2011)第131447号

地面气象观测
崔讲学　主编

出版发行：气象出版社
地　　址：北京市海淀区中关村南大街46号　　**邮政编码**：100081
电　　话：010-68407112(总编室)　010-68408042(发行部)
网　　址：http://www.qxcbs.com　　**E-mail**：qxcbs@cma.gov.cn
责任编辑：崔晓军　　**终　　审**：周诗健
封面设计：燕　彤　　**责任技编**：吴庭芳
责任校对：石　仁
印　　刷：三河市君旺印务有限公司
开　　本：787 mm×1092 mm　1/16　　**印　　张**：21.25
字　　数：544千字
版　　次：2011年7月第1版　　**印　　次**：2019年1月第4次印刷
定　　价：88.00元

《基层台站气象业务系列培训教材》编写委员会成员

编写委员会办公室成员

《地面气象观测》编写人员

主　　编　崔讲学

副 主 编　柯怡明　杨志彪

参编人员　张本正　汪孝清　杨金花

李中华　祝　伟　汤兴芝

徐向明　肖会中　陈仁芳

总　序

《国务院关于加快气象事业发展的若干意见》(国发〔2006〕3 号)提出,要按照“一流装备、一流技术、一流人才、一流台站”的要求,以增强防灾减灾能力、保护人民群众生命财产安全以及满足气候变化国家应对需求为核心,为构建社会主义和谐社会、全面建设小康社会提供一流的气象服务,实现全社会气象事业的协调发展。

基层气象台站是气象工作的基础。中国气象局党组历来高度重视基层气象台站的建设,并始终将其摆在全局工作的重要位置,特别是进入新世纪以来,中国气象局党组强化领导,科学规划,大力推进,不断完善利于基层气象台站发展的政策措施,不断改善基层气象台站的发展环境,不断加大对基层气象台站发展的投入力度,基层气象台站建设取得了明显成效。例如,气象现代化装备和技术在基层气象台站得到广泛应用,气象观测能力显著提高,气象服务能力和效益显著提高,气象队伍素质显著提高,台站工作生活环境和条件显著提高,在保障地方经济社会发展中作用显著提高,地方党委、政府对气象工作的认识也显著提高。可以说,基层气象台站发展面临的形势和机遇前所未有,挑战和任务也前所未有。与经济社会发展对气象预报服务越来越多的需求相比,基层气象台站的气象预报服务能力和水平还难以适应,差距较大,特别是气象服务能力和气象队伍整体素质不适应的问题越来越突出。为此,中国气象局从 2009 年起开展了全国气象部门县级气象局长的轮训,力图使他们通过培训,能够以创新的思维和求真务实的作风,破解基层气象台站建设与发展中遇到的难题,这样轮训的实际效果超出了预期。

做好基层气象工作,推进一流台站建设,既要有一支政治素质和业务素质高的领导干部队伍,也要有一支踏实肯干、敬业爱岗、业务素质高的气象业务服务队伍,这是新时期加强基层气象工作、夯实气象事业发展基础的必然要求。为此,中国气象局气象干部培训学院组织有关教师和业务一线专家,从基层气象台站实际出发,以建设现代气象业务和一流台站的要求为目标,编写了《基层台站气象业务系列培训教材》。这套教材涵盖了地、县级气象业务服务工作领域，体现“面向生产、面向民生、面向决策”的气象服务要求。我相信，这套教材的编写、出版，将会受到广大基层气象台站工作者的广泛欢迎。我希望，各地气象部门要充分利用好这套教材，通过面授、远程培训等方式，做好基层气象工作者的学习培训工作。我也借此机会，向为这套教材的编写、出版付出努力的专家学者和编辑人员表示衷心的感谢。

郑国光

2010年12月于北京

丛书前言

基层气象工作是整个气象工作的基础，是发展现代气象业务的重要基石。抓基层、打基础是建设中国特色气象事业、实现“四个一流”建设目标的重要任务。基层气象台站承担着繁重的气象业务、服务和管理任务，是气象科技转化成防灾减灾效益的前沿阵地。

全国气象部门现有 2435 个县级基层台站、14050 个乡村信息服务站，36％的在编职工、45％的编外人员和 37.5 万气象信息员工作在基层，努力提高基层人才队伍综合素质是当前和今后一段时期气象教育培训面临的一项重要而紧迫的任务。为了全面开展面向基层台站人员的培训工作，加快提高基层台站人员的总体素质，我们根据现代气象业务体系建设对基层气象台站业务服务和管理的总体要求，组织编写了《基层台站气象业务系列培训教材》。

这套教材立足于为基层职工奠定扎实的气象业务理论基础和技术基础，全面提升基层职工岗位业务能力，内容涵盖了地、县级气象业务的主要领域，包括综合观测、分析预测、应用气象、气候变化、气象服务、人工影响天气、雷电灾害防御、信息技术、装备保障、综合管理和气象科普等。教材的编写遵循针对性、实用性、先进性和扩展性的原则，尽可能为基层气象台站人员的学习或省级培训机构培训提供一套实用的系列培训参考教材。

《基层台站气象业务系列培训教材》共分 16 册，分别是《地面气象观测》、《高空气象观测》、《天气雷达探测与应用》、《卫星遥感应用》、《天气预报技术与方法》、《雷电防护技术及其应用》、《人工影响天气技术与管理》、《农业气象业务》、《气候与气候变化基础知识》、《气候影响评价》、《气象灾害风险评估与区划》、《风能太阳能开发利用》、《基层台站气象服务》、《气象台站信息技术应用》、《台站气象装备保障》和《县级气象局综合管理》。这套系列培训教材计划用两年左右时间完成，并将随着现代气象业务技术的不断发展随时进行修订和补充。

这套系列教材的编写凝聚了多方的智慧，各省级气象部门、相关高等院校及气象行业的专家、学者以及众多气象部门的领导参加了该套教材的编写与审定工作,《基层台站气象业务系列培训教材》编委会办公室做了大量细致的组织工作,在此,我对他们为此付出的辛勤劳动表示衷心的感谢。由于开展这项工作尚属首次,难免存在不尽如人意之处,诚挚地欢迎大家提出宝贵意见!

高学浩

2010 年 12 月于北京

前 言

随着自动气象站的广泛使用，气象台站大部分观测项目已经由人工观测转变成自动观测，而保证地面气象观测系统的稳定可靠运行，需要基层广大地面气象观测员全面掌握地面气象要素的自动观测方法、观测仪器原理及对仪器设备的正确使用和维护。随着2003年版《地面气象观测规范》正式实施，迫切需要编写一本面向广大地面气象观测员的基础教程，既能作为基层地面气象观测员的自学手册和查阅工具，又能作为适用于基层台站大规模培训的业务教材，以提高基层台站人员业务素质、业务技能及创新能力，本书正是为了满足这些需要编写而成的。

本书在编写过程中力求内容全面，坚持针对性、适用性和扩展性相结合的原则，力争满足基层台站气象观测业务的实际需求。本书以讲述基础原理和方法等实用知识为重点，强化观测数据质量保证，充分引导广大地面气象观测员由靠记“死规定”变成理解弄通“活规定”，同时兼顾观测业务发展的需要，体现教材的知识性与前瞻性。全书共分21章，主要讲述地面气象观测工作的组织工作、地面气象要素的观测方法、地面气象仪器的工作原理和维护维修方法及地面气象观测质量的控制等。在章节顺序的安排上，保持了与现有观测业务流程的衔接，保留人工观测基础知识，突出自动观测技术。

本书由中国气象局气象干部培训学院组织编写，湖北省气象局崔讲学、柯怡明同志主持编写，湖北分院具体承担，杨志彪、张本正、汪孝清、杨金花、李中华、祝伟、汤兴芝、徐向明、肖会中、陈仁芳等同志参加编写，杨志彪同志统稿。在全书编写过程中，从提纲到具体内容均经过中国气象局气象干部培训学院组织的专家审定。在此，编写组对中国气象局气象干部培训学院和湖北分院组织单位以及相关人员，为本书编写提出宝贵意见的专家和同行表示衷心的感谢！

本书作为培训教材，既可作为基层台站业务人员自学参考资料，也可作为高等院校气象专业师生的辅导资料。由于编者水平有限，书中错漏之处还恳请广大专家和读者批评指正。

编写组

2011年3月

目　录

第1章 绪论

内容提要

本章主要介绍地面气象观测的概念、发展概况、观测原理、观测方法、观测仪器、地面气象观测必须具有的“三性”、地面气象观测的组织工作、观测场和探测环境的保护标准及观测质量保证的重要性。

1.1 地面气象观测概述

1.1.1 气象与气象观测

气象是指大气中表现出的所有物理(包括部分化学)过程和现象,这些过程和现象的时间尺度从秒到天到星期,还有在过去和未来更长时间尺度上被称为“气候”的信息。近年来“气象”的概念已经拓展到包含“空间天气”。

气象观测是借助仪器和目力对气象要素和气象现象进行的测量和判定。随着观测技术的发展和观测对象项目的扩充,近些年来气象观测已逐步发展为大气探测。气象观测是气象科学的重要分支,它将基础理论与现代科学技术相结合,形成多学科交叉融合的独立学科,处于大气科学发展的前沿。气象观测信息和数据是开展天气预报预警、气候预测预估、气象服务及气象科学研究的基础,是推动气象科学发展的原动力。地面气象观测是气象观测的重要组成部分,它是对地球表面一定范围内的气象状况及其变化过程进行系统地、连续地观察和测定。

1.1.2 地面气象观测发展概况

16—17世纪,人类发明了一系列测量地面气象要素的仪器并投入实际应用,其标志性仪器为1643年托里拆利发明的水银气压表,在水银气压表出现的前后,一系列其他地面气象要素观测仪器开始应用,例如玻璃液体温度表、雨量器、毛发湿度表、风杯风速计及黑白球日射表等。

1802年拉马契克进行了云状分类,将云的基本形态分为积状云、层状云、层积云和冰晶云(卷云),逐步发展到了现今使用的云与天气现象的目测内容。

由于在时间和地域上同步和连续的观测结果,对于天气预报的准确性具有重要的意义,因而提出了建立气象台站网的要求。第一个气象台站网由拉马契克在欧洲建立(1902—1915

年)，此后全球气象台站网相继建立，使地面气象观测成为全球性有组织、有系统的观测工作。17世纪中期到20世纪初，地面气象观测逐步成熟。

20世纪80年代，电子计算机在地面气象观测中得到广泛应用，地面气象观测记录处理、报表制作和气象电报编发等实现了从人工向自动处理的转变。

20世纪90年代以来，地面自动气象站开始广泛建立，推动了气象观测的自动化，地面气象观测正在逐步由自动观测代替人工观测，观测时次和空间密度得到极大提高。

随着科学技术的进步，我国地面气象观测总体上朝着遥感遥测、自动化、高精度、高时空分辨率方向发展，气象观测技术发展迅速，观测手段向观测自动化发展，观测站网向中小尺度天气系统观测发展，观测内容正在向气候相关要素观测发展。主要表现在以下几个方面：一是适应气象预报的精细化要求，地面观测向提高准确度、高时空分辨力方向发展；二是适应气候变化监测、预测和影响评估要求，由传统的大气状态观测向气候系统观测领域拓展；三是地面气象观测业务向自动化观测方向发展，实现地面观测自动化、高精度和连续稳定可靠运行；四是推动气象观测系统从数据采集形成的原始数据编码开始，按照世界气象组织(WMO)的要求，启动由传统的字符代码(Traditional Alphanumeric Codes，TAC)向表格驱动代码(Table Driven Code Forms，TDCFs)的过渡工作，推动最终实现由观测系统自动完成BUFR码(Binary Universal Form for the Representation of meteorological data)编报；五是优化地面观测站网布局，提升对灾害性、关键性、转折性天气监测能力，提高站点覆盖率，建立和完善观测数据统一收集平台；六是移动观测技术将作为有效的应急补充手段得到发展。

1.1.3 地面气象观测原理

地面气象观测的气象要素主要是通过观测仪器获取的，根据仪器传感器置放的位置不同，可分为直接探测和遥感探测。直接探测是将感应元件与被测物质直接接触，以直接测出被测物的气象特征，例如置放在空气中的温度传感器测量出空气的温度。遥感探测是根据大气中声、光、电等信号在传播过程中性质的变化，反演出大气要素值的变化，例如透射式能见度仪，是利用光波在传播过程中的衰减程度确定出当时的能见距离。

对于同一种气象要素的测量，随着探测原理的差别，仪器性能也会有很大的差别，例如同样是测量地表温度，可以将温度表放置在地表面上直接测量，也可以利用红外辐射表遥测地表的红外辐射，利用普朗克公式反演出地表温度；不同的直接探测或遥测手段，会组装成形式完全不同的仪表，例如测量大气压力，可以利用玻璃管顶端真空的水银柱与空气柱压力相平衡的原理来进行，也可以利用水的沸点温度与大气压力的关系进行。

1.1.4 地面气象观测方法

观测方法与观测方式和观测仪器紧密联系、不可分割。观测方法随着观测方式的变化而变化，如同样是对气温进行观测，自动气象站是采集器通过铂电阻温度传感器而获取的，人工站则通过温度表获取。观测仪器不同，观测方法也不同，仪器的工作原理决定了所采取的观测方法。

观测方法与观测项目及其数量多少有关。每个项目都有自己特有的观测方法，如气压、气温、湿度的观测；观测项目的数量多少也需要采取相适应的观测程序和步骤。

《地面气象观测规范》(中国气象局 2003)中强调了观测方法的统一性问题，指出气象台站在地面气象观测中必须做到观测时间、观测仪器、观测方法和数据处理等方面保持高度统一。

1.1.5　地面气象观测的“三性”

1.1.5.1　代表性

观测记录不仅要反映测点的气象状况，而且要反映测点周围一定范围内的平均气象状况。地面气象观测在选择站址和仪器性能，确定仪器安装位置时要充分满足记录的代表性要求。根据观测用途不同代表性要求也不一样。

测站代表性：是指空间某定点要素值测量的结果能够反映测站该时刻（或时段）被测要素值的真实状态或实际的变化情况。假设仪器是精确的，测站代表性的程度则主要由被测量值本身所决定。因此测站代表性表示所测要素值所受地方性条件干扰的程度。例如，在高大建筑物的附近安装雨量器，由于建筑物的影响所观测到的降水量值偏离了测站应观测到的实际降水量，则认为这样的雨量记录没有代表性。

区域代表性：是指所测得的某一要素值，能够反映测站周围一定范围内该要素区域平均情况的程度。因此代表的区域平均情况的范围越大，则认为代表性越好。

测站代表性和区域代表性的关系：从每个测站来说，它代表的是这个区域中一定范围内气象要素的平均状态。区域的气象特征正是由区域内许多测站的平均气象特征所组成的。这就是说，区域代表性是以测站代表性为前提，没有测站代表性就没有区域代表性，但只有测站代表性而没有区域代表性，气象资料的使用也受到限制。

代表性主要与台站所处的地理条件，观测仪器的性能、安装地点和安装方法，以及所取平均观测时间的长短等有关。

1.1.5.2　准确性

观测记录要真实地反映实际气象状况。气象观测的准确性可以用气象观测资料与当时真值的接近程度来衡量，地面气象观测使用的气象观测仪器的性能和制定的观测方法要充分满足规定的准确度要求，只要所测得资料能满足实际工作提出的精度要求，且所测得的要素值能反映当时的客观特征，这样的资料就认为是准确的。例如，天气预报所要求的是能反映较大尺度范围各地特征的气象资料，它所需要的气温资料只要有0.5 ℃的准确度，温度中的过小脉动值在天气分析中并不需要考虑；但是作为气候分析，显然这种准确度是达不到要求的，世界气象组织要求气候分析中的气温资料的准确度为±0.1 ℃。

1.1.5.3　比较性

所谓比较性，它有两层含义：一是站与站之间的比较，就是不同测站同一时刻取得的同一要素值能够相互比较，并经过比较能够显示出这个要素空间分布的正确特征；二是同一测站不同时刻的同一要素值也要求能够进行比较，用以说明要素随时间的变化特点。因此，地面气象观测的比较性是建立在一致性的基础上的，即要求观测时间、仪器性能、观测方法、数据处理等方面的一致性。

地面气象观测的“三性”是互相联系、互相制约的。代表性是建立在准确性的基础上的，没有准确性也就谈不到代表性；然而只有准确性而没有代表性的气象资料是难以应用的。同时，比较性也必须以准确性和代表性为前提，因为如果资料既不准确又无代表性，就没有时空比较的意义。

1.1.6 地面气象观测仪器

1.1.6.1 仪器的性能指标

仪器的性能指标主要有准确度、灵敏度、测量范围、分辨力、响应时间、平均时间、采样速率、漂移等。

准确度:表示测量结果与被测量真值的一致程度。如果把准确度解释成一个质量术语,它的数量表述即是不确定度。

灵敏度:指单位待测量的变化所引起的指示仪表输出的变化。例如,辐射仪器灵敏度 K 定义为仪器达到稳态后,输出量 $V(\mu V)$ 与输入量 $E(W/m^2)$ 之比,即 $K(\mu V/(W \cdot m^2))=V/E$,也就是单位辐照度产生的电压微伏数,$K$ 值是否稳定量是衡量一个辐射表等级标准的重要指标。

测量范围:指在保证主要技术性能的情况下,仪器能测量的被测量的量值范围。

分辨力:指仪器测量时能给出的被测量量值的最小间隔。

响应时间:激励受到规定突变的瞬间,与响应达到并保持其最终稳定值在规定极限内的瞬间,这两者之间的时间间隔。通常用时间常数来表述响应时间,时间常数是指在由阶跃或脉冲输入引起的一阶线性系统中,输出完成总上升或总下降的 63.2%所需的时间。

平均时间:指所求被测量平均值的固定时间段。

采样速率:指自动观测时获取被测量数据的时间间隔。各要素的采样速率与仪器的时间常数有关。

漂移:指测量仪器的计量特性随时间的缓慢变化。

1.1.6.2 观测仪器的要求

地面气象观测所使用的各种仪器,必须满足以下要求:

(1) 应具有国务院气象主管机构业务主管部门颁发的使用许可证,或经国务院气象主管机构业务主管部门审批同意用于观测业务。

(2) 仪器需满足规定的响应时间、测量范围、测量准确度和灵敏度。

(3) 仪器性能需长期保持稳定。

(4) 仪器在不同气候区和不同海拔高度* 都能保持性能良好。如在高温、严寒、阴湿、干旱和风沙等天气条件下均能正常工作。

(5) 仪器的结构合理,单一响应性好。对所测要素响应灵敏,而对其他要素响应微小,并能从构造上加以补偿,以避免烦琐的订正。

(6) 操作与维护方便,具有详细的技术及操作手册。

通常仪器的初始检定与设想输出之间会出现一定的偏差,当正常工作时,需要对观测资料进行修正。另外,结构简单、结实、操作与维护方便也是非常重要的,因为大多数气象仪器要年复一年地连续使用,对全部或部分暴露在自然条件下的仪器,结构坚固特别重要。

1.1.6.3 自动气象站技术性能要求

地面气象观测站使用的自动气象站的基本技术性能应符合表 1.1 的要求。

* 旧称“拔海高度”,下同。

表 1.1　我国自动气象站技术性能要求

测量要素	测量范围	分辨力	准确度	平均时间	采样速率
气温	−50～+50 ℃	0.1 ℃	0.2 ℃	1 min	6 次/min 30 次/min
相对湿度	0～100%	1%	4%(≤80%) 8%(>80%)	1 min	6 次/min 30 次/min
气压	500～1 100 hPa (任意 200 hPa)	0.1 hPa	0.3 hPa	1 min	6 次/min 30 次/min
风向	0～360°	3°	5°	3 s 1 min 2 min 10 min	1 次/s
风速	0～60 m/s (普通)	0.1 m/s	(0.5+0.03 *V*)m/s (0.3+0.03 *V*)m/s(基准站) 注:*V* 为实际风速,下同		1 次/s 4 次/s
	0～90 m/s (强风)		1 m/s(≤20 m/s) *V*×5%(>20 m/s)		
降水	雨强 0～4 mm/min	0.1 mm	0.4 mm(≤10 mm) 4%(>10 mm)	累计	1 次/min
日照	0～24 h	60 s	0.1 h	累计	
蒸发	0～100 mm	0.1 mm	1.5%	累计	
地温	−50～+80 ℃	0.1 ℃	0.5 ℃ 0.3 ℃(基准站)	1 min	6 次/min 30 次/min
总辐射	0～2 000 W/m²	1 W/m²	5%	1 min	6 次/min 30 次/min
净辐射	−200～1 400 W/m²	1 W/m²	15%～20%	1 min	6 次/min 30 次/min
直接辐射	0～2 000 W/m²	1 W/m²	2%	1 min	6 次/min 30 次/min

1.1.6.4　维护和检验

(1) 地面气象观测仪器设备应按规定进行校验和检定,气象站不得使用未经检定或超过检定周期或检定不合格的仪器设备。

(2) 地面气象观测仪器设备应经常维护和定期检修,保证在规定的检定周期内仪器保持规定的准确度要求。

1.1.6.5　换用不同技术特性的仪器及平行观测的要求

当人工观测改为自动观测或换用不同技术特性的仪器进行观测时,为了了解取得的资料序列的差异,必须进行平行观测。

(1) 平行观测项目为更换观测仪器的观测项目。

(2) 当人工观测改为自动观测时,平行观测期限至少为 2 年。第一年以人工观测记录(采用原观测仪器观测)为正式观测记录,1 年后以自动观测记录(采用新观测仪器观测)为正式观测记录。

(3) 当换用不同技术特性的仪器时,平行观测期限可视换用仪器的技术性能变化情况而定,但至少不得少于 3 个月。

(4) 平行观测时次为北京时间02,08,14,20时4个时次，非昼夜守班的地面气象观测站，02时可不进行平行观测。

(5) 应将平行观测资料统计整理成月报表附在当月正式月报表后面，存档上报。

1.1.7　气象观测元数据

1.1.7.1　元数据的概念

元数据(metadata)是"关于数据的数据"或"描述数据的数据"。元数据要说明所描述的对象是什么、包括什么内容、能干什么、如何得到等基本问题。元数据作为一个概念，古已有之，作为一个词，来自于计算机科学，传统的图书馆卡片、出版图书的版权说明、磁盘的标签等都是元数据的表现形式。元数据也是数据，其本身也可以作为被描述的对象，这时描述它的数据也被称为元数据。

通过元数据，一方面能够对信息资源进行详细、深入的了解，包括信息资源的格式、质量、处理方法和获取方法等方面的细节；另一方面借助元数据能实现网络共享，使得信息资源的用户(或用户应用系统)可以迅速地发现与其需求相匹配的信息资源，进而通过网络或其他途径获得这些信息并加以利用，从而促进信息资源的共享。

元数据有不同的分类方法，一般分为描述性元数据、管理性元数据和结构性元数据和保存性元数据等。

1.1.7.2　气象观测元数据的内容

气象观测元数据应用于测量和观测的台站及数据历史，描述了观测的位置、仪器、方法、质量及其他特征。它是台站观测记录的延伸，扩大后的元数据信息还应包括数字图像。

气象观测元数据是描述性元数据，主要包括台站信息、时间信息、仪器信息、观测规范信息和数据的格式信息等，当这些信息发生变化时要及时更新。

地面气象观测元数据存在于地面气象观测的所有数据文件之中，如自动气象站采集数据文件、地面气象观测数据传输文件、地面气象观测数据文件、气象辐射观测数据文件、地面气象年报表数据文件等，已成为气象信息的重要补充来源。例如，地面气象观测数据文件(A文件)由台站参数、观测数据、质量控制、附加信息四个部分构成，其中台站参数、质量控制和附加信息为元数据，观测数据段中每个要素的指示码和方式位也是元数据。

1.2　地面气象观测的组织工作

1.2.1　观测站类型和任务

1.2.1.1　观测站类型

(1) 按承担的观测任务和作用将地面气象观测站分为国家基准气候站、国家基本气象站、国家一般气象站和区域气象观测站四大类，具体规定如下：

① 国家基准气候站。简称基准站，是根据国家气候区划及全球气候观测系统的要求，为获取具有充分代表性的长期、连续气象资料而设置的气候观测站，是国家气候站网的骨干。

② 国家基本气象站。简称基本站，是根据全国气候分析和天气预报的需要所设置的地面

气象观测站，大多担负全球区域或国家气象信息交换任务，是国家天气气候站网的主体。

③ 国家一般气象站。简称一般站，主要是按省（自治区、直辖市）行政区划设置的地面气象观测站，获取的观测资料主要用于本省（自治区、直辖市）和当地的气象服务，也是国家天气气候站网的补充。在对气象部门外名称统一规范为国家气象观测站。

④ 区域气象观测站。简称区域站，是为满足不同部门特殊服务的需要，或用于天气气候站网的空间加密而设立的气象站，可以是人工观测站，也可以是无人值守观测站，其观测项目可根据需要而设定。

（2）承担气象辐射观测任务的站，按观测项目和作用分为气象基准辐射站、气象辐射观测一级站、气象辐射观测二级站和气象辐射观测三级站，具体规定如下：

① 气象基准辐射站。以测量方法、校准和准确度均遵循可实现的最高标准的方式，进行地表辐射通量的连续、长期和频繁采样的现代化测量。这些站点主要是为确定区域气候趋势和提供卫星观测的地基校正测量而特别建立的。

② 气象辐射观测一级站。进行总辐射、散射辐射、太阳直接辐射、反射辐射和净全辐射观测的辐射观测站。

③ 气象辐射观测二级站。进行总辐射、净全辐射观测的辐射观测站。

④ 气象辐射观测三级站。只进行总辐射观测的辐射观测站。

各种类型的气象辐射观测站，根据需要增加紫外辐射、大气长波辐射和地面长波辐射的观测。

1.2.1.2　观测任务和方式

地面气象观测工作的基本任务是观测、记录处理和编发气象报告（包括上传气象观测数据）。

地面气象观测分为人工观测和自动观测两种方式，其中人工观测又包括人工目测和人工器测。

1.2.2　观测项目和程序

1.2.2.1　观测项目

（1）各气象站均须观测的项目：云、能见度、天气现象、气压、空气的温度和湿度、风向和风速、降水、日照、蒸发、地面温度（含草温）、雪深。

（2）由国务院气象主管机构指定地面气象观测站观测的项目：浅层和深层地温、冻土、电线积冰、辐射、地面状态。

（3）由省级气象主管机构指定地面气象观测站观测的项目：雪压。

另外，还有根据服务需要增加的观测项目。随着气象业务服务发展的需要，观测自动化的不断推进，地面气象观测项目也在不断增多，如固态降水的自动观测、土壤水分观测等。

1.2.2.2　观测程序

《地面气象观测规范》（中国气象局 2003）对自动气象站观测方式和人工观测方式的观测程序作了具体的规定，观测员必须在规定的时间进行仪器设备和场地的巡视以及在规定的时间进行气象要素的观测。人工观测项目可根据项目的多少在规定的时间内进行，但全站的观测程序和地点必须统一，并且尽量少变动。

1.2.3 时制、日界和对时

人工器测日照采用真太阳时，辐射和自动观测日照采用地方平均太阳时，其余观测项目均采用北京时。

人工器测日照以日落为日界，辐射和自动观测日照以地方平均太阳时24时为日界，其余观测项目均以北京时20时为日界。

气象站观测时钟应对北京时。自动气象站以采集器的内部时钟为观测时钟，采集器与计算机保持时钟同步。

1.2.4 地面气象观测员

《地面气象观测规范》(中国气象局 2003)对地面气象观测员提出了明确的要求，随着观测技术的不断更新，自动化观测将成为地面气象观测业务的主体，地面气象观测员应从以观测工作为主逐步转到以仪器维护、资料质量控制和分析应用等工作为主。

1.2.5 站网优化

地面气象观测站网包括国家气候观测网、国家天气观测网、专业气象观测网和区域气象观测网。

(1) 国家气候观测网由国家基准气候站组成，国家基本气象站作为补充。基本定位是：

① 进行高精度的基本气候要素观测，精确反映我国范围内基本气候变化事实，为国家应对气候变化方案提供决策支持。

② 形成全国地面观测资料标准序列，为其他类别地面站和其他观测手段(如卫星)，提供高精度、高准确性的对比校准资料。

③ 为满足极端天气气候事件与重要气候过程监测、短期气候预测、气候变化预测预估等业务服务需求，承担地球系统多圈层相关要素观测。

(2) 国家天气观测网由基准站、基本站、一般站组成，区域站作为补充。基本定位是：针对提高天气预报准确率，实现对气象要素、天气现象、气象灾害连续观测，获取天气尺度综合气象信息，满足防灾减灾气象服务需求。地面气象观测主要用于实时探测地面气象要素的变化、监测气象灾害强度、验证预报结果。

(3) 专业气象观测网由承担专业服务任务的相关国家级地面气象观测站、区域站、专门布设的专业要素观测站组成。基本定位是：针对受气象条件影响较大、对国民经济有重要作用的交通、农业、海洋、能源、环境等行业服务的特殊需求，开展敏感要素的气象观测。

(4) 区域气象观测网主要由本区域内的国家级地面观测站、区域站及专业网专项要素观测站组成。基本定位是：提供区域性高时空分辨率的中小尺度灾害性天气、局部环境和区域气候等观测数据，提高对突发性、时间短、局地性灾害天气事件的监测和服务能力。

站网优化的主要内容包括站网布局、观测方法、观测精度、观测要素。目前我国现有地面气象观测站网存在的主要缺点是：

① 现有站网不能准确代表和反映我国复杂气候特征，关键区站点密度不足。

② 气候资料序列均一性较差，观测环境遭到不同程度的破坏，气压、湿度、降水、辐射、地温传感器等观测精度还不能完全达到世界气象组织所要求的天气观测精度和全球气候观测系

统(GCOS)对气候监测的要求。

③ 现有业务中未实现自动化观测的云、能见度、天气现象等要素观测精度低，人为因素导致观测数据差异大。

站网优化的目的是完善国家气候观测网和国家天气观测网，满足防灾减灾和应对气候变化需求；完善专业气象观测网，满足多领域业务服务需求；完善区域气象观测网，提高区域精细化订正预报和服务的能力。

1.3　地面气象观测场和值班室

1.3.1　观测场

1.3.1.1　观测场的要求

地面气象观测场是取得地面气象资料的主要场所，必须符合《地面气象观测规范》(中国气象局 2003)的要求。

(1) 地面气象观测场应为东西、南北向，大小一般应为 25 m×25 m，有辐射观测的应为 35 m(南北向)×25 m(东西向)。受条件限制的高山站、海岛站、无人站，观测场大小以满足仪器设备的安装为原则。

(2) 不得垫高观测场。

(3) 在观测场几何中心位置设中心地理标志，标志用水泥混凝土或其他石材制作，大小为 30 cm×30 cm，与地面齐平或不高出 3 cm。在标志的中心位置标识出南北、东西向的十字线，在北、东的方位分别标注 N、E，并雕刻经、纬度(精确到分)和海拔高度(精确到 0.1 m)。

(4) 观测场四周应设置约 1.2 m 高的稀疏围栏，围栏应坚固、美观、耐用，涂白色，不得使用对要素测量有影响的材质(如反光的不锈钢等)。围栏栅条宽度应小于 8 cm，栅条的间距应大于 10 cm。围栏四周高度应一致，且水平。一般只在围栏立柱处建设基座，基座要保证围栏安装牢固。为了对观测场地进行标识，可在观测场四周建设完整的基座，其宽度和高度均以 15～20 cm 为宜。观测场围栏的门一般开在北面。场地应平整，保持有均匀草层(不长草的地区例外)，草高不能超过 20 cm。对草层的养护，不能对观测记录造成影响。场内不准种植作物。

(5) 为保持观测场地的自然状态，场内铺设 30～50 cm 宽的小路，盖板用活动的水泥预制板或石材铺设，以结实、美观、耐用为宜，人员只准在小路上行走。有积雪时，除小路上的积雪可以清除外，应保护场地积雪的自然状态。观测场外四周 2 m 范围内除必建的小路外其他应与观测场内下垫面一致，不得用水泥或沥青等进行硬化。

(6) 根据场内仪器布设位置和线缆铺设需要，在小路下修建电缆沟(管)。地沟深 30～50 cm(根据降水情况而定)、宽 30 cm；在地沟 1/2 深度处横向架设钢筋，每隔 1.5～2.0 m 架设一根，地沟拐角和交叉处适当增加架设密度；地沟靠仪器安装位置一侧沟壁上应留有直径 5～10 cm 的洞口；地沟底部和沟壁用砖砌实，以防地下水渗入；沟沿与观测场地面平齐或不高出 3 cm，防止雨水从观测场流入，地沟要留有排水涵洞，以防雨后积水。地沟盖板可高出观测场地面约 5 cm。应在横向钢筋上铺设镀锌线槽，用于铺设仪器信号线和电源线。信号线和电源线尽量不在同一线槽内，各种接头或引出线端应使用专用接头和堵头，以保证线槽完全密封。受条件限制的，可以使用聚氯乙烯管(PVC 管)代替线槽。电缆沟(管)应做到防水、防鼠,并便于维护。

(7) 降水较多的地区,四周可修建排水沟,以尽可能减少强降水时造成观测场内积水。排水沟的宽度约为 30～50 cm,深度约为 20～30 cm,并采取必要的安全措施。

(8) 在风传感器和日照计的正南方分别设置南北标志(南北桩)。南北桩位于观测场南边围栏内侧的地面上,用水泥混凝土或其他石材制作,大小为 10 cm×10 cm,与地面齐平或不高出3 cm。南北桩应平整,安装应牢固,中心分别与风传感器、日照计相对应。

(9) 观测场的防雷必须符合气象行业规定的防雷技术标准的要求。应尽可能在观测场处设置独立避雷针,使观测场仪器设备处于直击雷防护区内,具体安装应符合 GB 50057《建筑物防雷设计规范》和《地面气象观测规范》(中国气象局 2003)的要求。

1.3.1.2 观测场内仪器设施的布置

(1) 总体布局

以 25 m×25 m 大小观测场为例,场内仪器设施参照图 1.1。

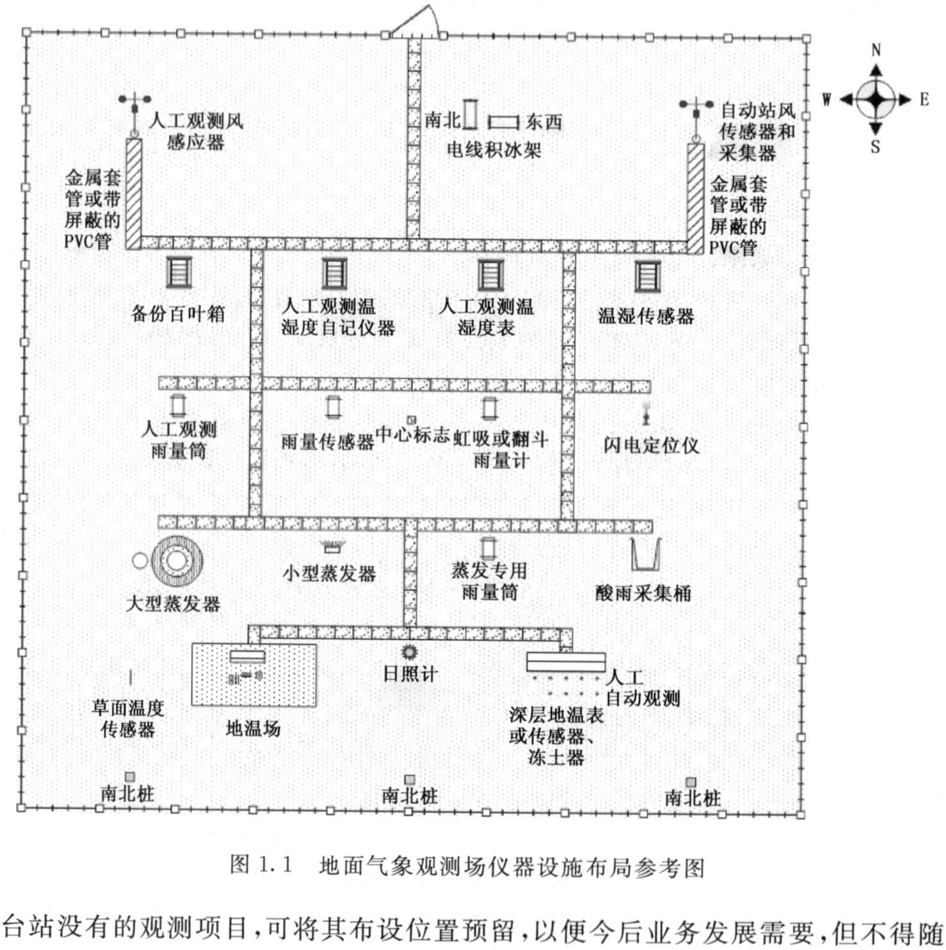

图 1.1 地面气象观测场仪器设施布局参考图

① 台站没有的观测项目,可将其布设位置预留,以便今后业务发展需要,但不得随意增加仪器设备。

② 不安装备份百叶箱时,人工观测温湿度自记仪器安装在备份百叶箱处,人工观测温湿度表百叶箱布设在温湿传感器和人工观测温湿度自记仪器百叶箱的中间。

③ 辐射观测仪器设置在观测场南扩 10 m(南北向)×25 m(东西向)地段内,位于观测场

南北中心轴线上，距地温场南边缘垂距约 8 m 处，避开支架和仪器阴影对地温观测的直接影响。

④ 能见度仪、闪电定位仪可安置在观测场内。

⑤ 其他仪器一般不得安装在观测场内。

(2) 具体要求

观测场内仪器设施的布置要注意互不影响，便于观测操作。

① 高的仪器设施安置在北边，低的仪器设施安置在南边。

② 各仪器设施东西排列成行，南北布设成列，相互间东西间隔不小于 4 m，南北间隔不小于 3 m，仪器距观测场边缘护栏不小于 3 m。

③ 仪器安置在紧靠东西向小路南面，观测员应从北面接近仪器。

④ 辐射观测仪器一般安装在观测场南面，观测仪器感应面不能受任何障碍物影响。

⑤ 因条件限制不能安装在观测场内的观测仪器，总辐射、直接辐射、散射辐射、日照及风观测仪器可安装在天空条件符合要求的屋顶平台上，反射辐射和净全辐射观测仪器安装在符合条件的有代表性下垫面的地方。

⑥ 北回归线以南的地面气象观测站观测场内仪器设施的布置可根据太阳位置的变化灵活掌握，尽量减少观测员的观测活动对观测记录代表性和准确性的影响。

1.3.2 站址迁移及对比观测

由于观测环境的破坏、城乡规划建设、重大工程及其他方面的原因，站址需要迁移的为了了解站址迁移前后观测资料序列的差异，为正确使用迁站前后资料提供依据，凡新旧两地水平距离超过 2 000 m、或海拔高度差在 100 m 以上、或地形环境有明显差异的，迁站时须在新旧站址同时进行对比观测。

对比观测项目为气温(包括最高气温、最低气温)、湿度、风向、风速、深层地温(无深层地温观测任务的站不必进行)。为取得全年完整的观测资料，在旧站址的观测记录应持续到 12 月 31 日，新站址的正式观测记录应从 1 月 1 日开始。据统计分析，地理环境相同、海拔高度差不大的站址迁移，可保持资料序列的均一性，不合理的迁站对极端气温、平均气温、雨量、风向、风速等影响较大。

1.3.3 观测值班室及设施

观测值班室是安放室内观测仪器的场所和值班观测员的工作室。

(1) 一般应建在观测场北边，保证观测员在值班室有较开阔的视野，能看见观测场的全貌，可随时监视观测场的情况和天气的变化。值班室的面积，基准站和基本站不小于 20 m^2，一般站不小于 15 m^2，与其他观测业务一起的综合观测值班室应不小于 40 m^2。

(2) 安装集中控制和分配供电电源的配电箱。微机设备、照明、空调供电应分开，采用三相五线制，市电(交流，220V+10%、−15%、50Hz)，其电源应从配电盘接专线供电，不得与其他设备共用同一相电。室内线缆走暗线，不得暴露，电源插座、开关等安装必须符合供电部门的规范设计要求，布局合理，并有利于用电操作。

配置 UPS 电源(uninterruptible power supply，不间断电源)和发电设备，建立专用机房及相应的配电设备。上述设备的接地应符合规范设计要求。

(3) 值班室应具备有效的直击雷防护措施,需要有良好的接地体,接地电阻小于 3 Ω,室内仪器设备均须可靠接地;值班室供电线路、电话线、网线、信号线及其他入室线必须安装适配的电源、信号 SPD(surge protective device,电涌保护器)。

(4) 要建立至上级业务部门的通信传输专线(或通过局域网实现),带宽至少应为 2 M;建立备份通信传输线路,要求备份线路能够保证本站各类观测系统的实时传输。

(5) 值班室至少应配备工作台 1 个、微机桌 2～3 张、测报专用微机 1 台、自动气象站微机 1 台、打印机 1 台及综合气象观测业务柜等。工作台上安放与台面相当的玻璃板,玻璃板下摆放与值班有关的各种查算用表。承担辐射观测任务的台站须另增加相应工作台。

(6) 在墙壁醒目位置悬挂电子时钟,走时误差小于 30 s。

(7) 墙面上必须悬挂能见度目标物图、观测员职责、值班制度、交接班制度、场地仪器设备维护制度。还可根据需要悬挂本站常规历年气象资料图表和其他规章制度、工作流程等。

(8) 整理装订后的各类资料、各种查算表、业务技术规定、规章制度等专柜存放,在柜子相应位置贴上标签,分类存放,要求放置整齐、便于取放。

(9) 室内应有取暖(制冷)设备,配有空调的,其空调机不能正对气压传感器,距离应在 1.5 m 以上。

(10) 备份仪器、常用工具等应有专柜,并分类存放。

1.4 地面气象探测环境保护

1.4.1 探测环境的基本要求

(1) 世界气象组织对探测环境的要求

① 测点不应设在凹地,附近应无陡峭的倾斜地表。

② 测点应远离树木、建筑物、墙或其他障碍物。任何此类障碍(包括栅栏)离雨量器承水口上边沿的距离,应不小于障碍物高度的 2 倍,最好 4 倍于此高度。

③ 在平坦开阔地域(风速表与任何障碍物之间的距离至少是障碍物高度的 10 倍),测风仪器的标准安置高度是地面以上 10 m。不能在成行的树、房屋或任何障碍物的直接尾流中进行风的观测,因为尾流很容易顺风扩展到相当于障碍物高度的 12 倍或 15 倍处,所以风速表与障碍物之间的距离达到障碍物高度的 10 倍是最低的要求。

④ 当太阳处于地平线 3°以上时,在全年测量时段内,日照计对太阳的视野应无遮挡。

⑤ 蒸发器应位于相当平坦的地方,并避开树、建筑物、灌木或仪器百叶箱等障碍物,这些障碍物距蒸发器的距离,应大于它们高出蒸发器高度的 5 倍。对于成群障碍物,此距离应增至 10 倍。

⑥ 观测云的场地必须尽量开敞,并要求对天空及周围地区有最开阔的视野;云的夜间观测,最好在不受外来灯光影响的测点进行。

⑦ 能见度仪器应安装在远离局地大气污染的地方,例如烟、工业污染、多尘路面等。

⑧ 在沿海站,要求有开阔的海面视野,但又不应太接近悬崖边缘,因为悬崖引发的风的旋涡,将影响降水量和风的测量。

(2)《气象探测环境和设施保护办法》(中国气象局第 7 号令)对探测环境的要求

各类气象站四周应当开阔，保持气流通畅。周围的建筑物、作物、树木等障碍物和其他对气象探测有影响的各种源体，与气象观测场围栏必须保持一定距离，具体保护标准见表 1.2。

表 1.2　气象观测场围栏与周围障碍物边缘和各种影响源体边缘之间距离的保护标准

<table>
<tr><th colspan="2">站类
项目名称</th><th>国家基准气候站</th><th>国家基本气象站</th><th>国家一般气象站</th><th>太阳辐射和日照等</th></tr>
<tr><td rowspan="2">与障碍物距离</td><td>成排</td><td>≥障碍物高度的 10 倍或障碍物遮挡仰角≤5.71°</td><td>≥障碍物高度的 10 倍或障碍物遮挡仰角≤5.71°</td><td>≥障碍物高度的 8 倍或障碍物遮挡仰角≤7.13°</td><td rowspan="5">在日出、日落方向障碍物的高度角≤5°；
四周障碍物不得遮挡仪器感应面</td></tr>
<tr><td>孤立</td><td>≥障碍物高度的 10 倍或障碍物遮挡仰角≤5.71°</td><td>≥障碍物高度的 8 倍或障碍物遮挡仰角≤7.13°</td><td>≥障碍物高度的 3 倍或障碍物遮挡仰角≤18.44°</td></tr>
<tr><td colspan="2">与铁路路基距离</td><td>>200 m</td><td>>200 m</td><td>>200 m</td></tr>
<tr><td colspan="2">与公路路基距离</td><td>>30 m</td><td>>30 m</td><td>>30 m</td></tr>
<tr><td colspan="2">与大型水体距离</td><td>>100 m</td><td>>100 m</td><td>>50 m</td></tr>
<tr><td colspan="2">与作物、树木距离</td><td colspan="4">观测场四周 10 m 范围内不得种植高于 1 m 的作物、树木</td></tr>
<tr><td colspan="6">对气象探测有影响的各种源体，与观测场围栏的距离必须大于 500 m</td></tr>
</table>

“障碍物”是指建筑、作物、树木等影响观测场气流通畅或探测资料代表性、准确性的物体。

“孤立”障碍物是指在观测场围栏距障碍物最近点，向障碍物方向看去，与邻近物体的横向距离≥30 m 的单个物体在水平方向的最大遮挡角度≤22.5°的障碍物。水平方向的最大遮挡角度可通过经纬仪测量或通过余弦定理及其他方法计算求得。

“成排”障碍物是指在观测场围栏距障碍物最近点，向障碍物方向看去，单个物体或两个单个物体的横向距离≤30 m 的集合物体在水平方向的最大遮挡角度>22.5°的障碍物。

“障碍物高度的倍数”是指观测场围栏距障碍物最近点的距离与障碍物最高点超出观测场地面高度的比值。

“大型水体距离”是指水库、湖泊、河海等水体的历史最高水位距观测场围栏的水平距离。

（3）迁建及周围新建、扩建、改建时，部门内部建筑物必须同时满足的要求

① 观测场围栏距障碍物最近点的距离与障碍物最高点超出观测场地面高度的比值≥10。

② 从观测场围栏距障碍物最近点看，障碍物的水平最大遮挡角度≤22.5°。

③ 从观测场围栏距相邻两个障碍物的最近处看，两障碍物无遮挡间距的水平视宽角应≥22.5°。

④ 相邻障碍物之间最近距离应>30 m。

⑤ 原则上禁止在建有气象观测场的院内建设与业务无关的建筑物。

1.4.2　探测环境保护法律法规

气象探测环境是气象观测资料质量的基本保障，是气象事业发展的根本和生命线。《中华人民共和国气象法》、《气象探测环境和设施保护办法》，(中国气象局第 7 号令)和《气象行政许可实施办法》(中国气象局第 17 号令)等法律法规对探测环境保护都作出了相关规定。

《中华人民共和国气象法》第十九条规定，国家依法保护气象探测环境，任何组织和个人都有保护气象探测环境的义务；第二十条规定禁止在气象探测环境保护范围内设置障碍物、进行爆破和采石，禁止在气象探测环境保护范围内设置影响气象探测设施工作效能的高频电磁辐

射装置，禁止在气象探测环境保护范围内从事其他影响气象探测的行为。各级人民政府应当按照法定标准划定气象探测环境的保护范围，并纳入城市规划或者村庄和集镇规划。

《气象探测环境和设施保护办法》（中国气象局第 7 号令）规定了气象探测环境和设施保护的范围和标准，规定了危害气象探测环境和设施的行为应承担的相应责任。

《气象行政许可实施办法》（中国气象局第 17 号令）规定，国家基准气候站、国家基本气象站、国家一般气象站迁建审批，以及新建、扩建、改建建设工程避免危害国家基准气候站、国家基本气象站气象探测环境审批由国务院气象主管机构实施。区域气象观测站迁建审批，以及新建、扩建、改建建设工程避免危害国家一般气象站、区域气象观测站气象探测环境审批由省（自治区、直辖市）气象主管机构实施。

气象探测环境和设施保护监测是日常气象观测业务的重要内容，白天班的值班记录必须有气象探测环境监测的内容。值班员发现异常情况后应及时报告单位领导，单位领导应及时向规划建设主管部门查明情况。

各级气象主管机构对气象探测环境保护范围内的在建工程应确定专人跟踪监督，不论建设项目是否通过气象、规划建设主管部门批准，均应对建设单位提出建筑物建设限制要求。监督人员应主动向建设单位宣传告知气象探测环境保护规定，防止和制止其超出保护标准。

各级气象主管机构要建立防雷行政许可与建设工程避免危害气象探测环境行政许可联动机制。气象探测环境保护范围内的建设工程未通过避免危害气象探测环境审批的，不得核准防雷装置设计；对已经危害气象探测环境的建设工程，一律不得办理防雷装置竣工验收手续。

结合上述法律法规，各级气象部门在依法查处危害气象探测环境的行为时，可按下列不同情况、不同情节采取相应的执法方式：

（1）对事先未征得具有行政审批权限的气象主管机构审核同意，也未取得规划建设主管部门行政许可，并可能危害气象探测环境的建设工程，应联合当地规划建设主管部门启动行政执法程序或单独启动气象行政执法程序。对违反《中华人民共和国气象法》有关规定的建设单位下达《责令停止违法行为通知书》；同时采取行政函告或律师函告方式，指出建设单位的违法事实，敦促建设单位办理相关行政许可手续。

（2）对已通过规划建设主管部门批准而可能危害气象探测环境的建设工程，应书面要求规划建设主管部门承担责任并予以纠正；规划建设主管部门不予配合时，应书面报告当地人民政府、人大，指出规划建设行政许可的错误，请求支持；支持不力时，应对建设单位启动气象行政执法程序，对违反《中华人民共和国气象法》有关规定的下达《责令停止违法行为通知书》；同时采取行政函告或律师函告方式，指出建设单位的违法事实，要求建设单位办理相关行政许可手续。

（3）对已造成危害气象探测环境事实的建设工程，要及时聘请具有测绘资质的测绘机构进行现场测量，书面通知建设单位同时到场测量相关数据。根据测量数据和气象探测环境保护标准，及时启动气象行政处罚程序，并提前与法院沟通；在其收到《行政处罚告知书》后 3 日内未提出听证要求的，及时下达《行政处罚决定书》；在规定的时间内未提出行政复议和行政诉讼申请的，应及时申请法院强制执行。同时，书面报告当地人民政府、人大，加大政府干预和人大监督力度。

（4）做好行政复议和行政应诉准备。在下达《行政处罚决定书》前，应做好收集证据、严格执法程序、分析案情、法律咨询等工作。在下达《行政处罚决定书》后至收到行政复议或行政应诉通知书前，应整理好执法文书，充分做好行政复议和行政应诉准备。

1.4.3 探测环境保护备案和专项规划

1.4.3.1 探测环境保护备案

各地气象主管机构应就本行政区域内全部气象台站分别向同级规划、建设部门备案。当台站类别发生变更导致气象探测环境保护级别发生变化，或新增观测项目和设施导致气象探测环境保护要求发生变化时，应及时向当地规划、建设部门更新备案。

备案的内容应包括气象台站的类别，探测任务和项目，探测设施，平面规划图，保护标准，可能影响探测环境的区域，以及有关法律、法规等相关材料。

各级气象主管机构在所属气象台站的气象探测环境备案以后，应与当地人民政府的建设及规划主管部门就气象探测环境和设施保护问题至少每年进行一次联系，了解气象探测环境保护范围内的规划建设情况，及时发现和消除隐患。要求其在制定和实施城乡规划或审批建设项目时，严格依据有关法律法规，切实保护气象探测环境和设施，减少或者避免因城乡规划、建设项目导致气象探测环境与设施受到影响和破坏。

1.4.3.2 探测环境保护专项规划

气象台站探测环境保护专项规划是气象事业的基础工作和重要内容，是各级人民政府按照法定标准划定气象探测环境保护范围，并纳入城乡规划的具体体现，是保护气象台站探测环境的法定依据。

探测环境保护专项规划编制的依据为《中华人民共和国城乡规划法》、《中华人民共和国气象法》、《气象探测环境和设施保护办法》(中国气象局第7号令)、中国气象局和建设部联合印发的《关于加强气象探测环境保护的通知》(气发〔2004〕247号)、建设部制定的《城市规划编制办法实施细则》、当地城乡总体规划。

探测环境保护专项规划编制的内容包括城乡概况、气象观测站现状与评价、指导思想和主要原则、规划年限、规划范围、规划目标、主要任务、气象探测环境保护范围和标准、规划实施等。重点内容包括探测环境保护范围、标准(包括所有探测项目)的确定，以及成排建(构)筑物高度、孤立建(构)筑物高度、周边地块建(构)筑物高度控制等。

探测环境保护专项规划应由城乡规划建设部门委托具有相应资质等级的单位承担，基本定稿后，应提交当地规划建设部门，由当地规划建设部门组织评审(评委由气象、规划及相关部门专家组成)，通过当地规划建设部门的审批后，再由当地规划建设部门在当地公众媒体或以相当方式对专项规划进行公示，时间一般为一个月。如公示无异议，由当地规划建设部门(也可由气象部门)将专项规划上报地方政府审批，由地方政府批准生效，并对社会公布，纳入城乡总体规划、土地利用总体规划及相关地块控制性详细规划系统。经批准的探测环境保护专项规划，任何单位和个人不得擅自变更，确需变更的，须由同级气象部门审核后，报同级人民政府批准。

1.4.4 探测环境评估

(1) 气象台站探测环境调查情况评估

2007 年进行了全国地面气象观测环境调查评估,并依据评估结果制作了观测环境状况证书。评分项目及计分方法见表 1.3。

表 1.3 2007 年地面气象观测环境现状评分项目及计分方法

序号	评分项目	分值	计分方法
1	不符合要求障碍物累计遮挡方位	35	(360－累计遮挡方位)÷360×35
2	障碍物累计遮挡面积	25	(32400－累计遮挡面积)÷32400×25 注:障碍物遮挡面积＝障碍物宽度角×障碍物高度角,32400为天空净空面积
3	铁路路基距观测场围栏直线距离	5	距离＞200 m 的,得 5 分 距离≤200 m 的,距离÷200×4.9
4	公路路基距观测场围栏直线距离	5	距离＞30 m 的,得 5 分 距离≤30 m 的,距离÷30×4.9
5	大型水体距观测场围栏直线距离	5	基准站、基本站: 距离＞100 m 的,得 5 分 距离≤100 m 的,距离÷100×4.9 一般站: 距离＞50 m 的,得 5 分 距离≤50 m 的,距离÷50×4.9
6	观测场四周 10 m 范围内高秆植物	2	按东、南、西、北 4 个方位计算扣分,有一个方位出现高秆植物扣 0.5 分
7	观测场四周 10 m 范围内建筑物	8	按东、南、西、北 4 个方位计算扣分,有一个方位出现建筑物扣2 分
8	人为垫高观测场高度	4	未垫高观测场的,得 4 分;否则,得 0 分
9	观测场围栏外 2 m 以内人工护坡	2	按东、南、西、北 4 个方位计算扣分,有一个方位出现护坡扣 0.5 分
10	干扰源体距观测场围栏直线距离	5	距离＞500 m 的,得 5 分 距离≤500 m 的,距离÷500×4.9
11	日出方向障碍物最大仰角	1	最大仰角≤5°的得 1 分;否则,得 0 分
12	日没方向障碍物最大仰角	1	最大仰角≤5°的得 1 分;否则,得 0 分
13	遮挡仪器感应面障碍物个数	2	一年中任何时候其阴影投射到日照计、地温表(或传感器)、辐射仪器感应面的障碍物,均统计个数。有 1 个扣 0.5 分,扣完为止
14	观测场是否建在屋顶		观测环境得分按 0 分处理

(2) 探测环境总体评估情况

从全国气象台站探测环境调查评估情况来看,气象探测环境保护形势十分严峻。我国大多数气象站建于 20 世纪五六十年代,新中国成立初期,所选环境符合当时要求,大部分站点建在郊区,但随着国家经济的飞速发展和城市规模的迅速扩大,目前很多台站所在位置变成市区或市中心,气象观测环境的代表性随之降低,带来观测环境恶化。

1.5 地面气象观测质量保证

1.5.1 影响观测质量的因素

任何观测,都不可避免地存在着一定的误差,影响观测质量的因素较多,有主观因素也有客观因素,归纳起来主要有以下方面:

(1) 仪器设备。正确选择仪器对获取高质量的资料来说是必要条件,而非充分条件。没有一种测量技术是完美无缺的,所有仪器都会产生各种系统误差和随机误差,但通过恰当的防范和修正措施可使它们对资料质量的影响减小到一个可接受的程度。

(2) 仪器安装。地面气象仪器的布局和安装由《地面气象观测规范》(中国气象局 2003)加以规定,不正确的安装会引起测量的准确性降低。

(3) 兼容性。当使用不同技术特性的仪器作同类测量时,会发生资料兼容性问题。例如当人工观测改为自动观测、增加不同时间常数的新仪器、使用不同的传感器保护罩时,都可能遇到兼容性问题。对资料兼容性和均一性的影响要通过长时间的比对来进行仔细研究。

(4) 测量方法。测量方法不完善、测量操作不当等原因会造成一定误差。

(5) 测量环境条件。测量环境条件对测量结果有很大影响,通过改善环境条件可减小这种误差。

(6) 测试和校准。气象仪器性能和仪器特性发生变化,如硬件元件老化、维修不力、安装不当等,这些都会导致相对于校准值的长时间漂移或突然改变。因此,仪器需要定期检查和校准以保证提供的资料可靠。

(7) 仪器维护与场地维护。每台仪器所提供的数据质量在很大程度上受其维护质量的影响,而这又主要取决于观测人员的维护能力。观测场地对观测数据有较大的影响,场地的维护状况直接影响到观测质量。

(8) 培训和教育。观测质量同样也依赖于对观测员的培训和教育。观测员的观测熟练程度、操作习惯及观测时的情绪和责任心等都可能影响到测量结果。设备越复杂,系统维护和使用所需要的技术知识就越多,需要通过不断更新知识,使观测员的技术知识满足业务工作的需要。

1.5.2 质量管理

地面气象观测的质量管理贯穿于观测活动的所有环节上,包括从规划到安装、运行、维护、检验、质量控制、教育培训、资料处理、分发、加工和存档等一系列协调活动。

质量管理的目的是确保提供应用的资料符合各种要求,包括不确定性、分辨力、连续性、均一性、代表性、时限、格式等。好的资料无需特别出色,重要的是其质量应是已知的和可证实的。提供高质量的气象资料不是一件简单的事情,没有一套完善的质量管理体系是不可能的。

质量控制是质量管理系统的重要组成部分,它是检查观测记录质量是否达到一定要求的过程。质量控制的目的是确定正确的记录,找出缺测记录、错误记录和可疑记录,并且对这些记录做出标识或使用尽可能准确的值来代替,把不准确或错误的观测值的数量和缺测次数减少到最低程度。在提高观测质量方面有两个关键环节:防止误差和订正误差。

质量控制是每个观测员的基本职责,为了获得高质量的观测数据,应当做好以下几方面的工作：

(1) 保证仪器设备处于正常的工作状态。

(2) 实时进行质量监控，及时发现任何不正确的结果，包括对检测值合理性、变化率和同其他测量值比较的一般性总体检查。

(3) 全部观测数据内部的一致性检验。如温度、露点和日极值间的关系，雨、云和天气现象的关系等。

(4) 数据维护时的气候界限值和极值检验。观测员应了解或备有本站各参数的正常季节变化范围，检查存在的异常数值。

(5) 人工输入的观测资料和上传数据文件的检查，应与原始资料进行核对。

(6) 运行性能监控。实时质量控制程序有它的局限性，一些误差并不能检测出来，如传感器的缓慢漂移，这需要通过空间一致性的检验和后续的数据审核才能发现。

1.5.3 工作质量考核

(1) 考核目的

了解台站及测报人员的测报质量情况，便于及时总结经验教训，肯定成绩，纠正错误，促进气象测报业务技术水平和业务质量的提高。

(2) 考核范围

观测、操作和气象电报。

(3) 考核内容

① 重大差错。包括伪造涂改原始记录或电报、丢失或毁坏原始记录、缺测、缺报、早测和迟测。

② 观测错。

③ 操作错。包括输入错、检查错、时钟设置错、其他操作错和辐射仪器维护错。

④ 发报错。包括多发报、过时报、编发电报(含更正报)中的错情、允许编发更正报的各类气象电报。

⑤ 使用超检仪器。

(4) 气象电报正点或过时的时限(见表 1.4)。

表 1.4 各类地面气象电报正点或过时的时限

报 类	正 点 报	过 时 报
地面天气报	HH+5，或 HH+8(临近正点前后出现更严重的天气现象)	HH+>5(或 HH+>8)—HH+45
补充天气报	HH+5，或 HH+8(临近正点前后出现更严重的天气现象)	HH+>5(或 HH+>8)—HH+45
船舶天气报	HH+5	HH+>5—HH+45
航空天气报 热带气旋加密报	HH+3	HH+>3—HH+13
危险天气报	HH+5	HH+>5—下次正点航空报之前
危险天气解除报	HH+20—HH+25	HH+25—下次正点航空报之前
地面气候月报	每月 4 日 09:00	当日>09:00—15:00
气象旬月报	旬末次日 03:00	旬末次日>03:00—09:00
重要天气报	HH+10	HH+>10—HH+60
加密天气报	HH+10	HH+>10—HH+45

复习思考题

1. 简述我国地面气象观测的发展趋势。

2. 元数据有什么作用?

3. 观测仪器的性能指标有哪些?测站为什么容易忽视仪器的漂移现象?

4. 自动气象站中的气象要素气温、气压、相对湿度、降水及世界气象组织仪器和观测方法委员会要求的准确度与现有的自动气象站可达到的准确度分别为多少?

5. 什么是测站代表性?什么是区域代表性?

6. 国家级地面气象站网优化的目的是什么?

7. 观测场四周某障碍物是否符合观测环境保护的要求,需要测定障碍物的方位角和高度角,那么应是哪一地点的测量数据?障碍物的水平视宽角的测量方法有哪些?试说出两种。

8. 影响观测质量的因素主要有哪些?

9. 气象台站探测环境保护专项规划的主要内容有哪些?如何实施?

第2章 云的观测

内容提要

本章主要介绍云的定义，29类云的特征和云状编码原则，云量、云状、云高的观测记录规定和云的电码及相似云的区别和云的演变规律。

2.1 概述

云是悬浮在大气中的小水滴、过冷水滴、冰晶或它们的混合物组成的可见聚合体；有时也包含一些较大的雨滴、冰粒和雪晶。其底部不接触地面。

云的存在和变化标志着当时大气中的各种物理量状况，借助于云的观测，能够间接了解空中气象要素的变化和大气运动的状况，因此，云的观测非常重要。

云对地球系统能量平衡和水循环有重要的影响，所以云也是气候观测项目之一。

云的观测主要包括：判定云状、估计云量、测定云高和选定云码。为做好当地气象服务，可以开展系统性云、指示性云、地方性云的观测。

2.2 云的分类

云的形状多种多样，变化也比较复杂。对云的分类有不同的方法：

形态学分类：按云的基本外形特征将云分为10属，每属分为若干亚属、种类。

发生学分类：按云形成的物理过程及相应具有的形态特征将云分为积状云、层状云、波状云三类。

除此外，根据云的层次高度将云分为高云、中云、低云；按云的组成将云分为冰晶云、水滴云、混合云。

现用《地面气象观测规范》(中国气象局 2003)综合以上方法，结合云的外形特征、结构特点、组成和云底高度，将云分为3族、10属、29类(表2.1)。

表 2.1　云状分类表

云族	云属 学名	云属 简写	云类 学名	云类 简写
高云	卷云	Ci	毛卷云 密卷云 伪卷云 钩卷云	Ci fil Ci dens Ci not Ci unc
	卷层云	Cs	毛卷层云 薄幕卷层云	Cs fil Cs nebu
	卷积云	Cc	卷积云	Cc
中云	高层云	As	透光高层云 蔽光高层云	As tra As op
	高积云	Ac	透光高积云 蔽光高积云 荚状高积云 积云性高积云 絮状高积云 堡状高积云	Ac tra Ac op Ac lent Ac cug Ac flo Ac cast
低云	积云	Cu	淡积云 碎积云 浓积云	Cu hum Fc Cu cong
	积雨云	Cb	秃积雨云 鬃积雨云	Cb calv Cb cap
	层积云	Sc	透光层积云 蔽光层积云 积云性层积云 堡状层积云 荚状层积云	Sc tra Sc op Sc cug Sc cast Sc lent
	层云	St	层云 碎层云	St Fs
	雨层云	Ns	雨层云 碎雨云	Ns Fn

2.2.1　高云族

高云包括卷云、卷层云和卷积云。它们是由冰晶构成的，云体通常呈白色，有蚕丝般的光泽，薄而透明。阳光通过高云时，地面物体的影子清楚可见，云底高度一般在 4 500 m 以上。

2.2.1.1　*卷云*(Ci)

具有丝缕状结构，柔丝般光泽，分离散乱的云。云体通常白色无暗影，呈丝条状、羽毛状、马尾状、钩状、团簇状、片状、砧状等。

卷云由很小的冰晶组成，在空中分布很稀，一般是透光的，但云块特别厚时，中部可有暗影。卷云可以出现不完整的晕。

卷云是云中最高的云，因此它在早晨先被阳光照射，而傍晚最迟变暗。日出以前和日落以后，在阳光的反射下，卷云常呈鲜明的黄色或橙色。

由于高空风及卷云本身特征的影响，卷云的形态相当复杂。有时排列成带，横过天空；有时辐合在地平线某一点或相对两点（辐辏状）；有时和地平线成斜交。

出现卷云大都表示高空有相当的对流和扰动作用，这种对流可以只限于高空，与地面没有直接关系，例如由高空气流辐合或风随高度急剧变化而引起的对流。卷云的丝缕结构，常由冰晶下垂蒸发或风的垂直切变造成。

我国北方和西部高原地区严寒季节，有时会遇见一种高度不高的云，外形类似层积云，但却具有丝缕结构、柔丝般光泽的特征，有时还有晕，此应记为卷云。如无卷云特征，则应记为层积云。

（1）毛卷云（Ci fil）。纤细分散的云，呈丝条、羽毛、马尾状。有时即使聚合成较长并具有一定宽度的丝条，整个丝缕结构和柔丝般的光泽仍十分明显。

当高空水汽含量很少时，即使对流和扰动作用很强，也只能形成薄而纤细的毛卷云。细丝状的毛卷云常由高速下坠的冰晶组成。

（2）密卷云（Ci dens）。较厚的、成片的卷云，中部有时有暗影，但边缘部分卷云的特征仍很明显。

当高空气层相当潮湿，对流和扰动作用很强时，形成的卷云就较厚，常融合成片，有时还有较为明显的积状云特征。

（3）伪卷云（Ci not）。由鬃积雨云顶部脱离母体而成。云体较大而厚密，有时呈砧状。

（4）钩卷云（Ci unc）。形状好像逗点符号，云丝向上的一头有小簇或小钩，往往呈平行而系统的排列。

钩状是风速的垂直切变造成的特殊形态。当风速随高度递增时，冰晶云的下垂部分，愈向下就愈落后于上方，又因下垂冰晶的不断升华消失，致使形成较长的倾斜拖尾。

2.2.1.2 *卷层云*（Cs）

白色透明的云幕，日、月透过云幕时轮廓分明，地物有影，常有晕环。有时云的组织薄得几乎看不出来，只使天空呈乳白色；有时丝缕结构隐约可辨，好像乱丝一般。卷层云一般不降水，但在我国北方和西部高原地区，冬季可以有少量降雪。

卷层云全部由冰晶组成，云底高度通常为 4 500～8 000 m。

厚的卷层云易与薄的高层云相混，区别它们的方法见本章 2.7.3 节。

（1）毛卷层云（Cs fil）。白色丝缕结构明显，云体厚薄不很均匀。云层较厚时会影响日照。

（2）薄幕卷层云（Cs nebu）。均匀的云幕，有时薄得几乎看不见，只因有晕，才证明其存在；云幕较厚时，也看不出明显的结构，但日月轮廓仍清楚可见，地物有影，有时有晕。

2.2.1.3 *卷积云*（Cc）

似鳞片或球状细小云块组成的云片或云层，常排列成行或成群，很像轻风吹过水面所引起的小波纹。白色无暗影，有柔丝般光泽。云块的视宽度多数小于 1°（相当于手臂伸直时小指的视宽度）。

卷积云可由卷云、卷层云演变而成。有时高积云也可以演变为卷积云。一般生成及消散都比较快。

整层高积云的边缘有时有小的高积云云块，形态和卷积云颇为相似，但不要误认成高积云。只有符合下列条件中的一个或一个以上的，才能算做卷积云。

(1) 和卷云或者卷层云之间有明显的联系。

(2) 从卷云或者卷层云演变而成。

(3) 确有卷云的柔丝光泽和丝缕状特点。

卷积云由冰晶组成，云底高度一般为 4 500～8 000 m。

2.2.2　中云族

中云包括高层云和高积云。云底高度一般在 2 500～4 500 m 之间，由水滴(包括过冷却水滴)或水滴与冰晶(或雪花)混合构成。云体较稠密。厚的中云能产生降水。

2.2.2.1　高层云(As)

带有条纹或纤缕结构的云幕，有时较均匀，呈灰白色或灰色，有时微带蓝色。

高层云的水平范围很广，一般可达数百千米，其垂直厚度差别也相当大。云层较薄的部分，可以看到昏暗不清的日月轮廓，看上去好像隔了一层毛玻璃。厚的高层云，底部则比较阴暗，看不到日月。由于云层厚度不一，各部分阴暗程度也就不同，但是云底没有显著的起伏。

高层云可产生连续或间歇性的雨、雪。若有少量雨(雪)幡(音:fān 帆)下垂时，云底的条纹结构仍能分辨。

高层云常由卷层云变厚或雨层云变薄而成，有时也可由蔽光高积云演变而成。在我国南方有时积雨云上部或中部延展，也能形成高层云，但持续时间不长。

高层云顶部多为冰晶组成，主体部分多为冰晶和水滴混合组成。云底高度通常为 2 500～4 500 m，云层厚度一般为 1 000～3 000 m。

(1) 透光高层云(As tra)。较薄而均匀的云层，呈灰白色。透过云层，日月轮廓模糊，好像隔了一层毛玻璃，地面物体没有影子。在高纬度地区可产生降雪。

(2) 蔽光高层云(As op)。云层较厚，且厚度变化较大。厚的部分隔着云层看不见日月；薄的部分比较明亮一些，可以看出纤缕结构。呈灰色，有时微带蓝色。产生降水的机会较多。

2.2.2.2　高积云(Ac)

高积云的云块较小，轮廓分明，常呈扁圆形、鱼鳞片、瓦块状或水波状的密集云条，成群、成行、成波状排列。大多数云块的视宽度在 1°～5°之间(相当于一臂距离处，中间三指的视宽度)，可同时出现在两个或几个高度上。薄的云块呈白色，厚的云块呈暗灰色。在薄的高积云上，常可见环绕日月的虹彩，或颜色为外红内蓝的华环。

高积云可与高层云、层积云、卷积云相互演变。在实际工作中，不能简单地把高层云、层积云、卷积云都记为高积云。在降水持续几十分钟后，仍然记录高积云时，要检查其合理性。

高积云高度变化很大，一般云底高度为 2 500～4 500 m。主要由水滴组成，有时也有过冷却水滴或冰晶存在。

(1) 透光高积云(Ac tra)。云块的颜色从洁白到深灰都有，厚度变化较大，即使在同一云层中，各部分也可能有差别。云层中个体明显，一般排列相当规则，但是各部分透明度是不同的。云缝中可见青天，即使没有云缝，云层薄的部分也比较明亮。常出现华。

当透光高积云为横过天空的平行云带时，由于远看的关系，好像辐合在地平线上某一点或相对的两点，称为辐辏状云。

(2) 蔽光高积云(Ac op)。连续的高积云层，至少大部分云层都没有什么间隙，云块深暗而不规则。因为云层的厚度厚，个体密集，几乎完全不透光，但是云底云块个体依然可以分辨。

蔽光高积云很像层状云，只是云底有个体起伏。它常由锋面斜率减小，上升气流产生波动或由下降滑行时的层状云演变而成。

在实际观测中，区别高积云的透光与蔽光，应从云的个体中间及个体周围是否透光出发，足以显示日月位置的为透光高积云，否则为蔽光高积云。

(3) 荚状高积云(Ac lent)。高积云分散在天空，呈椭圆形或豆荚状，轮廓分明，云块不断地变化，有时可能出现虹彩。

这种云通常形成于局部升降气流汇合的地方。当气流上升时，因绝热冷却形成云，如果遇到下沉气流，其边缘部分因下沉气流增温，使云滴蒸发变薄，呈豆荚状。常生成于山地或冷锋前后。

(4) 积云性高积云(Ac cug)。由积雨云、浓积云延展而成。在初生成的阶段，类似蔽光高积云。

这种云是由浓积云发展过程中遇到稳定层，云顶沿逆温层水平扩展，底部逐渐消散而形成；也可以由积雨云崩解时，中部云体分裂演变而成。

(5) 堡状高积云(Ac cast)。垂直发展的积云状的云块，远看并列在一条线上，有一共同的水平底边，顶部凸起明显，好像城堡。

这是中层空气的对流运动和稳定层相互作用的结果。凸起的堡状是在波状云的基础上形成的。当波状云在逆温层下形成后，如果逆温层不太厚，且在逆温层下有对流和乱流发展时，较强的上升气流可以穿越逆温层，形成圆弧形云朵，和原有的波状云相连，形成堡状云。

(6) 絮状高积云(Ac flo)。类似小块积云的团簇，没有底边，个体破碎如棉絮团，多呈白色。

其成因类似堡状云，但乱流更强更普遍，致使原来稳定的云层因下沉气流而破裂；或因很强的乱流混合而形成云，故絮状云都为孤立的积状小团簇云块。

2.2.3 低云族

低云包括积云、积雨云、层积云、层云、雨层云。

低云由于形成的天气条件不同，外形特征有很大差异。

积云、积雨云产生于不稳定的气层中，常称为对流云。其基本特征是生成时云体垂直向上发展，消散时向水平扩展，常为分散、孤立的大云块。云底通常在 2 000 m 以下，由微小水滴构成，对流发展旺盛时，上部有冰晶结构。

层积云、层云、雨层云则产生于稳定的气层中，主要由水滴构成，如云体较厚，其上部可能有冰晶(雪花)。云层低而黑，结构稀松。

2.2.3.1 积云(Cu)

垂直向上发展的、顶部呈圆弧形或圆拱形重叠凸起，而底部几乎是水平的云块，云体边界分明。

如果积云处在和太阳相反的位置上，云的中部比隆起的边缘要明亮；反之，如果处在同一侧，则云的中部显得黝黑但边缘带有鲜明的金黄色；如果光从旁边照映积云，则云体明暗特别明显；当积云移至天顶时，看不见圆弧形的顶，而只看到暗黑的底部。

积云是由气块上升、水汽凝结而成。发展旺盛的积云可产生小阵雨(雪)。

(1) 淡积云(Cu hum)。扁平的积云，垂直发展不旺盛，水平宽度大于垂直厚度。在阳光下呈白色，厚的云块中部有淡影，晴天常见。

淡积云是积云的初生阶段。一团空气开始上升时，它的内部水汽含量和温度水平分布基本上是均匀的，故凝结高度是一致的，使积云具有水平的底部。在云体的形成过程中，由于云的中央部分上升气流最强，同时云体的边缘部分又与周围的干燥空气相混合，云滴不断蒸发，空气不断冷却，使云块外围产生下沉气流，造成圆拱形突出的云顶。

当大气中产生对流运动时，一部分空气上升，四周空气下沉补充，下沉气流区则因绝热增温不会凝结成云；上升气流的水平范围可从几十米到几千米，这种大小不等的上升气块，到达凝结高度以上时，便形成许多孤立分散的对流单体，并逐步形成大小不一的积云体。

(2) 碎积云(Fc)。破碎的不规则的积云块(片)，个体不大，形状多变。

积云体的形成，一开始并不是很明显，往往是一方面在形成中，一方面又在蒸发消散中，这就形成疏薄、边缘破碎的碎积云。随着对流增强，碎积云可以发展成淡积云。但有强风和乱流时，淡积云也可能变得破碎，形成碎积云。

(3) 浓积云(Cu cong)。浓厚的积云，顶部呈重叠的圆弧形凸起，很像花椰菜；垂直发展旺盛时，个体臃肿、高耸，在阳光下边缘白而明亮。高空风较强时，云体可被吹成倾斜状态。浓积云在中、低纬度地区可产生阵性降水。

出现浓积云表示大气不稳定层次很厚，对流运动十分旺盛，云的厚度可达 3 000～5 000 m。云内每一股强盛的上升气流都可使云顶形成一个云泡，故浓积云云顶呈重叠的圆弧形，形状似花椰菜。

对于云内上升气流十分旺盛的浓积云，其云顶伸展很快。云顶的伸展，使云顶以上的周围空气上抬，此时若这层较薄的空气较潮湿、接近饱和，就会因微弱的抬升使其绝热冷却，发生凝结。由于这种抬升的距离不是很大，因而只形成薄薄的云带，浮盖着云顶，称为云幞(音：fú 伏)。

2.2.3.2　*积雨云(Cb)*

单个的积雨云云体浓厚庞大，垂直发展极盛，远看很像耸立的高山。云顶由冰晶组成，有白色毛丝般光泽的丝缕结构，常呈铁砧状或马鬃状。云底阴暗混乱，起伏明显，有时呈悬球状结构。

积雨云的水平范围及垂直范围均很大，单体的积雨云距台站较远时，能看出云的全部形状和云顶的丝缕结构。冬季高纬度地区，由于温度很低，云体可能整体转为丝缕结构。

积雨云布满全天时，一般能见阴暗混乱的底部。有时云体除有悬球结构外还往往有滚轴状的乌云，像一个圆拱，叫做弧状云。有时布满全天的积雨云云底没有阴暗混乱或悬球状的结构，而类似高层云，这时要加强连续观测，并结合伴见的天气现象加以区分。

积雨云常产生雷暴、闪电、阵雨(雪)，或有雨(雪)幡下垂。有时产生飑(音：biāo 标)或降冰雹、霰(音：xiàn 县)。云底偶有龙卷产生。

积雨云既可产生于气团内部，也可形成于锋面上。

(1) 秃积雨云(Cb calv)。浓积云发展到鬃积雨云的过渡阶段。其时，浓积云云顶开始冻结，花椰菜形的轮廓渐渐变得模糊，形成白色毛丝般的冰晶结构。

秃积雨云存在的时间一般比较短。

(2) 鬃积雨云(Cb cap)。为积雨云发展的成熟阶段。云顶丝缕结构明显,云的上部可扩展至对流层顶,受高空气流影响,形成铁砧状或马鬃状。

出现鬃积雨云时对流发展旺盛,云顶高度很高,有时可达对流层顶。此时云顶受到高空稳定层的阻抑(这个稳定层往往就是对流层顶),不能继续向上发展,只能向四周扩展,扩展的冰晶云顶因为高空风的影响,在顺风方向上扩展得很长,而在逆风方向上扩展得较短,甚至扩展不开(高空风特别大时),形成了铁砧状或马鬃状的外形。

鬃积雨云云底常呈悬球状,一般认为这是由于云层内对流胞(自成单元的小对流系统)的发展,在下沉气流部分,将大团云块带下来形成悬球状的云体。这些下垂云体如果是由小水滴组成,则很容易蒸发掉,如果是由大水滴组成,则可以下垂到离母体较远的地方,成为良好的悬球状云。它的出现常是降水的征兆。

当积雨云内部有强烈的上升、下降气流,而上下层间水平速度又存在着差异,这时在积雨云移动方向的前侧方,往往由于强烈的扰动而产生滚轴状云,其前缘有似弧状圆拱,即弧状云。

2.2.3.3 *层积云(Sc)*

团块、薄片或条形云组成的云群或云层,常成行、成群或波状排列。云块个体都相当大,其视宽度角多数大于 5°(相当于一臂距离处三指的视宽度)。云层有时满布全天,有时分布稀疏,常呈灰色、灰白色,常有若干部分比较阴暗。

层积云有时可产生雨、雪,通常量较小。在我国南方有时可产生较大的雨。

层积云除直接生成外,也可由高积云、层云、雨层云演变而来,或由积云、积雨云扩展或平衍而成。

低空气流波动形成层积云,其成因和分类基本与高积云相同,常因逆温层下有乱流而形成。云底高度通常为 600～2 500 m,由水滴组成,有时伴有冰晶。

(1) 透光层积云(Sc tra)。云层厚度变化很大,云块之间有明显的缝隙,可见青天或者上层云;即使无缝隙,大部分云块边缘也比较明亮。有时也可见华。

(2) 蔽光层积云(Sc op)。由阴暗的大条形云轴或团块组成的连续云层,无缝隙,云底起伏明显。有时不一定满布全天。

(3) 积云性层积云(Sc cug)。积云、积雨云上面因有稳定气层而扩展或云顶下塌平衍而成的层积云。多呈灰色条状,顶部常有积云特征。

在傍晚,积云性层积云有时也可以不经过积云阶段直接形成。

(4) 堡状层积云(Sc cast)。垂直发展的积云形的云块,并列在一条线上,有一个共同的底边,顶部凸起明显,远看好像城堡。云块比堡状高积云大。

(5) 荚状层积云(Sc lent)。中间厚、边缘薄,形似豆荚、梭子状的云条。个体分明,分离散处。

2.2.3.4 *层云(St)*

层云云属包括其本身和碎层云。

(1) 层云(St)。低而均匀的灰白色或灰色云幕,像雾,但不接地。云层很低,仅几十至几百米,且厚度不大,常能将小山或高建筑物的顶部掩没。云厚时日月光不能透过,云薄时日月轮廓清晰可辨,好似白色玉盘。

层云可由雾层缓慢抬升或由层积云演变而来，也可直接生成。可产生毛毛雨或米雪，但无雨(雪)幡下垂。

层云常生成于夜间，日出后慢慢消散，日变化明显。云体一般由小水滴组成。

(2) 碎层云(Fs)。不规则的松散碎片，形状多变，呈灰色或灰白色。由层云分裂或由雾抬升而成。山地的碎层云在早、晚也可直接生成。

2.2.3.5　雨层云(Ns)

雨层云云属包括其本身和碎雨云。

(1) 雨层云(Ns)。厚而均匀的降水云层，完全遮蔽日月，呈暗灰色，布满全天，常有连续性降水。降水不及地在云底形成雨(雪)幡时，云底显得混乱，没有明确的界限。

雨层云多数由高层云演变而成，有时也可由蔽光高积云、蔽光层积云演变而成。

雨层云顶部由冰晶组成，中部由过冷却水滴与冰晶共同组成，底部由水滴组成。云底高度通常在 600～2 000 m 之间，厚度一般为 3 000～6 000 m。

(2) 碎雨云(Fn)。降水云层下由于雨滴蒸发，使云下湿度增大，经扰动凝结形成的碎云。初生时小而离散，不断滋生，后来可逐渐并合。云体散乱破碎，移动较快，形状多变，呈灰色或暗灰色。

碎雨云常出现在降水时或降水前后的降水云层之下。当其全部或大部分遮盖天空时，不要以为是雨层云。

2.3　云状

云状的观测应尽量选择在能看到全部天空及地平线的开阔、固定地点或平台进行。观测时，如果阳光较强，须戴黑色(或暗色)眼镜。白天观测云状时，即使是多云，抑或阴天，佩戴黑色(或暗色)眼镜也能帮助更好地识别云的结构。

在连续观测的情况下，判定云状需要把握以下几点：一要抓住云状的基本特征，二要注意云状的演变规律，三要注意积累观测经验。观测云，不仅要看其外表特征，还要了解其形成演变的条件和规律，只有这样，才能抓住云的关键特征，提高识别能力；要看整体，不能用局部特征来否定整体特征；要照实记载，并和天气现象配合，不应人为地设置某种模式和简单化。

2.3.1　云状的基本特征

云的外形复杂，种类繁多，为便于判定云状，现将其基本特征归纳于表 2.2。

2.3.2　云状的演变规律

云状的演变具有一定的规律，其演变有两种含义：一种是指云体本身的变化，如云的增厚、变薄、衍生扩展或蒸发消失等；另一种是指云系的移动，不同种类的云依次经过测站上空，看起来像是云在发展变化，例如暖锋云系过境时，在 Cs 后面接着来了 As，测站所看到云的演变，就是 Cs→As。对于移动中的 Cs 既可能在增厚，也可能无变化，甚至还可能在变薄。了解云的演变规律，有助于对云的正确判定。云的演变非常复杂，根据长期的观测经验，以及对云形成原因的分析研究，总结出非对流性云和对流性云演变的一般规律。

表 2.2 云状特征比较

分类	共同特征	云属	组成	外形特征	排列	透光情况	颜色	附属云	伴随的天气现象
层状云	水平范围很广，云底均匀，成幕状，有时掩盖全天。云内较稳定，常有降水	Cs	冰晶	白色丝缕状云幕	成层	日月轮廓分明	白色		晕、冬季可降雪
		As	冰晶、水滴混合	条纹纤缕状云幕	成层	日月如隔毛玻璃，或厚的部分蔽光	灰白色、灰色	雨幡、Fn	连续或间歇性雨或雪
		Ns	水滴、冰晶混合	暗黑、低而均匀的降水云幕	成层	完全遮蔽日月	暗灰色	雨幡、Fn	连续性雨或雪
		St	以小水滴为主	低(像雾)而较均匀的云幕	成层	薄处可见日月轮廓	灰色、灰白色		米雪、毛毛雨
波状云	水平范围较广，云内乱流较强，云顶常有逆温层。成层或散片排列，但云体起伏明显	Cc	冰晶	细鳞片，小薄球，视宽度$<1°$	成群或散片	透光	白色(无暗影)		
		Ac	小水滴、冰晶	薄块或团块，视宽度$1°\sim5°$	成层或散片	透光或蔽光	白、暗灰	雨(雪)幡	华
		Sc	大小水滴或雪花	松动大云块或滚轴状云条，视宽度$>5°$	成层或散片	透光或蔽光	灰白、暗灰	雨(雪)幡	华、小雨或雪
积状云	水平范围有时较小、有时很大，云内不稳定，垂直发展的云块。孤立、分散、个体分明	Ci	冰晶	白色丝缕结构的云丝(片)	分离散乱	薄而透明	白色蚕丝光泽		晕(不完整)
		Cu	水滴	底平、顶呈圆拱形凸起，个体分明的云块	孤立分散	边缘明亮	颜色视观测者、云、太阳三者的相对位置而定	幞状云	小阵雨、雪
		Cb	底部水滴、中部混合、顶部冰晶	垂直发展旺盛的大云块，云顶丝缕结构模糊或明显(砧状)，满布全天时云底混乱	孤立浓厚的大云块或满布全天	常蔽光	暗灰色、云底阴暗	幡、Fn、龙卷、悬球状云、弧状云	阵雨雪、冰雹、雷电、飑、大风、沙尘暴、龙卷

(1) 非对流性云的演变：

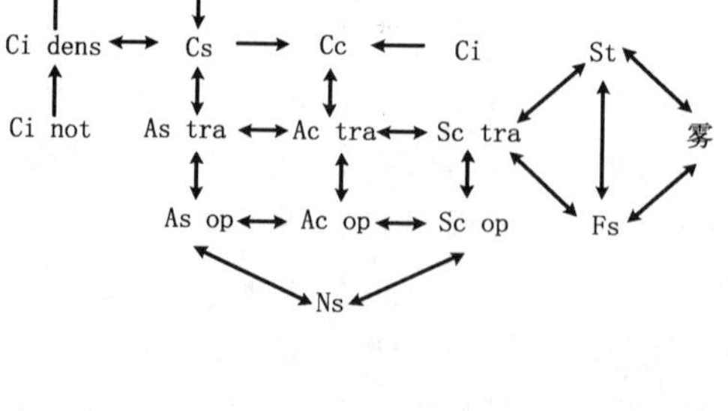

(2)对流性云的演变:

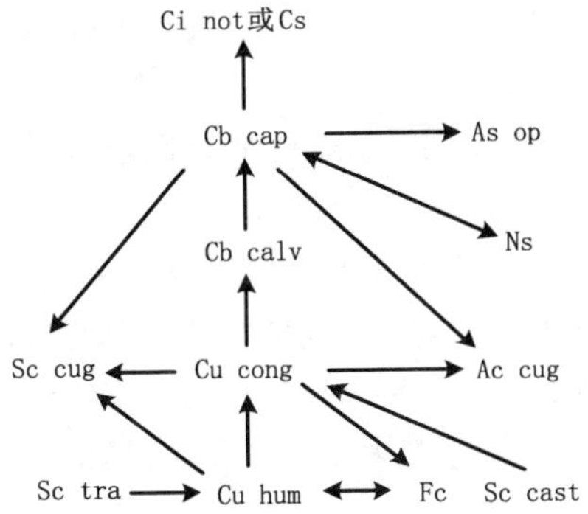

2.3.3 判断云状的几点经验

在进行云状的判定时,主要根据天空中云的外形特征、结构、色泽、排列、高度及可能伴见的天气现象,参照《中国云图》(中国气象局 2004)以及卫星云图和雷达回波图,经过认真细致地分析,对比判定是哪种云。前面定义的云状往往比较典型,由于我国幅员辽阔,地形复杂,云的特征差异很大,大量的是非典型的云状,观测者不能硬搬云状的定义、硬套云图,而必须考虑不同地理环境(纬度、海拔高度、水陆、山川分布等)及不同季节的特殊性,进行综合分析判断。以下观测经验可供借鉴:

(1) 云在天顶,仅见其底部的形状,云在天边,仅见其侧面的形状;云距观测者愈近,云体显得愈大,云距观测者愈远,云体显得愈小。因此,依据云体的形状和大小判定云的种类时,需要考虑云体与观测者之间的相对位置。

(2) 光照愈强,云体色泽愈淡,亮度也愈大;光照愈弱,云体色泽愈深,亮度也愈小。因此,依据云体的色泽和亮度判定云的种类时,需要考虑当时太阳的高度角(夜间要考虑月光和地面灯光的强弱)和云体与光源的相对位置。

(3) 大气愈浑浊,云体外貌愈模糊;大气愈澄朗,云体外貌愈清晰。因此,依据云体的细微结构判定云的种类时,需要考虑当时大气的浑浊情况。

2.4 云量

2.4.1 云量定义及分类

云量是指云遮蔽天空视野的成数。把整个天空视野分为 10 成,被云遮蔽的成数称为云量。

云量观测包括总云量、低云量和个体量。总云量是指观测时天空被所有的云遮蔽的总成数,低云量是指天空被低云所遮蔽的成数,个体量是指编报所需的某类云遮蔽天空的成数,均记整数。一般都记可见量,但个体量有时指判断量,例如全天的积雨云下面有 3 成的碎雨云,在气象服务和危险报中,积雨云则按 10 成处理。

2.4.2 云量观测方法

观测云量的地点应尽可能见到全部天空,当天空部分为固定障碍物(如山、房屋等)所遮蔽时，云量应从未被遮蔽的天空部分中估计。如果一部分天空为降水所遮蔽，这部分天空应作为被产生降水的云所遮蔽来看待。如果孤立的积云云块产生降水，并迅速移出测站，则应根据连续观测照实记载，不作全天遮蔽来看待。

云量观测全凭目力估计，主观成分较大，特别对天边附近的云，观测中往往估计偏多，实际观测中应引起注意。观测云量时，一般先估计总云量，后估计低云量。

云层未布满全天时云量的估计可以采取以下方法：

(1) 分量法。当云分布比较集中时，可分别估计无云天空和云天所占天空的成数。

(2) 等分法。在估计云量时，以观测者为中心，根据当时云天分布状况，将天空一分为二，或进一步再对半分，这样就可以得到天空 1/2 或 1/4 的具体范围，从而估测出较为客观的云量值。

(3) 平移法。天空云的分布在多数情况下是分散和不规则的，此时，可采用平移填补方法，加以集中估计。即为了便于估计云量，观测时以主要云区为基础，将其余零散的云平移或填补在一起，以得到较为集中的云区，并以此估计其占天空的成数。

以上方法既可以单独使用，也可以综合使用。

2.4.3 视云量

地面气象观测中记录的云量为视云量。视云量反映的是某个高度上云的可见面积，它与云底高度、观测者的位置有关，与云体的实际面积是有差别的。视云量的多少，并不能完全表示云体实际面积的大小。

一方面，相同的视云量反映的云体实际面积不尽相同。都是 3 成的云，云层越高，则实际面积越大。

另一方面，因为侧视的缘故，可能把云隙部分也作为云量包括进去了。故当侧视时，可能把分散的云块认为密集的云层，把本来是透光的云误记为蔽光的云。

2.5 云高

云高指云底距测站的垂直距离，以米(m)为单位，记录取整数。观测方法分估测和实测。

2.5.1 实测云高

2.5.1.1 气球测云高

通过测定一个充满氢气或氦气的橡胶气球，从地面升至云底所需的时间来测量云高。把气球开始进入像雾一样的云层但未最终消失的点当做云底。气球测云高的方法主要用于低云。

气球上升的速率主要由气球的净举力来决定，可通过控制气球中氢气或氦气的多少来进行调节。从施放到进入云底的飞升时间通过停表来测量。

应用上升速度为已知的气球，灌好氢气后，施放上升，用肉眼或经纬仪进行观测，用秒表测出从施放到气球升达云底的时间，也就是气球轮廓刚模糊的时间，则云高用公式(2.1)计算：

$$H = V \times t \tag{2.1}$$

式中 H 表示云高(m)；V 表示气球的上升速度(m/min)；t 表示气球升达云底的时间(min)。

气球测定云高适用于云层低而密集的情况。气球的升速，可按当时的具体情况，分别选用 100，200 m/min 两种不同升速。使用气球颜色也可根据不同云天选择。

例：某次用升速 200 m/min 的气球测定云高，从开始施放气球至球影开始模糊，历时 11 分 37 秒，则云高为：

$$H = 200 \times 11\frac{37}{60} \approx 2\ 323(\text{m})$$

2.5.1.2　激光测云仪测云高

激光具有单色性好、方向性强和光亮度高的特点，是理想的测距手段。激光测云仪测云高不受观测时间和云块所在方向的限制，使用方便，提供数据迅速，精度高。

激光测云仪工作原理：仪器由发射望远镜、接收望远镜和电子门组成。当激光通过发射望远镜发射激光的同时由参考脉冲使电子门打开，于是计数电路就对时标脉冲计数。激光脉冲遇到云层被云滴散射，其中后向散射部分被接收望远镜接收后，通过光电转换系统指令电子门关闭，计数停止。计数电路记下从电子门开放到关闭的时间间隔，即为激光在测云仪和被测目标物之间往返一次所经过的时间。因此仪器和被测目标之间的斜距 S 为

$$S = \frac{1}{2}C\,t \tag{2.2}$$

式中 S 表示仪器和被测目标之间的斜距(m)；C 表示光速(m/s)；t 表示时间(s)。

读取测云仪的仰角，则云底高度可用公式(2.3)计算得到：

$$H = S \times \sin\alpha \tag{2.3}$$

式中 H 表示云高(m)；S 表示仪器和被测目标之间的斜距(m)；α 表示测云仪的仰角(°)。

通常从激光测云仪的显示器中直接读出斜距 S 与云高 H。

2.5.1.3　云幕灯测云高

夜间当云遮蔽天顶时，可用云幕灯测定云高。

云幕灯测云高的原理：利用云幕灯强光源发出的灯光垂直照射云底，形成一个明显的光点，在与云幕灯已知水平距离 L 的观测点，测出光点的仰角 α 即可求出云高 H(见图 2.1)：

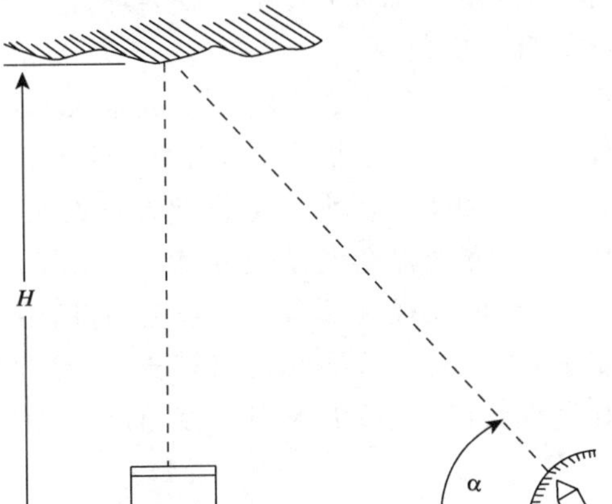

图 2.1　云幕灯测云高原理图

$$H = L \times \tan \alpha \tag{2.4}$$

式中 H 表示云高(m)；L 表示云幕灯对观测点的水平距离(m)；α 表示光点的仰角(°)。

2.5.2 估测云高

估测云高包括目测云高、利用已知目标物高度估测云高和利用半经验公式估算云高。

2.5.2.1 目测云高

用目力估测云高，是最简便的一种方法，虽然不是很准确，但为目前台站广泛应用。观测员根据云状来估测云高，首先必须正确判定云状，同时可根据云体结构及云块大小、亮度、颜色、移动速度等情况，结合本地常见的云高范围(见表 2.3)进行估测。

表 2.3 我国各属云常见云底高度范围表

云属	常见云底高度范围(m)	说明
积云	600～2 000	沿海及潮湿地区，或雨后初晴的潮湿地带，云底较低，有时在 600 m 以下；沙漠和干燥地区，有时高达 3 000 m 左右
积雨云	600～2 000	一般与积云云底相同，有时由于有降水，云底比积云低
层积云	600～2 500	当低层水汽充沛时，云底高可在 600 m 以下，个别地区有时高达 3 500 m 左右
层云	50～800	与低层湿度有密切关系，湿度大时，云底较低；湿度小时，云底较高
雨层云	600～2 000	刚由高层云演变而来的雨层云，云底一般较高
高层云	2 500～4 500	刚由卷层云演变而来的高层云，有时可高达 6 000 m 左右
高积云	2 500～4 500	夏季南方地区有时可高达 8 000 m 左右
卷云	4 500～10 000	夏季南方有时高达 17 000 m，冬季北方和西部高原地区可低至 2 000 m 以下
卷层云	4 500～8 000	冬季北方和西部高原地区，有时可低至 2 000 m 以下
卷积云	4 500～8 000	有时与卷云高度相同

根据观测经验，目力估测云高有较大误差。所以有条件的气象站，应经常对比目测云高与实测结果，总结积累经验，提高目测水平。

平均云高及常见范围固然是目测云高的主要参考数据，但由于影响云高的因子很多，在实际估测时，还需结合以下情况综合分析判断。

(1) 海拔高度、季节、昼夜等对云高有明显影响。一般来说，云的凝结高度是随海拔高度增加而降低的，一年中冬季低于夏季，一日中早晚低于中午前后。

(2) 云体结构、云块大小、亮度、颜色、移动速度等与云高关系也很大。一般来说，云底较低的云表现为结构松散、云块较大、透光程度差、颜色较暗、云层移动快；反之，云底较高。

参考云层明暗程度估计云高是白天观测云高的一条经验，但用于黎明或傍晚，却往往发生错觉。黎明或傍晚，因阳光斜射，光线通过云层的距离较长，而且光线经过较厚的大气层被减弱很多，使本来云层高度无显著变化的云层，因太阳高度角降低，而被误认为云层在显著增厚变低。

(3) 云在发生、发展、演变过程中，它的高度也在不断变化(主要指系统侵入或移出天空的云层)。一般来说，发展中的云比消散中的云低。

此外，云底高度还受近地层湿度的影响，尤其是低云。

2.5.2.2　利用已知目标物高度估测云高

当测站附近有山、建筑物、塔架等高大目标物时，则可根据目标物的已知高度来估测云高。

利用目标物高度测云高时，应注意目标物距观测点的远近和能见度的好坏。当目标物距观测点较远或能见度较差时，观察云底是否接触目标物，应防止因视差而影响估测云高的结果。

2.5.2.3　利用半经验公式估算

积云、积雨云云高计算公式：

$$H = \frac{t - t_d}{\gamma_d - \gamma_z} \approx 124(t - t_d) \tag{2.5}$$

层状云云高计算公式：

$$H = 208(t - t_d) \tag{2.6}$$

公式(2.5)、(2.6)中，H 表示云高(m)；t 表示气温(℃)；t_d 表示露点温度(℃)；γ_d 表示干空气的绝热直减率，近似于 0.98 ℃/100 m；γ_z 表示露点温度在干绝热阶段的直减率，近似于 0.17 ℃/100 m。

上述公式适用于气团内小规模乱流起主要作用形成的云。

2.6　云的记录规定

2.6.1　云状记录

云状记录按表 2.1 中 29 类云的简写字母记载。多种云状出现时，按云量多少依次记入，云量多的云状记在前面；云量相同时，记录先后次序自定；无云时，云状栏空白。

2.6.2　云量记录

(1) 总云量。观测时全天无云，总云量记 0；天空完全为云所遮蔽，记 10；天空完全为云所遮蔽，但只要从云隙中可见青天，则记 10^-；云占全天的十分之一，总云量记 1；云占全天的十分之二，总云量记 2，其余依次类推。

天空有少许云，其量不到天空的十分之零点五时，总云量记 0，称微量云。

(2) 低云量和个体量。低云量和个体量的记录方法，与总云量相同。

2.6.3　云高记录

有条件的测站应尽量实测云高；无实测条件时，只在发报观测时进行估测。云高以米(m)为单位，取整数，并在云高数值前加记云状，云状只记 10 个云属和 Fc、Fs、Fn 3 个云类。实测云高在数值右上角加记“s”，如 $Sc1486^s$，估测云高不记任何符号，如 Fn500。

2.6.4　特殊情况下云的记录

2.6.4.1　天空状况不明时云状、云量的记录

(1) 因雪暴、雾等天气现象而使天空的云量、云状无法辨明时，总、低云量记 10，云状栏记

该天气现象符号；因吹雪、雾、轻雾使天空的云量、云状不能完全辨明时，总、低云量记 10，云状栏记该现象符号和可见的云状；虽有吹雪、雾、轻雾现象，但天空的云量、云状可完全辨明时，则按正常情况记录。

（2）因烟幕、霾、浮尘、沙尘暴、扬沙等视程障碍现象使天空云量、云状全部或部分不明时，总、低云量记“—”，云状栏记该天气现象符号，或同时记录可辨明部分的云状；若透过这些天气现象能完全辨明云量、云状，则按正常情况处理。

2.6.4.2 *微量云或云层被下层云遮蔽而无法确定云状时的记录*

（1）若云量过少，类别难以确定，云状可记云属符号。

（2）若从下层云的云缝中可见上层有云，但云状无法判定，则记“—”；如能判定类别，则记类别符号；如不能判定类别，则记云属符号。

几种特殊情况下云量、云状的记法见表 2.4。

表 2.4 特殊情况下云的记录举例

天空状况	天空为 8 成的云所遮蔽，其中 Cu cong 5 成，Ac cug 2 成，Ci dens 1 成	恶劣天气下的 Fn 布满天空，从其空隙中可见 Ns，但完全看不出天空	Sc cast 量不到天空的二十分之一	云布满天空（有空隙），其中 Cs fil 6 成，Cu hum、Sc cug 各 2 成	有雾，整个天空可辨，有 5 成的 Ac tra	有雾，天顶或部分天空可辨，可见 Ac tra
总云量/低云量	8/5	10/10	0/0	$10^-/4$	5/0	10/10
云状	Cu cong Ac cug Ci dens	Fn Ns	Sc cast	Cs fil Cu hum Sc cug	Ac tra	≡ Ac tra

天空状况	雪暴使天空不明	沙尘暴使天空不明	有浮尘，整个天空可辨，无云	总云量为 10，无缝隙。下层布满 Su cug，从云隙中可见上层有 Ac，但类别不能确定	总云量 10，无缝隙。下层布满 Sc tra，从云隙中可见上层有云，但云状不能判定
总云量/低云量	10/10	—/—	0/0	$10/10^-$	$10/10^-$
云状	✥	Ꞩ		Sc cug Ac	Sc tra —

2.6.4.3 *高山站云的观测和记录*

（1）当云底高度高于测站时，按正常情况观测记录。

（2）观测时遇有云顶低于测站的云，应在观测簿纪要栏尽可能记录其云状、云量及利用已知高度的物体确定其云顶距离测站水平线下高度。此时应对这些云的上部表面加以简单描述，如表面是平的还是波状的，有无耸立的积状云自云层上部表面凸起等。在估计云顶低于测站的云量时，成层的云层为山所刺穿的部分，也应当作为云所遮掩来考虑。在记录云顶低于测站的高度时，应在记录前加“—”号。

（3）观测时遇到云底低于测站，而云顶高于测站的云，应在观测簿纪要栏记录其云状、云量，云底高度记＜0。

云雾笼罩测站时，按雾记录；若云雾移出测站时，应按云记录。

2.6.5　夜间云的观测和记录

夜间云的观测，是比较困难的。观测前应先到黑暗处停留一段时间，待眼睛适应环境后再进行观测。

要比较正确地判定夜间云，首先必须了解当天傍晚云的发展与变化趋势，为夜间观测打下基础。如果傍晚云的性质稳定，并且变化不大，则夜间可能继续保持。如果白天是对流云，则可根据傍晚观测的云是发展还是衰退，来决定夜间可能演变成什么云状。

夜间应在没有灯光或灯光很弱的地方进行观测。在有月亮的夜晚，各类云除某些细微结构不易分辨和颜色略有不同外，其他特征与白天基本相同。其他时间观测时，可根据视觉，结合星光的疏密、清晰程度，云体的颜色、移动速度及伴见的天气现象和实测云高，参照傍晚时云的状况判别云状，估计云量。

夜间估计云量时，视星光的能见与否及清晰程度来决定。看不见星光的那部分天空作为总云量。有些薄云虽然能透过星光，但可按照星光的清晰程度加以判断。

夜间在云状、云量能完全确定的情况下，记录方法与白天相同。通常情况下夜间总云量都必须进行估计，由于某种原因，低云状和低云量不能判别时，记录以“—”表示。例如云布满全天，不能确定是什么云时，云量记 10/—，云状记“—”。

根据实践经验，将无月光时云的主要特征归纳于表 2.5。

表 2.5　夜间云的特征(无月光)

云属	星光分布	云体结构	颜色
Cs	星光模糊，分布均匀。云层厚时，也可只见几颗亮度较大的星	云层均匀	灰黑色
As	一般不见星光，透光高层云时天空较明亮，偶尔可见个别特亮的星	云底均匀，能分出云地间界限	黑色
Ns	完全不见星光，天空较暗黑	云底均匀，云下碎云可辨	地面灯光照耀呈灰白色
St	厚时不见星光，薄时隐约见个别星光	云体模糊，云地间无分界线	地面灯光照耀呈灰白色、白色
Cc	有云的地方星光模糊，无云的地方星光明亮	仔细观察，云体结构可辨	灰黑色
Ac	透光时，星光忽隐忽现，云隙处星光闪烁可见；云薄处星光模糊，云厚处不见星光；蔽光时，全部不见星光	云块深浅相间，透光时云块轮廓可辨	黑色
Sc	透光时，星光时有时无，云隙处星光清晰可见，云薄处星光隐约可见，云厚处不见星光；蔽光时，全部不见星光	云块起伏、阴暗相间明显	地面灯光照耀呈灰白色
Ci	星光稀疏零散，有云处星光模糊，由于云的移动，星光时明时暗	卷云结构不易分辨	灰黑，薄时与天空颜色接近
Cu	有云处星光完全遮蔽，无云区星光清晰明亮	好似孤立黑体悬挂天空	黑色
Cb	有云处星光完全遮蔽，无云区星光清晰明亮	借闪电光可见云体形状	黑色
注意事项	(1)卷云易与银河混淆，银河白色呈带状，短时间里看不出移动。 (2)天空有一层均匀浮尘时，易误认为 Cs 满天。 (3)工矿区、市区靠近地平线的一片片烟幕，易误认为卷云、高积云。		

2.7 相似云的比较

2.7.1 卷积云(Cc)与高积云(Ac)

高的 Ac 云块较小，或在 Ac 的边缘有很小的云块，较容易误认为 Cc，其区别如下：

(1) Cc 必须具有以下特征中的一个或一个以上，否则为 Ac：

① Cc 与 Cs 之间有明显的联系。

② 从 Ci 或 Cs 蜕变而成(Ac 也可演变成 Cc，但云底明显升高)。

③ 确有冰晶云的特征。

(2) Cc 的云块很小(地平线 30°以上，云块视宽度小于 1°)且很明亮。若云块很小，但具有阴暗部分，则为 Ac。

2.7.2 高积云(Ac)与层积云(Sc)

(1) 在地平线 30°以上，天空中多数云块视宽度大于 5°即为 Sc，否则为 Ac。

(2) Sc 看起来结构较松散，没有 Ac 紧密。

(3) 云高在 2 500 m 以上时，一律记为 Ac。

2.7.3 卷层云(Cs)与透光高层云(As tra)

凡具有下列条件之一者为 Cs，否则为 As tra：

(1) 有晕存在。

(2) 日月轮廓分明。

(3) 地面上的物体有影子。

(4) 丝缕结构明显。

(1)、(2)、(3)三个条件只是在太阳高度角大于 30°时才适用。

2.7.4 蔽光高层云(As op)与雨层云(Ns)

(1) As op 薄的地方可辨模糊的日月，Ns 则完全不可辨。

(2) As op 可有条纹或纤缕结构；Ns 则无，且云底更阴暗，没有明显的界线。

(3) As op 产生的降水多为间歇性；Ns 则多为连续性雨雪，且云底高度较低，常在 1 500 m 以下。

2.7.5 雨层云(Ns)与层云(St)

(1) 通常 St 的云底高度更低，有时可以掩盖高大物体的上部，但 Ns 不会有这种现象。

(2) St 只能产生毛毛雨或米雪，Ns 多产生连续性的雨或雪；另外，Ns 的下部常有雨(雪)幡和 Fn，而 St 没有。

(3) 透光情况不同，薄的 St 有时能见到日月轮廓，但 Ns 不能见。

(4) St 多数出现于静风或微风条件下，强风时不常出现。Ns 则不一定。

(5) St 出现前，经常有雾，且 St 往往由雾升高而成，多是局部地区形成的，不常有其他中、低云存在；而 Ns 几乎都是由别的云层演变而成。

2.7.6　雨层云(Ns)与蔽光层积云(Sc op)

厚的 Sc op，它的云块彼此渐趋合并，有时能融合变成 Ns，但必须块状结构(个体起伏)完全消失，或因降水的缘故，云底已经没有截然的界限，才记为 Ns。

2.7.7　雨层云(Ns)与满天积雨云(Cb)

此时应从历史演变来判断。Ns 一般是由层状云加厚演变而来，Cb 则是由对流云发展形成的。在历史演变难判断时，一般可根据降水性质、云底情况来判断。当有阵性降水，云底很混乱，或有雷电、冰雹等现象，以及伴随有气象要素的突变时，那无疑就是 Cb 了。

当 Cb 趋于稳定，降水由阵性转为连续性时，则可转记为 Ns。

有时天空一直是 Ns，并伴有连续性的雨，但突然远方闻雷，而当地整个云层与降水性质均无变化，这是暖锋云系(或缓行冷锋云系)上产生的局部不稳定现象，此时云状按实际情况记载，或全部记 Ns；或记 Ns 和 Cb 共存，Cb 的量根据云底状况估计。

天空一直是层状云(Ns 或 As op)，伴有连续性的雨(雪)，但突然天顶附近出现雷暴、闪电，此时云状应改为 Cb，天气现象改为阵性降水。

2.7.8　层积云(Sc)与碎雨云(Fn)

Fn 布满全天时，天边附近的云块显得光滑，且互相重叠呈波浪状，很像 Sc。其实天边的 Fn 与天顶的 Fn 在同一高度上，由于在天边只能看到狭窄的侧面，才显得明暗相间，呈波浪状，容易误认为 Sc。当天边的 Fn 移到天顶时，波浪结构就消失，破碎不规则的特点就看得很清楚。所以要按天顶云块结构来判定是 Fn 还是 Sc。

2.7.9　碎积云(Fc)、碎层云(Fs)与碎雨云(Fn)

三者都是破碎的低云，外形很相似，主要从云的形成过程与当时天气条件来区别。具体如下：

Fc：破碎的积云。自行生成的 Fc 有的形状像 Cu，有圆拱形的顶部，但没有水平的底边。

Fs：破碎的层云。自行生成的 Fs，有圆拱形的顶部，但没有 Fc 那么厚。

Fn：出现在 Ns、As、Cb 等降水云层之下，由于有上层云为背景，Fn 常呈暗黑色或深灰色，形状可能像 Fc，也可能像 Fs。

在云的移向上，Fc 一般由偏南方向偏北方移动，Fn 一般由偏北方向偏南方移动，Fs 则不确定。Fc、Fs 可以单独出现，Fn 则总是伴见云。

2.8　系统云、指示云、地方性云的观测

2.8.1　系统云

系统云是指由几个不同的、具有一定特征的称为云区的部分组成的大范围云组，这些云区通常反映了天气系统或天气的特定部位。也就是指本站在某种天气系统开始影响前到结束，

出现连续变化的系列云系。如春季连阴雨云系、初夏梅雨云系、盛夏雷雨云系、台风云系、冬季强冷空气云系等。实际的天气系统并非理论上阐述的那么典型，它往往受到地形及日变化的影响，需通过连续观测云区的云类（包括云族、云属特征）组合和演变情形，结合其他气象要素的演变，来认识和掌握不同天气系统的发生、发展和移动。系统云的观测主要是为揭示云类间的组合关系、云层演变的系统性及云与天气系统的关系，以便更好地认识本地区的天气、气候规律，做好本地气象服务工作。

2.8.2 指示云

指示云是指对当地天气变化有重要指示意义的云（不属于系统云，又不是地方性云）。就云体本身而言，能直接或间接地反映气层状况，与未来的天气变化有一定的内在联系，能起指示作用。称为指示云的，一般指辐辏状、钩状、堡状、絮状、荚状等特殊云形。

2.8.3 地方性云

地方性云是指在当地地理地形影响下产生的，对当地天气变化有指示作用的云。如堤状云（由淡积云或浓积云连接成一长串的云体）、水云（长波条状的高积云或层积云）、烟云（在卷云、层积云、积云等云体上形成的特殊冒体）等。

2.8.4 观测记录

（1）观测时间。自发现至消失为止，应连续注意其演变，有显著变化时，需观测记录一次，力求不遗漏演变中的重要特点。观测时间按需要而定，一小时、半小时、甚至几分钟一次均可。

（2）记录内容。包括云类（族、属）有特征意义的组合，并摘要记录云的量、高度、移向、移速、形态特征、分布状况、所在方位、层次、色泽等。指示云还应注意云体视角、在何种云体上形成及消失时间等。

（3）记载描绘。云天观测应坚持长期记载“云天日记”，对云天演变做系统的文字叙述，对形态特殊的云体可辅以图片说明，有条件的台站还可有重点地进行云天摄影。

以上云天观测，为各地开展研究性业务而确定的自定观测项目，应根据当地的实际情况和需要而定。观测项目的内容、标准，观测记录方法，以及记录簿（表）等，由各地自行规定，但要统一。记录用数字、符号，也可结合图文，力求简明扼要，便于分析应用。

2.9 云状的编码

为准确而又简明地报告测站的云况，《陆地测站地面天气报告电码（GD-01Ⅲ）》（中国气象局监测网络司 1999）的云组 $8N_hC_LC_MC_H$ 规定了云的编报方法，C_L、C_M、C_H 三类云码分别对应低云状、中云状、高云状，每类云码包括 11 个电码，即电码 0～9 和×。云码表示某一高度气层内云天的状态，用来反映当时大气的运动状况和发展趋势。一个电码可以表示一种云，也可能表示几种云。值得注意的是，由于雨层云与蔽光高层云、堡状层积云、荚状层积云、堡状高积云所代表的天气意义相同，故将它们放在 C_M 中，分别用同一电码反映。

2.9.1　云码的简记和部分云码的解释

2.9.1.1　C_L 云码

C_L 云码包括层积云、层云、积云、积雨云四个云属的云，其编码规定见表 2.6。

表 2.6　C_L 云码表

电码	技术性说明	非技术性说明
0	没有 C_L 云	没有层积云、层云、积云、积雨云
1	淡积云或碎积云，或两者同时存在	垂直发展很小，形状扁平的积云或碎积云，或两者同时存在
2	浓积云，可伴有淡积云、碎积云或层积云，云底在同一高度上	垂直发展很可观的积云，一般都呈塔状，在此云底的同一高度上可伴有其他类的积云或层积云
3	秃积雨云，可伴有积云或层积云或层云	积雨云，顶部轮廓模糊，但显然不是卷云状的，也不是砧状的；可伴有积云或层积云或层云
4	积云性层积云	层积云，由积云扩展而成，时常伴有积云
5	层积云，不是积云性的	层积云，不是由积云扩展而成
6	层云和(或)碎层云，但不是恶劣天气下的碎雨云	层云或碎层云，或两者同时存在，但不是恶劣天气下的碎雨云
7	恶劣天气下的碎雨云，通常在高层云或雨层云之下	恶劣天气下的碎雨云，通常位于高层云或雨层云之下(恶劣天气指降水时或降水前后一小段时间内的天气状况)
8	积云和不是积云性的层积云同时存在，但这两类云的底部高度不同	积云和不是由积云扩展而成的层积云同时存在，两类云的底部不在同一高度上
9	鬃积雨云，常带砧状，可伴有积云、层积云、层云或恶劣天气下的碎云	具有清晰的纤维状(即卷云状)的顶部的积雨云，云顶常带有砧状，可伴有积云、层积云、层云或恶劣天气下的碎云
×	由于黑暗、或雾、或沙尘暴、或其他类似现象以致看不到属于 C_L 的各属云	

便捷记忆的口诀为：

一二三四五，淡浓秃积普；

六七八九×，层碎异鬃沙。

部分云码的解释：

(1) C_L7。恶劣天气下的碎雨云(恶劣天气指降水时或降水前后一小段时间内的天气状况)。

碎雨云通常在高层云或雨层云或高积云之下，但有时在 C_M2 的云下确有淡积云、碎积云存在，而无碎雨云，如下面所举二例，则 C_L 应编报电码 1。

例 1：在山地区域，空气沿山坡上升或山谷雾抬高而形成淡积云、碎积云，而同时有 C_M2 的云存在，则 C_L 仍应编报电码 1。

例 2：天空原有淡积云或晴天碎积云，以后天空出现了 C_M2 的云，这时原有的 C_L1 的云尚未消散，则 C_L 仍应编报电码 1。

在恶劣天气转好的情况下，如原来天空有雨层云布满全天并有降水，雨层云下有碎雨云存在，以后降水停止，雨层云逐渐变成普通层积云，但其下的碎雨云还未消散。这就形成普通层积云下具有恶劣天气下的碎雨云的云天。此时，应根据具体情况分别编报 C_L。

当天空以碎雨云为主，或天空虽以普通层积云为主但碎雨云相当多(云量>3)时，C_L 应编报电码 7；当天空以普通层积云为主，而碎雨云云量很少(云量≤3)时，C_L 应编报电码 5。

(2) C_L8。积云与普通层积云同时存在，但云底不在同一高度上。

普通层积云与淡积云、浓积云同时存在时，通常云底不在同一高度上，此时，无论积云云量有多少，C_L 都应编报电码 8，而不报电码 5。

如果确实观测到普通层积云与淡积云同高存在时，则 C_L 以云量多的编报电码 5 或 1；若两者量亦相同，则可根据其发展趋势选报。

如果普通层积云与浓积云同高存在，则 C_L 应编报电码 2。

(3) 普通层积云下有碎积云。这种云天的形成可能有下面两种演变过程，应分别编报：

一般天气(非恶劣天气)情况：天空原有层积云存在，以后层积云的下面出现碎积云。这种云天演变情况，C_L 适合于编报电码 8。

恶劣天气转好情况：天空原有雨层云存在并有降水，雨层云下面有碎雨云形成。以后降水停止，天气转好，雨层云逐渐演变成层积云，碎雨云演变成碎积云，即在层积云下面有碎积云同时存在。如果碎积云趋于消散，C_L 宜编报电码 5；如果碎积云正在发展中，则 C_L 宜编报电码 8。

(4) C_L9。鬃积雨云，可伴有积云、层积云、层云或碎雨云。

2.9.1.2 C_M 云码

C_M 云码包括高层云、高积云两个云属的云和雨层云，其编码规定见表 2.7。

表 2.7 C_M 云码表

电码	技术性说明	非技术性说明
0	没有 C_M 云	没有高积云、高层云、雨层云。
1	透光高层云	薄的(半透明的)高层云、从这种云看过去，可以朦胧地看到太阳或月亮，好像隔着一层毛玻璃一样
2	蔽光高层云或雨层云	厚的高层云或雨层云(有时从云层的某些部分看过去，可以找到比较明亮的小块来指示出太阳或月亮的位置)
3	透光高积云，较稳定，并且在同一个高度上	薄的(半透明的)高积云，各个云块没有显著变化，并且在同一高度上
4	透光高积云(常呈荚状)或荚状层积云，连续不断地在改变中，并且出现在一个或几个高度上	一块块薄的(半透明的)高积云片或层积云片(常呈荚状)；云块连续不断地在变化中，并且出现在一个或几个高度上
5	呈带或呈层的透光高积云，有系统地侵入天空，常常全部增厚，甚至有一部分已变成蔽光高积云或复高积云	呈带或呈层的薄的(半透明的)高积云，迅速向天空扩展，并且全部增厚，它的一部分可能已变成不透光的或成为双层的
6	积云性高积云	由积云或积雨云扩展而成的高积云
7	复高积云或蔽光高积云，不是有系统地侵盖天空；或者高层云和高积云同时存在	可能有下列情况：①双层高积云，通常有些部分不透明，不是有系统地侵盖天空；②一厚层的(不透明的)高积云，不是有系统地侵盖天空；③在同一高度上或在不同高度上有高层云和高积云
8	积云状高积云(絮状的或堡状的)或堡状层积云	呈积云形状的，一团一团的高积云，或具有小塔形状的高积云或层积云
9	混乱天空的高积云，常出现在几个高度上	
×	由于黑暗、或雾、或沙尘暴、或其他类似现象，或者完整的较低云层存在，以致看不到属于 C_M 的各属云	

便捷记忆的口诀为：

一透二蔽雨，三稳四不稳；

五有系统来，六是积云性；

七复八堡絮，九乱中空混，×中空不明。

部分云码的解释：

(1) C_M7。包括三种情况：

① 双层高积云(透光或蔽光)，非系统地侵盖天空。此时，所编报的双层高积云，各自都应是基本连续成层的。如果在大片透光高积云下只有孤立的微量荚状高积云时，应按编报云量多的原则，C_M 编报电码3，而不能编报电码7。

② 非系统地侵盖天空的蔽光高积云。

③ 在同一高度或不同高度上，高积云(不一定连续成层，透光、蔽光、荚状均可)和高层云(透光或蔽光)同时出现。常为非系统地侵盖天空，但有时也可处于系统发展中。

(2) C_M9。天空呈混乱状态，高积云出现在几个高度上，云体各异，排列散乱，常伴有成片的密卷云，此时 C_M 应编报电码9。

2.9.1.3　C_H 云码

C_H 云码包括卷云、卷层云、卷积云三个云属的云，其编码规定见表2.8。

表2.8　C_H 云码表

电码	技术性说明	非技术性说明
0	没有 C_H 云	没有卷云、卷层云、卷积云
1	毛卷云，分散在天空，不是有系统地侵盖天空	一丝丝的或一条条的卷云(通常叫做马尾云)分散在天空，不是有系统地侵盖天空
2	密卷云，呈散片或卷曲束状，通常量不增加，有时好像是积雨云顶部的残余部分	散片的或卷曲的一束束的浓密的卷云，通常量不增加，有时好像是积雨云顶部的残余部分
3	伪卷云，或为过去的积雨云的残余部分，或为远处母体看不到的积雨云的顶部	卷云，常为砧状，或者是积雨云顶部的残余部分，或为远处母体看不到的积雨云的顶部(若对这种卷云是来自积雨云有怀疑时，则应报电码2)
4	卷云(常常是钩卷云)有系统地侵盖天空，并且常常全部增厚	卷云(常常是钩状的)渐渐地在天空中伸展，并且常常全部增厚
5	辐辏状卷云和卷层云，或只有卷层云，有系统地侵盖天空，且常全部增厚，但卷层云幕前缘的高度角不到45°	卷云(常呈一条条地向地平线辐合)和卷层云，或只有卷层云；总是渐渐地在天空中伸展着，并且常常全部增厚，卷层云幕前缘的高度角不到45°
6	辐辏状卷云和卷层云，或只有卷层云，有系统地侵盖天空，且常全部增厚，同时卷层云幕前缘的高度角已超过45°，但未布满全天	卷云(常呈一条条地向地平线辐合)和卷层云，或只有卷层云；总是渐渐地在天空中伸展着，并且常常全部增厚，同时卷层云幕前缘的高度角已超过45°，但未布满全天
7	卷层云布满全天	卷层云幕遮蔽整个天空
8	卷层云，不是有系统地侵盖天空，也没有布满全天	卷层云，不是有系统地侵盖天空，也没有遮蔽整个天空
9	卷积云	只有卷积云；或卷积云伴有卷云或(和)卷层云，但卷积云量多于其他高云
×	由于黑暗、或雾、或沙尘暴、或其他类似现象，或者完整的较低云层存在，以致看不到属于 C_H 的各属云	

便捷记忆的口诀为：

一毛二密卷，三伪四钩云；

五小六大，七满八不满；

九主卷积云，×高空不明。

部分云码的解释：

(1) C_H5。卷层云有系统地侵入天空，且常全面增厚，连续云层的高度角不到45°。

有时卷层云前端的卷云，常呈辐辏状向天空发展。如卷云和卷层云共存时，所谓连续云层的高度角，是以卷层云前缘部分为准，不包括卷云部分。

(2) C_H9。卷积云与卷层云同时存在，卷积云的量多于卷层云，但如果卷层云正逐渐侵盖天空，C_H 即应编报电码5或6。

2.9.2 云状编码的原则

观测时，根据天空低、中、高云层的云状选择 C_L、C_M、C_H 三个云码。同一层出现几种云状时，根据以下原则选定一个云码。

(1) 指示性云状优先原则。当天空有指示性云状出现时，不论其量多少，或有无其他云存在，均应选指示性云状编报。

所谓指示性云，即对天气变化有重要指示意义的云。如指示天气系统向测站逼迫，未来天气可能转坏的云码有：C_H4、C_H5、C_H6；指示气层不稳定的云码有：C_L2、C_L3、C_L9、C_M8、C_M9。

而属于优先编报的指示性电码有：C_L3、C_L9、C_M8、C_H5、C_H6。例如只要观测到积雨云，无论其量多少，是否闻雷或看到闪电，C_L 都应编报3或9；再如，当有堡状高积云或堡状层积云或絮状高积云存在时，即使其云量很少，C_M 也应编报电码8。

(2) 量多原则。同一层出现几种云状时，一般情况选择量多的云状来编码。例如天空同时出现密卷云与毛卷云(非系统发展的)，毛卷云量多于密卷云则编报 C_H1。

(3) 发展趋势原则。根据云状的发展趋势(是继续发展增强，还是趋于减弱消散)合理选择云码。

这方面的情况有：①天空有大量淡积云，但其中有少量发展为浓积云，则 C_L 应编报2，而不编报1；②当天空虽以普通层积云为主，但碎雨云相当多(云量>3)时，C_L 应编报电码7；③普通层积云下有碎积云同时存在，如果碎积云趋于消散，C_L 宜编报电码5；如果碎积云正在发展中，则 C_L 宜编报电码8。

此外，当出现指示气层由对流趋于稳定的云状时，应根据当时天空具体情况来确定云码。例如：大量淡积云中，部分云块开始平衍为积云性层积云，这时表示气层趋于稳定，对流云不能发展，C_L 应编报电码4，而不编报1；又如，浓积云有部分开始平衍为层积云，也应根据当时天空是以稳定为主，还是以对流为主来确定编报 C_L4 或是 C_L2。

(4) 码大原则。同一层出现几种云状，而其量又相同时，一般选择电码大的云状来编报。

总之，确定云码时，应分析整个天空情况，尽量把当时天空状况用云码正确地表达出来。

复习思考题

1. 简述高云族、中云族、低云族各自的特征。

2. 简述卷积云和高积云、高积云和层积云的不同点。

3. 卷层云和高层云、高层云和雨层云、雨层云和层云的区别是什么？

4. 碎积云、碎层云、碎雨云在外形与成因上有何不同？

5. 如何界定云层的透光和蔽光？

6. 淡积云、浓积云、秃积雨云、鬃积雨云如何区别？积雨云可能产生哪些天气现象？

7. 试画出非对流性云、对流性云的演变规律图。

8. 估计云量的方法有哪些？如何提高目测云高的准确性？

9. 夜间云的观测有哪些特点？需注意什么？

10. 简述云状编码的原则。

11. 编写下表各序号的云码：

序号	1	2	3	4	5	6	7	8
总/低云量	$10^-/10^-$	6/5	3/2	10/10	3/3	10/10	$10^-/7$	$10^-/5$
云状	Ns Sc tra	Fc Sc tra Cu cong Ac tra	Sc lent Ac lent	≡ Ac tra （稳定）	Fs	Cb cap Fn	Fc Sc tra Ci dens	Sc tra Cs fil Cb cap
$C_LC_MC_H$								

12. 根据下列天空状况，记录云量、云状，并编报天气报中的 $8N_hC_LC_MC_H$ 组。

序号	天空状况 （括号内的数字是云底高度，单位为 m）	总/低云量	云状	云组编码
1	有轻雾，天空可辨。天空为稳定的透光高积云，可见云隙			
2	由于浮尘影响，水平与垂直能见度均较差，看不出云的结构，但太阳周围有外紫内红视半径约 22°的完整光环，可见白色丝缕结构，光环不均匀。无法判定有无其他云存在			
3	1 成堡状层积云(1 600)，2 成絮状高积云(3 200)，3 成的透光高积云(3 600)，3 成系统侵入的钩卷云(5 000)			
4	来源不明的砧状卷云 3 成，浓密成片，但丝缕结构仍较明显，其下有微量的堡状层积云，2 成透光层积云(1 400)			
5	系统发展的波状云，云块间可见青天，结构松散，连续云层中多数云块的视宽度小于 5°，可见量 5 成(2 500)，另有 1 成浓积云，2 成淡积云(1 200)			

13. 改正下列不合理记录：

序号	1	2	3	4	5	6	7	8
总/低云量	10/10	10/10	7/3	$10/10^-$	—/—	3/2	10/10	$10^-/10$
云状		Ac op	Sc cast Ac cug	Fn Ns	≡ Ac tra	Ac lent Sc lent Ci dens	Cs nebu	Sc op

第3章　能见度观测

内容提要

本章主要介绍能见度和有效水平能见度的定义、能见度目标物(灯)的选择规定、能见度的观测和记录方法及能见度观测仪器的维护方法,并简要介绍影响能见度的因子。

3.1　概述

能见度观测是气象站判断某些天气现象及强度的重要指标,其在保障航空和地面交通安全及大气污染研究方面发挥着重要作用。

能见度是表征气团特性的要素之一。气层稳定时,气溶胶多分布在低层大气中,使能见度变坏;而当气层不稳定时,由于对流和湍流的作用,将水汽、杂质带至高层,使近地层能见度变好。所以,从能见度的好坏可以大致判断大气的稳定程度。一般冷空气中因含水汽、杂质少,能见度较好;暖空气中水汽、杂质较多,能见度较差。所以,根据能见度也可以大致判断气团的性质。

能见度的观测分目测和器测两种。由于其主要受制于悬浮在大气中的固体和液体微粒决定的大气消光系数,其估计值因个人的视觉和对目标物可见的理解水平而变化,同时受光源特征和透射因数的影响。因此,能见度的目测估计值具有主观性。

3.2　能见度的定义和影响因子

3.2.1　定义

人们通常所说的能见度是指在水平和垂直方向能够看到的最远的距离,由于没有条件限制,反映的当时的状况也比较复杂。气象上所用的能见度则是有条件限制的概念,它为了反映近地层大气的透明状况,规定了照度、目标物的大小和颜色、背景的颜色等,具体的概念有气象光学视程、气象能见度、有效水平能见度等。

世界气象组织规定能见度用气象光学视程表示。气象光学视程是指白炽灯发出色温为2 700 K的平行光束的光通量在大气中削弱至初始值的5%所通过的路径长度。

气象能见度包括白天能见度和夜间能见度。白天能见度是指视力正常(对比感阈为0.05)的人,在当时天气条件下,能够从天空背景中看到和辨认的目标物(黑色、大小适度)的最大水平距离。实际上也是气象光学视程。

夜间能见度是指:①假定总体照明增加到正常白天水平,适当大小的黑色目标物能被看到和辨认出的最大水平距离;②中等强度的发光体能被看到和识别的最大水平距离。

所谓"能见",在白天是指能看到和辨认出目标物的轮廓和形体;在夜间是指能清楚地看到目标灯的发光点。凡是看不清目标物的轮廓,认不清其形体,或者所见目标灯的发光点模糊,灯光散乱,都不能算"能见"。

由于各种因素的影响,台站四周大气透明度往往不一致,使各个方向的水平能见距离产生差异。为了表示台站四周多数能见距离,人工观测能见度时,则以有效水平能见度为准。

所谓有效水平能见度,是指四周视野中二分之一以上的范围里都能看到的目标物的最大水平距离,简称"能见度"(在后述章节中,凡没有特殊标明的"能见度"都指"有效水平能见度")。各方向能见度相同时,则任何一方的能见度就是有效水平能见度。各方向能见度不相同时,如图 3.1(a),视野有二分之一的范围能见度达到 1.1 km,但没有超过二分之一,因而能见度取 0.8 km;图 3.1(b),三个方向视野范围各占三分之一,取二分之一以上范围都能看到的距离,故能见度取 4.6 km。

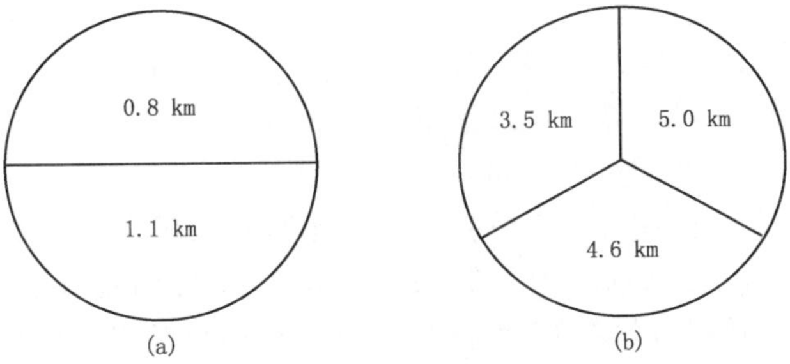

图 3.1　有效水平能见度

3.2.2　记录规定

(1) 人工目测能见度:以千米(km)为单位,取 1 位小数,第 2 位小数舍去,不足 0.1 km 记 0.0。

当出现沙尘暴、雾、雪暴、浮尘、吹雪、烟幕、霾等 7 种视程障碍现象,且能见度小于 1.0 km 时,记录最小能见度,以米(m)为单位,取整数。

(2) 仪器测量能见度:以米(m)为单位,取整数。

3.2.3　影响能见度的因子

影响能见度的主要因子有大气透明度、目标物和背景(指地平天空背景)的亮度对比及观测者的视觉感应能力。

(1) 大气透明度。大气透明度是影响能见度的直接因子。气层中所含的空气分子和气溶胶粒子能够削弱透过大气层的光线的能量,空气中水汽、杂质愈多,愈浑浊,能见度就愈差;反之,能见度就愈好。因此,大气及其所含杂质对阳光的散射和吸收是决定大气透明度的基本因素。

(2) 目标物和背景的亮度对比。由于能见度是根据目标物的"能见"与"不能见"来确定的,因此,就受到目标物的大小、形状、色彩和亮度及背景色彩和亮度的影响。地平天空背景亮度是由沿观测者视线的大气散射的空气光产生的。

设目标物亮度为L_b,地平天空背景亮度为L_h,则对于白天气象能见度,目标物与背景间的亮度对比值C为:

$$C = \frac{L_b - L_h}{L_h} \tag{3.1}$$

若目标物比地平天空背景暗,则C为负值,特别地,若目标物是黑色的($L_b=0$),则$C = -1$,此时目标物最清晰。当目标物与地平天空背景亮度一致,即$L_b=L_h$时,$C = 0$,此时目标物和背景融合,在背景衬托下不能辨别目标物。C值与目标物和背景本身亮度的绝对值无关,不论它们的亮度有多大,目标物并不一定能见。只有它们的亮度对比值C的大小,才能决定目标物的能见与否。

而夜间作为能见度标记的发光体能被看到的距离并非简单地与气象光学视程相关。它不但取决于气象光学视程和发光体光的强度,还取决于观测者眼睛处从其他光源来的照度。

(3) 目测视觉感应能力。目测视觉基于人眼在可见光谱中相对于单色辐射的适应光效率的测量。适光和暗光分别指白天和夜间的情况。

适光指白天光照环境下,眼睛的适应状态。准确地说,适光状态定义为具有正常视力的观测者对光线射入视网膜中央凹(视网膜最敏感的中枢部分)的刺激所作出的反应。在这种适应条件下,中央凹可区别出细微的清晰度和颜色。

在适光的视觉下,眼睛的相对感光效率随入射光的波长而变化。在适光条件下眼睛的感光效率在波长为550 nm时达到最大值。以波长为550 nm时的效率作为参照值,可以建立人眼在可见光谱中各种波长相对效率的反应曲线,即正常观测者的平均相对感光效率。图3.2中的曲线就是如此得出的。

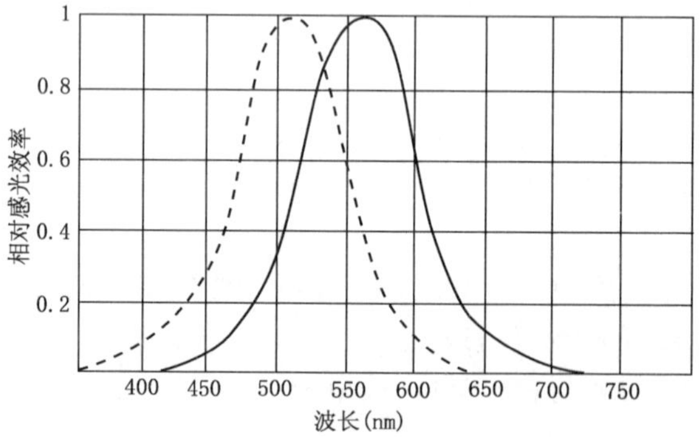

图3.2 人眼对单色光的相对感光效率
(实线表示白天的视觉,虚线表示夜间的视觉)

夜间视觉视作是暗光的(以视网膜的视杆细胞取代中央凹产生视觉),视杆细胞作为视网膜上的外围部分对颜色和细微清晰度不敏感,但对低的光强度特别敏感。在暗光视觉中,最大感光效率与507 nm波长相对应。

暗光视觉需要长时间的适应过程,长达30 min,而适光视觉只需2 min。

事实上，目标物与背景不仅在亮度完全相同($C=0$)时不能区别，而且当亮度对比值小于某一极限值时，也不能区别。人眼能察觉的最小亮度对比值叫做人眼的对比感阈值(ε)，用以表示观测者的视觉感应能力。对比感阈值因人而异，世界气象组织推荐日间测定能见度时，取对比感阈值为 0.05。

因此，在当时天气条件下，当 $C>\varepsilon$ 时，目标物才能见；当 $C<\varepsilon$ 时，目标物就不能见。

ε 的大小主要取决于观测者的视力、观测时的光照条件和目标物视角的大小。由实验得出，在白天野外光照条件下，正常人眼的 ε 平均值约为 0.025，视力好的可小于 0.005，视力差的就大一些。

黄昏以后，因亮度迅速减小，ε 可迅速增加到 0.6～0.7，使本来能清楚看到的目标物，逐渐与背景融成一片而无法辨别。

目标物视角大小也会引起 ε 值的改变。由实验得出，目标物视角大于 0.5°时，在通常光照条件下，ε 仍保持在 0.025；若视角小于 0.5°时，ε 便迅速增大。

3.3　白天能见度观测

3.3.1　目标物的选择

为确定能见距离的远近，一定要在台站四周不同方向、不同距离选择若干固定目标物，作为观测能见距离的依据。目标物的选定，应符合下列要求：

(1) 目标物的颜色越深越好，而且亮度要一年四季不变或少变。浅色、反光强的物体(如白色、粉红色、淡青色的建筑物或雪山顶等)不适宜选为目标物。

(2) 目标物应尽可能以天空为背景，若以其他物体(如山、森林等)为背景时，则要求目标物在背景的衬托下，轮廓清晰，且与背景的距离尽可能远一些。暗目标物与光亮背景之间的距离，应比目标物与观测点之间的距离远 1.5 倍左右。如果背景比目标物暗，那么背景与目标物之间的距离，应比目标物与观测点的距离远 2 倍左右。

(3) 目标物大小要适度。近的目标物可以小一些，远的目标物则应适当大一些。目标物的大小以视角表示：

$$A=\sqrt{A_h \times A_b} \tag{3.2}$$

式中 A 表示目标物的视角(°)；A_h 表示目标物的高度角(°)；A_b 表示目标物的宽度角(°)。

目标物的视角以 0.5°～5.0°之间为宜。

(4) 由于气象站观测的是水平能见度，因此目标物的仰角最好接近水平，不宜超过 6°。

另外，由于能见度的测量误差与能见度的大小有关，即能见度越大，误差越大，而能见度越小，测量要求的精度相对越高，所以近距离的目标物应适当多设置一些。特别地，0.05，0.5，1.0 和 10.0 km 是判断某些天气现象及其强度的关键点，可考虑在气象站四周设置这样距离的目标物。

在沙漠、草原或其他地物稀少的地区，可采用人工设置目标物，并视其清晰程度来判定能见度。人工设置的目标物，一般多用来估计 1.0 km 以内的能见度，物体大小要适度，材料因地制宜(木板、土墙、水泥预制件等)，向着观测点的一面应涂成黑色，以与天空背景有清楚的对比。

某些地区(如丘陵、山区台站)由于条件所限，以上要求可酌情放宽。

3.3.2 目标物分布图绘制

选好目标物后，应测定目标物所在的方位和观测点距目标物的距离。近距离可以用卷尺或测绳测定，远距离可用经纬仪、平板仪、测距仪等测定，也可从大比例尺的地图上量取。目标物方位可用指北针或经纬仪测定。

目标物的距离和方位测定后，应按表 3.1 的格式进行登记存档，并绘制成能见度目标物分布图（作为气象站档案妥善保存）。

表 3.1 ××气象站能见度目标物（灯）登记表

编号	名称	方位（°）	视角（°）	特征或灯光颜色瓦数	距离（km）			测距方法	测定时间（年.月）	备注
					灯光	能见度	目标物			
1	电杆	45	—	青灰色			0.1	卷尺	1959.04	
2	古塔	245	2.0	深灰色			4.2	平板仪	1959.04	高 50
3	铁桥	75	3.2	深灰色			9.6	经纬仪	1959.04	
4	远山	10	4.0	深灰色			58.0	大比例尺地图法	1959.05	冬天有积雪
⋮	⋮	⋮	⋮	⋮			⋮	⋮	⋮	⋮
1	路灯	260		白 75	1 000	0.5		卷尺	1960.01	
2	礼堂门灯	50		白 60	1 500	1.0		经纬仪	1960.01	不经常开
3	巷灯	165		白 25	3 500	6.4		经纬仪	1960.01	
⋮	⋮	⋮		⋮	⋮	⋮		⋮	⋮	⋮

目标物分布图的绘制方法是，先按能见度级数画 9 个同心圆，圆心代表观测点，每圈代表一个等级，同心圆由内向外分别代表 0.1，0.2，0.5，1.0，2.0，5.0，10.0，20.0 和 50.0 km 的距离。然后把目标物按其所在的方位和距离标在相应的位置上（见图 3.3），并以千米（km）数注明距观测点的距离。近距离的目标物也可单独绘制，以使图像更加清晰。

当选定的目标物情况有改变或被其他物体遮蔽而不能继续观测时，应另选目标物代替，并将情况记入能见度目标物（灯）登记表的备注栏。

3.3.3 观测方法

能见度的观测应选在视野开阔、能看到所有目标物的固定地点进行。观测应由具有正常视力且受过适当训练的观测员来进行，不能用附加的光学设备（望远镜、经纬仪等），更要注意不能透过窗户观测，尤其是在夜间观测目标物或发光体时。观测员的眼睛应处在地面以上的标准高度（大约 1.5 m），不应在平台或其他高的建筑物的上面进行观测。当能见度较低时，这一点尤其重要。

值班员应熟记各目标物的距离、方位，并经常研究和总结当地能见度在不同季节、不同时间、不同天气条件下的变化规律，统一观测标准，以便准确地进行观测记录。

能见度观测是根据气象站四周各目标物中“能见”的最远目标物和“不能见”的最近目标物，来判定当时的能见度距离的。如果某一目标物轮廓清晰，但没有更远的或看不到更远的目标物时，可参考下列几点酌情判定：

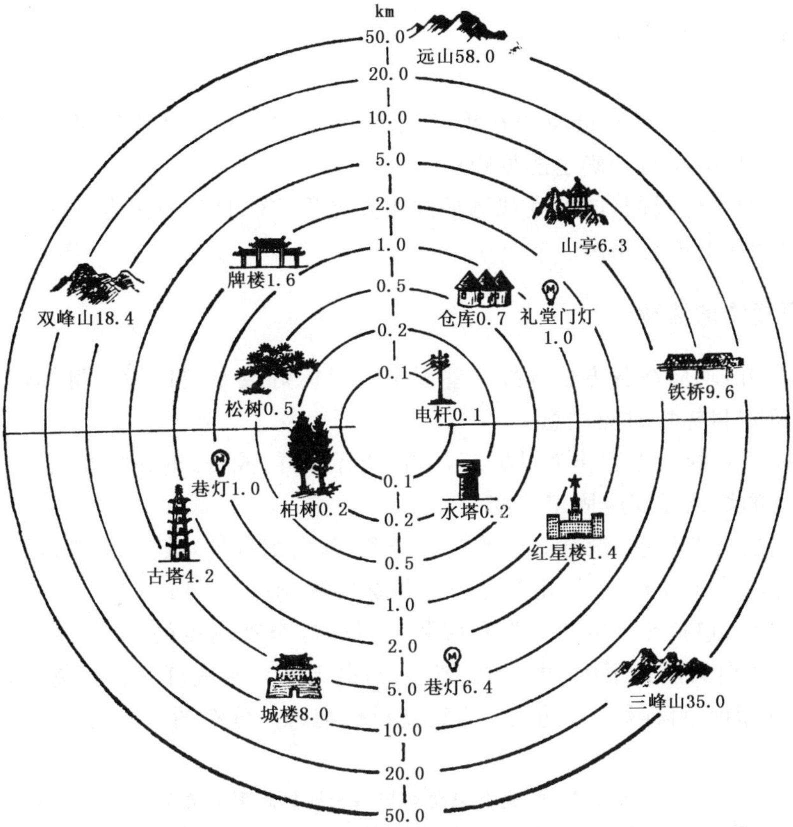

图 3.3　能见度目标物示意图

(1) 目标物的颜色、细微部分(如村庄的单个树林、远处房屋的门窗等)清晰可辨时,能见度通常可定为该目标物距离的 5 倍以上。

(2) 目标物的颜色、细微部分隐约可辨时,能见度可定为该目标物距离的 2.5～5 倍。

(3) 目标物的颜色、细微部分很难分辨时,能见度可定为大于该目标物距离,但不应超过 2.5 倍。

运用以上几点时,应考虑到目标物的大小、背景颜色及当时的光照情况等,并注意所测定的能见度不能大于看不见的最近的目标物距离。

靠近海(湖)岸的站或海岛站,其朝向海(湖)方向的能见度,还可根据水天线(即水天相接的线)的清晰程度,参照表 3.2 来判定。

表 3.2　海面能见度参照表

水天线清晰程度	能见度(km)	
	眼高出海面≤7 m 时	眼高出海面＞7 m 时
十分清楚	≥50.0	
清楚	20.0～＜50.0	≥50.0
勉强可以看清	10.0～＜20.0	20.0～＜50.0
隐约可辨	4.0～＜10.0	10.0～＜20.0
完全看不清	＜4.0	＜10.0

3.4 夜间能见度观测

夜间观测能见度时，观测员应先在黑暗处停留 5～15 min，待眼睛适应环境后再进行观测，根据最远目标灯能见与否确定能见距离。

夜间由于光照条件限制，能见度观测最好用发光物体（如灯光）作为目标物，再根据灯光强度和距离，查出相应的能见距离。

3.4.1 灯光目标物的选择

有条件的地方，均应在各方位选择一些固定的目标灯或专门设置的目标灯来作为观测能见度的依据。确定目标灯时应注意：

(1) 应选择孤立的点光源作为目标灯，不宜选择成群、成带、重叠的灯光。

(2) 目标灯的灯光强度应固定不变。

(3) 灯光应是不带颜色、没有灯罩的白色光源（除白炽灯外，碘钨灯、汞灯等均不适宜）。

(4) 目标灯应位于开阔地带，不受地方性烟雾的影响。

选择目标灯后（包括专设的目标灯），应测定目标灯至观测点的距离，并了解其功率，按表3.3查出其相当的白天能见距离，并登记、填绘（与白天同），制成灯光目标物图，以此作为观测的依据。或将目标物、目标灯一起填绘“能见度目标物（灯）分布图”，标明适用于白天观测和夜间观测。

表 3.3 灯光能见距离与白天能见距离的关系

白天能见距离(km)	在白天能见距离上应设的灯光强度(cd*)			相应白天能见距离100 cd光源应设距离(m)		
	A	B	C	A	B	C
0.1	0.2	0.04	0.006	250	290	345
0.2	0.8	0.16	0.025	420	500	605
0.5	5	1	0.16	830	1 030	1 270
1.0	20	4	0.63	1 340	1 720	2 170
2.0	80	16	2.5	2 090	2 780	3 650
5.0	500	100	16	3 500	5 000	6 970
10.0	2 000	400	63	4 850	7 400	10 900
20.0	8 000	1 600	255	6 260	10 300	16 400
50.0	50 000	10 000	1 580	7 900	14 500	25 900

*：一个普通 100 W 白炽灯发出的光强大约为 100 cd（坎德拉）。

表3.3中A、B、C分别代表不同条件下，对于视力正常的观测员，目测感受的灯光照度的阈值 E_t，可取以下值：

A类，黄昏和凌晨时分

$$E_t = 10^{-6}\,\mathrm{lx} \tag{3.3}$$

B类，月夜或天空并不十分黑暗时

$$E_t = 10^{-6.7}\,\mathrm{lx} \tag{3.4}$$

C类，黑夜或除了星光外无其他光

$$E_t = 10^{-7.5}\,\mathrm{lx} \tag{3.5}$$

公式(3.3)、(3.4)、(3.5)中，lx 为照度单位。

例：一个普通 100 W 的白炽灯安装在 5.0 km 处，若刚好“能见”，则查表 3.3 可知，A 类状况下能见度为 3.5 km，B 类状况下能见度为 5.0 km，C 类状况下能见度为 6.97 km。

不是选定的目标灯(如厂矿、居民点、街道等的照明用灯)，由于光的强度不一，且互相影响，形成光带，不易辨认，故不能用做观测能见度的依据。但可通过观测这些光源的能见与否及其清晰程度，作为判断能见度变化趋势的参考。应当注意的是，这些光源与测点的距离并非能见度数值。

3.4.2　无目标灯情况下的观测

(1) 月光较明亮时，可根据目标物的能见与否来判定能见度。但由于光照条件差，不可能像白天那样看清目标物的形体、轮廓，因而只要能隐约地分辨出比较高大目标物的轮廓，就可把该目标物距离定为能见距离；如能清楚分辨时，能见距离就可定为大于该目标物的距离。

(2) 月光暗淡或无月光时，只能根据天黑前能见度的实况和变化趋势，通过连续观测，并结合天气现象、湿度、风等气象要素的变化情况及实践经验等，首先分析能见度是增大还是减小，然后加以判定。

目前，夜间能见度观测几乎都是在没有目标灯的情况下进行的。在实际估测中，若能总结出测站在各种照度下，夜间能见度与白天能见度的相互关系，作为判定的依据，这对提高夜间能见度的估测质量是大有益处的。一般说来，当测站处于同一性质的气团控制下，且无视程障碍现象产生时，能见度在短时间内的变化是很小的。夜间能见度观测中就利用这一特点，在气层稳定且无视程障碍现象产生时，分别对不同月光(满月、半月、无月等)、不同云天(碧空、少云、蔽光云等)、入夜(或黎明)前后的能见度进行多次对比观测，总结出经验值供参考，以减小盲目性，增加可靠性。

3.5　能见度的仪器测量

现在气象观测站测定的能见度，远没有满足气象光学视程的定义要求，存在的问题较多。首先是大部分台站受地方条件的限制，其采用的目标物不具备能见度目标物的条件，大小、视角、亮度等都不符合要求。其次是没有足够的目标物，且分布不合理，导致观测员单凭经验估计，造成能见度主观误差较大。同时，目测能见度的影响因子很多，如观测员是否经过专业训练、是否具有通常所指的正常视力、对目标物可见的理解水平及观测员的眼睛对于当时照度情况的适应程度和目测视觉感应能力的不断变化等，都影响能见度观测的准确度。而夜间观测能见度，既没有足够的目标灯，又没有完善的方法，存在的问题更多，观测员主观成分更高。为准确测定能见度，发展能见度器测显得尤为重要。

目前能见度自动观测仪主要有透射能见度仪和散射能见度仪。能见度仪虽然能客观、准确地记录测点的大气透视状况，但它用单点的记录代表测站四周大范围的透视状况，在能见度分布差别较大时，误差就较大。

能见度仪的实时记录和日最小能见度记录均以米(m)为单位，取整数。

3.5.1 透射能见度仪

透射能见度仪采用测量发射器和接收器之间水平空气柱的平均消光系数而计算出能见度。发射器提供一个经过调制的定常平均功率的光通量源，接收器主要由一个光检测器（一般是在一个抛物面镜或透镜的焦点上放置一个光电二极管）组成。最常使用的光源是卤灯或氙气脉冲放电管。调制光源以防来自太阳光的干扰。透射因子由光检测器输出决定，并据此计算出消光系数和能见度。

因为透射能见度仪测量能见度是根据准直光束的散射和吸收导致光损失的原理，所以其与气象光学视程的定义紧密相关，一个优良的、维护好的透射能见度仪，在其最高准确度范围内工作时对能见度的真值能给出非常好的近似。

目前有两种类型的透射能见度仪：

(1) 发射器和接收器分处于两个单元内，且彼此之间的距离已知，如图 3.4 所示。

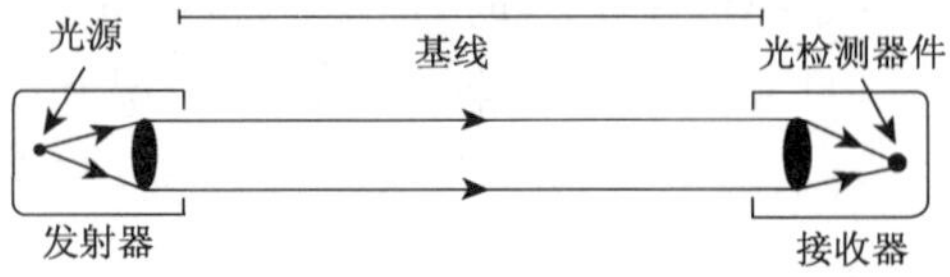

图 3.4 双终止透射能见度仪

(2) 发射器和接收器处于同一单元内，发射的光由相隔很远的镜面或后向反射器（光束射向反射镜并返回）反射，如图 3.5 所示。

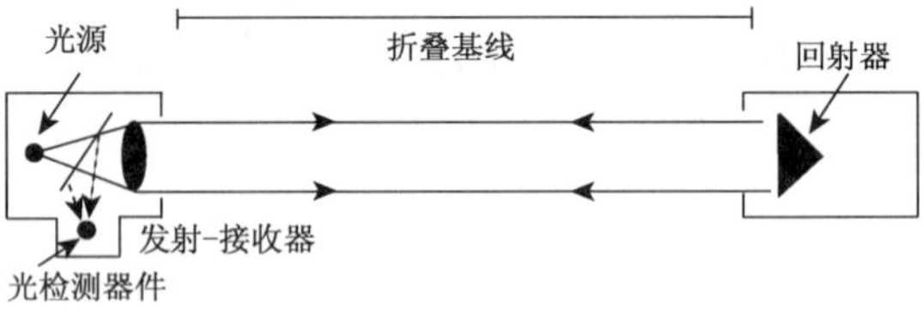

图 3.5 单终止透射能见度仪

发射器和接收器之间光束的传递距离称为基线，可从几米到 150 m。它取决于能见度值的范围与测量结果的应用情况。

透射能见度仪能自动采样，取平均值输出能见度连续变化的情况。

3.5.2 散射能见度仪

散射能见度仪是测量散射系数从而估算出能见度的仪器。它利用光的散射原理，在发送端发出一束红外光，经过空气中的空气分子、气溶胶粒子、雨雾滴等微粒时发生散射，接收端收到散射光后将光强转化为电信号，再通过专门算法转换为气象光学视程。

散射能见度仪可以分为前向散射型、后向散射型和侧向散射型三种类型，而前向散射型的工作原理最接近透射能见度仪，图 3.6 为一个前向散射能见度仪，由发射器、接收器与处理器组成。发射器发出近红外光脉冲，接收器测量的是与发射光束成 33°角的散射光束，然后由处理器计算出气象光学视程。

实验和计算都表明，当前向散射角在 20°～50°范围内时，不同大气模式的前向散射相函数曲线是互相重叠的;在 25°～45°之间,前向散射相函数随散射角变化趋于线性,而且在同一散射角、不同粒径分布下,散射强度和总消光系数的比值几乎不变,二者之间的相关度大于 99%。也就是说,不论是浓度改变还是粒径分布不同,在 25°～45°范围内,同一散射角的散射强度和消光系数总成正比。

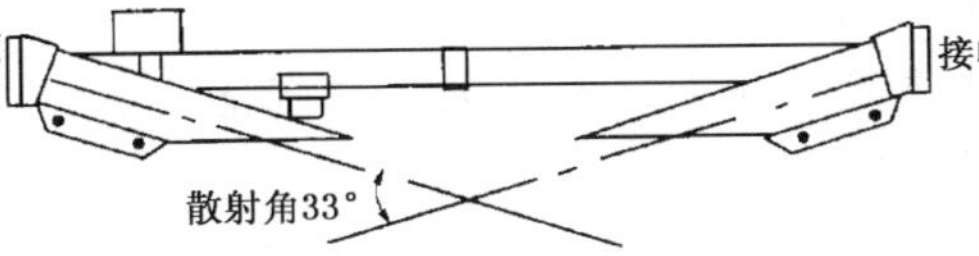

图 3.6　前向散射能见度仪

取前向散射角处于 25°～45°之间时,由接收器接收到的散射光的强度,计算被采样大气的消光系数 σ。根据柯西米德(Koschmieder)定律计算气象光学视程(meteorological optical range,MOR):

$$MOR = \frac{\ln \varepsilon}{\sigma} \tag{3.6}$$

式中 ε 为对比阈值,当 $\varepsilon = 0.05$ 时,$MOR = 2.996/\sigma$。

散射能见度仪的基线长度很短,光源与接收器安在同一支架上,避免了透射能见度仪基线难以对准的缺陷。

散射能见度仪也是自动采样,采样频率为每分钟不少于 4 次,将有效数据求 1 min 算术平均值,取 1 min 平均值为瞬时值输出能见度连续变化的情况。

3.5.3　仪器的安装、使用与维护

能见度观测仪应安装在远离局地大气污染(如烟、工业污染、多尘路面等)的地方,周围不要有高大的障碍物。发射器和接收器都不能朝着强光源(如太阳光)或强的反射面(如积雪)等,因为在强光下,接收器线路可能饱和,而发出错误的污染警告,并且可能提高接收器内的噪声水平。在北半球,将接收器的光学部件指向北方,也可采取屏蔽或挡板来达到防强光源的要求。安装高度为 2.8 m 左右,仪器底座要十分牢固。

透射能见度仪基线要测准,并对准光轴。电源和通信电缆要可靠。透视能见度仪应定期校准基线,才能保证测量能见度的准确度。校准时应在非常好的能见度(10.0～15.0 km)下进行。必须避免由于大气状况不同而导致的错误校准,例如,当有强大的上升气流或暴雨之后,接近地面的气层中的消光系数会有明显的改变。

透镜被灰尘过度污染,或在透镜表面有一些凝水,或遮光板之一被雪、树叶或其他物体覆盖等,都可能使仪器给出太好的能见度值,所以平时要注意维护发射器和接收器镜面。注意检查机盖组件和光学部件有没有积尘、凝水、蛛网、冰和雪的污染,如有则要清除,并将机盖内外表面的灰尘擦去。一般应该每天维护一次、每 6 个月进行一次全面的清洁维护,或者根据实际情况增加次数(比如设备附近有多尘的公路)。清洁时,用不起毛的软布和异丙醇酒精擦拭透镜,小心不要划伤透镜表面。

复习思考题

1. 能见度的影响因子有哪些？

2. 简述气象能见度的定义。如何确定目标物“能见”和“不能见”？

3. 对白天能见度目标物的选择有哪些要求？

4. 什么叫有效水平能见度？下面三种能见度分布情况下，其有效水平能见度各是多少？

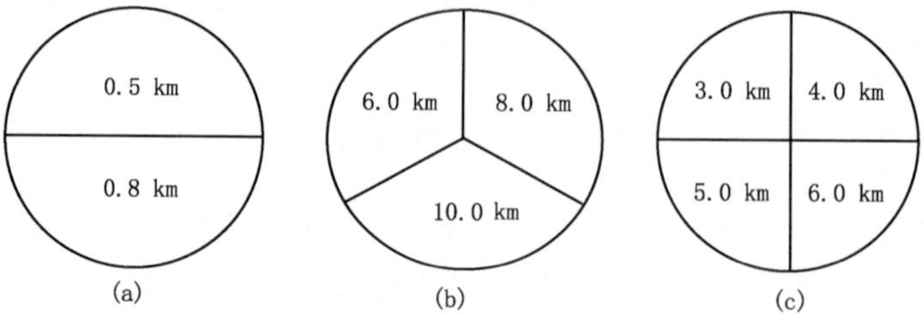

5. 夜间能见度目标灯的选择有哪些要求？月夜在 7 400 m 处有 100 W 的白炽灯恰好能见，能见度应为多少米？

6. 在没有能见度目标灯的情况下，夜间如何测定能见度？

7. 目前台站在目测能见度中有哪些主要问题需要解决？

8. 简述透射能见度仪和散射能见度仪的工作原理和维护要点。

第4章　天气现象观测

内容提要

本章介绍天气现象的定义，34种天气现象的符号、特征及区别，重点介绍天气现象的记录规定和纪要栏的记载内容。

4.1　概述

天气现象是指发生在大气中、地面上的一些物理现象。它包括降水现象、地面凝结现象、视程障碍现象、雷电现象、大气光学现象和其他现象等。这些现象都是在一定的天气条件下产生的。

天气现象反映了大气中不同物理过程，是天气变化的体现，也是天气预报的依据之一。观测天气现象不仅是为了积累当地的气候资料，而且这些资料在国民经济建设中也会发挥重要作用。

一些灾害性的天气现象，如大风、暴雨、冰雹、龙卷、雪暴、浓雾、冰冻等更是直接影响农牧业、交通运输和电力输送。气象台站应密切监视天气演变，正确判定各种天气现象，按《地面气象观测规范》(中国气象局 2003)的规定记载。对某些天气现象所造成的灾害，还应该及时进行调查。

4.2　天气现象的特征与符号

4.2.1　降水现象

降水现象是指云中的液体、固体水凝物或二者的混合物向地面降落并能够产生降水量的天气现象。

(1) 雨•——强度变化较缓慢的滴状液态降水，下降时清楚可辨，落在水面上会激起波纹和水花，落在干地上可留下湿斑。

雨通常降自雨层云、高层云、高积云，由于云层厚度、云滴大小、云滴分布等不同，可为持续时间较长、强度变化小的连续性降水，也可为时降时止或时大时小，但变化较缓慢的间歇性降水。

(2) 阵雨$\dot{\nabla}$——开始和停止都较突然、强度变化大的液态降水。

主要降自积雨云、浓积云或其他积状云。由于积状云水平分布极不均匀，且云中升降气流多变，上升气流强时，降水物被“托住”，而上升气流减弱或出现下降气流时，降水物就骤然倾盆而下，致使降水具有明显的阵性。

是阵雨还是普通雨，是根据降雨强度变化而不是根据雨量多少来决定的，有时阵雨的降雨量可能很少。出现阵雨时一般天空时而昏暗，时而部分明亮开朗，可伴有雷暴、冰雹，或气象要素有显著变化。如果判定天空是积雨云、积云，那么它们产生的降水就都是阵性的。

(3) 毛毛雨❜——稠密、细小而十分均匀的液态降水，下降情况不易分辨，看上去似乎随空气的微弱运动飘浮于空中，徐徐落下，迎面有潮湿感，落在水面无波纹，落在干地上只是均匀地润湿，地面无湿斑。

常降自层云或浓雾中，有时轻雾也可产生毛毛雨。

(4) 雪✱——大多是白色不透明的六出分枝的星状、六角形片状结晶的固态降水。降水强度变化较缓慢。温度较高时，雪常成团(似棉絮状)降落。

通常降自雨层云、高层云等云中，降水性质与雨相同。

(5) 阵雪✱̬——阵性的雪，其性质、降水云层和阵雨相同。

(6) 雨夹雪⁎——半融化的雪(湿雪)，或雨和雪同时下降。

当雪片下降时，如经较暖气层，使雪片的外层开始融化，这样下降的雪称为半融化的雪，亦叫湿雪或水雪。如融化着的雪下落到地面即融化成水滴，则仍应记雨夹雪。出现雨夹雪时近地气层温度在 0 ℃以上。降水性质及云层同雨。

(7) 阵性雨夹雪⁎̬——具有阵性特点的雨夹雪。

(8) 霰✕̲——白色不透明的圆锥形或球形的颗粒固态降水。直径约 2～5 mm，下降时常呈阵性，着硬地常反跳，松脆易碎。

霰通常在气温近于 0 ℃时降落，常见于降雪前或与雪同时下。霰产生于扰动强烈的云中，由雪花(或冰晶)和过冷却水滴并合而成。

(9) 米雪△̶——白色不透明的比较扁、长的杆状小颗粒固态降水，直径常小于 1 mm，着硬地不反跳。

米雪多降自层云或雾中，由于云层扰动较弱，云中过冷却水滴很小，故形成的米雪直径很小，且降水量不大。

(10) 冰粒▵——透明的丸状或不规则状的固态降水，较硬，着硬地一般反跳。直径小于5 mm。

冰粒为雨滴或大部分已融化的雪在下降过程中经过低层的冷空气层(0 ℃以下)时冻结而成。有时冰粒的硬壳内还有未冻结的水，如被碰碎，就只剩下破碎的冰壳。

(11) 冰雹△——坚硬的球状、锥状或形状不规则的固态降水，雹核一般不透明，外面包有透明的冰层，或由透明的冰层与不透明的冰层相间而成。大小差异大，大的直径可达数十毫米，常伴有雷暴出现。

冰雹形成于有强烈上升运动的积雨云中，常以白色不透明的霰为核心，受强烈的上升气流的抬升而在云内上下升降多次，不断有雪花粒附着和过冷却水滴冻结上去，形成透明与不透明的冰层相间组成的雹粒。

常见的冰雹如豆粒大小，但也有如鸡蛋大或超过鸡蛋大的，有时是几个冰粒的融合体。雹常使农作物受到严重损害，虽持续时间很短，但它是一种严重的自然灾害。

现将易混淆的部分液态、固态降水现象列于表 4.1，供判断时参考。

表 4.1　降水现象的特征和区别

天气现象	符号	直径（mm）	外形特征及着地特征	下降情况	一般降自云层	天气条件
雨	•	≥0.5	干地面有湿斑，水面起波纹	雨滴可辨，下降如线，强度变化较缓	Ns，As，Sc，Ac	气层较稳定
阵雨	$\overset{\bullet}{\triangledown}$	>0.5	同上，但雨滴往往较大	骤降骤停，强度变化大，有时伴有雷暴	Cb，Cu，Sc	气层不稳定
毛毛雨	,	<0.5	干地面无湿斑，慢慢均匀湿润，水面无波纹	稠密飘浮，雨滴难辨	≡，St，＝	气层稳定
雪	✳	大小不一	白色不透明六角或片状结晶，固体降水	飘落，强度变化较缓	Ns，Sc，As，Ac，Ci	气层稳定
阵雪	$\overset{*}{\triangledown}$	同上	同上	飘落，强度变化较大，开始和停止都较突然	Cb，Cu，Sc	气层较不稳定
雨夹雪	$\overset{\bullet}{*}$	同上	半融化的雪（湿雪）或雨和雪同时下降	同雨	Ns，Sc，As，Ac	气层稳定
阵性雨夹雪	$\overset{\bullet *}{\triangledown}$	同上	同上	强度变化大，开始和停止都较突然	Cb，Cu，Sc	气层较不稳定
霰	$\overset{*}{\triangle}$	2～5	白色不透明的圆锥形或球形颗粒，固态降水，着硬地常反跳，松脆易碎	常呈阵性	Cb，Sc	气层较不稳定
米雪	$\overline{\triangle}$	<1	白色不透明，扁长杆状小颗粒，固态降水，着地不反跳	均匀、缓慢、稀疏	≡，St	气层稳定
冰粒	⟁	1～5	透明丸状或不规则固态降水，有时内部还有未冻结的水，着地常反跳，有时打碎只剩冰壳	常呈间歇性，有时与雨伴见	Ns，As，Sc	气层较稳定
冰雹	△	2～数十	坚硬的球状、锥状或不规则的固态降水，内核常不透明，外包透明冰层或层层相间，大的着地反跳，坚硬不易碎	阵性明显	Cb	气层不稳定（常出现在夏、春、秋季）

4.2.2　地面凝结现象

地面凝结现象包括在地面或地物上产生的水汽凝结或凝华的天气现象。

（1）露 ⌓——水汽在地面及近地面物体上凝结而成的水珠。霜融化成的水珠，不记露。

由贴近地面的空气层内所含的水汽因辐射冷却达到过饱和，而与地面及近地面物体表面（温度在 0 ℃以上）接触而凝结形成，常在晴朗微风的夜晚出现。

（2）霜 ⊔——水汽在地面及近地面物体上凝华而成的白色松脆的冰晶；或由露冻结而成

的冰珠。

由近地面空气中的水汽直接在温度低于 0 ℃的地面或近地面物体上凝华而成。寒冷晴朗微风的夜晚最有利于霜的形成。洼地、草、树叶、房顶及露天木板都是凝聚霜最多的地方。

(3) 雾凇 V——空气中水汽直接凝华，或过冷却雾滴直接冻结在物体上的乳白色冰晶物。常呈毛茸茸的针状或表面起伏不平的粒状，多附着在细长的物体或物体的迎风面上，有时结构较松脆，受震易塌落。

在微风严寒(－15 ℃以下)的天气里形成的雾凇，是由空气中水汽直接凝华而成(雾可有可无)。外形多为白色毛茸茸的针状晶体，有冰晶的闪光，厚度一般较小。

出现浓雾或强浓雾，加上有风、微寒(－2～－7 ℃)时，在物体(电线、树枝等)的迎风面上，由于雾滴与物体接触时冻结很快，以致使它来不及改变原来雾滴的形状，而形成表面起伏不平的粒状乳白色冰层。这种雾凇可增至很大，对树木和电线等有很大的破坏力。

(4) 雨凇∾——过冷却液态降水碰到地面物体后直接冻结而成的毛玻璃状或透明的坚硬冰层，外表光滑或略有隆突。密度小的雨凇为浑浊而无光泽的冰层，密度大时为透明的冰层。

雨凇通常在不太寒冷(0～－3 ℃)时出现，它在垂直面与水平面上均能形成，但主要是在近地面物体的水平面和迎风面上，厚度有时可达数十厘米。

雨凇多在强冷空气或寒潮到来时，由于冷暖空气交锋而产生。当冷锋入侵时，锋面下的气温和地面温度都降至 0 ℃以下，而锋面上方的气温却在 0 ℃以上且较潮湿，在锋面上方的云层内形成的雨滴落入温度低于 0 ℃的气层时就能变成过冷却雨滴，这种过冷却液态降水一旦遇到温度低于 0 ℃的地面物体，就立即冻结成冰，形成雨凇。

形成雨凇的过冷却液态降水现象或过程则称为冻雨。它是初冬或冬末春初时节出现的一种灾害性天气。冻雨落在电线、树、农作物上，可能绷断电线，冻伤甚至冻坏果树和农作物幼苗。冻雨有时边冻边淌，像一条条冰柱，称之为“冰凌”。我国南方一些地区把冻雨又叫做“下冰凌”，北方地区称它为“地油子”。我国出现冻雨较多的地区是贵州省，其次是湖南、江西、湖北、河南、安徽、江苏、山东、河北、陕西、甘肃等省及辽宁省南部等地，其中山区比平原多，高山最多。

地面及近地面物体表面上原有的水，因冻结而成的冰，记结冰，不要与雨凇相混淆。

露、霜、雨凇、雾凇的区别可参考表 4.2。

表 4.2 地面凝结现象的特征和区别

天气现象	符号	外形特征及凝结特征	成因	天气条件	容易附着的物体部位
露	Ω	水珠(不包括霜融化成的)	水汽冷却凝结而成	晴朗少风湿度大的夜间，地表温度在 0 ℃以上	地面及近地面物体
霜	⊔	白色松脆的冰晶或冰珠	水汽直接凝华而成或由露冻结而成	晴朗微风湿度大的夜间，地面温度在 0 ℃以下	同上
雾凇	V	乳白色的冰晶层或粒状冰层，较松脆，常呈毛茸茸针状或起伏不平的粒状	过冷却雾滴在物体迎风面冻结或严寒时空气中水汽凝华而成	气温较低(－3 ℃以下)，有雾或湿度大时	物体的突出部分和迎风面上
雨凇	∾	透明或毛玻璃状的冰层，坚硬光滑或略有隆突	过冷雨滴或毛毛雨滴在物体(低于 0 ℃)上冻结而成	气温稍低，有雨或毛毛雨下降时	水平面、垂直面上均可形成，但水平面和迎风面上增长快

4.2.3　视程障碍现象

视程障碍现象是指固态和(或)液态颗粒物悬浮在大气中，影响能见度且其强度与能见度直接相关的天气现象。

(1) 雾 ≡ ——大量微小水滴浮游空中，常呈乳白色，使水平能见度<1.0 km。高纬度地区出现冰晶雾也记为雾，并加记冰针。根据能见度的大小将雾分为三个等级：

雾　　能见度 0.5～<1.0 km；

浓雾　能见度 0.05～<0.5 km；

强浓雾　能见度<0.05 km。

出现雾时，常使天空全部或部分不可辨，相对湿度常为 100%或接近 100%。风力微弱，气层稳定。

雾多为乳白色，城市工矿区的雾，也可带土黄色或灰色。在极寒冷的天气里(气温在 −20 ℃以下)，大部分雾都含有冰晶，可呈暗灰色。

(2) 轻雾 = ——微小水滴或已湿的吸湿性质粒所构成的灰白色的稀薄雾幕，使水平能见度≥1.0 km～<10.0 km。出现时没有雾那么潮湿。

(3) 吹雪 ⍏ ——由于强风将地面积雪卷起，使水平能见度<10.0 km 的现象。

(4) 雪暴 ⍏ ——大量的雪被强风卷着随风运行，并且不能判定当时天空是否有降雪。水平能见度一般<1.0 km。

雪暴常使天空不可辨，甚至造成道路掩埋。在北方牧区常造成一定危害。

(5) 沙尘暴 S ——由于强风将地面大量尘沙吹起，使空气相当浑浊，水平能见度<1.0 km。根据能见度的大小将沙尘暴分为三个等级：

沙尘暴　　能见度 0.5～<1.0 km；

强沙尘暴　能见度 0.05～<0.5 km；

特强沙尘暴　能见度<0.05 km。

沙尘暴常笼罩全天或至少使天空的一部分昏黄，为较严重的风沙现象(见图 4.1)。

图 4.1　沙尘暴发生实例

(6) 扬沙 $——由于风大将地面尘沙吹起，使空气相当浑浊，水平能见度≥1.0～<10.0 km。

(7) 浮尘S——尘土、细沙均匀地浮游在空中，使水平能见度<10.0 km。

浮尘多为上游尘沙经上层气流传播而来，或为沙尘暴、扬沙出现后正在下沉的细粒浮游空中而成(俗称“落黄沙”)。前一种情况的浮尘出现时往往伴随较大的风；后者一般风力较弱。上游出现沙尘暴、扬沙后的尘沙随上层气流向下游传播时，下游台站往往先观测到高空浮尘，然后观测到地面浮尘，即在时间上地面浮尘有滞后性。另外，在浮尘后期如果出现降水，则两者在时间上会出现重叠。

有浮尘时，远处景物呈黄褐色、灰黄色或土黄色，太阳苍白或微黄。垂直能见度一般较差，可能影响日照记录。高空浮尘容易被误认为卷层云，应从有无晕圈、是否有云的丝缕结构等加以区别。出现浮尘时相对湿度会比较低(可能低到 20%或以下)，当高空浮尘下传时，相对湿度会迅速下降，这也是浮尘区别于卷层云的地方。另外，有浮尘时，室内桌面等地方也可能在较短的时间内落满灰尘，有时还能闻到较浓的灰尘味道。

(8) 霾 ∞——大量极细微的干尘粒、烟粒、盐粒等均匀地浮游在空中，使水平能见度<10.0 km 的空气普遍浑浊的现象。霾使远处光亮物体微带黄、红色，而使黑暗物体微带蓝色。

出现霾时空气一般都比较干燥，相对湿度在 80%以下；相对湿度在 80%～95%时，应按照天空颜色和物体颜色的标准进一步判识。

近些年来，随着工业的发展，机动车辆的增多，污染物排放使城市上空悬浮物大量增加，直接导致了能见度降低，使得整个城市看起来灰蒙蒙一片，城市霾天气的出现几率增加。

(9) 烟幕 ᵚ——大量的烟存在于空气中，使水平能见度<10.0 km。

城市、工厂区上空的烟幕和焚烧农作物秸秆产生的烟幕呈黑色、灰色或褐色，浓时可以闻到烟味。有浓烟幕时，仰角很低的太阳带红色。焚烧农作物秸秆产生的烟幕有一定的季节性。

风速很小，特别是静风，加上近地层有逆温层，或者天空为厚厚的云层所笼罩时，焚烧农作物秸秆容易出现烟幕。在焚烧农作物秸秆时如果伴有小雨，由于秸秆燃烧不充分，往往会加重烟雾的浓度，从而影响交通和人们的生产生活。

沙尘暴、扬沙、浮尘、烟幕、霾都是大量的尘粒存在于空气中，致使水平能见度在 10.0 km 以内的视程障碍现象。它们之间，以及霾与轻雾间都很容易混淆，区别时参考表 4.3。

表 4.3　视程障碍现象的特征和区别

天气现象	符号	特征或成因	影响能见度的程度(km)	颜色	天气条件	大致出现时间
雾	≡	大量微小水滴浮游空中	<1.0	常为乳白色(工厂区为土黄色或灰色)	相对湿度接近 100%	日出前，锋面过境前后
轻雾	=	微小水滴或已湿的吸湿性质粒组成的稀薄雾幕	1.0～<10.0	灰白色	空气较潮湿、稳定	早晚较多
吹雪	✢	强风将地面积雪卷起	<10.0	白茫茫	风较大	本地或附近有大量积雪时
雪暴	✥	大量的雪被风卷着随风运行(不能判定当时是否有降雪)	<1.0	白茫茫	风很大	

续表

天气现象	符号	特征或成因	影响能见度的程度(km)	颜色	天气条件	大致出现时间
扬沙	$	本地或附近尘沙被风吹起,使能见度显著下降	1.0～<10.0	天空浑浊,一片黄色	风较大	冷空气过境或雷暴、飑线影响时,北方春季易出现
沙尘暴	S→		<1.0		风很大	
浮尘	S	远处尘沙经上层气流传播而来或为沙尘暴、扬沙出现后尚未下沉的细粒浮游空中	<10.0 垂直能见度也差	远物黄褐色、灰黄色或土黄色,太阳苍白或微黄	无风或风较小	冷空气过境前后
霾	∞	大量极细微尘粒,均匀浮游空中,使空气普遍浑浊	<10.0	远处光亮物体微带黄、红色,黑暗物体微带蓝色	气团稳定、较干燥	一天中任何时候均可出现
烟幕	ᒥ	城市、工厂、森林火灾、焚烧秸秆等产生的大量烟粒弥漫空中,有烟味	<10.0	远处来的烟幕呈黑色、灰色或褐色,日出、黄昏时太阳呈红色	气团稳定,有逆温时易形成	早晚常见

其中,识别轻雾、霾和雾时,除以相对湿度为重要参考依据外,还应根据天气条件、测站位置、出现时间、其他要素的变化情况、太阳的位置和颜色、远近地面物体的颜色及该现象本身的演变等来综合分析。

浮尘、霾、轻雾、烟幕的厚度有从大到小的特征。一般地,厚度越厚的现象,水平范围也越大,维持时间也越长。

4.2.4 雷电现象

大气中与放电、电离有关的现象,包括非连续的电现象(如雷暴、闪电)和相对较连续的电现象(如极光),称为雷电现象。

(1) 雷暴 ⌈̸ ——积雨云中、云间或云地之间产生的放电现象。表现为闪电兼有雷声,有时亦可只闻雷声而不见闪电。

雷暴总是和积雨云相联系,它是积雨云强烈发展的结果。当大气或云中的电位差达到一定数值时,就产生火花放电,即观测到的闪电。强大电流通过时,使空气迅速膨胀,空气分子因摩擦产生巨大的声响,即是雷声。因为光速远大于声速,故总是先见闪电后闻雷声。

雷电有时对地面人畜、森林、工业设备和弱电设施等造成破坏。

(2) 闪电 く ——积雨云云中、云间或云地之间产生放电时伴随的电光,但不闻雷声。

闪电有枝状、片状、球状等,以枝状最为常见。

(3) 极光 凶 ——在高纬度地区晴夜见到的一种在大气高层辉煌闪烁的彩色光弧或光幕(中纬度地区也可偶见)。亮度一般像满月夜间的云。光弧常呈向上射出的活动的光带,光带往往为白色稍带绿色或翠绿色,下边带淡红色;有时只有光带而无光弧;有时也呈振动很快的光带或光幕。

极光是由于太阳发射出的带电微粒,受到地球磁场的影响,从高纬度地带进入大气,激发了高层稀薄气体而形成的放电发光现象。

极光在太阳活动强烈的年份出现频率较高，而且到达的纬度也较低。

4.2.5　其他现象

(1) 大风 ⚑——瞬时风速达到或超过 17.2 m/s(或目测估计风力达到或超过 8 级)的风。风速要求用瞬时风速器测定，无瞬时风速器时才目测估计风力。

(2) 飑 ∀——突然发作的强风(6 级及以上)，持续时间短促。出现时瞬时风速突增，风向突变，其他气象要素随之亦有剧烈变化，常伴随雷雨出现。

常出现在积雨云到来之前或冷锋之前。飑出现时的风速大小并无规定，但当风速达到大风标准时，还应加记大风现象。

(3) 龙卷)(——一种小范围的强烈旋风，从外观看，是从积雨云底盘旋下垂的一个漏斗状云体。有时稍伸即隐或悬挂空中；有时触及地面或水面，旋风过境，对树木、建筑物、船舶等均可能造成严重破坏。

龙卷出现时的风速可达 150～450 km/h 以上，具有很强的破坏力。龙卷出现很短促，一般仅几分钟，最长不过几十分钟，一般直径只有 100～300 m(大者可达 1 000 m 左右)，但造成的灾害是严重的。

(4) 尘卷风 8——因地面局部强烈增热，而在近地面气层中产生的小旋风，尘沙及其他细小物体随风卷起，形成尘柱(见图 4.2)。很小的尘卷风，即直径在 2 m 以内、高度在 10 m 以下的不记录。

图 4.2　尘卷风实例

尘卷风常见于干燥的春夏季节午后，由于地面局部强烈增热，小股空气对流上升，同时，周围空气迅速流来补充，形成一种旋风，尘沙等物体随风卷起。形状像漏斗，出现后常可移动，时间也较短促。

(5) 冰针 ↔——飘浮于空中的很微小的片状或针状冰晶，在阳光照耀下，闪烁可辨，有时可形成日柱或其他晕的现象。多出现在高纬度和高原地区的严冬季节。

(6) 积雪 ⊠——雪(包括霰、米雪、冰粒)覆盖地面达到测站四周能见面积一半以上。

(7) 结冰⊔̵——指露天水面(包括蒸发器内的水)冻结成冰。

上述天气现象共 34 种,列于表 4.4。

表 4.4　天气现象符号表

现象名称	符号	现象名称	符号	现象名称	符号	现象名称	符号
雨	•	冰粒	◬	雪暴	✜	大风	F
阵雨	$\overset{\bullet}{\triangledown}$	冰雹	△	烟幕	$\ulcorner^{\sim}$	飑	∀
毛毛雨	,	露	Ω	霾	∞	龙卷	)(
雪	✱	霜	⊔	沙尘暴	$S\!\!\!\rightarrow$	尘卷风	§
阵雪	$\overset{\ast}{\triangledown}$	雾凇	∨	扬沙	$\$$	冰针	↔
雨夹雪	$\overset{\bullet}{\ast}$	雨凇	∽	浮尘	S	积雪	⊠
阵性雨夹雪	$\overset{\overset{\bullet}{\ast}}{\triangledown}$	雾	≡	雷暴	$\lceil\!\searrow$	结冰	⊔̵
霰	⋇	轻雾	=	闪电	$<$		
米雪	$\bar{\triangle}$	吹雪	⇸	极光	$\overset{\cdots}{\smile}$		

4.3　天气现象的观测和记录

4.3.1　观测注意事项

(1) 值班观测员应随时观测天气现象的发生和变化,记录出现在视区内的全部天气现象。夜间不守班的气象站,对夜间出现的天气现象,应尽量判断记录。

(2) 为正确判断某一现象,有时候还要参照气象要素的变化和其他天气现象综合进行分析。

(3) 凡与水平能见度有关的现象,均以有效水平能见度为准,并在能见度观测地点观测判断天气现象。

4.3.2　天气现象栏的记载

(1) 天气现象按一日中出现时间的先后顺序,并用表 4.4 对应的符号记入观测簿天气现象栏内。

(2) 以下 10 种天气现象,仅记其符号,不记起止时间,不论重复出现几次,只以一个符号记录。

冰针、轻雾、露、霜、积雪、结冰、烟幕、霾、尘卷风、闪电。

(3) 飑只记录开始时间。

例:∀ 16^{22}

(4) 以下 23 种天气现象,除记符号外还应加记起止时间(时、分)。

雨、阵雨、毛毛雨、雪、阵雪、雨夹雪、阵性雨夹雪、霰、米雪、冰粒、冰雹、雾、雨凇、雾凇、吹雪、雪暴、龙卷、沙尘暴、扬沙、浮尘、雷暴、极光、大风。

① 天气现象按出现的先后顺序记录。

例:$\overset{\bullet}{\triangledown}$ 11^{05}—14^{03}　14^{09}—15　△ 11^{13}—11^{23}　14^{01}—14^{10}

② 若现象出现时间不足 1 min 即终止,则只记开始时间,不记终止时间。

例 1:$\overset{\bullet}{\triangledown}$ 12^{02}

例 2：• 8^{47}

③ 大风的起止时间，凡两段出现的时间间隔在 15 min 或以内时，应作为一次记载；若间隔时间超过 15 min，则另记起止时间。

例：某日大风实际出现时间是：13^{02}—13^{04} 13^{06}—13^{07} 13^{22}—13^{25} 13^{41}—13^{42} 13^{44}—13^{45}，则观测簿应记为：⫽F 13^{02}—13^{25} 13^{41}—13^{45}

（5）雷暴应从整体出发判别其系统，记录其起止时间和开始、终止方向，切忌凌乱记载。

起止时间的记法：以该系统第一次闻雷时间为开始时间，最后一次闻雷时间为终止时间。两次闻雷时间相隔在 15 min 或以内，应连续记载；如两次间隔时间超过 15 min，须另记起止时间。如仅闻雷一声，只记开始时间。

方向的记法：按八方位记载。以该系统第一次闻雷的所在方位为开始方向，最后一次闻雷的所在方位为终止方向。若雷暴始终在一个方位，则只记开始方向；若雷暴经过天顶，要记天顶符号“Z”；若起止方向之间达到 180°或以上时，则须按雷暴的行径，在起止方向间加记一个中间方向；当起止方向不明或多方闻雷而不易判别系统时，则不记方向。

例：⛈ 16^{47}_{NW}—17^{20} 17^{36}_{W}—17^{55}

⛈ 13^{18}_{Z}—13^{50}_{E} 14^{10}—15^{11} (W—Z—SE)

⛈ 12^{12}—13^{05} (W—Z—SE)

按系统记载雷暴不能理解为按雷暴云单体记载雷暴，有时可能是一个雷暴云单体，有时可能是几个单体组成的一个系统。另外，雷暴的起止方向往往反映其系统的移动路径，但在积雨云满布全天，或主体就在天顶附近时闻雷，由于积雨云的任何部位都可能放电，所以此时记录的起止方向就不一定是系统的移动路径。

（6）天气现象的记录以 20 时为日界。如现象正好出现在 20 时，不论该现象持续与否，均应记入次日天气现象栏；如正好终止在 20 时，则应记在当日天气现象栏。

例 1：2 月 15 日，17^{45} 下雨，19^{20} 转为雨夹雪，20^{30} 全部转为雪，21^{22} 雪止。

2 月 15 日天气现象栏记为：• 17^{45}—19^{20} ✳ 19^{20}—20

2 月 16 日天气现象栏记为：✳ 20—20^{30} ✱ 20^{30}—21^{22}

例 2：7 月 18 日，16^{19} 降阵雨，20 时终止；17^{58} 闻雷，19^{05} 止，雷声自东方经北方在西南方消失。从 20 时整开始测站出现闪电。

7 月 18 日天气现象栏记为：$\dot{\triangledown}$ 16^{19}—20 ⛈ 17^{58}—19^{05} (E—N—SW)

7 月 19 日天气现象栏记为：<

（7）最小能见度的记录规定。沙尘暴、雾、雪暴、浮尘、吹雪、烟幕、霾等 7 种视程障碍现象出现能见度小于 1.0 km 时，都应观测和记录最小能见度，记录在出现最小能见度的时段后，并加方括号[]。每一现象出现时，一天只记录一个最小能见度。

最小能见度是指视程障碍现象出现时段内的最小有效水平能见度，以 m 为单位，取整数。

例：$̶S 10^{15}—11^{25}[50] 13^{05}—13^{50}

≡ 6^{13}—7^{20}[200]

ᒥ[800]

S 11^{14}—13^{22} 16^{10}—17^{31}[700]

夜间不守班的台站，夜间最小能见度应尽可能进行观测。当某种现象的最小能见度出现在夜间时，则记录在夜间栏，如 $\mathrm{S}\!\!\!\rightarrow$ [550]。

注意，并不是所有可能使能见度小于 1.0 km 的天气现象，都观测和记录最小能见度。例如：中雪和大雪的能见度就小于 1.0 km，但却不记录最小能见度。

(8) 夜间不守班的台站，观测簿中的天气现象栏划分“夜间(20—08 时)”和“白天(08—20 时)”两栏。夜间出现的天气现象记入“夜间”栏，只记符号，一律不记起止时间；白天出现的天气现象，则按上述各条规定记录在“白天”栏内。

如现象正好出现在 08 时，不论该现象持续与否，均应记入“白天”栏；如正好终止在 08 时，则记在“夜间”栏；如现象由夜间持续至 08 时以后，则按规定分别记入两栏。

例：“夜间”•；“白天”　• $8—15^{15}$

天气现象记录综合举例：

8 月 5 日，16^{28} 风把地面尘土吹起，维持了 10 min，最小水平能见度降为 1.7 km；16^{30} 到 16^{44} 风力断续达到 8 级，17^{01} 又达 8 级，但不足 1 min；17^{45} 开始下阵雨；18^{07} 闻雷一声，方向未能辨别，18^{21} 阵雨止，19^{29} 又下阵雨，20 时夹降冰雹，20^{18} 冰雹止，阵雨一直持续到 24 时转为间歇性雨，于 0^{56} 止；阵性降水期间，又在 19^{45} 天顶闻雷，接着于 19^{50}(天顶)、19^{56}(天顶)、20^{09}(东南方)、20^{15}(东南方)、20^{27}(东方)又分别闻雷。

8 月 5 日天气现象记录为：

$\$$ $16^{28}—16^{38}$　F $16^{30}—16^{44}$ 17^{01}　$\dot{\triangledown}$ $17^{45}—18^{21}$ $19^{29}—20$　К 18^{07} $19^{45}_{Z}—20$

8 月 6 日天气现象记录为：

$\dot{\triangledown}$ 20—0　• $0—0^{56}$　△ $20—20^{18}$　К $20_{Z}—20^{27}_{E}$

4.3.3　高山站特殊情况的记录

(1) 记雾时，不记最小能见度。

(2) 当云笼罩测站、能见度小于 1.0 km 时，应作为雾记录。

(3) 如雾的浓度变化快，能见度时而小于 1.0 km，时而等于、大于 1.0 km 时，仍可记为雾，但以点线连接。

如：≡ $1^{10}\cdots7^{30}$

(4) 当孤立的云块迅速掠过测站，使能见度变化很快时，可不作雾记录。

(5) 积雨云在测站上空时，可能同时出现雷暴、阵雨(阵雪)、毛毛雨、雾、冰雹等多种现象，应照实记录。

4.4　大气光学现象

大气光学现象是指由太阳光或月光的反射、折射、衍射或干涉而形成的发光现象。大气光学现象可在晴朗的空中观测到，也可出现于云中或云面上，以及某些水凝物或大气尘粒中或其表面上。大气光学现象亦称为天象，系气象观测站为当地服务需要而自行规定的天气现象，不列入测站正式记录。

(1) 日(月)晕——环绕在日(月)周围的彩色(或白色)光环或光弧，色带排列内红外紫。常见的光环或光弧半径对应的视角为 22°或 46°，出现于卷层云或卷云上。

假日(月)、假日环、日(月)珥、反日(月)、日(月)柱等均属晕的一种，各种奇特美妙的晕，在

天空构成色彩缤纷的奇观。观测时,要区别是全晕圈还是缺口晕(包括缺口的方位)。

(2) 日(月)华——环绕在日(月)周围的彩色光环,色带排列内蓝外红,其半径对应的视角一般不超过5°。常见于薄的高积云上。

当薄云(透光高积云、透光层积云)经过日(月)附近时,在个别地方常映出红绿(蓝)彩色,靠近云的边缘颜色特别明显,这种现象叫做虹彩,也属华的一种(多见于层积云)。观测时注意华环大小的变化。

(3) 虹霓——以反日点为中心的彩色光弧。内侧光弧称为虹,色带排列内紫外红;外侧同心光弧称为霓,色带排列内红外紫,光彩较暗淡(见图4.3)。虹霓半径的视角通常为42°,形成于太阳相对方向有雨幕的时候。

图4.3 虹霓(内侧为虹,外侧为霓)

在福建、广东一带,黄昏时出现在南方海面上的半截虹(称断虹或短虹),它没有一般雨虹的弧状弯曲,色彩也不鲜艳,常是台风外围低空中的光象。

(4) 海市蜃楼——当低空气层上下密度差异特别大时,人们观察远方物体经过大气的异常折射和全反射而产生的幻景。

上现幻景直立于天空的远方,常见于早晨。下现幻景仿佛倒立于地下,大都出现在热季的沙漠上,常见于午后。

(5) 峨眉宝光——当观测者面对密云或浓雾,而阳光从背后射来时,云雾幕上就会出现彩环,而人影的头部现于环中。这种现象以峨眉山最常见,故称峨眉宝光。

峨眉宝光的大小、色彩排列均与华相似。在其他山上、飞机上,甚至平地上,只要条件适宜也可看到。

(6) 月环——在少云或无云的夜空,在月亮(星)外围形成的很淡的有色光环,常呈淡红、黄、蓝色。群众经验中"月亮撑伞"、"月亮烤火"、"星星含水"、"月亮戴帽"等,指的就是这种现象。

(7) 晖线——日出前或日没后天空出现的辐合于太阳位置(或其相对位置)的一道道向上或向下射出的青光或白光。这种现象各地名称不一,有"海线"、"风缆"、"蓝冲"、"青杠"、"脊杠"、"白杠"等。一般观测这种光的射向和长度。

(8) 霞——日出前和日没后，在太阳附近的天空或云层上出现的色彩现象。一般观测霞的颜色，如大红、浅红、胭脂红、橙红、橙黄……，可作些描述，并记明属天空霞，还是云霞。

在"4.2 天气现象的特征与符号"一节中已规定观测记录的现象中，也可根据需要进行细致观测并增记内容。例如：拉磨雷（声音低沉而连续不断的雷声）、横闪（沿水平方向放射的闪电）等。

天象观测方法、记录格式、观测内容等均由各地自行规定。

4.5 天气现象的自动观测

随着采集技术和识别技术的成熟，天气现象的自动观测开始从单一的降水现象识别发展到能够对多种现象的综合识别。根据采取的识别技术的不同，可按如下分类实现天气现象的自动化观测：

(1) 降水现象：雨、阵雨、毛毛雨、雪、阵雪、雨夹雪、阵性雨夹雪、冰雹。

(2) 地面凝结现象：露、霜、雾凇、雨凇、积雪、结冰。

(3) 视程障碍现象：沙尘暴、扬沙、浮尘、雾、轻雾、霾。

(4) 雷电现象：雷暴、闪电。

(5) 其他现象：大风、飑。

中国气象局已开始研制的天气现象自动观测仪原理样机，其结构如图 4.4 所示。它由降水天气现象传感器，露、霜、结冰图像传感器（含凝结物采集板），积雪、雾凇和雨凇图像传感器（含电线积冰架），闪电定位仪，以及自动气象站组成。

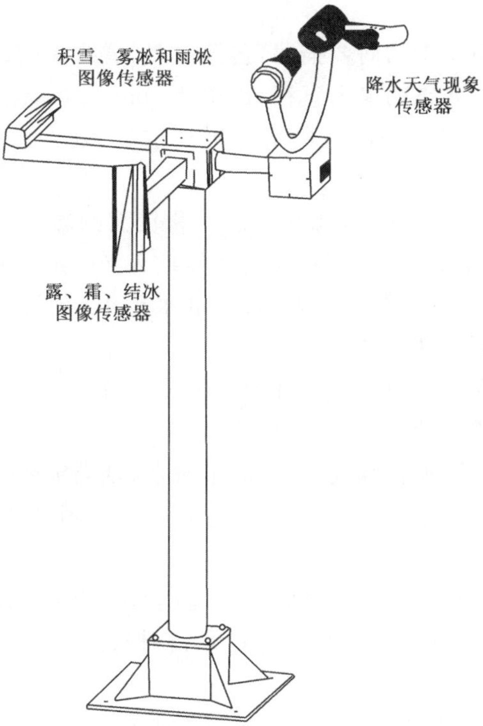

图 4.4　天气现象自动观测仪结构图

降水天气现象传感器主要由光发射器和光学接收器组成。光发射器以一定的频率发射激光脉冲，当降水颗粒经过仪器的采样区时，根据接收到的脉冲数量计算下降速度，再根据不同降水颗粒反射的脉冲强度，对降水颗粒进行统计，判别出不同的降水类型。

露、霜、结冰图像传感器和积雪、雾凇、雨凇图像传感器通过CCD图像采集，对获取的图像进行图像识别、色度识别和综合识别，并利用自动气象站测得的气象要素（如能见度、温度、湿度、风、降水量）信息及各种天气现象出现时与气象要素之间的相互关系综合进行判别。

雷暴主要通过使用闪电计数器来监测。利用一定时间间隔内的闪电次数，并与降水率和风速联合应用，即可确定雷暴的强弱。

对降水现象、视程障碍现象、风的现象等连续采集，经过软件处理可以形成《地面气象观测规范》（中国气象局 2003）所要记载的天气现象，再经过软件算法的研制可以得到所能判断出的天气现象的现在天气电码和过去天气电码。

4.6 纪要栏记载

纪要栏记载的内容为对观测记录的补充，主要有以下几点：

(1) 当某些强度很大的天气现象，在本地范围内造成灾害时，应迅速进行调查，并及时记载。

调查内容包括：影响的范围、地点、时间、强度变化、方向、路径、受灾范围、损害程度等。

(2) 气象站附近的江、河、湖、海的泛滥、封冻、解冻情况。

(3) 气象站附近的铁路、公路及主要道路因雨凇、沙阻、雪阻或泥泞、翻浆、水淹等影响中断交通时，应进行调查记载。

(4) 气象站视区内高山积雪的简要描述，包括山名、雪线高度、起止日期（本月内）等。

(5) 降雹时应测定最大冰雹的最大直径，以毫米(mm)为单位，取整数。当最大冰雹的最大直径大于 10 mm 时，应同时测量冰雹的最大平均重量，以克(g)为单位，取整数，均记入纪要栏。

冰雹最大平均重量的测量方法：选拣几个最大和较大的冰雹，用秤直接称出重量，除以冰雹数目即得冰雹的最大平均重量。或者将所拣冰雹放入 20 cm 专用量杯中，待冰雹融化后，用量得的毫米数乘以 31.4 即得水的体积，因 1 cm^3 的水重 1 g，所以水的体积就是水的重量，再除以冰雹数目就是冰雹的最大平均重量。

例：选择了 9 个最大和较大的冰雹，用 20 cm 专用量杯量得的冰雹融化的水的高度为 3 mm，则冰雹的最大平均重量为 $3\times31.4/9\approx10$(g)。

(6) 本站视区内出现的罕见特殊现象，如海市蜃楼、峨嵋宝光等。

(7) 当本地范围内进行人工影响局部天气（包括人工增雨、防霜、防雹、消雾等）作业时，应注明其作业时间、地点。

(8) 冻土观测中，遇有两个以上的冻结层时，超过两个的冻土层的记入。

以上内容应详细记载，有条件的可用影像记录，存档备用。

4.7　现在天气现象编码

在《陆地测站地面天气报告电码》和《航空天气报告电码》中规定，观测时和(或)观测前一小时内出现的天气现象为现在天气现象，对于需要编报的现在天气现象，用编码(ww 电码)来反映。观测员应根据天气现象的性质、强度(及其变化)、出现时间和地点等综合分析，从“现在天气现象电码表”的电码中选用最合适的电码编报。

时段用语中时间概念的规定(以 08 时为例)：

“观测时”是指定时观测的 15 min，取 07:45—08:00(包括 08:00，不包括 07:45；下同)；

“观测前一小时”是指定时观测前的 45 min，取 07:00—07:45；

“过去一小时”是包括“观测时”和“观测前一小时”在内的 60 min，即 07:00—08:00。

4.7.1　现在天气现象电码表

国际上用 100 个天气电码表示现在天气现象状况，依据 WMO4677 电码表，我国使用的现在天气现象电码见表 4.5。

表 4.5　现在天气现象电码表

分类	电码	现在天气现象
过去一小时内没有出现规定要编报 ww 的各种天气现象	00	没有出现规定要编报 ww 的各种天气现象
	(01)	不用
	(02)	
	(03)	
烟、霾、尘、沙	04	观测时水平能见度因烟(草原或森林着火而引起的烟，工厂排出的烟)或火山爆发的灰尘障碍而降低
	05	观测时有霾
	06	观测时有浮尘，广泛散布的浮在空中的尘土，不是在观测时由测站或测站附近的风所吹起来的
	07	观测时由测站或测站附近的风吹起来的扬沙或尘土，但还没有发展成完好的尘卷风或沙尘暴；或飞沫吹到观测船上
	08	观测时或观测前一小时内在测站或测站附近看到发展完好的尘卷风，但没有沙尘暴
	09	观测时视区内有沙尘暴，或者观测前一小时内测站有沙尘暴
观测时有轻雾、浅雾	10	轻雾
	(11)	测站有浅雾，呈片状，在陆地上厚度不超过 2 m，在海上不超过 10 m
	(12)	测站有浅雾，基本连续，在陆地上厚度不超过 2 m，在海上不超过 10 m
观测时在视区内出现的天气现象	13	闪电
	14	视区内有降水，没有到达地面或海面
	15	视区内有降水，已经到达地面或海面，但估计距测站 5 km 以外
	16	视区内有降水，已经到达地面或海面，在测站附近，但测站无降水
观测时测站没有降水的雷暴、飑、龙卷	17	雷暴，但观测时测站没有降水
	18	飑，观测时或观测前一小时内在测站或视区内出现
	19	龙卷，观测时或观测前一小时内在测站或视区内出现

续表

分类	电码	现在天气现象
观测前一小时内测站有降水、雾或雷暴，但观测时没有这些现象	20	毛毛雨
	21	雨(非阵性)
	22	雪、米雪或冰粒(非阵性)
	23	雨夹雪或雨夹冰粒(非阵性)
	24	毛毛雨或雨(非阵性)，并有雨凇结成
	25	阵雨
	26	阵雪或阵性雨夹雪
	27	冰雹或霰(伴有或不伴有雨)
	28	雾
	29	雷暴(伴有或不伴有降水)
观测时有沙尘暴	30	轻的或中度的沙尘暴，过去一小时内减弱
	31	轻的或中度的沙尘暴，过去一小时内没有显著的变化
	32	轻的或中度的沙尘暴，过去一小时内开始或增强
	33	强的沙尘暴，过去一小时内减弱
	34	强的沙尘暴，过去一小时内没有显著的变化
	35	强的沙尘暴，过去一小时内开始或增强
观测时有吹雪	(36)	轻的或中度的低吹雪，吹雪所达高度一般低于观测员的眼睛(水平视线)
	(37)	强的低吹雪，吹雪所达高度一般低于观测员的眼睛(水平视线)
	38	轻的或中度的高吹雪，吹雪所达高度一般高于观测员的眼睛(水平视线)
	39	强的高吹雪，吹雪所达高度一般高于观测员的眼睛(水平视线)，或雪暴
观测时有雾	40	观测时近处有雾，其高度高于观测员的眼睛(水平视线)，但观测前一小时内测站没有雾
	41	散片的雾
	42	雾，过去一小时内已变薄，天空可辨明
	43	雾，过去一小时内已变薄，天空不可辨
	44	雾，过去一小时内强度没有显著的变化，天空可辨明
	45	雾，过去一小时内强度没有显著的变化，天空不可辨
	46	雾，过去一小时内开始出现或已变浓，天空可辨明
	47	雾，过去一小时内开始出现或已变浓，天空不可辨
	48	雾，有雾凇结成，天空可辨明
	49	雾，有雾凇结成，天空不可辨
观测时测站有毛毛雨	50	间歇性轻毛毛雨
	51	连续性轻毛毛雨
	52	间歇性中常毛毛雨
	53	连续性中常毛毛雨
	54	间歇性浓毛毛雨
	55	连续性浓毛毛雨
	56	轻的毛毛雨，并有雨凇结成
	57	中常的或浓的毛毛雨，并有雨凇结成
	58	轻的毛毛雨夹雨
	59	中常的或浓的毛毛雨夹雨
观测时测站有非阵性的雨	60	间歇性小雨
	61	连续性小雨
	62	间歇性中雨
	63	连续性中雨
	64	间歇性大雨
	65	连续性大雨
	66	小雨，并有雨凇结成

续表

分类	电码	现在天气现象
观测时测站有非阵性的雨	67	中雨或大雨，并有雨凇结成
	68	小的雨夹雪，或轻毛毛雨夹雪
	69	中常的或大的雨夹雪，或中常的或浓的毛毛雨夹雪
观测时测站有非阵性固体降水	70	间歇性小雪
	71	连续性小雪
	72	间歇性中雪
	73	连续性中雪
	74	间歇性大雪
	75	连续性大雪
观测时测站有非阵性固体降水	76	冰针(伴有或不伴有雾)
	77	米雪(伴有或不伴有雾)
	(78)	孤立的星状雪晶(伴有或不伴有雾)
	79	冰粒
观测时测站有阵性降水，但观测时和观测前一小时内无雷暴	80	小的阵雨
	81	中常的阵雨
	82	大的阵雨
	83	小的阵性雨夹雪
	84	中常或大的阵性雨夹雪
	85	小的阵雪
	86	中常或大的阵雪
	87	小的阵性霰，伴有或不伴有雨或雨夹雪
	88	中常或大的阵性霰，伴有或不伴有雨或雨夹雪
	89	轻的冰雹，伴有或不伴有雨或雨夹雪
	90	中常或强的冰雹，伴有或不伴有雨或雨夹雪
观测前一小时内有雷暴，观测时无雷暴而有降水	91	观测前一小时内有雷暴，观测时有小雨
	92	观测前一小时内有雷暴，观测时有中雨或大雨
	93	观测前一小时内有雷暴，观测时有小(轻)的雪、或雨夹雪、或霰、或冰雹
	94	观测前一小时内有雷暴，观测时有中常或大(强)的雪、或雨夹雪、或霰、或冰雹
观测时有雷暴和降水	95	小或中常的雷暴，观测时没有冰雹、或霰，但有雨、或雪、或雨夹雪
	96	小或中常的雷暴，观测时伴有冰雹、或霰
	97	大雷暴，观测时没有冰雹、或霰，但有雨、或雪、或雨夹雪
	98	雷暴，观测时伴有沙尘暴和降水
	99	大雷暴，观测时伴有冰雹、或霰

现在天气现象电码表有如下特点：

(1) 电码 01,02,03,11,12,36,37 和 78 等 8 个不用，实际使用的电码有 92 个。

(2) 电码 00～49 表示观测时测站上没有降水，电码 50～99 表示测站上有降水(但电码 76 反映的冰针不是降水现象)。

(3) 一般的，电码越大，反映的天气现象越剧烈。

(4) 降水天气现象一般按小(轻)、中(中度、中常)、大(强)、间歇、连续等由小到大排列。

4.7.2　编报规定

现在天气电码 ww 的选码遵从下列规定：

(1) 按正常观测程序观测完毕后，正点前又出现新的天气现象比原报现象的电码为大；或者原编报了电码 20～49，以后又出现电码 17,18,19 的天气现象，有关各项要素都应补测改报。

(2) 如果现在天气现象可以用几个码来编报时，一般应选择其中最大的一个码编报。但是，电码 17，18，19 应比 20～49 优先选用；电码 28，29 应比 40 优先选用。

例 1：观测前一小时内测站有阵雨，观测时闻雷，已无降水，ww 应编报电码 17，而不编报电码 25。

例 2：观测前一小时内有龙卷在测站附近移过，站上兼有雷阵雨、大风，观测时已没有雷阵雨，ww 应编报电码 19，而不编报电码 29。

例 3：观测前一小时内测站有雾，观测时测站近处有雾，能见度已≥1 000 m，ww 应编报电码 28，而不编报电码 40。

(3) 观测时 15 min 内出现的现象都算是"观测时的现象"。当观测时 15 min 内先后出现两种或两种以上现象时，尽量合并选码，不能合并选码的，则按选大码的原则编报。

"合并选码"是考虑到有些伴见天气现象常间断出现，为便于编报而作的特殊规定。但是应注意，毛毛雨夹雨(雪)、雨夹雪(包括阵性)、雨(毛毛雨、雾)并有雨(雾)凇结成等，必须是两种现象同时出现，才能选报有关电码。

(4) 只有观测时或观测前一小时内出现了间歇性天气，才可以选用那些表示间歇性天气现象的电码编报。

降水特征可分为连续性、间歇性和阵性，可按以下特点进行判别：

① 连续性降水：降水持续时间较长，在降水过程中强度变化很小，多降自雨层云和高层云中。

② 间歇性降水：降水时降时止，或降水虽未停止而强度变化却时大时小，但这些变化都很缓慢；在降水停止或强度变小的时间内，天空和其他要素没有什么显著变化。此种降水多降自高积云与层积云中。

③ 阵性降水：降水强度变化很快，骤降骤止，天空时而昏黑时而部分明亮开朗(但也不是每次天空都开朗)，气压、气温和风等要素有时也发生显著变化。此种降水多降自积雨云和积云中。

(5) 有些天气现象编报时需区分强度。强度分为小(轻)、中常、大(浓、强)三级，根据观测时的降水情况或有效水平能见度参照表 4.6 进行判定。

① 毛毛雨并有雨凇结成(电码 56，57)、雨并有雨凇结成(电码 66，67)的强度，分别按毛毛雨或雨的强度判定。

② 毛毛雨夹雨(电码 58，59)、毛毛雨夹雪或雨夹雪(电码 68，69，83，84)的强度，按其中主要现象的强度判定。

③ 当毛毛雨、雪与雾同时存在时，可由观测员灵活处理，一般不必区分毛毛雨、雪单独对能见度的影响，可用实际有效水平能见度确定毛毛雨、雪的强度；但如明显为雾中零星小雪或轻毛毛雨时，ww 亦可编报 70，71 或 50，51。

(6) 只有当测站有效水平能见度≥1 000 m 时看到的雾才能编报 ww 电码 40，41。如测站能见度<1 000 m，则应选择 42～49 中的适当电码编报。

(7) 当雾与烟、霾等现象同时存在时，不必区分各自对能见度的影响。只要测站能见度<1 000 m，ww 即可选择 42～49 中的适当电码编报。

(8) 霰下降时一般都是带有阵性的，应作为阵性降水编报。如果确实观测到非阵性的霰，则按米雪编报，ww 编报电码 77 或 22。

(9) 观测时视区内出现雨(雪)幡，ww 编报电码 14。

表 4.6　天气现象强度表

天气现象	小(轻)	中常	大(浓、强)
沙尘暴	能见度 0.5～<1 km (电码:30,31,32)	能见度 0.5～<1 km (电码:30,31,32)	能见度<0.5 km (电码:33,34,35)
吹雪	能见度≥1 km (电码:36,38)	能见度≥1 km (电码:36,38)	能见度<1 km (电码:37,39)
雨(连续、间歇)、阵雨	雨点清晰可辨，没有飘浮现象；落到地面石板或屋瓦上不四溅，地面泥水浅洼形成很慢，降后至少 2 min 以上始能完全滴湿石板或屋瓦，屋上雨声缓和，屋檐只有滴水 (电码:60,61,80)	雨落如线，雨滴不易分辨；落硬地或屋瓦上即四溅；水洼泥潭形成很快，屋上有淅淅沥沥的雨声 (电码:62,63,81)	雨降如倾盆，模糊成片，落到屋瓦和硬地上四溅高达数寸，水潭形成极快，能见度大减，屋上雨声如擂鼓，作哗哗的喧闹声 (电码:64,65,82)
毛毛雨、雪、阵雪	能见度≥1 km (电码:50,51,70,71,85)	能见度 0.5～<1 km (电码 52,53,72,73,86)	能见度<0.5 km (电码:54,55,74,75,86)
冰雹、霰	仅有少数雹粒、霰粒可见，地面不见累积 (电码:87,89)	降速中常，地面稍见累积 (电码:88,90)	大量下降，迅速累积于地面 (电码:88,90)
雷暴	云与云之间或云与地之间，有偶发或频见的闪电及雷声。雷暴过顶时，风速一般不超过 17.2 m/s 或风力小于 8 级 (电码:95,96)	云与云之间或云与地之间，有偶发或频见的闪电及雷声。雷暴过顶时，风速一般不超过 17.2 m/s 或风力小于 8 级 (电码:95,96)	闪电强烈而且连续发生，有大而紧接的雷声，大雨随降；时或夹以强度不同的阵雹。大雷暴过顶时，风速在 17.2 m/s 或以上(风力达到或超过 8 级)，气压、气温、风等也有剧烈变化 (电码:97,99)

复习思考题

1. 如何区别很小的雨与毛毛雨？
2. 雨夹雪包括哪几种情况？
3. 霰与米雪有何异同处？
4. 怎样区别冰雹、冰粒与霰？
5. 在什么天气条件下常出现雾凇、雨凇？其各自的外形特征怎样？
6. 如何区别吹雪和雪暴？如何区别浮尘、扬沙和沙尘暴？
7. 霾是如何形成的？如何区别轻雾、霾、浮尘和烟幕？
8. 试区别大风、飑、尘卷风、龙卷四种天气现象。
9. 能见度 1.0 km 以内、10.0 km 以内各可能伴随哪些天气现象？
10. 伴随积雨云可能出现哪些天气现象？
11. 试判定下列各种情况属何种现象(以符号记载)：

(1) 天空云层密布，细雨绵绵，下降时间很长，但强度变化不大，雨滴下降清晰可见，水面上能激起微微波纹；

(2) 天空满布低而均匀云层，透过云层可见太阳如白玉盘，自云中降下细小直径不足1 mm的白色杆状小颗粒，着地并不反跳；

(3) 测站地面雪花被强风卷起，使能见度降为 300 m，同时有雪降自云中；

(4) 测站上空被层云笼罩，云层逐渐降低，最后接触地面，能见度降为 500 m，风力微弱，气温较低，在物体迎风面上出现白色松脆冰层；

(5) 风力达 6 级的狂风骤起，风向突变，气压急升，气温下降，将地面尘土吹起，使能见度降至 800 m；

(6) 夏季午后，有尘土和落叶被风卷起呈涡旋状，其高度约 15 m，直径约 4 m；

(7) 农民收割油菜后在田间焚烧秸秆，使能见度降至 600 m，空气中弥漫着烟味。

12. 试将下列情况记入天气现象栏中，并编发相应时段各正点的现在天气现象电码：

(1) 某日 21^{27} 出现灰白稀薄雾幕，能见度 8.0 km，23^{39} 起雾幕增浓，能见度 0.8 km，7^{20} 变薄，能见度 2.0 km，直至 9^{09} 雾幕消失，其间最小能见度达 450 m。17^{22} 浓积云降雨数滴，17^{55} 又降，至 18^{07} 止；18^{22} 又降，至 18^{30} 止。

(2) 某日 21^{39} 起有露，5^{18} 露水冻结成冰珠。15^{26} Ac op 降间歇性雨，至 16^{45} 止；18^{21} As op 降连续性雨，19^{23} 转为降半融化的雪；19^{40} 蒸发器内水面结冰；20 时转为雪，次日 21^{18} 地面积雪过半，0^{43} 雪止。

(3) 某日下午积雨云移来，16^{16} 狂风突起，风力达到 8 级，风向、气压、气温等有急剧变化，且地面沙尘被吹起，能见度降为 3.0 km，16^{21} 降至 0.8 km，16^{23} 风力减至 8 级以下，16^{36} 降雨数滴，16^{38} 能见度 1.0 km，其间最小能见度为 0.4 km。16^{25} 西北方有雷声，16^{44}（北）、16^{58}（北）、17^{12}（东南）、17^{27}（东南）均有雷声，17^{36} 看见闪电。

(4) 7 月 16 日 13^{28} 西北闻雷，13^{32} 开始有阵雨，雷声频繁，间隔 15 min 以内，13^{54} 移至天顶，夹降冰雹，13^{55} 至 13^{59} 只降冰雹，以后又是阵雨、冰雹夹降，14^{06} 冰雹止，14^{07} 雷声移至东方，14^{20} 于东方消失，阵雨维持到 14^{52}，18^{18} 又降阵雨，19^{14} 西南方闻雷，19^{55} 西方闻雷，20^{06} 移至西北方，于次日 20^{21} 在北方消失，阵雨于次日 23^{19} 转为间歇性降水，3^{12} 终止。

(5) 某日 2^{42} 观测到有毛毛雨，3^{15} 地面上逐渐积起光滑坚硬的冰层，电线、树枝上也有冰层积聚，6^{28} 毛毛雨止，7^{29} 雾向测站移来，风力加大，能见度为 0.4 km，8^{33} 观测到在树枝、电线的迎风面上又有明显的粒状、松脆、起伏不平的冰层在原有的冰层上积聚，10^{01} 雾变薄，能见度增至 1.0 km，这些冰层一直持续到 14^{08} 才消失。

13. 试述纪要栏记载的项目。

14. 某次量取冰雹的最大平均重量，拣取冰雹 12 个，用 314 cm^2 的专用量杯，量得水量高为 0.9 mm，求算平均重量为多少克？

15.《陆地测站地面天气报告电码》中，100 个现在天气现象电码有哪些特点？

第5章 气压观测

内容提要

本章主要介绍大气压强、标准大气压、本站气压和海平面气压的概念，气压的测量原理及其误差来源，自动观测和人工观测方法，本站气压的订正方法和海平面气压的计算方法。

5.1 概述

5.1.1 大气压的概念

地球的周围被厚厚的空气包围着，这些空气被称为大气层。由于空气具有一定的质量，因此，空气对地球表面会产生一种压力。对任何一层空气而言，也会受到其上层空气的压力。在给定表面上的大气压是指其上的大气重量作用在该表面单位面积上的力。因此，大气压等于该表面视作水平面向上延伸到大气上界的垂直空气柱的重量，可用公式(5.1)表示。

$$P_h = \int_h^{\infty} \rho g \, \mathrm{d}z \tag{5.1}$$

式中 P_h 为大气压；h 为给定地表面处的海拔高度；ρ 为空气密度；g 为重力加速度。

气压的分布和变化与大气运动及天气状况有着密切关系。在垂直方向上气压随着高度的增高而降低；在水平方向上，气压分布不均匀，因而形成了各种不同的气压系统。空气从高压流向低压，产生了大气的运动，这种运动使各地的水汽和热量进行交换，引起复杂的天气变化。由此可见，各地气压的不同或相对变化，是引起天气演变的重要因素。如果我们测得同一高度上各个测点的气压分布，并分析气压场的规律，就可为天气预报提供依据。另外，气压在军事、航空、影响人体健康方面也有着重要作用。因此，气压是气象观测站最基本的观测项目之一。

气象观测站观测本站气压和海平面气压。本站气压指测站气压表或气压传感器所在高度上的气压；海平面气压指对测站本站气压经高度订正到海平面上的气压。气压均以百帕(hPa)为单位，取1位小数。

5.1.2 气压的单位和标尺

大气压测量的基本单位是帕斯卡(Pa)(即牛顿每平方米，N/m^2)。气象上报告气压，实际采用在该单位前加“百”，成为百帕（hPa），即 1 hPa＝100 Pa。因为气象上气压的测量主要是根据水银柱的压力与大气压力相平衡原理，而水银柱压力又可以用其高度来衡量，因此过去也用毫米汞柱（mmHg）作为气压的单位。但是，毫米汞柱不是一个确定的气压单位，因为水银柱的高度除受气压影响外，还受到温度和重力加速度的影响，为了消除水银柱高度受重力加速度和温度等环境条件变化的影响，统一规定了一个标准状态，即把温度为 0 ℃和重力加速度为 9.80 665 m/s^2 时作为用毫米汞柱来表示气压的标准。在此标准状态下，1 cm^2 面积上承受高（h）为 760 mmHg 的大气压力，称为一个标准大气压。

气压单位之间的换算关系为：

1 hPa＝100 Pa

1 Pa＝1 N/m^2

那么根据公式（5.1），在标准状态下，水银的密度（ρ_0）为 13.596 g/cm^3，一个标准大气压（P_0）的值为：

$P_0=\rho_0 gh=13.596\ g/cm^3\times 980.665\ cm/s^2\times 76\ cm\approx 1\ 013.25\ hPa$

1 mmHg≈1.333 224 hPa

1 hPa≈0.750 062 mmHg

气象用水银气压表的标尺分度应在整个仪器处于温度为 0 ℃、重力加速度为 9.806 65 m/s^2 条件下直接读出真实气压值。气压表上可能不止刻有一个标尺，一般有 hPa 和 mmHg。

5.1.3 测量要求

气压场分析是天气预报的基础。在条件允许的情况下，气压测量应该达到技术上允许的高准确度，而且必须在全国范围内保持测量和校准的一致性。

为满足各种气象应用的需要，世界气象组织的有关委员会已经对气压测量准确度水平作出要求，这些要求是：

测量范围：500～1 080 hPa，适合于工作在海平面或海平面附近的仪器；对于在海拔较高地方使用的仪器，在其气压较低部分可以扩展相当的量程。

要求的目标准确度：0.1 hPa。

报告分辨率：0.1 hPa。

传感器时间常数：20 s。

输出平均时间：1 min。

《地面气象观测规范》（中国气象局 2003）规定气压测量仪器的测量范围为 500～1 100 hPa，准确度为 0.3 hPa，这与世界气象组织规定的标准有所差别，安装在观测业务中的气压表应符合《地面气象观测规范》（中国气象局 2003）规定的准确度要求。

气压的测量有人工观测和自动观测。人工观测为定时观测，要计算本站气压，编发天气报告的时次，还须计算海平面气压，测量仪器主要有动槽式和定槽式水银气压表，配有气压计的，应作气压连续记录，并挑选气压的日极值（最高、最低）。自动观测时，需测定每分钟、每小时本站气压，记录每小时最高、最低本站气压及其出现时间，计算海平面气压。

5.2　气压的自动观测

自动气象站测定本站气压用电测气压传感器，电测气压传感器是将大气压力的变化转换成电信号的变化，再经过电子测量电路对电信号进行测量和处理而获得气压值。常用的电测气压传感器有：膜盒式电容气压传感器、压阻式气压传感器和振筒式气压传感器。

5.2.1　膜盒式电容气压传感器

膜盒式电容气压传感器的感应元件为真空膜盒。当大气压力发生变化时，真空膜盒（包括金属膜盒和单晶硅膜盒）的弹性膜片产生形变而引起其电容量的改变，通过测量电容量来测量气压。

图 5.1 是膜盒电容气压传感器示意图，该气压传感器的主要部件为变容式硅膜盒。变容式硅膜盒是将薄层单晶硅用静电焊接方法焊接在一个镀有金属导电膜的玻璃片上，中间形成真空而组成硅膜盒，在薄层单晶硅片上靠近玻璃片两边处，用蚀刻方法形成硅膜，并对硅膜采用镀金属方法使其具有导电性，导电玻璃片与硅膜形成平行板电容器，分别为该平行板电容器的两个电极。当膜片感受到外界压力弯曲时，电容器的极板间距改变，引起电容变化，其变化量与被测压力相对应，从而测得被测压力。

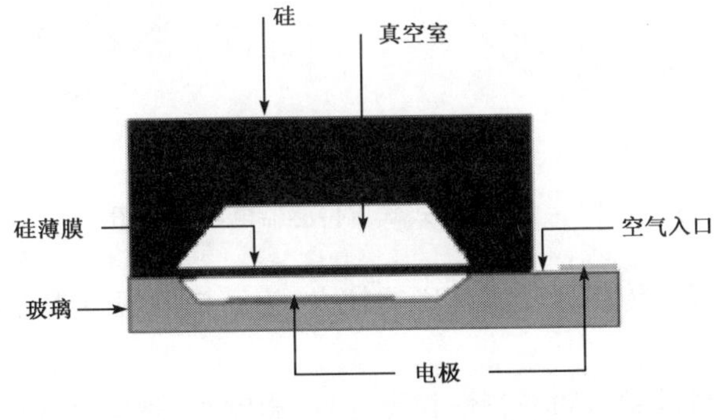

图 5.1　硅膜盒电容气压传感器示意图

在结构上，可将变容式硅膜盒玻璃片装在一个厚的单晶硅层上，形成传感器的刚性基板，以使其结构牢固，具有较好的机械和热冲击性能。

由于传感器中所使用的硅材料和玻璃材料的热膨胀系数是彼此匹配的，为使温度影响达到最小，在 1 000 hPa 时设计它的温度影响为零，并在连续增温条件下进行热老化，使其长期稳定性变好。

因单晶硅材料具有理想的弹性特性，而传感器中的弹性变形，仅使用到硅材料整个弹性范围的百分之几，故该传感器具有测量范围宽、滞差极小、重复性好及无自热效应等特点。

目前，我国自动气象站普遍使用的气压传感器是智能型全补偿式数字气压传感器，其感应元件是硅电容。气压传感器安装在采集器机箱内，通过静压压力连通管与外界大气相通。将测定的海拔高度输入采集器或地面气象测报业务软件，就可以计算得到海平面气压。

5.2.2 压阻式气压传感器

压阻式气压传感器是利用大气压作用在敏感元件所覆盖的抽空的小盒上，通过小盒的形变使电阻元件受到压缩或拉伸应力的作用，使得材料的电阻值发生变化，根据电阻值的变化与大气压成正比的关系，通过测量电阻值来测量气压。具体是用单晶硅割成硅环，在硅环感应膜片上，取径向为坐标轴，在膜片边缘紧靠坐标轴两侧，利用平面工艺扩散 4 个相互垂直的等值电阻（如图 5.2），其中两条位于压应力区，另两条处于拉应力区，相对于膜片中心对称，互连成惠斯登电桥电路，将硅膜片烧结在陶瓷底座上，点好内引线、封帽、抽气密封制成。硅膜片上面处于真空腔内，下面与大气相通，膜片所受压力等于外界大气压力，当大气压力变化时，膜片产生应变，4 个应变电阻的阻值会发生改变，导致电桥失衡，通过惠斯登电桥将应变电阻的变化量转换为电压输出，由适当的放大器把它变换成标准信号，通过测量电压值，计算出相应的气压值。

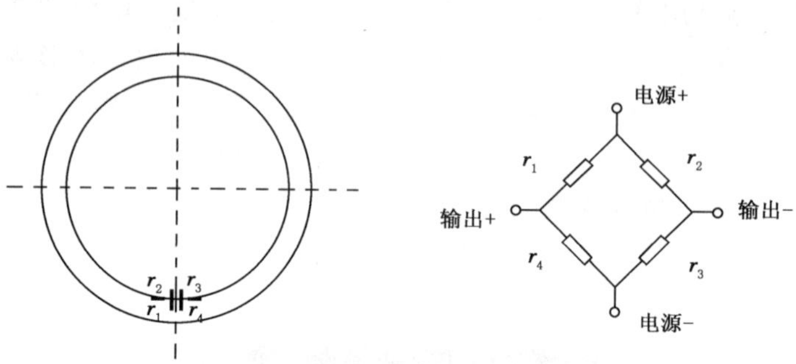

图 5.2 压阻式气压传感器电路示意图

一般来说，压阻式气压传感器受温度影响较大，为了消除温度误差，这种传感器通常有内置恒温器。

石英晶体因为压阻特性好、频率特性稳定、温度影响小、频率复现性精确，又由于晶体元件本质上是一个刚性薄片，整个机械结构限制在很小的偏移量之内，基本上无机械滞后而被选择为数字压阻气压表的感应元件，成为一种绝对气压转换器。

新型的压阻式气压传感器，可以测出压电元件的两个共振频率。通过这些频率的线性函数关系，以及根据校准获得的一组变量，由微处理器计算出气压，所得气压值不受传感器温度的影响。

5.2.3 振筒式气压传感器

振筒式气压传感器是利用弹性金属圆筒在外力作用下发生振动，当筒壁两边存在压力差时，其振动频率随压力差而变化。因为筒的谐振频率与压力之间有唯一的关系，所以测出频率就可计算出气压。但是，在校准时确定的这种关系还会受到温度和空气密度的影响，所以需要进行温度补偿和采用干空气。

振筒式气压传感器由两个一端密封的同轴圆筒组成。内筒为振动筒，其弹性模数的温度系数很小（$\alpha \leqslant \pm 1 \times 10^{-5}/℃$），外筒为保护筒，两个筒的一端固定在公共基座上，另一端为自由端。线圈架安装在基座上，位于筒的中央，如图 5.3。线圈架上相互垂直地装有两个线圈，其中激振线圈用于激励内筒振动，拾振线圈用来检测内筒的振动频率。两筒之间的空间被抽成真空，作为绝对压力标准。内筒与被测气体相通，于是筒壁为作用在筒内表面的压力所张紧，这一张力使筒的固有频率随压力的增加而增加，测出其频率即可知本站气压。

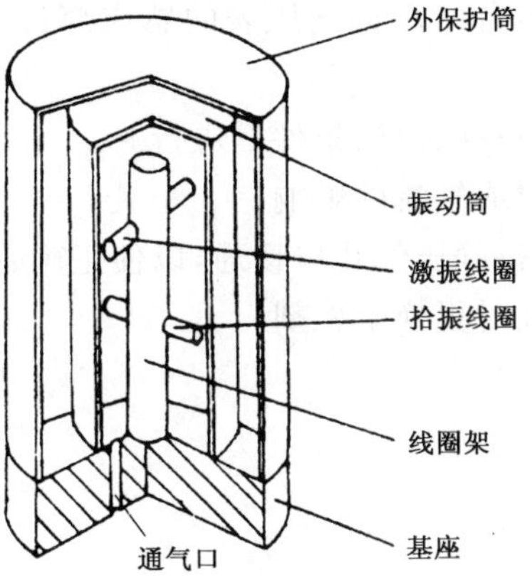

图 5.3　振筒式气压传感器结构图

由于该传感器使用的是振动频率输出，因而稳定性高，滞差小，重复性好。其缺点是各传感器之间的互换性差。

振筒式气压传感器及其组件安装同膜盒式电容气压传感器。

5.2.4　电测气压传感器的误差

电测气压传感器的误差主要来源于校准值漂移、温度的影响、电干扰和运行方式。

(1) 校准值漂移。校准值漂移是电测气压传感器的关键误差源之一。新仪器漂移较大，随着时间的推移，漂移就减小。校准值也可能会发生步进式的跃变。

为了保持气压传感器的合适性能，必须经常检查气压传感器的修正值，以便及早发现和更换有缺陷的传感器。

(2) 温度的影响。如果要保持校准值不变，必须使气压传感器的温度保持恒定不变，而且最好是使其温度稳定在校准温度附近。如果气压传感器没有温度控制，就会产生较大误差。

大多数仪器靠准确测量敏感元件的温度(假设气压传感器的敏感元件内部没有温度梯度)，然后在电路中利用温度对气压进行修正。如果温度发生快速变化，温度梯度会导致所测气压的短时间滞后误差。

校准值的变化与仪器过去的温度有较大关系。因此，如果仪器长时间置于非校准温度下，会引起校准值长时间的漂移。

如果气压传感器的电子电路与敏感元件的温度不同，电子电路也会引起误差。自动气象站中使用的气压传感器，有可能会遇到极端的气候条件，温度会超出设计范围和校准技术的规定，从而引起较大误差。

(3) 电干扰。如同所有灵敏的电子测量器件一样，电干扰会引起噪声增加、使器件准确性降低。因此，气压传感器应该屏蔽并远离电磁场，如变压器、计算机、雷达等。

(4) 运行方式。如果校准时的操作方法与业务使用时的操作方法不相同，也会引起气压传感器校准结果的明显变化。也就是说，经过预热的连续工作的气压传感器的读数与间隔几秒钟以脉冲方式读取的数值是不一样的。

5.2.5 电测气压传感器的安装和维护

（1）气压传感器应尽可能与台站水银气压表的感应部位高度一致，以保证自动观测出现问题时，能用人工器测值替代。

（2）安装或更换传感器时应在断电的条件下进行。

（3）应避免阳光的直接照射或气流的影响。

（4）应定期检查气孔口，保持静压气孔口畅通，以便正确感应外界大气压。

（5）振筒式气压传感器应及时更换干燥剂。

5.3 水银气压表观测

5.3.1 一般构造原理

水银气压表是意大利物理学家和数学家托里拆利（Torricelli）在1643年发明，1665年由波义耳（Boyle）命名的。它是利用作用在水银面上的大气压力和与之相通、顶端封闭且抽成真空的玻璃管中的水银柱对水银面产生的压力相平衡的原理而制成的。

图5.4是水银气压表作用原理，将一根一端封闭并充满水银的玻璃管的开口端插入水银槽中，管内水银柱受重力作用下降，当作用在水银槽面上的大气压力与管内水银柱重量产生的压力相平衡时，水银柱就稳定在某一高度上，在标准状态下，这个高度就可以用来表示气压。如果在水银柱旁边树立一根标尺，标尺的零点对准水银面，读出水银柱顶到槽部水银面之间的距离即水银柱的高度（h），即可求出大气压。

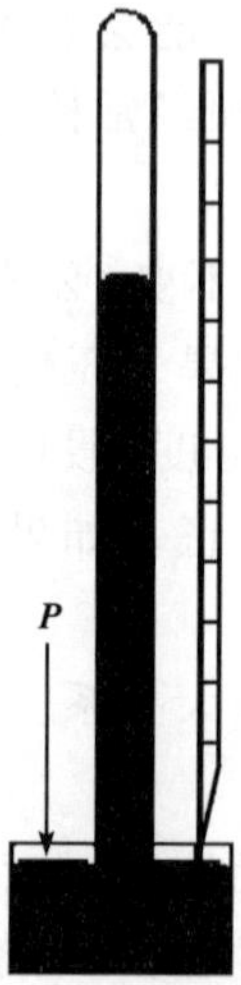

图5.4 水银气压表作用原理

设当时的大气压为 P_h，水银柱的高度为 h，则：

$$P_h = \rho_{\mathrm{Hg}}(t)\,g h_{\mathrm{Hg}}(t,g) \qquad (5.2)$$

式中 $\rho_{Hg}(t)$ 为 t ℃时水银的密度；g 为当地的重力加速度；$h_{Hg}(t,g)$ 为 t ℃、重力为 g 时的水银柱高度。

由此可见，即使大气压不变，但如果水银气压表本身的温度发生变化，或者是重力加速度不同的两个测点，虽然大气压数值相同，但水银柱的高度读数也是不相同的。反之，在不同温度、不同地理位置处测得的相同水银柱高度 h，表示的大气压值不一定相等。故只有在标准状态下，即 ρ 和 g 为常数时，气压才是水银柱高度的函数，才可以用水银柱高度 h 表示气压的高低。

从理论上讲，任何一种液体都可以用来制造气压表，但是水银有其独特的优越性：

(1) 气压表内液体柱的高度与该液体的密度有关，由于水银的密度大，当水银柱产生的压力与大气压力达到平衡时，所需水银柱的高度较小，便于制造和观测。

(2) 在温度高达 60 ℃的情况下，水银的饱和蒸汽压仍然很小，管顶的水银蒸汽所产生的附加压力对读数精度的影响可以忽略不计。

(3) 水银不沾湿玻璃，管中水银面呈凸起的弯月面，易于正确地判定它的位置。

(4) 水银的性能稳定，经过一定的工艺处理，容易得到纯度较高的水银。

气象上常用的水银气压表有动槽式水银气压表和定槽式水银气压表。

5.3.1.1　动槽式水银气压表

动槽式(又名福丁式)水银气压表由内管、水银槽与外套管三部分组成(如图 5.5)，其主要

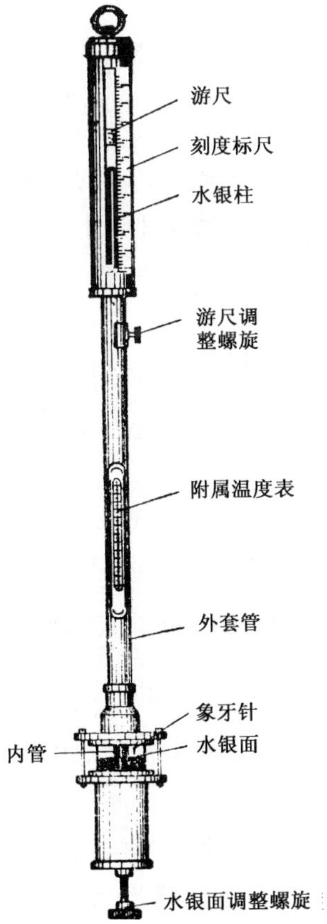

图 5.5　动槽式水银气压表

特点是在水银槽的上部有一根象牙针，针尖位置即为度量标尺的固定“零点”。每次观测必须按要求将槽内水银面调至象牙针尖的位置上。

内管：是一根长约 900 mm 的玻璃管。这根玻璃管上端封闭，较粗，内径在 8 mm 以上，底端开口，开口处的内径较细。经过专门的工艺清洗后，边加热边抽成真空，将高纯度的水银灌注其中，再插进水银槽中。

水银槽：分为上、下两部分，上、下部各有一个木杯，上、下木杯均放在铜制槽座内，中间有一个玻璃圈，并用三根吊环螺丝扣紧，通过玻璃圈可以看见槽内水银面。槽的上部主要是一个上皮囊，由很软的羊皮制成，其特性是能通气而不漏水银，上皮囊的一头牢固地紧扎在玻璃内管上，另一端扎在上木杯上，此木杯中间凸出呈圆筒形，内管通过上木杯伸入槽内。用来指示刻度零点的象牙针，固定在木杯的平面上，其尖端向下。槽的下部有一个皮囊叫下皮囊，呈圆袋状，袋口扎在下木杯的上部，下皮囊的外面有一铜套管，在铜套管底盘中央有一用以调节水银面的调整螺旋，螺旋的顶部有一小木托顶住下皮囊以免皮囊磨坏。

外套管：用黄铜制成，它的作用是保护与固定内管，同时刻有标尺。套管的顶端有悬环，上半部前、后都开有长方形窗孔，用来观测内管中水银柱的高度。转动右侧的调整螺旋可以看见游尺上下滑动，标尺和游尺分别用来读取气压表读数的整数部分和小数部分。游标尺上的刻线，最简单的一种是取主尺上的$(n-1)$格的长度相当于游尺的 n 格，设主尺每格长为 L_1，游尺上每格长为 L_2，则：

$$nL_2 = (n-1)L_1 \tag{5.3}$$

$$\Delta L = L_1 - L_2 = L_1 - \frac{(n-1)L_1}{n} = \frac{L_1}{n} \tag{5.4}$$

式中 ΔL 为主尺一格与游尺一格之差，也就是要求的读数精度。

设游尺零线在主尺 x 与$(x+1)$两刻线之间，水银柱高度为：

$$h = x + \Delta x \tag{5.5}$$

式中 Δx 为标尺的小数部分。

若此时游尺上第 N 条刻线与主尺刻线对齐，则

$$\Delta x = N \times \Delta L = \frac{NL_1}{n} \tag{5.6}$$

所以，

$$h = x + \Delta x = x + \frac{NL_1}{n} \tag{5.7}$$

如游尺分成 10 格，即 $n=10$，主尺每格为 1 hPa，则

$$h = x + \frac{N}{10} \tag{5.8}$$

为了达到读数精确到 0.1 hPa，故 10 等分游尺，当游尺上第 N 条刻线与主尺刻线对齐时，这时小数第一位就是 $N/10$。

套管下部装有一支附属温度表（以下简称“附温表”），其球部在内管与铜套管之间，用来测定水银及铜套管的温度。套管的下端与水银槽连接。

动槽式水银气压表的测量范围一般为 810～1 070 hPa，并能在空气温度为 −15～45 ℃的条件下正常工作，其测量误差不超过±0.4 hPa。

5.3.1.2　定槽式水银气压表

定槽式(又名寇乌式)水银气压表(如图 5.6)的构造与动槽式水银气压表大体相同,它与动槽式水银气压表的区别只在水银槽部。

图 5.6　定槽式水银气压表

定槽式水银气压表的槽部是一个固定容积的铁槽,没有羊皮囊、水银面调整螺旋及象牙针。槽内盛定量水银,槽部一般可分为槽顶、槽壁和槽底三部分,各部分用螺丝衔接成为一个具有上、下两层的圆盒。槽顶有一气孔螺丝,使水银槽与外部空气相通,管内水银柱就会随空气对槽内水银面所施压力的变化而升降,以测定气压。槽壁中间有一块具有若干小洞的隔板,其作用是减少槽内水银剧烈的震荡,同时减少水银用量。

定槽式气压表的最大特点是没有调整水银面的调整螺旋及象牙针,这造成其没有固定的零点,而标尺采用固定标尺,当气压变化时,水银柱高度发生变化的同时槽内水银面位置也发生变化,这样导致零点位置的移动而带来误差。为了解决这个问题,采用在标尺刻度上对零点的变化加以补正的办法来弥补零点变化的缺陷。

设 s 为槽体横截面积(如图 5.7),s_1 和 s_2 分别为内管内、外截面积,当外界气压增大(或减小)1 mmHg 时,表内水银柱上升(或下降)x mm,但这并不是真正的气压变化值,因为同时槽部水银面降低(或升高)了 y mm,则

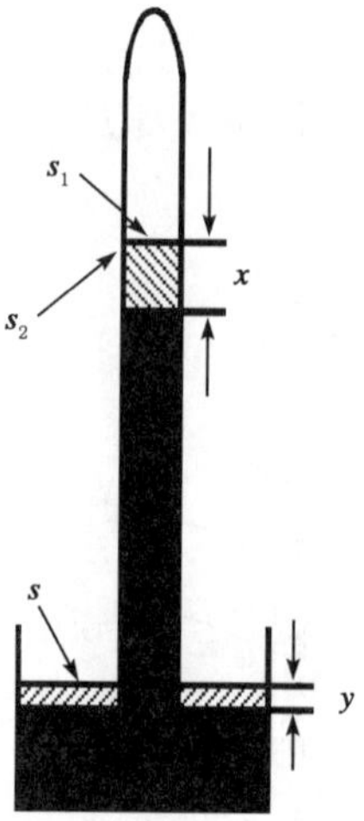

图 5.7 槽式水银气压表的标尺补偿原理

$$x + y = 1 \quad (5.9)$$

因为水银槽内水银体积的减少(或增加),必将等于管内水银体积的增加(或减少),即

$$x \cdot s_1 = y \cdot (s - s_2) \quad (5.10)$$

由于水银槽是封闭的,槽内水银面高度变化 y 是看不到的。因此仅用管内水银柱变化 x 来代表实际 1 mmHg 的气压变化,联立公式(5.9)、(5.10)计算得到

$$x = \frac{s - s_2}{s - s_2 + s_1} \quad (5.11)$$

从公式(5.11)可以看出,定槽式水银气压表的刻度 1 mm 的长度将短于实际的 1 mm。

我国常用的定槽式气压表的内管与槽部截面积之比是 $s_1 : s = 1 : 50$,而玻璃管的内、外截面积大致相等,即 $s_1 \approx s_2$,故

$$x = \frac{50 - 1}{50 - 1 + 1} = \frac{49}{50} = 0.98(\text{mm}) \quad (5.12)$$

当外界气压变化 1 mmHg 时,内管水银柱变化只有 0.98 mmHg。即标尺代表气压变化 1 mm的刻度(长度),实际只有 0.98 mm 长。为此,在制造定槽式气压表时,要求槽部和内管严格成比例,并以标准气压(760 mmHg)时槽内水银面高度作为标尺的零点。同时保持气压表内水银定量,否则将会引起仪器误差。

定槽式水银气压表的测量范围和工作条件,与动槽式水银气压表相同,但其测量误差变为 ±0.5 hPa。

5.3.2 水银气压表的安装与移运

5.3.2.1 安装条件

气压表应安装在温度少变、光线充足又无阳光直射、既通风又无太大空气流动的气压室内,切勿安置在热源(暖气管、火炉)和门窗、空调器旁边。气压室内不得堆放杂物。

这是因为:

(1) 气压表的水银柱和铜管的热容比附温表的热容大得多,两者感应温度变化的速度不同。如果室内温度变化过大或过快,附温表所测温度就不能真正代表气压表的温度,这样用附

温表的读数去进行气压读数的温度差订正，势必会引起较大误差，因此要求气压室温度少变。

（2）气象观测站测定的是大气的静压强，若室内空气流动太大就会产生上升和下沉运动，从而造成测得的气压偏小或偏大，在有强风和阵风时，测量误差可以达到 2～3 hPa。但是为了避免室内形成垂直温度梯度，应该使室内空气有微弱流动。

5.3.2.2　安装

（1）动槽式水银气压表

安装前，应将挂板牢固地固定在准备悬挂气压表的地方，使之大致垂直。再小心地从木盒（皮套）中取出气压表，槽部向上，稍稍拧紧槽底调整螺旋约 1～2 圈，慢慢地将气压表倒转过来，使表直立，槽部在下。然后将槽的下端插入挂板的固定环里，再把表顶悬环套入挂钩中，使气压表自然下垂后，慢慢旋紧固定环上的 3 个螺丝（注意不能改变气压表的自然垂直状态），将气压表固定。最后旋转槽底调整螺旋，使槽内水银面下降到象牙针尖稍下的位置为止。

安装有通气孔的动槽式气压表时要注意，当气压表槽部倒转向下方倾斜约 45°时，先将表顶悬环放入挂钩内，旋松槽底调整螺旋 1～2 圈（为防止在打开气孔螺丝时，由于皮囊紧张的压力造成水银外射）后，手握保持倾斜的表身绕其自身的轴轻轻转动几周，促使皮囊内可能残留的空气升到槽的上部。当表身旋转到通气孔在上方时，再旋松气孔螺旋 1～2 圈，然后将气压表直立，槽的下部放入固定环里，并按前述方法加以固定。

水银气压表安装后要至少稳定 4 h，方能观测使用，这是为了使附温表和气压表本身有充分的时间适应环境温度。

（2）定槽式水银气压表

安装要求同动槽式水银气压表。安装步骤也基本相同。不同点是当气压表倒转挂好后，要拧松水银槽部上的气孔螺丝，表身应处在自然垂直状态，槽部可不固定。

5.3.2.3　移运

（1）动槽式水银气压表

移运气压表的步骤与安装步骤相反。先旋动槽底调整螺旋，使内管中水银柱恰达外套管窗孔的顶部为止，切勿旋转过度。然后松开固定环的螺丝，将表从挂钩上取下，两手分持表身的上部和下部，徐徐倾斜 45°左右，就可以听到水银与管顶的轻击声音（如声音清脆，则表明内管真空良好；若声音浑浊，则表明内管真空不良），继续缓慢地倒转气压表，使之完全倒立，槽部在上。将气压表装入特制的木盒（皮套）内，旋松调整螺旋 1～2 圈（使水银有膨胀的余地）。

（2）定槽式水银气压表

先将气孔螺丝拧紧，从挂钩上取下气压表，将气压表绕自身轴线缓缓旋转，同时徐徐倒转使槽部在上，装入木盒（皮套）内。

在运输过程中，始终要按木盒（皮套）箭头所示的方向，使气压表槽部在上进行移运，并防止震动。

5.3.2.4　维护

（1）应保持气压表的清洁。

（2）动槽式水银气压表水银柱凸面突然变平并不再恢复，或其示值显著不正常时，应报请上级业务主管部门处理。

（3）气压表必须垂直悬挂，应定期用铅垂线在相互成直角的两个方向上检查校正。

(4) 动槽式水银气压表槽内水银面产生氧化物时,应及时清除。对有过滤板装置的气压表,可以慢慢旋松槽底调整螺旋,使水银面缓缓下降到"过滤板"之下(动作要轻缓,使水银面刚好流入板下为止,切忌再向下降,以免内管逸入空气),然后再逐渐旋紧槽底调整螺旋,使水银面升高至象牙针附近。用此方法重复几次,直到水银面洁净为止。无过滤板装置的气压表,若水银面严重氧化时,应报请上级业务主管部门处理。

(5) 定槽式水银气压表的水银是定量的,所以要特别防止水银漏失。

5.3.3 水银气压表的观测及注意事项

5.3.3.1 动槽式水银气压表

(1) 观测附温表,读数精确到 0.1 ℃。当温度低于附温表最低刻度时,应在紧贴气压表外套管壁旁,另挂一支有更低刻度的温度表作为附温表,进行读数。读数时,应越快越好,因为温度表的示值会由于观测者的靠近而上升。

(2) 调整水银槽内水银面,使之与象牙针尖恰恰相接。调整时,旋动槽底调整螺旋,使槽内水银面自下而上地升高,动作要轻而慢,直到象牙针尖与水银面恰好相接(水银面上既无小涡,也无空隙)为止。如果出现了小涡,则须重新进行调整,直至达到要求为止。

(3) 调整游尺与读数。先使游尺稍高于水银柱顶,并使视线与游尺环的前后下缘在同一水平线上,再慢慢下降游尺,直到游尺环的前后下缘与水银柱凸面顶点刚刚相切,这时在顶点两旁应能看出三角形空隙(如图 5.8,视线偏高则读数偏大,视线偏低则读数偏小)。此时,通过游尺下缘零线所对标尺的刻度即可读出整数。再从游尺刻度线上找出一根与标尺上某一刻度相平齐的刻度线,则游尺上这根刻度线的数字就是小数读数。

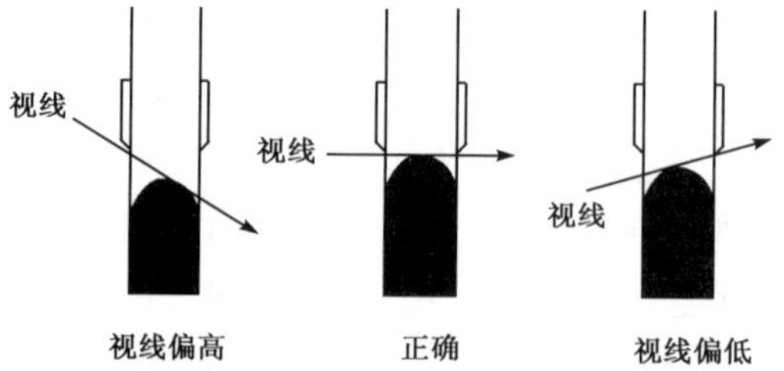

图 5.8 视线位置不同对气压读数的影响

(4) 读数复验后降下水银面。旋转槽底调整螺旋,使水银面离开象牙针尖约 2～3 mm。其目的是使象牙针尖不致被水银磨损和脏污,但应注意不宜降低过多。

观测时如光线不足,可用手电筒或加遮光罩的电灯(15～40 W)照明。采光时,灯光要从气压表侧后方照亮气压表挂板上的白瓷板,而不能直接照在水银柱顶或象牙针上,以免影响调整的正确性。

5.3.3.2 定槽式水银气压表

(1) 观测附温表。方法同动槽式水银气压表。

(2) 用手指轻击表身(轻击部位以刻度标尺下部附温表上部之间为宜)。轻击的目的在于使附着在内管壁上的水银滴下落,并使水银柱顶保持正常的弯月面。

(3) 调整游尺与水银柱顶相切。方法同动槽式水银气压表。

(4) 读数并记录。方法同动槽式水银气压表。

5.3.4　水银气压表的误差来源

由于制造条件和技术及材料的物理特性等因素，导致水银气压表具有一定的仪器误差。其中一部分误差可以通过与标准气压表的比较，找到仪器在各个刻度上的订正值；还有一部分误差则包含在读数中，无法加以校准。因此，制成的气压表必须进行标定（检定），给出仪器在各个刻度上的订正值。气压表的误差主要由以下原因造成：

(1) 气压表温度的不确定性

附温表所指示的温度，通常不能代表水银、标尺和槽部的平均温度。如果仪器安装比较恰当、观测操作比较合理，那么这种温度误差就可减小。值得注意的是，室内经常会有较大的稳定的垂直温度梯度，使得水银气压表的上部和下部有较大的温度差。如果室内安装一个风扇，就可以消除这种温度差异。但是，风扇的运转又会使室内大气压产生波动。因此，在观测气压之前必须关掉风扇。在采取了上述各种措施之后，正常情况下温度修正值中的误差就不会超过±0.1 hPa。

(2) 真空不良的影响

真空不良是指水银柱管内顶端有空气存在，产生一定的压力使内管水银柱略为降低，导致观测到的气压值较实际大气压要小。由于残留气体压力还受温度和顶部容积变化的影响，因此由其所产生的误差还不完全是一个常数。随气压和温度的升高，这种影响随之增大。

造成真空不良的原因很多。水银同其他液体一样，能溶入空气，随着时间的推移，以及在很小的压力影响下，空气就会透入到气压表内管的真空部分。由于使用不当逸入空气等，也会使内管顶部残留一部分空气。另外，要制成真空是非常不容易的，因为任何一种固体的表面，在与气体接触之后，都会产生一层极薄的气体层，即气体的吸附现象。即使除去空气层，玻璃的表面上还有一层极薄的水汽层。制造水银气压表时，气压表内管的内壁上一定会吸附着相应的空气层和水汽层，这些空气和水汽久而久之就会渐渐进入到水银柱上部的空间内。

(3) 毛细压缩误差

毛细压缩是液面的表面张力所造成的一种指向液体内部的分子压力。分子压力的大小随液体的种类和液体表面的形状、大小而异。在槽式气压表中，由于内管的水银分子压力比槽内的大，气压表水银柱就会在这种分子压力差的作用下产生一定的降低，这个压力差可近似地写成

$$\delta=\frac{2\sigma}{R} \tag{5.13}$$

式中 δ 为附加的分子压力；σ 为张力系数；R 为水银柱液面的曲率半径。

在柱形的管中，

$$R=-\frac{D}{2\cos\theta} \tag{5.14}$$

式中 D 为内管直径；θ 为液面与内管的接触角。故附加压力可以下式计算

$$\delta=-\frac{4\sigma\cos\theta}{D} \tag{5.15}$$

这个附加压力使得气压读数偏低。偏低的值主要随内管直径而变，管径愈粗，影响愈小；也随接触角（或弯液面的高度）而变。设在 δ 的作用下使水银柱降低了 Δh，则

$$\delta = \rho g \Delta h \tag{5.16}$$

式中

$$\Delta h = -\frac{4\sigma\cos\theta}{\rho g D} \tag{5.17}$$

由于气压的升降，观测时操作的步骤对水银液面与玻璃内管的接触角都有影响，因而不能保持固定的数值。实验表明，水银和玻璃正常的接触角 θ 为 125°，它可以有 ±8°的变动，由此而引起的附加压强的变化如表 5.1。

表 5.1 接触角 125° ± 8°时不同管径毛细压缩误差

气压表内管直径(mm)	毛细压缩值(hPa)	变化范围(hPa)
5	1.60	±0.27
6	1.08	±0.20
8	0.73	±0.15
10	0.37	±0.07
12	0.20	±0.04

由于槽式气压表内管水银液面的曲率并不是恒定不变的，而是随着压强的变化速度和变化趋势而改变的，为了在一定程度上避免这种附加分子压强的不稳定影响，观测中规定定槽式水银气压表读数前轻击表身，使弯月面形状只决定于管径的大小，接触角尽可能取得常值。动槽式水银气压表因有按规定调整水银面的程序，故不必采取这个步骤。

毛细压缩误差还随温度而变化(σ 是温度的函数)，同时也受水银纯度和玻璃管洁净程度的影响，因为它们确定了水银面与玻璃管的接触条件。

(4) 悬挂不垂直

当气压表悬挂不垂直时，会使读数值偏高，假设在 0 ℃、重力加速度为 9.806 65 m/s² 时，悬挂不正确时的读数为 P_a，正确的读数为 P，若气压表与垂直面的夹角为 α，则 P_a 与 P 之间的关系为

$$P = P_a \times \cos\alpha \tag{5.18}$$

或

$$\Delta P_a = P_a - P = 2P_a \times \sin^2\frac{\alpha}{2} \tag{5.19}$$

按照公式(5.19)计算的结果列于表 5.2 中。

表 5.2 水银气压表偏斜悬挂引起的读数误差 ΔP_a

α	P_a(hPa)		
	950	1 000	1 050
15′	0.009	0.010	0.010
30′	0.036	0.038	0.040
1°	0.145	0.152	0.160
2°	0.579	0.609	0.640
3°	1.302	1.370	1.439
4°	2.314	2.436	2.558
5°	3.615	3.805	3.996

因此气压表应垂直悬挂,悬挂的偏斜角要求不超过 15′~20′。

此外,水银不纯,游、标尺刻度不匀,零点不准也是造成仪器误差的原因。定槽式水银气压表除上述原因外,水银定量不准、槽部与内管直径比例与规定不一致等都会引起误差。

5.3.5 计算本站气压

现在测站使用的水银气压表测量水银柱高度的标尺是在标准状态下(即温度为 0 ℃,重力加速度为 9.806 65 m/s^2)刻制的,而从水银气压表标尺上读取的气压读数(称为水银柱名义高度),并非标准状态下的水银柱高度,即并非真实的大气压力值,为了便于比较,必须把非标准状态下测得的水银柱名义高度换算到标准状态下所对应的水银柱高度,这称为本站气压订正。本站气压订正须先将气压表的读数值经过仪器误差订正,然后再进行温度误差订正和重力误差订正,经过这三步订正后得到的气压才是本站气压。

(1) 仪器误差订正

由于制造条件和技术及材料的物理特性等因素,导致水银气压表具有一定的仪器误差,这种差值很难加以计算,只能利用标准气压表与其比较得到误差值,编成检定证,供使用时查算。

(2) 温度误差订正

水银密度是温度的函数,当外界温度发生变化时,水银柱的高度会发生变化,同时温度的变化也将使测量水银柱高度的黄铜标尺发生胀缩,即当外界气压不变,只有温度发生变化时,水银柱和黄铜标尺均会发生胀缩。如水银和黄铜的热胀系数相同则不会产生误差,但实际这两者的热胀系数是不同的(水银的线胀系数 μ=0.000 181 8/℃,黄铜的线胀系数 λ=0.000 018 4/℃),这就引起了示度的变化。因此,气压表读数的温度订正除了把水银的密度订正到 0 ℃标准情况外,还要考虑把水银气压表的读数订正到 0 ℃的标准情况。

假定重力加速度 g_n=9.806 65 m/s^2,水银气压表水银槽上的标尺为铜尺,如果在水银槽旁另立一支没有温度系数的标准尺(如图 5.9),在 t ℃时,铜尺的刻度 h_t 与水银柱顶相齐,而标准尺测得的水银柱高度为 l_t。

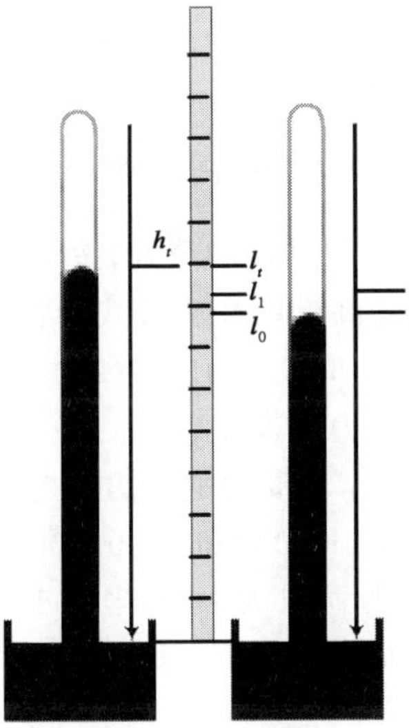

图 5.9　气压表读数的温度误差订正原理图

如果气压保持不变，只将室内温度降至 0 ℃标准条件，此时标准尺测得的水银柱高度为 l_0。原刻度 h_t 的长度为 l_1，此时铜尺 h_0 刻度与水银柱顶相齐，$h_0=l_0$，已知 μ 为水银的热膨胀系数，λ 为黄铜的热膨胀系数，则

$$l_t = h_0(1+\mu t) \tag{5.20}$$

$$l_t = h_t(1+\lambda t) \tag{5.21}$$

联立公式(5.20)、(5.21)，得

$$h_0 = \frac{h_t(1+\lambda t)}{1+\mu t} \tag{5.22}$$

$$\Delta h_t = h_0 - h_t = \frac{h_t(\lambda-\mu)t}{1+\mu t} = -h_t \times \frac{0.0001634t}{1+0.0001818t} \tag{5.23}$$

公式(5.20)～(5.23)中，t 为附温表所示温度，简称附温，单位为℃。由公式(5.23)可知，附温在零上时，Δh 为负；反之，Δh 为正。

上述结论可以从物理意义上得到解释：当附温在 0 ℃以上时，即使气压不变，由于水银柱膨胀较铜尺膨胀得大，这样依照水银柱高度来测气压时，就会比实际偏高，因而要减去由于水银柱膨胀比铜标尺大的一段水银柱高度，故 Δh 订正值为负；反之，当附温在 0 ℃以下时，水银柱收缩较铜尺大，依水银柱高度读出的气压值就偏低，故 Δh 订正值为正。

对于定槽式气压表，订正公式则更复杂一些，应考虑水银槽的热膨胀效应，订正公式如下：

$$\Delta h_t = -h_t \times \frac{0.0001634t}{1+0.0001818t} - 1.33 \times \frac{V}{A}(\mu - 3\eta)t \tag{5.24}$$

式中 A 为水银槽的截面积；V 为气压表内的总水银体积；η 为水银槽体的热膨胀系数，取值 1.0×10^{-5}/℃。

(3) 重力误差订正

由于重力加速度 g 是纬度和海拔高度的函数，若在不同纬度、不同海拔高度的测站上，即使气压相同，水银密度相同(经仪器误差和温度误差订正后)，但因重力加速度不同，其测得的水银柱高度也不同。设 P_t 为测站经过仪器误差和温度误差订正后的气压值，P_h 为标准状态下的气压值，$g_{\varphi,h}$ 为位于纬度为 φ、海拔 h 处的测站的重力加速度值，g_n 为标准重力加速度，则有

$$P_h = P_t \times \frac{g_{\varphi,h}}{g_n} \tag{5.25}$$

测站的重力加速度用世界气象组织推荐的公式，按下列情况分别计算。

① 平均海平面上，重力加速度随纬度的变化公式为：

$$g_{\varphi,0} = 9.80620 \times [1 - 0.0026442\cos(2\varphi) + 0.0000058\cos^2(2\varphi)] \tag{5.26}$$

式中 $g_{\varphi,0}$ 为纬度 φ 处的平均海平面重力加速度。

② 陆地测站将 $g_{\varphi,0}$ 进行高度修正，其局地的重力加速度用下式计算：

$$g_{\varphi,h} = g_{\varphi,0} - 0.000003086h + 0.000001118(h-h') \tag{5.27}$$

式中 h 为测站海拔高度(m)；h' 为以测站点为中心，半径 150 km 范围内的平均海拔高度(m)。

在周围地形较平坦的台站，设 $h=h'$；在周围地形差异大的测站，应采用重力加速度实测值。

③ 水面上的台站，平均海拔高度低于 10 m，计算半径 150 km 范围内的平均海拔高度的重力加速度公式如下：

$$g_{\varphi,h} = g_{\varphi,0} - 0.000003086h + 0.00000688(D - D') \tag{5.28}$$

式中 D 为测点正下方的水深(m)；D'为以测站为中心，半径 150 km 范围内的平均水深(m)。

④ 海岸附近地区，将 $g_{\varphi,0}$ 值进行高度修正，则按下式计算：

$$g_{\varphi,h} = g_{\varphi,0} - 0.000003086h + 0.000001118\alpha(h - h') - 0.00000688(1-\alpha)(D - D') \tag{5.29}$$

式中 α 为以测站为中心，半径 150 km 地区内陆地面积所占面积的比重。

(4) 综合计算公式

综合水银气压表的仪器误差订正、温度误差订正和重力误差订正，使用水银气压表时，计算本站气压的公式为：

$$P_h = (P + C) \times \frac{g_{\varphi,h}}{g_n} \times \frac{1 + \lambda t}{1 + \mu t} \tag{5.30}$$

式中 P_h 为测站的本站气压(hPa)；P 为水银气压表读数(hPa)；C 为仪器误差订正值(hPa)；$g_{\varphi,h}$为测站重力加速度(m/s^2)；g_n 为标准重力加速度，取值 9.806 65 m/s^2；μ 为水银的线胀系数，取值 0.000 181 8/℃；λ 为铜尺的线胀系数，取值 0.000 018 4/℃；t 为经仪器误差订正后的附温值(℃)。

5.4 气压计

5.4.1 构造原理

气压计由感应部分(金属弹性膜盒组)、传递放大部分(两组杠杆)和自记部分(自记钟、笔、纸)组成(如图 5.10)。

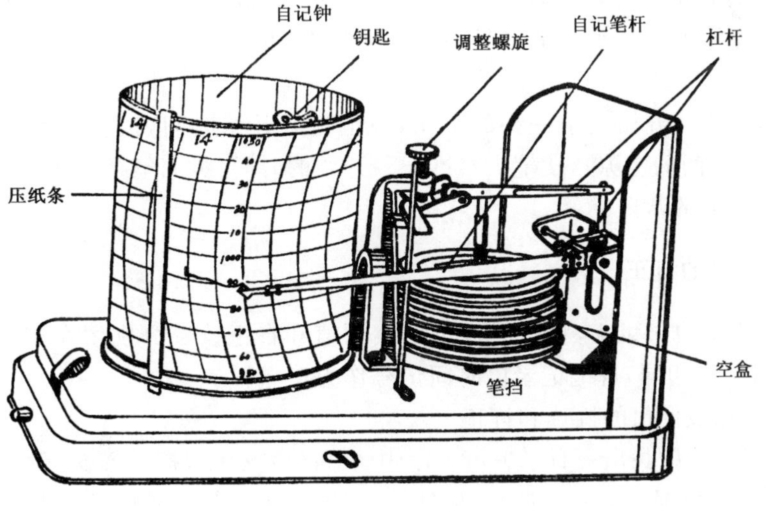

图 5.10 气压计结构图

感应部分为金属弹性膜盒组，利用空盒弹力与大气压力相平衡的原理来测量气压，当气压变化时，使膜盒组发生形变，带动杠杆，并将测得的气压值经杠杆和笔杆的两级放大，记录在自记纸上。

气压计用来自动、连续记录气压变化，其测量范围为 870～1 050 hPa，要求的空气温度是 －10～40 ℃，准确度≤±1.5 hPa。由于空盒金属膜片的弹性系数随温度变化，须采取温度补偿措施；空盒形变存在弹性滞后，在一定的气压范围内，升压和降压的形变曲线不重合。这两个因素使空盒气压表的测量精度低于水银气压表，因此，其记录值必须与水银气压表测得的本站气压值比较，进行差值订正，方可使用。

5.4.2 安装

气压计应稳固地安放在水银气压表附近的台架上，仪器底座要求水平，距地高度以便于观测为宜。

5.4.3 观测与记录

观测水银气压表后，随即观测气压计。根据笔尖在自记纸上的位置观测读数，记入观测簿相应栏，并作时间记号。作时间记号的方法是：轻轻地按动一下仪器右壁外侧的计时按钮，使自记笔尖在自记纸上划一短垂线。也可掀开仪器盒盖，轻抬自记笔杆使其作一记号。

5.4.4 自记纸的更换

日转仪器每天换纸一次，周转仪器每周换纸一次。换纸步骤如下：

(1) 作记录终止的记号(方法同定时观测作时间记号)。

(2) 掀开盒盖，拨开笔挡，取下自记钟筒(也可不取下)，在自记迹线终端上角记下记录终止时间。

(3) 松开压纸条，取下自记纸，上好钟机发条(视自记钟的具体情况每周 2 次或 5 天 1 次，切忌上得过紧)，换上填写好站名、日期及换纸人姓名的新纸。上纸时，要求自记纸卷紧在钟筒上，两端的刻度线要对齐，底边紧靠钟筒突出的下缘，并注意勿使压纸条挡住有效记录的起止时间线。

(4) 在自记迹线开始记录一端的上角，写上记录开始时间，按反时针方向旋转自记钟筒(以消除大小齿轮间的空隙)，使笔尖对准记录开始的时间，拨回笔挡并作一时间记号。

(5) 盖好仪器的盒盖。

5.4.5 自记记录的订正

(1) 在换下的自记纸上，将定时观测的实测值和自记读数分别填在相应的时间线上。气压(温度、相对湿度相同)自记记录以时间记号作为正点。

(2) 日最高、最低值的挑选和订正

① 从自记迹线中找出一日(20—20 时)中最高(最低)处，标一箭头，读出自记数值并进行订正。订正方法：根据自记迹线最高(最低)点两边相邻的定时观测记录所计算的仪器误差，用内插法求出各正点的仪器误差值，然后取该最高(最低)点靠近的那个正点的仪器误差值进行订正(如恰在两正点之间，则用后一正点的仪器误差值)，即得该日最高(最低)值。

在基准站，极值应采用邻近正点(24 次定时)的实测值进行仪器误差订正，当极值出现在两正点中间时，采用后一正点的仪器误差订正值。

② 按上述订正后的最高(最低)值如果比同日定时观测的实测值还低(高)时,则直接挑选该次定时实测值作为最高(最低)值。

③ 仪器因摩擦等原因,自记迹线在作时间记号后,笔尖未能回到原来位置,当记号前后两处读数差≥0.3 hPa 时,称为跳跃式变化(对于温度自记为≥0.3 ℃,相对湿度自记为≥3%)。在订正极值时,该时仪器误差应按跳跃前后的读数分别计算。

5.4.6　维护

(1) 经常保持仪器清洁。感应部分有灰尘时,应用干洁毛笔清扫。

(2) 当发现记录迹线出现"间断"或"阶梯"现象时,应及时检查自记笔尖对自记纸的压力是否适当。检查方法:把仪器向自记笔杆的一面倾斜到 30°～40°,如笔尖稍稍离开钟筒,则说明笔尖对纸的压力是适宜的。如笔尖不离开钟筒,则说明笔尖对纸的压力过大;若稍有倾斜,笔尖即离开钟筒,则说明笔尖压力过小。此时,应调节笔杆根部的螺丝或改变笔杆架子的倾斜度进行调整,直到适合为止。如经上述调整仍不能纠正时,则应清洗、调整各个轴承和连接部分。

(3) 注意自记值同实测值的比较,系统误差超过 1.5 hPa 时,应调整仪器笔位。如果自记纸上标定的坐标示值不恰当,应按本站出现的气压范围适当修改坐标示值。

(4) 笔尖须及时添加墨水,但不要过满,以免墨水溢出。如果笔尖出水不顺畅或画线粗涩,应用光滑坚韧的薄纸疏通笔缝;若疏通无效,应更换笔尖。新笔尖应先用酒精擦拭除油,再上墨水。更换笔尖时应注意自记笔杆(包括笔尖)的长度必须与原来的等长。

(5) 周转型自记钟一周快慢超过 30 min,日转型自记钟一天快慢超过 10 min,应调整自记钟的快慢针。自记钟使用到一定期限(一年左右),应清洗加油。

5.4.7　自记纸的整理保存

(1) 每月应将气压自记纸(其他仪器的自记纸同),按日序排列,装订成册(一律装订在左端),外加封面。

(2) 在封面上写明气象站名,地址,记录项目,以及记录起止的年、月、日、时。

(3) 每年按月序排列,用纸包扎并注明气象站名,地址,记录项目,以及起止年、月、日。

(4) 妥善保管,勿使其潮湿、虫蛀、污损。

5.5　海平面气压

由于测站海拔高度的不同,不同测站的本站气压不便进行气压场的分析,特别是在绘制天气图时,仅仅知道本站气压是不能绘制等压线的,显然高山的本站气压比平原上的要低得多,因此需将气象站不同高度的本站气压值订正到同一高度——海平面上来。我国以黄海海面平均高度为海平面基准点,本站气压统一订正到此高度上,即为海平面气压。

5.5.1　订正原理

如图 5.11,求算海平面气压时,通常先求出测站至海平面这段高度所引起的气压差,简称为高度差 C。

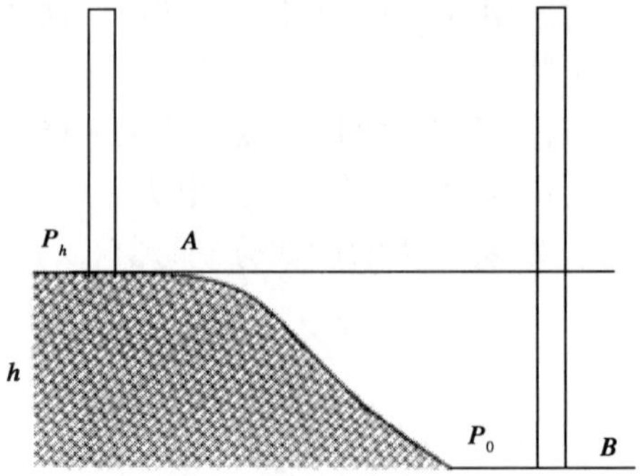

图 5.11 海平面气压订正

根据压高公式，可得

$$\lg \frac{P_0}{P_h} = \frac{h}{18400\left(1 + \frac{t_m}{273}\right)} \tag{5.31}$$

式中 P_0 为测站的海平面气压(hPa)；P_h 为测站的本站气压(hPa)；h 为气压传感器(水银槽)海拔高度(m)；t_m 为测站至海平面这段高度气柱的平均温度(℃)。

令

$$m = \frac{h}{18400\left(1 + \frac{t_m}{273}\right)} \tag{5.32}$$

则

$$P_0 = P_h \times 10^m \tag{5.33}$$

$$C = P_0 - P_h = P_h(10^m - 1) \tag{5.34}$$

t_m 可根据下述假定得到：测站气温为 t_h，从 h 高处下降至海平面，每下降 100 m，温度升高 0.5 ℃，即气温的垂直递减率 γ=0.5 ℃/100m，因此，可由 t_h 推算出海平面处的气温 t_0，即

$$t_0 = t_h + \gamma \cdot h \tag{5.35}$$

整个空气柱的平均温度 t_m 等于 t_0 和 t_h 的算术平均值，即

$$t_m = \frac{t_0 + t_h}{2} = t_h + \frac{\gamma \cdot h}{2} \tag{5.36}$$

在实际业务中，测站的气温 t_h 不直接取当时的气温，而以当时的气温 t 和观测前 12 小时的气温 t_{12} 相加，再取平均值。

因此，t_m 由下式计算得到

$$t_m = \frac{t + t_{12}}{2} + \frac{\gamma \cdot h}{2} = \frac{t + t_{12}}{2} + \frac{h}{400} \tag{5.37}$$

对于一个测站而言，h 是一个定值，故 $\frac{h}{400}$ 为一常数。

5.5.2 订正的准确度

从公式(5.34)可知，海平面气压订正的准确度取决于 P_h 和 C，当气压表良好、观测方法与计算正确时，通常本站气压是准确的，而高度差 C 的准确度受 h 与 t_m 的影响，因此海平面气压

订正的精度实际取决于以下条件：

（1）测站气压传感器（水银槽）海拔高度 h。h 应该是实测的，如未经实测或测量不准，就会造成误差。例：测站海拔高度在500 m附近，t_m=16 ℃，P_h=1 000 hPa的情况下，海拔高度相差10 m时，海平面气压相差1.3 hPa，当海拔高度相差50 m时，海平面气压就相差达6.2 hPa。

（2）气柱的平均温度 t_m。公式(5.37)是按理想情况（γ=0.5 ℃/100m）推导的，与实际情况有一定的差距。测站海拔高度越高，地形条件越复杂，t_m 的可靠性就越差。例如：测站海拔高度在500 m附近，P_h=1 000 hPa，t_m 分别取14和16 ℃（Δt_m=2 ℃）时，海平面气压的差值为0.4 hPa；当 Δt_m=10 ℃，则海平面气压的差值可达2.1 hPa，可见这种误差是很可观的，而且高度越高这种差值越大，h=1 000 m时，Δt_m=10 ℃，P_h=1 000 hPa，海平面气压的差值可达4.4 hPa。

从以上讨论可以看出，台站海拔高度虽可实测准确，h 对海平面气压的影响也可消除，但 t_m 的误差则无法解决，因此海平面气压订正的准确度在海拔高度比较高的台站是很难保证的。

复习思考题

1. 什么是气压？什么是标准大气压？大气中气流的运动对气压有什么影响？

2. 试述膜盒式电容气压传感器、压阻式气压传感器与振筒式气压传感器的测压原理。造成电测气压传感器测量误差的主要原因是什么？

3. 动槽式与定槽式水银气压表的构造有何重要不同点？定槽式水银气压表为何要进行标尺补偿？

4. 水银气压表为什么要进行读数订正？如何进行？

5. 水银气压表的误差主要有哪些？

6. 简述动槽式、定槽式水银气压表的观测步骤。为什么动槽式调整水银面要自下而上？而定槽式观测时应轻击管壁？

7. 为什么要进行海平面气压订正？影响订正值准确度的因素有哪些？

8. 某测站海拔高度100 m，纬度32°20′N，经仪器误差订正后的水银气压表读数为1 005.6 hPa，气压表附温为18.5 ℃，求本站气压。

9. 简述空盒气压计的构造原理。

10. 简述气压自记记录的订正步骤。

11. 设某站的本站气压为1 003.5 hPa，气压传感器的海拔高度为90 m，气温为21.5 ℃，观测前12小时的气温为14.5 ℃，求海平面气压。

第6章 气温观测

内容提要

本章主要介绍温度、温标的基本概念，地面气象观测中常用的测温仪器的原理、方法以及观测记录的处理，分析各类测温仪器的测量误差，详细介绍防辐射装置及其引起的测温误差。

6.1 概述

6.1.1 温度的基本概念

温度是物态的重要参数之一，是表征物体冷热程度的物理量。它是决定两个物体之间净热流方向的条件，实质上是一种物体对其他物体进行热交换的一种能力，具体表现为热的物体温度高，冷的物体温度低。从热力学的微观角度看，温度实质上是大量物质分子运动平均动能大小的体现。“气温”是空气这种特定“物体”的温度，是空气分子运动平均动能的体现。

6.1.2 温标

为了定量地表示温度，必须选定一个衡量温度的标尺，叫做温标。它规定了温度的读数起点(零点)和测量温度的基本单位。常用的温标有热力学温标、摄氏温标和华氏温标。确定一个温标，需要两个要素：第一，必须有一系列的固定点将一定间隔的冷热程度分成若干份；第二，要有一种测温物质，并确定测温物质的某一性质(测温特性)与温度之间的关系。

热力学温标，又称绝对温标，规定了一个温度固定点，即水的三相点，其温度为 273.16 K；测温物质为理想气体；测温特性为理想气体的压强。规定理想气体在容积固定的条件下，容器内的气体压强每改变 1/273.16，相当于温度变化绝对温度 1 K。开尔文(K)是热力学温标定义的温度单位，也是国际单位制温度单位。

摄氏温标规定在标准大气压下，水的冰点为 0 度，水的沸点为 100 度，两者之间等分为 100 等份，每等份为 1 度，用摄氏度(℃)来表示。摄氏度(℃)是摄氏温标定义的温度单位，也是国际单位制温度单位。

华氏温标由德国物理学家华伦海特(G. D. Fahrenheit)创立，规定水的冰点为 32 度，水的沸点为 212 度，两者之间等分为 180 等份，每等份为 1 度，用华氏度(℉)来表示。华氏度(℉)

是华氏温标定义的温度单位。

日常生活中，我国多采用摄氏温标，欧美等国家则多采用华氏温标。摄氏温标、华氏温标、热力学温标确定的温度数值之间的换算关系为

$$t = T - 273.15 \tag{6.1}$$

$$t = \frac{5}{9}(F - 32) \tag{6.2}$$

式中 t 为摄氏温度(℃)；T 为热力学温度(K)；F 为华氏温度(℉)。

热力学温标采用理想气体作为测温物质，而绝对的理想气体实际上是不存在的。因此，国际计量委员会(CIPM)引入实用温标作为温度测量的最高标准，即温度测量的依据是国际温标(International Temperature Scale，ITS)。

第 1 次国际温标是 1927 年颁布的，定名为《1927 年国际温标(ITS—27)》。以后约 20 年作一次修订，相继有《1948 年国际温标(ITS—48)》和《1968 年国际温标(ITS—68)》出现。1989 年 10 月第 77 届 CIPM 批准了《1990 年国际温标(ITS—90)》，并于 1990 年 1 月 1 日起生效。ITS—90 是国际法定文件，是所有测温工作的依据，是统一温度量值的准则。

国际温标由三部分组成。第一部分是一些基准温度点，通常采用一些物质的三相点、蒸发点、熔点或凝固点来规定。其中与大气测量有关的基准温度点主要有 5 个，即氩的三相点、水银的三相点、水的三相点、镓的凝固点和铟的凝固点。为了测温仪器校准上的方便，另设置了一些二类参考点(见表 6.1)。

表 6.1　ITS—90 定义的温度参考点

固定温度点	平衡态	ITS—90 的认定值	
		T_{90}(K)	t_{90}(℃)
基准温度点	氩的三相点	83.805 8	−189.344 2
	水银的三相点	234.315 6	−38.834 4
	水的三相点	273.16	0.01
	镓的凝固点	302.914 6	29.764 6
	铟的凝固点	429.748 5	156.598 5
二类参考点	二氧化碳的升华点	194.686	−78.464
	水银的凝固点	234.296	−38.854
	冰点	273.15	0.00
	苯酚盐的三相点	300.014	26.864

第二部分是各基准点之间的基准温度表及其转换关系式。在不同的温度区间，可选用不同的基准温度表，通常有铂丝电阻温度表、辐射温度表等。在气象测温范围内，采用的是满足规定特性的铂丝电阻温度表。

第三部分是工作基准温度表与基准温度表之间的偏差函数。

6.1.3　空气温度的观测方法和要求

地面气象观测测定的空气温度是离地面 1.5 m 高度处的气温。因这一高度的气温既基本脱离了地面温度振幅大、变化剧烈的影响，又是人类活动的一般范围。

温度只能通过物体随温度变化的某些特性来间接测量，物体的任何物理性质如果是温度的函数，都可作为温度表的依据。温度有接触式和非接触式两种测量方式，接触式是将测温仪器直接放入大气、土壤或其他介质中，可利用液体的膨胀特性、固体的线胀系数之差、热电效

应、半导体电阻的温度特性等制成测温元件进行测量。非接触式是以遥感方式测量大气温度，可利用声速随大气温度变化特性、物质的辐射效应与温度的特性等进行测量。

地面气象观测目前使用的主要都是接触式测温元件。最广泛应用的性质是电阻随温度的变化和热膨胀。根据这些性质可制成电阻温度传感器和玻璃液体温度表，用以测量常规温度和极端温度。目前人工观测常用的测量气温仪器有玻璃液体温度表、温度计等，自动观测主要使用铂电阻温度传感器。

在地面气象观测中主要测定空气、土壤的温度以及草面温度，本章主要介绍空气温度的测量，土壤温度及草面温度的测量将在本书第 8 章中介绍。

地面气象观测需要测定的气温观测项目及其单位：

（1）人工观测时，测定定时气温，日最高、日最低气温，配有温度计的气象站应作气温的连续记录。

（2）自动观测时，测定每分钟、每小时气温，记录每小时最高、最低气温及其出现时间。出现时间为时和分，各取两位。

温度以摄氏度（℃）为单位，取 1 位小数。

6.2 玻璃液体温度表

6.2.1 测温原理

玻璃液体温度表是利用装在玻璃容器中的测温液体，随温度的变化引起体积的膨胀或收缩，从液柱顶端位置的变化来测定温度的。

玻璃液体温度表的感应部分是一充满测温液的球部，与它相连的是一根一端封闭且粗细均匀的毛细管。设温度为 0 ℃和 t ℃时，球部与球管的液体体积分别为 V_0 和 V_t。当温度改变 Δt ℃时，液体体积的变化量为 ΔV，则有

$$\Delta V = V_t - V_0$$

而 $V_t = V_0(1 + \alpha\Delta t)$，则

$$\Delta V = V_0\alpha\Delta t \tag{6.3}$$

式中 α 为测温液的视膨胀系数，即测温液膨胀系数与玻璃体膨胀系数之差。

因温度变化 Δt 而引起的测温液体积变化量为 ΔV，这时 ΔV 的测温液进入截面积为 S 的毛细管内。使得毛细管内液柱的长度改变了 ΔL，即

$$\Delta L = \frac{\Delta V}{S}$$

而 $\Delta V = V_0\alpha\Delta t$，则

$$\Delta L = \frac{V_0\alpha}{S} \times \Delta t \tag{6.4}$$

式中 V_0，α，S 对于一支温度表来说都是固定的（α 近似常量），故液柱长度的改变量 ΔL 与温度的变化成正比，温度升高，毛细管中的液柱就伸长；反之，温度降低，液柱缩短。这就是玻璃液体温度表的测温原理。

为了提高温度表的灵敏度，要求温度表球部容积要大，毛细管横截面积要小，视膨胀系数

要大。

6.2.2　干球温度表

干球温度表(见图 6.1)是根据水银(酒精)热胀冷缩的特性制成的,分感应球部、毛细管、刻度磁板、外套管 4 个部分。这是所有气象温度表中最准确的仪器,其刻度间隔为 0.2 或 0.5 ℃,量程也比其他气象温度表大。

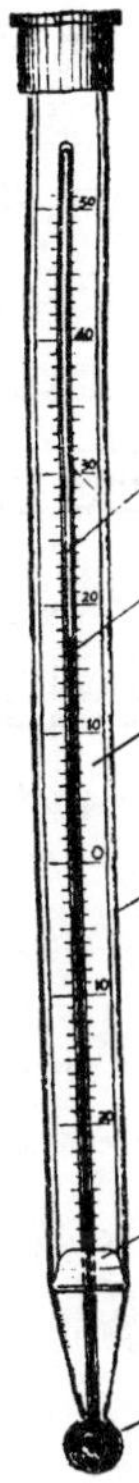

图 6.1　干球温度表结构图

温度表使用何种液体,取决于所需测量的温度范围。常用的测温液主要是水银和有机液体(酒精、二甲苯等),它们的部分物理性质如表 6.2 所列。

表 6.2　水银和有机液体的物理性质

测温液	物理性质						
	膨胀系数(18 ℃时)	比热容(J/(g·K))	导热系数(J/(cm·s·K))	沸点(℃)	熔点(℃)	纯度	内聚力
水银	0.000 181	0.13	0.083 47	356.9	−38.862	好	大
酒精	0.001 10	2.51	0.001 80	78.5	−117.5	差	小
二甲苯	0.001 09	1.63	0.001 59	110.5	−95.1	差	小

由表 6.2 可看出,水银具有比热容小、导热系数大、沸点高、内聚力大等优点,还有易于提纯、与玻璃不发生浸润作用及不透明易于读数等优点。但是其熔点高,可用于测其凝固点(−38.9 ℃)以上的温度,不宜测低温用。而有机液体虽然本身有膨胀系数不够稳定、纯度差、

易蒸发及易与玻璃发生浸润作用等缺点，但却具有熔点低的特点，气象上常用酒精制作最低温度表和供气温降低至－36 ℃以下时用的酒精温度表。

6.2.3 最高温度表

6.2.3.1 结构原理

最高温度表是专门用来测定一定时间间隔的最高温度的一种仪器，它的构造与一般温度表不同，其感应部分内有一玻璃针，伸入毛细管，使感应部分和毛细管之间形成一窄道（见图6.2）。当温度升高时，感应部分的水银体积膨胀，产生的压力大于狭管处的摩擦力，水银挤入毛细管；而温度下降时，毛细管内的水银，由于通道窄，狭管处的摩擦力超过了水银的内聚力，水银就此中断，不能缩回感应部分，因而能指示出上次调整后这段时间内的最高温度。

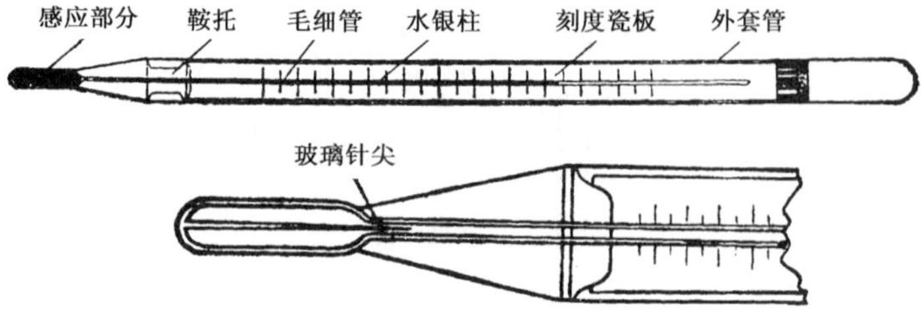

图 6.2 最高温度表示意图

最高温度表毛细管的上部不像一般温度表那样充有干燥的氮气，而是真空的，这是为了避免气体分子压力作用在水银柱顶部，从而增加水银回到球部的作用力，破坏其示度的最高性。

6.2.3.2 安装

最高气温表安装在百叶箱内温度表支架下横梁的上面一对弧形钩上，感应部分向东稍向下倾斜。高出干湿球温度表球部 3 cm。

6.2.3.3 观测和调整

（1）观测

最高气温表每天 20 时观测一次，读数记入观测簿相应栏中，观测后进行调整。编发天气报告或加密天气报告的气象观测站，在规定的时次进行补充观测，观测后也必须进行调整。

观测最高气温表时，应注意温度表的水银柱有无上滑脱离窄道的现象。若有上滑现象，应稍稍抬起温度表的顶端，使水银柱回到正常的位置，然后再读数。

在观测中若发现最高气温表断柱时，应稍稍抬起温度表的顶端使其连接在一起。若不能恢复，则减去断柱的数值作为读数，并及时进行修复或更换。有关情况要在观测簿的备注栏中注明。

气温在－36.0 ℃以下时，停止最高气温表的观测，记录按缺测处理，并在观测簿的备注栏注明。

（2）调整

用手握住表身，感应部分向下，臂向外伸出约 30°，用大臂将表前后甩动，甩动方向与刻度磁板面平行，毛细管内水银就可以下落到感应部分，使示度接近于当时的干球温度。

调整时，动作应迅速，尽量避免阳光照射，也不能用手接触感应部分。不要甩动到使感应部分位置偏上的程度，以免水银柱滑上又甩下，撞坏窄道。调整后，把表放回到原来的位置上时，先放感应部分，后放表身。

6.2.3.4　维护

（1）应经常保持清洁、干燥。观测前巡视设备和仪器时，如发现感应部分上有灰尘或水滴，须立即用干净的软布轻轻拭去。

（2）在温度下降时，最高气温表的水银柱有时也会回缩到感应部分，遇到这种情况，应立即换用备份表，报废该故障表。

6.2.4　最低温度表

6.2.4.1　结构原理

最低温度表是专门用来测定一定时间间隔的最低温度的一种仪器，它的感应液是酒精，毛细管内有一哑铃形游标(见图 6.3)。

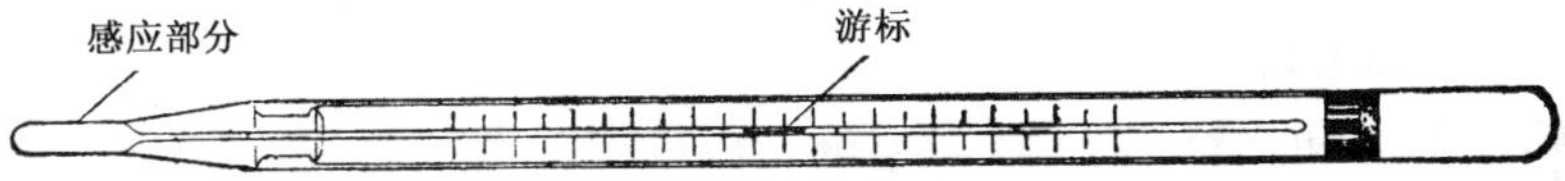

图 6.3　最低温度表

当温度下降时，酒精柱便相应下降，由于酒精柱顶端表面张力的作用，带动游标下降；当温度上升时，酒精膨胀，酒精柱经过游标周围空隙慢慢上升，而游标仍停在原来位置上。由此可见，游标是只能下降而不能升高的，因此它能指示上次调整以来这段时间内的最低温度。

6.2.4.2　安装

最低气温表水平地安装在百叶箱内温度表支架下横梁的下面一对弧形钩上，感应部分向东，低于最高气温表 1 cm。

6.2.4.3　观测和调整

（1）观测

每天在 20 时观测一次，读数记入观测簿相应栏中，观测后调整温度表。编发天气报告或加密天气报告的气象观测站，按电码规定进行补充观测，观测后也必须进行调整。

观测最低温度示度时，眼睛应平直地对准游标离感应部分的远端位置；观测酒精柱示度时，眼睛应平直地对准酒精柱顶端凹面中点(即最低点)的位置。

在观测读数时，若发现最低气温表酒精柱中断，则最低温度记录作缺测处理，并在观测簿的备注栏注明；该表须及时修复或更换。

（2）调整

抬高温度表的感应部分，表身倾斜，使游标回到酒精柱的顶端。

（3）读数的补充订正

最低气温表由于酒精液体性能不够稳定，还需与干球温度表进行对比观测，其方法如下：

每月的 1—5 日 20 时应读取最低气温表酒精柱的示度与干球温度表的示度，用经器差订正后的干球温度值减去经器差订正后的最低气温表酒精柱值，并计算该 5 d 的平均差值。如果平均差值的绝对值≤0.5 ℃时，该最低气温表可以继续使用，以后的读数也不进行补充订正；若平均差值的绝对值＞0.5 ℃，应撤换最低气温表，并将该平均差值订正到撤换前该 5 d 的逐日最低气温值上。

若无仪器更换时，则每日 20 时均要继续读酒精柱示度，以便计算最低气温表的全月补充订正值。其计算方法如下：

将每日 20 时的干球温度值减去最低气温表酒精柱数值（均已经器差订正），记入气簿－1 中相应位置。干球温度值高于最低值者，差值为正；反之为负。月终求出全月差值的代数和，除以全月实有记录天数，即为该月的最低气温表的补充订正值（取 1 位小数，第 2 位小数四舍五入），然后将订正值加在经仪器误差订正后的逐日最低温度值上。

凡中途换用了最低气温表，在换用后的前 5 d 内，也应参照上述规定进行最低气温表的比较观测。

在进行补充订正观测的期间，若某日漏读，则应向后顺延读满 5 d。

6.2.4.4 *维护*

（1）在移运和存放最低温度表时，最好将表身直立放置，感应部分向下，并避免高温及震动，以免酒精柱蒸发和中断。

（2）有时由于搬运和调整不当，或者毛细管内一部分酒精被蒸发后凝结于管顶，或者因为毛细管内酒精柱上端有残留气体，使酒精柱分离成几段，这些故障可用甩动、加热、撞击等方法将其修复，若无法修复则报废。

6.2.5 误差分析

6.2.5.1 *误差来源*

《气象仪器和观测方法指南》在对玻璃液体温度表的误差进行分析时，把所有共同的主要误差来源总结为：弹性误差、外露表柱引起的误差、视差和读数的大误差、球部形变引起的误差、毛细作用引起的误差、分度和校准的误差、膨胀差异引起的误差。可以根据误差的性质将这些误差分为两大类，即常定误差和非常定误差。

（1）常定误差

这类误差是由于制作温度表技术条件的限制和材料的某些物理特性变化而引起的误差。这类误差在一定时间内对某一刻度范围来说是一个定值。在实际工作中采用定期与标准温度表比较检定，而得出仪器差，使用时加以订正，即可消除或减少这类误差。

① 玻璃日久收缩引起的误差。制作温度表的玻璃应当是经认可的适用于温度表的一种“标准”玻璃或“硅酸硼”玻璃。玻璃球要制成既有适当强度又薄到便于热量传入或传出球部及其内装液体。温度表在进行刻度之前，应当进行适当的退火处理以减少玻璃老化引起的缓慢变化。制造玻璃温度表要求使用专门的测温玻璃，标准的测温玻璃成分如表 6.3 所示。

表 6.3 测温玻璃成分

成分	SiO_2	Na_2O	ZnO	CaO	Al_2O_3	B_2O_3
含量（%）	67.5	14.0	7.0	7.0	2.5	2.0

a)基点的永恒位移。这种误差主要来自于测温玻璃的标准成分是否符合要求。玻璃温度表球部的容积随时间有缩小的趋势，以致基点下端提高，即所谓基点的永恒位移，这在制成温度表的初期很明显，以后位移逐渐减小。用标准的测温玻璃制造的温度表，使用 5 年基点的永

恒位移仅为 0.05 ℃，以后提升甚微。

b)球部变形引起的误差。这种误差是由于玻璃升温和降温后其剩余膨胀不能立即消失而造成的。当温度由低温升至高温后，如果再令其急速冷却到初始温度，温度表的指示会偏低。反之，当由高温降至低温，再令其急剧增温，则温度表的指示会偏高。而后逐渐恢复正常，这种由于升温和降温造成的温度暂时偏低或偏高的现象称之为暂时跌落。升温和降温的范围、速率，以及玻璃的种类对暂时跌落值的大小都有影响。温度表经过重复冷热处理进行人工老化，可以减小这种影响。

② 制作不良引起的误差。这种误差的大小决定着一支温度表的好坏，包括测温液不纯、刻度不准和零点位置不正确、毛细管内径不一等方面。刻度标尺分度不精确，特别是零点位置不正确，使读数产生较大偏差。毛细管内径不一，使得在温度变化相同的情况下，管内液柱升降长度不一致，就会与均匀刻度之间发生偏差，造成在各温度范围内产生不同的误差值。

③ 温度表内液体的视膨胀系数不随温度成线性变化而引起的误差。一般温度表的刻度采用等分刻度法，是假定表内所用液体的体积随温度呈线性变化。但实际上任何一种物质的膨胀和收缩，都不是严格意义上的线性变化，它不是一个固定常数。这种误差对水银来说很小，但对酒精来说，却会引起较大的误差。

④ 液体分化引起的误差。如果温度表内测温液体不纯，日久就会分化变质，不仅其体积会发生变化，还会影响到视膨胀系数的改变，特别是酒精内混有其他物质时，就很容易引起分化变质而产生误差。

①、④两种误差是随使用年限的增加而有所变化的，故要对温度表进行定期检定。

上述误差是综合产生的，很难逐项测定。通常在仪器出厂前，先与标准温度表进行比较检定，求出其在各温度范围内的仪器误差，并制成检定证。

(2) 非常定误差

这类误差由外界环境及观测的方法而定，虽其中部分可计算求出或设法避免，但不能通过器差订正的方法来消除。

① 外露表柱引起的误差。在实际测定空气温度时，用于测量气温的温度表通常全部被几乎是同一温度的空气所包围，球部和管部没有温差，此值可以不予考虑，但对球部埋在土壤内，管部伸出地面的曲管地温表而言，表柱的实际温度会不同于球部的温度，就会造成一定的误差。

② 视差和读数的偏差。如果不是在一个通过液柱顶部并垂直于表柱的平面上观测温度表，就会产生视差。视差会随着表柱的厚度和实际视线与正确视线之间夹角的增大而增大。因此必须仔细观测，才能避免视差。观测员的复读，可最大程度地避免这种误差。

③ 最高温度表的特有误差。最高温度表的读数一般不是在达到最高温度的瞬间进行的，通常读数时气温已经低于最高值了。因此，毛细管中的水银丝将因冷却而比最高温度时应有的长度短些。

6.2.5.2　温度表的响应时间

任何测温仪器在进行测温过程中，都不是一触即能达到热平衡的，而需要经历一个感应过程才能反映出来。由于空气温度时刻在变化，所以温度表的示值也始终落后于被测空气温度的变化，这种现象称为温度表的滞后性。滞后性的大小用热交换时间的长短来表示，这个时间叫做温度表的响应时间，常常以达到阶跃变化的 90%所需时间作为响应时间，而把温度表显示出一个温度阶跃变化的 63.2%所需要的时间定义为温度表的滞后系数，也叫时间常数。

设被测物质的温度为 t，温度表球部温度为 t_1（设 $t > t_1$），由于热量交换的结果，在 $\Delta\tau$ 的时间内温度表感应部分将获得热量 ΔQ，热量 ΔQ 的多少决定于感应部分的热交换系数 h、表面积 S、温度差 $(t - t_1)$ 和时间 $\Delta\tau$，则有

$$\Delta Q = hS(t - t_1)\Delta\tau \tag{6.5}$$

热量 ΔQ 使温度升高 Δt，

$$\Delta Q = mC\Delta t \tag{6.6}$$

式中 m 为测温液质量；C 为比热容。于是

$$hS(t - t_1)\Delta\tau = mC\Delta t$$

即

$$t - t_1 = \frac{mC}{hS} \times \frac{\Delta t}{\Delta\tau}$$

令 $\frac{mC}{hS} = \lambda$，则有

$$\frac{\Delta t}{\Delta\tau} = \frac{1}{\lambda} \times (t - t_1) \tag{6.7}$$

式中 λ 为温度表滞后系数（时间常数）(s)；$\frac{\Delta t}{\Delta\tau}$ 为温度表示度在单位时间内改变的度数，即 t 到 t_1 的变化速度（℃/s）。

从上面讨论得出：要使温度表热交换的时间短，具有较小的滞后性，即时间常数小，就必须使温度表感应部分的比热容和质量要小，而导热系数和球部的表面积则要大。

变化速度 $\frac{\Delta t}{\Delta\tau}$ 则由 λ 值与 $(t - t_1)$ 值决定，对同一温度表来说，由于 m, C, h, S 都是定值，λ 值也是常数，这时温度表的感应速率则与 $(t - t_1)$ 成正比。

时间常数大致与风速的平方根成反比，风速越大，达到热平衡的时间就愈短，即时间常数愈小。用同一支温度表，测定不同介质时，时间常数大小也不同，例如测定水的温度比测定空气的温度响应时间要小 20～30 倍。

如果被测物体的温度是不变的，那么只要使温度表停留在被测物体中，时间长一些就能测出较准确的温度。但是，空气与土壤的温度是经常变化的，因此温度表的时间常数使测得的温度与实际情况有一定的出入。在气温上升过程中温度表示度比实际温度要偏低些；相反，温度下降时，温度示度偏高些。同时，使测得的最高温度偏低，最低温度偏高，即使得日极值温度振幅变小。时间常数愈大的温度表这种偏高偏低现象愈显著。

在常规气象观测中，温度表时间常数大小的选择，应根据观测目的而定。一般情况下滞后性小一些好，这样能及时感应出实际温度的变化。但在几秒钟之内，气温常常会连续波动 1～2 ℃，所以，这时选择时间常数非常小的温度表并没有好处，要求多次读数取平均才能得到一个有代表性的读数。时间常数较大的温度表有助于平滑掉快速波动，然而时间常数太大，可能在温度发生长周期变化时导致误差。在风速为 5 m/s 时，测量气温的温度表时间常数一般要求在 20 s。但对于地温表，尤其是直管地温表则要求滞后性时间常数大些，否则由于地温与气温相差很大，在把地中温度表提上来的读数过程中将产生较大的误差。

6.2.5.3　对温度表的要求

综合玻璃液体温度表的灵敏度和尽可能减小各种误差值的要求，从构造上讲，温度表应尽可能符合以下要求：

(1) 灵敏度要大，毛细管横截面积要小，视膨胀系数要大。

(2) 时间常数要小，比热容要小，导热系数要大，球壁要薄，球部表面积要大，而测温液体体积要适中(因液体过多，虽然灵敏度增大，但感应时间也相应增长)。为此，一般要求球部做成圆柱形或叉形，以增大其与空气接触面积。

(3) 毛细管内径上下要均匀，刻度板应尽可能贴近毛细管，以减少视差。

(4) 制作温度表的玻璃与测温液的质量要好，并经过技术处理，以减少使用过程中的误差变化。

6.3　铂电阻温度传感器

6.3.1　结构与原理

可用于测温的材质较多，对于电阻温度传感器的金属材料的选择应符合：

(1) 在温度测量范围内，它的物理性质和化学性质保持不变。

(2) 在测量范围内，其电阻随温度的增加而稳定增加且无任何不连续。

(3) 湿度变化、腐蚀或物理变形等外界影响，不会明显改变其电阻。

(4) 在两年或两年以上时间，其特性保持稳定。

(5) 它的电阻值和温度系数应大到足以在测量电路中使用。

由于铂金属的物理化学性能稳定，材料易于提纯，测温精度高，复现性好，因此，世界气象组织规定铂电阻温度表为－259.34～630.74 ℃之间使用的标准仪器。目前的自动气象站也主要采用铂电阻作为测温传感器材料。铂电阻温度传感器是根据铂电阻的电阻值随温度变化而变化的原理来测定温度的，其电阻-温度关系如下：

－189.3～0 ℃范围内：

$$R_t = R_0[1 + A\,t + B\,t^2 + C(t - 100)t^3] \tag{6.8}$$

0～630.7 ℃范围内：

$$R_t = R_0(1 + A\,t + B\,t^2) \tag{6.9}$$

式中 R_t 为铂电阻在温度 t 时的电阻值(Ω)；R_0 为铂电阻在 0 ℃时的电阻值(Ω)；A，B，C 均为常数，其值分别为 3.9083×10^{-3}/℃、-5.775×10^{-7}/℃^{2}、-4.183×10^{-12}/℃^{4}。

通常根据铂电阻的分度特性、0 ℃时的电阻值及适用的范围对铂电阻进行分类，如 Pt10、Pt100、Pt385、Pt500、Pt1000 等。气象中最常用的是 Pt100，在准确度要求较高的自动观测系统中采用 Pt1000。

根据铂电阻的电阻-温度关系，以 0 ℃作为基点温度，可知 Pt100 铂电阻在 0 ℃时的电阻为 100 Ω，它的电阻比 R_{100}/R_0 是 1.385 0，电阻温度系数 α ＝0.003 850，即温度每变化 1 ℃电阻值变化 0.385 0 Ω，阻值变化量小，测温灵敏度较小。而 Pt1000 电阻温度系数 α ＝0.038 50，即温度每变化 1 ℃电阻值变化 3.850 Ω，因此在精度要求较高时则采用 Pt1000。

铂电阻温度传感器的铂电阻丝烧制在细小的玻璃棒或瓷板上，外面有金属保护管。

由上可知，直接用欧姆表测量电阻以换算为相应的温度值，其温度测量的分辨率很低，因此通常采用平衡电桥法或不平衡电桥法测量，或通过恒流源将电阻变化转换为电压变化并进行放大，以提高测量的灵敏度，但金属电阻接入测量电路时，电路会产生热效应，因此测量电流和引线电阻应尽量小。一般采用四线制法，以消除引线电阻的变化，满足测温标准（如图 6.4 所示）。

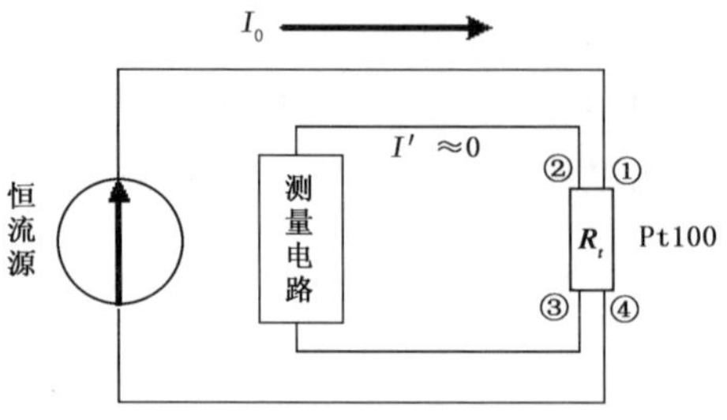

图 6.4 四线制恒流源测温原理

见图 6.4，由恒流源提供的恒定电流 I_0 流经铂电阻 R_t，②、③为电压引线，电压 I_0R_t 通过②、③引线传送给测量电路，只要测量电路的输入阻抗足够大，流经②、③引线的电流将非常小，引线的电阻影响可忽略不计。所以，在自动气象站中，温度电缆的长短与阻值大小对测量值的影响可忽略不计。

6.3.2 误差来源

用电阻温度表测量温度的主要误差来源有：

(1) 温度表元件自身加热。因为电阻元件在有电流通过时产生热量，这样，温度表元件的温度比周围介质温度要高。

(2) 导线电阻补偿不当。连接线的电阻将引起温度读数误差。长的引线会使误差更为明显，比如当电阻温度表放在离测量仪器相当远的地方，读数误差也会因电缆温度改变而有所变化。这些误差可以用外接导体(平衡电阻)和一个合适的电桥网路来补偿。

(3) 传感器或处理仪器非线性补偿不当。在扩大的温度范围内，电阻温度表是非线性的，但是如果在一个有限的温度范围内使用，仍可以取得接近线性的输出。因此必须采取措施，对这种非线性进行补偿。

(4) 开关接触电阻的突变。当开关使用年限增加时，就会发生开关接触电阻的突变。除非定期进行系统校准检查，否则可能不易觉察。

6.3.3 安装与维护

铂电阻温度传感器用支架安装在百叶箱或防辐射罩内，感应元件的中心部分离地面高度为 1.5 m。传感器的连接电缆要正确连接、固定牢靠。

铂电阻温度传感器常与湿敏电容湿度传感器制成一体，安装时在百叶箱底部中间平板的中心位置向东约 10 cm 处凿一圆孔，大小以能穿过传感器的电缆线插头为宜，电缆线从底座经此孔引入百叶箱内，在百叶箱内侧顶板的中间位置安装一个挂钩，将连接传感器的电缆线固定在挂钩上，使传感器自然下垂。或在百叶箱底部内侧平板中心，安装一个类似于用于安装干湿球温度表的专用支架(能保证传感器位于中心，若中间平板在两侧平板之上，则安装在中间平板上)，将传感器固定在该支架的西侧，感应器直立，头部向下，感应器与支架中心立杆的距离为 5～8 cm。百叶箱内电缆线不应太多，其长度以便于安装或拆卸为宜。

若温度和湿度传感器分开安装，在百叶箱内侧顶板安装两个挂钩，挂钩之间的距离约为 15 cm，两挂钩的中间位置也是顶板的中心位置，温度传感器固定在东侧挂钩上，湿度传感器固定在西侧挂钩上，使传感器自然下垂。若采用支架固定，则温度传感器在支架的东侧，湿度传感器在支架的西侧，感应器直立，头部向下，两个感应器之间的距离约为 15 cm。

铂电阻温度传感器应经常保持清洁、干燥。观测前巡视设备和仪器时，如发现传感器上有灰尘或水，须立即用干净的软布轻轻拭去。

6.4 温度计

6.4.1 结构与原理

温度计是自动记录气温连续变化的仪器，它由感应部分(双金属片)、传递放大部分(杠杆)、自记部分(自记钟、纸、笔)组成(见图 6.5)。

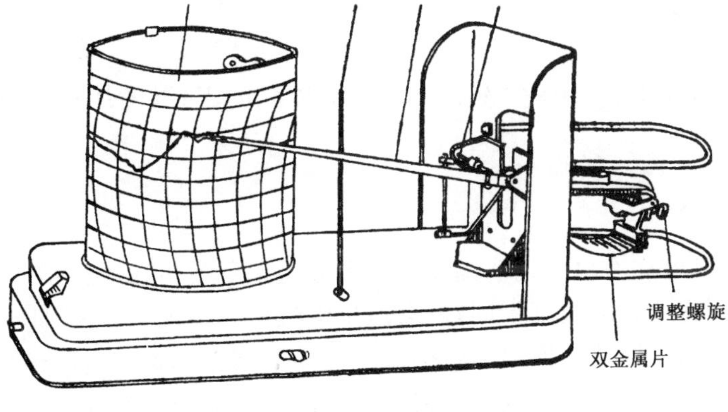

图 6.5　温度计结构图

感应部分为双金属片，它随着温度的变化而变化。双金属片是由两层热膨胀系数相差很大的金属片热压而成。热膨胀系数大的称为主动片，热膨胀系数小的称为被动片，温度变化时，由于线胀系数不同而引起形变。主动片的材料，最普通的是黄铜(锌 35%，铜 65%)和无磁钢(镍 22%，铬 3%，铁 75%)；被动片的材料多用铟钢(镍 36%，铁 64%)。

温度计上的双金属片一端固定在支架上，另一端连接自记仪器的机械部分，称为自由端，它随温度变化而发生位移，利用杠杆来传递放大，再经笔杆放大将测得的温度值记录在自记纸上。

同气压计类似，由于双金属片易发生形变，使其测量精度较差。因此，其记录须与温度表测得的值比较，进行差值订正，方可使用。

6.4.2 安装

温度计应稳固地安装在大百叶箱中下面的架子上，底座保持水平，感应部分中部离地面1.5 m。

6.4.3 观测和记录

02,08,14,20 时 4 次(一般站 08、14、20 时 3 次)定时观测时，根据笔尖在自记纸上的位置观测读数，记入观测簿相应栏，并作时间记号。作时间记号和换自记纸的方法同气压计。

6.4.4 维护

严寒时，由于室外气温较低，自记钟有时会发生停摆现象，这常常是润滑油在轴上凝冻所致。遇到这种情况，应换用备份自记钟；将停摆的自记钟进行清洗，并在轴和轴孔里加抗凝的钟表油。如无备份自记钟，可将自记钟拿回室内，盖住钟筒的上下孔(以免机件蒙上水汽)，等自记钟温度接近室温后，将孔打开，在轴和轴孔里放一滴汽油，使机件滑润后恢复走动。但以后必须对这一自记钟进行清洗，以免机件生锈。

当记录值与实测值相比较，系统误差超过 1.0 ℃时，应及时调整仪器笔位。

其他同气压计有关部分。

6.5 其他测温仪器

测量温度的仪器除了金属电阻温度表、玻璃液体温度表、温度计外，还有热电偶温度表及热敏电阻温度表等。

6.5.1 热电偶温度表

热电偶温度表又可称为温差电偶温度表。温差电现象是指在两种不同类型导体所组成的封闭电路中，若导体连接处的温度不同，就会产生电流的一种现象。两种不同的金属或合金焊接在一起，构成一个闭合回路。回路中将会产生电动势，两点的温度差异越大，电动势越高。

当用于测量温度时，将一个连接点保持在一个已知的标准温度，用另一个接点感应需要测量的温度，计算这时产生的电动势。通过对该系统的事先校准，电动势可以直接与两个连接点间的温差建立联系，这样通过已知校准温度加上差值的代数和，就可得出未知的温度。

当需要温度表有非常小的时间常数(约 1 或 2 s)并能远距离读数和记录时，热电偶温度表用得最多。热电偶温度表由于构造简单，分度便利，广泛应用于梯度观测，但最大的缺点是测温时参考端温度需固定。

6.5.2 热敏电阻温度表

除了用金属电阻作测温元件外，常用的另一类型的电阻元件是热敏电阻。这是一种电阻温度系数相对大的半导体，随实际材料的不同，电阻温度系数可能为正值或为负值。热敏电阻多采用金属氧化物的混合体在高温下烧制而成。形状通常为小圆片状、棒状或球状，并且常常外裹玻璃。在气象测量范围内，热敏电阻的电阻 R_T 随温度变化的一般表达式如下：

$$R_T = A\ e^{\frac{b}{T}} \tag{6.10}$$

式中 R_T 为热敏电阻的阻值(Ω)；A 为与元件的电阻大小相关的元件系数；b 为与 R_T 对温度的灵敏度相关的元件系数；T 为热敏电阻的温度(K)。

热敏电阻的温度系数变化很大，且具有负温度系数，在气象测温范围内为 $-1\times10^{-2}\sim-7\times10^{-2}$ 之间，远大于金属电阻的温度系数。热敏电阻与温度的变化是非线性关系，但可以通过一定的线路设计，使其输出与温度关系线性化。

热敏电阻温度表在获得相同灵敏度的前提下，大的电阻温度系数能够降低加在电阻桥两端的电压。这样，就能减少甚至可以消除对引线电阻及其变化的考虑。一般说来，热敏电阻的阻值在几万欧姆，不到 10 Ω 的导线电阻随温度变化的影响完全可以忽略不计。

热敏电阻温度表元件能够做得非常小，因而其热容很小，可得到小的时间常数。但是，非常小的热敏电阻及其小的热容也有缺点，因为对于给定的消耗，其电热效应要比感应元件大的温度表大。因此，必须注意保持小的功耗。

同时，热敏电阻温度表必须注意元件表面的漏电，元件表面受潮后，可能使它并联进去一个与元件阻值相当的漏电电阻，因而产生较大的测温误差。投入使用前的热敏电阻，必须在它的表面涂上较好的防潮材料。

使用热敏电阻需特别注意电流加热对元件的增温。在较大的电流下，热敏电阻的负温度系数有可能导致过热失控。电流增温使元件阻值减小的同时，将进一步增大流经的电流，并同时加大增温效应。

半导体热敏电阻目前主要用于无线电探空仪的高空气温探测。

6.6　温度测量的防辐射装置

由于太阳直接辐射、地面反射辐射等影响，会使测温元件的示值与实际气温存在差异。白天，空气对太阳辐射的吸收能力弱于任一种温度感应元件；夜晚，空气的红外辐射能力又弱于任一种温度感应元件。任何直接暴露在空气中的测温元件，其测量值在白天将系统偏高于气温，夜间则系统偏低，导致较大的辐射误差。人们在太阳下感觉的气温与天气预报的气温有较大差异，也是因为人体对太阳辐射的吸收能力要比空气强。为消除和减小这种辐射误差，保证测温元件真实地反映空气温度，必须对测温元件采取有效的辐射屏蔽措施，并保证其周围的空气自由流通，这种辐射屏蔽通风装置还可用来架设温度表和遮挡降水，并防止温度表意外损坏。

防辐射设备应该至少满足以下要求：

(1) 能够完全遮蔽温度表，并能屏蔽辐射和降水的影响。

(2) 内部气温保持均匀，并与外部气温相等。

(3) 应能够保持良好的通风。

这样的装置主要有百叶箱和防辐射罩，百叶箱是气象观测站目前最广泛使用的一种通风防辐射装置。

6.6.1　百叶箱

百叶箱是安装温、湿度仪器用的防护设备，防止太阳对仪器的直接辐射和地面对仪器的反射辐射，保护仪器免受强风、雨、雪等的影响，并使仪器感应部分有适当的通风，能真实地感应外界空气温度和湿度的变化。

6.6.1.1 结构

百叶箱通常由木质或玻璃钢材料制成，箱壁两排叶片与水平面的夹角约为45°，呈“人”字形，箱底为中间一块稍高的三块平板，箱顶为两层平板，上层稍向后倾斜。这样的结构，使得百叶箱内具有很好的通风性能，整个百叶箱内自由流通的空气使内层箱壁适应环境温度的变化。这样一来，内层箱壁对温度表示值的影响就减少了。百叶箱内空气的自由流通，也使温度表随箱内空气温度的变化而变化的速度比只有辐射交换起作用时要快得多。整个百叶箱内外涂为白色，可以将投射在百叶箱上的阳光基本上都反射掉，同时箱内仪器不受太阳直接照射和雨雪的影响，从而保障了空气温度和湿度观测数据的代表性。

木质百叶箱分为大、小两种：小百叶箱内部高537 mm、宽460 mm、深290 mm，用于安装干球和湿球、最高、最低温度表，毛发湿度表；大百叶箱内部高612 mm、宽460 mm、深460 mm。用于安装温、湿度传感器，或铂电阻温度传感器和湿敏电容湿度传感器，或温度计、湿度计。

玻璃钢百叶箱内部高615 mm、宽470 mm、深465 mm。用于安装各种温、湿度测量仪器。

6.6.1.2 安装

百叶箱应水平固定在一个特制的支架上。支架应牢固地固定在地面上或埋入地下，支架顶端约高出地面125 cm；埋入地下的部分，要涂防腐油。

安装百叶箱支架的材质应为木质、角钢或亚光不锈钢，也可用带底盘的钢制柱体制成。多强风的地方，须在四个箱角拉上铁丝纤绳。箱门朝正北。支架顶部和底部为四边形，四个侧面为梯形，上小下大，顶部大小依据百叶箱箱底的大小而定，底部四边形的长、宽约为顶部的1.3倍。当材质为角钢或亚光不锈钢时，可使用水泥混凝土浇筑，为减小对自然状态的破坏，基座大小为20 cm×20 cm，基座应与观测场平齐或高出观测场3～5 cm。

采用独立支柱方式安装的，基座大小为45 cm×45 cm或为直径45 cm的正圆，用水泥混凝土浇筑，浇筑前应在基座的中心位置预埋信号线和电源线管，单根线管的直径应为3 cm，线管与地沟相连，基座应与观测场平齐或高出观测场3～5 cm。

百叶箱内不安装照明用的光源。人工观测的百叶箱确需安装时，应安装在箱内靠近箱门处的顶板上，需采用冷光源节能灯(不得超过25 W)，走线应整齐、美观。

当大百叶箱为玻璃钢百叶箱时，温、湿度计的百叶箱内应安装特制的支架(用方形不锈钢管等制作)，要保证温、湿度计安放水平，温、湿度计观测方便，温度计感应部分的高度应符合要求。

各百叶箱前应安置专用踏梯，不得采用砌筑方式的台阶。踏梯大小应一致，长约60 cm，两级台阶，每级高约20 cm、宽约30 cm，放置在地面应平稳。

一般情况下，百叶箱只需要一个门，百叶箱的安置要保证观测时打开门后太阳照射不到温度表，在我国一般开在北面。在热带，需要两个门供一年中不同的时期使用。同样，极地地区太阳高度角很低，要提防太阳的直射光线进入百叶箱内部。可采用遮阳板，或者采用一种能在打开门读数时可转动到适当角度的百叶箱。

6.6.1.3 维护

百叶箱要保持洁白，木质百叶箱视具体情况每1～3年重新油漆一次；内外箱壁每月至少定期擦洗一次。寒冷季节可用干毛刷刷拭干净。清洗百叶箱的时间以晴天上午为宜。在进行箱内清洗之前，应将仪器全部放入备份百叶箱内；清洗完毕，待百叶箱干燥之后，再将仪器放回。清洗百叶箱不能影响观测和记录。

安装自动气象站传感器的百叶箱不能用水洗，只能用湿布擦拭或用毛刷刷拭。百叶箱内的温、湿度传感器也不得移出箱外。

冬季在巡视观测场时，要小心用毛刷把百叶箱顶、箱内和壁缝中的雪和雾凇扫除干净。

百叶箱内不得存放多余的物品。

6.6.2　防辐射罩

防辐射罩与百叶箱相比，体积小、重量轻、结构简单、安装方便，由于自动气象站大规模的布设，其应用日益广泛。防辐射罩用来安装温、湿度传感器，利用自然通风或强制通风促使辐射罩内的空气产生对流，与外界环境空气进行交换，从而使传感器感应外界空气温度和湿度的变化。防辐射罩的形状和结构各异，但与百叶箱类似都是为了最大限度地减小太阳直接辐射和地面辐射的影响，有效地保护传感器免受雨、雪等恶劣天气的影响。

6.6.2.1　简易防辐射罩

为了便于野外考察，可以使用简易的防辐射罩，罩的上板为伞形金属薄板，下为金属平板。金属板向外的一面涂铬，使其具有良好的反射率，向里的一面涂黑，以便吸收照射到内层的辐射，使辐射不至于反射到元件上。在两块金属板之间有两块透明的有机玻璃板，测温元件安置在它们之间的夹层中，有机玻璃板的作用是隔绝金属板上的热对流。如图 6.6 所示。

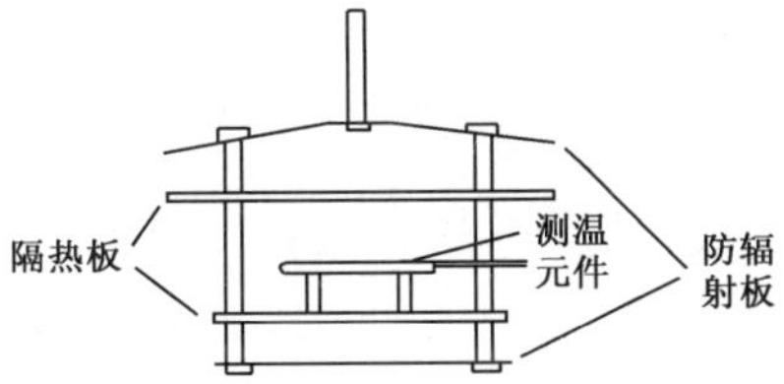

图 6.6　简易防辐射罩

伞形防辐射罩的缺点是，当太阳高度角较低（日出和日落）时，太阳辐射会直接照射到元件上。

6.6.2.2　叠盘式防辐射罩

加密自动气象站为了维护的方便，温、湿度的感应元件多置于一个小型的叠盘式防辐射罩内，无外加通风，类似一个轻型的百叶箱（见图 6.7），由可拆卸的多个防辐射盘组成，使用时可根据仪器仪表的实际尺寸调整防辐射盘的数量。

图 6.7　叠盘式防辐射罩

6.6.2.3　通风防辐射罩

为了提高测量准确度，通常使用强制通风防辐射罩，温、湿度传感器安装在通风防辐射罩内，工作时强制通风，且通风速度应大于或等于风扇的临界风速。

现大多数采用的是 076B 型通风防辐射罩（如图 6.8）和 RS12T/

RS24 型通风防辐射罩(如图 6.9 所示)。

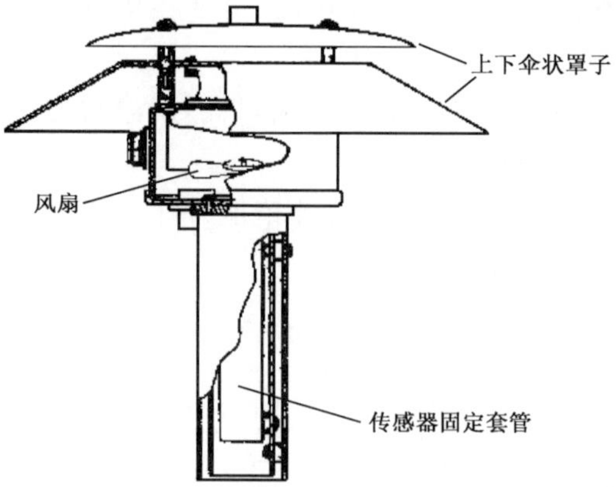

图 6.8 076B 型通风防辐射罩

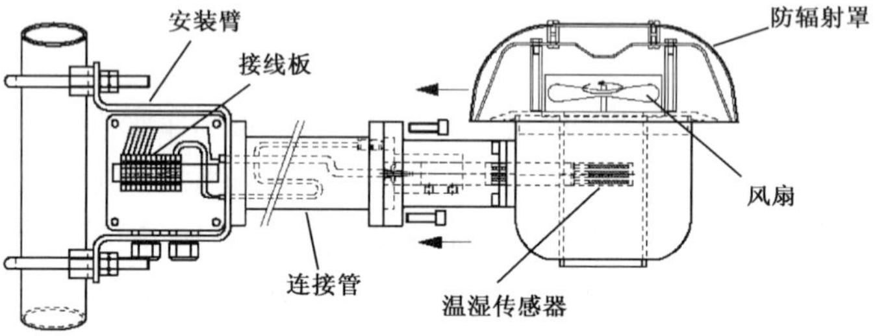

图 6.9 RS12T/RS24 型通风防辐射罩

076B 型通风防辐射罩由铝制成,外层全部为环氧白。由防辐射罩、风扇和传感器固定套管三部分组成。防辐射罩为两层伞状罩子,上小下大,之间的间隙便于风扇排气。风扇带有电机转速输出,每个风机转速能够通过采集器测得。

RS12T/RS24 型通风防辐射罩由防辐射罩、连接管和安装臂三部分组成,防辐射罩的材质为聚甲醛,其他由铝制成,外层全部为白色。防辐射罩的上层为两层罩子,其间有间隙,用于风扇排气,风扇位于罩内,其下为传感器槽。传感器从连接管穿入防辐射罩,平放在传感器槽中。

6.6.3 防辐射设备引起的误差

无论是百叶箱还是其他形式的防辐射罩,都会带来一定的测量误差,主要表现在以下方面:

(1) 通风速度的影响

百叶箱或防辐射罩都不同程度地减小了实际的风速,对现使用的百叶箱内通风速度的实测表明,箱内气流速度只达到箱外风速的 1/3。如果百叶箱安装一套经适当设计的强制通风系统,以保持一个恒定和已知的通风率,至少可减少在低风速时由自然通风变化引起的误差。

(2) 设备框架和通风系统的影响

由于防辐射设备阻止了内外气流的交换,穿过百叶箱或防辐射罩的空气流因接触外壁需花费一定的时间,使设备内气温的变化大大落后于箱外,当风很小及外箱壁的温度与空气温度有明显差别时，这种影响相当大。在强日照和静风的白天，误差甚至能分别达到＋2.5 和－0.5 ℃。下雨之后，由于潮湿，百叶箱或防辐射罩内的蒸发冷却也可以引起附加误差。当空气流经百叶箱或防辐射罩时气流产生扰动，也会改变原来大气的自然状况。同时所有的防辐射设备本身也是一种辐射体，而且设备外壁对辐射仍然具有一定的吸收作用，特别是在涂料老化后，吸收作用迅速加大。

通风系统的扰动对气流的自然状况有一定的破坏作用。小风时，吸入管口的气流速度将超过自然风速，破坏作用将更为显著，破坏了气温的垂直分布，这就使得测量结果有一定的误差。

(3) 设备结构和材质的影响

目前百叶箱有木质和玻璃钢两种材质，防辐射罩的形状、结构和材质则多种多样，因此设备结构和制作材质的影响也是不容忽视的。

对于木质和玻璃钢两种材料制作的百叶箱来说，测量结果相差并不大，通过对比实验证明，两种百叶箱内测量的气温平均差值在 0.1 ℃以内，差值标准差在 0.2 ℃以内；相对湿度平均差值在 0.4%以内，差值标准差在 2.1%以内；玻璃钢百叶箱对大气温湿度的反应比木质百叶箱快或相当；无论在多云和少云条件下，还是高风速和低风速条件下，两种百叶箱内测量的气温差值普遍在 0.1 ℃以内。

但目前在加密自动气象站使用较多的小型叠盘式防辐射罩，无外加通风装置，它在测温时的辐射误差也不可小视，辐射误差随外界风速的减小而增大。《现代气象观测》(张霭琛 2007)给出：根据 Brock 等风洞模拟的结果，在 1 080 W/m^2 的强辐射下，2 m/s 风速时，其增温误差可达 1 ℃上下。

因此，任何形式的防辐射设备应尽量避免设备本身对大自然状况的破坏，减小传感器四周的小气候差异。

复习思考题

1. 什么是温度？什么是温标？常用温标有哪几种？如何换算？
2. 简述国际温标 ITS—90 的定义。
3. 常用的测温元件有哪些？
4. 试述铂电阻温度表的测温原理。金属电阻测温的误差来源有哪些？
5. 铂电阻为什么要采取四线制测量电路？说明测量电路的组成及其工作原理。
6. 玻璃液体温度表的测温原理是什么？用水银作测温液有哪些优缺点？
7. 玻璃液体温度表测量存在哪些误差？如何消除或减小这些误差？
8. 气象观测对温度表有哪些要求？
9. 双金属片温度计的测温原理是什么？它的灵敏度与什么有关？
10. 热电偶温度表和热敏电阻温度表各自有何优缺点？
11. 在空气的温度和湿度测量中为什么要采用辐射屏蔽？采用辐射屏蔽还会引起哪些误差？

第7章 空气湿度观测

内容提要

本章主要介绍湿度的基本概念、各类测湿仪器的测湿原理和湿度计算方法、地面气象观测中常用测湿仪器的观测和记录处理方法，分析常用测湿仪器的测湿误差，简要介绍几种非常规测湿仪器。

7.1 概述

7.1.1 气象上常用湿度参量

空气湿度是表示空气中的水汽含量和潮湿程度的物理量。

大气中的湿度及其变化与天气变化有着密切的关系，大气中的水汽是形成云雾、降水现象的重要因素，水汽的水相转换是重要的能量传递方式。因此，湿度的变化往往是天气变化的前奏。低层大气中的水汽含量还直接影响农作物的生长；在工业生产方面也对湿度条件提出种种要求。因此，空气湿度是重要的观测项目之一。表示空气湿度的物理量很多，在湿度测量中最常用量的定义和地面气象观测中的计算方法如下：

(1) 绝对湿度：单位体积的湿空气中所含水汽的质量。

(2) 混合比：湿空气中水汽质量与干空气质量之比。

(3) 比湿：湿空气中水汽质量与湿空气总质量（干空气质量加水汽质量）之比。

(4) 水汽压：空气中水汽部分作用在单位面积上的压力。

某一温度、气压下的湿空气饱和是指干空气、水汽与平水面组成的三相处于中性平衡时的状态。此时的水汽压就称湿空气相对于平水面的饱和水汽压。如果是与平冰面组成的三相处于中性平衡，就是相对于平冰面的饱和水汽压。湿空气的饱和水汽压与由水和水汽组成的纯水相中的饱和水汽压稍有差别。在气象测量的温度、气压范围内，湿空气的饱和水汽压与同温度的纯水相的饱和水汽压一般相差在0.5%以内。平常，就用纯水相的饱和水汽压代替湿空气的饱和水汽压。

需要注意的是饱和水汽压并不是湿度参量，它只是表示空气中能够容纳水汽的能力，当一定气压、温度下空气中容纳的水汽的压强超过饱和水汽压时，其中的水汽就要发生凝结形成液态水。

（5）相对湿度：空气中实际水汽压与当时气温下的饱和水汽压之比。

相对湿度的大小能直接表示空气距离饱和的相对程度。空气完全干燥时，相对湿度为 0。相对湿度越小，表示当时空气越干燥。当相对湿度接近于 100％时，表示空气很潮湿，接近于饱和。

（6）露点温度：空气在水汽含量和气压不变的条件下，降低气温达到饱和时的温度。

湿空气的露点温度与气温无关，只与湿空气的水汽含量有关，水汽含量愈多，露点温度愈高，越接近当时的气温。当空气中水汽已达到饱和时，气温与露点温度相同；当水汽未达到饱和时，气温一定高于露点温度。所以露点温度与气温的差值可以表示空气中的水汽距离饱和的程度。

7.1.2　空气湿度的观测方法和要求

测量空气湿度的主要方法可分为 5 种：

（1）称量法：就是直接称量出一定体积湿空气中的水汽含量，计算出绝对湿度的方法。

（2）吸湿法：利用吸湿物质吸湿后的形变或电性能变化来测湿度。吸湿物质有常规使用的毛发、肠膜元件、氯化锂湿度片（电阻式）、炭膜湿度片、氧化铝感湿元件等。

（3）露点法：利用凝结面降温产生凝结时的温度（露点），来计算空气的湿度。还有氯化锂露点测湿元件，是利用氯化锂溶液来测出露点温度，再换算成湿度。

（4）光学法：通过测量水汽对光辐射的吸收衰减作用，来测定水汽的含量。

（5）热力学方法：利用蒸发表面冷却降温的程度随湿度而变的原理来测定湿度。

目前人工观测常用的测量湿度的仪器主要有干湿球温度表、毛发湿度表、通风干湿表和湿度计等，自动观测最常用的是湿敏电容湿度传感器。

地面气象观测中需要测定的湿度参量及其单位有：

水汽压：以百帕（hPa）为单位，取 1 位小数；

相对湿度：以百分数（％）表示，取整数；

露点温度：以摄氏度（℃）为单位，取 1 位小数。

人工观测时，应定时观测水汽压、相对湿度、露点温度，配有湿度计的气象观测站应作相对湿度的连续记录，并挑选日最小值。

自动观测时，测定每分钟、每小时的相对湿度或露点温度，记录每小时的最小相对湿度及其出现时间，使用本章 7.3 节中的公式计算求得水汽压和露点温度或相对湿度。

7.2　干湿球温度表

干湿球温度表（简称“干湿表”）是用于测定空气的温度和湿度的仪器。它由两支型号完全一样的温度表组成，一支用来测定气温，称“干球温度表”；另一支球部包扎湿润的纱布，称“湿球温度表”。干球温度表测得的温度称为干球温度，湿球温度表测得的温度称为湿球温度。根据热力学原理，当空气中的水汽含量未达到饱和时，湿球表面的水分不断蒸发，消耗湿球的热量而导致降温；同时又从流经湿球的空气中不断取得热量补给。当湿球因蒸发而消耗的热量和从周围空气中获得的热量达到动态平衡时，湿球温度就不再下降，从而维持了一个相对稳定的干湿球温度差。

干湿球温度差的大小，主要与当时的空气湿度有关。空气湿度越小，湿球表面的水分蒸发越快，湿球温度降得越多，干湿球温度差就越大；反之，湿度大，湿球水分蒸发慢，湿球温度降低得少，干湿球温度差就小。当然，干湿球温度差值的大小还与其他一些因素，如湿球附近的通风速度、气压、湿球球部大小、形状、湿润方式等有关。我们可以根据干湿球温度值，以及一些其他因素，从理论上推算出当时的空气湿度。

所有干湿表的测湿原理基本相同。另外，也可用热电偶、电阻或半导体热敏元件代替玻璃液体温度表测定干湿球温度，或用其他溶液代替水在更低温度（−10 ℃）情况下测定湿度。

7.2.1 测湿原理与公式

由于蒸发，湿球表面不断耗散蒸发潜热，使湿球温度下降，湿球与四周空气产生温差，则在稳定平衡时，湿球温度表蒸发支出的热量应等于与四周热空气交换得到的热量。

单位时间通过湿球温度表单位湿球面积从四周热空气交换得到的热量 Q 为

$$Q = h(t - t_w) \tag{7.1}$$

式中 h 为热扩散系数；t 为干球温度；t_w 为湿球温度。

单位时间通过单位湿球面积被蒸发水分的质量 M 为

$$M = k(\gamma_{t_w} - \gamma) \tag{7.2}$$

式中 k 为水汽扩散系数；γ_{t_w} 为湿球温度 t_w 时的饱和混合比；γ 为空气的混合比。

湿球蒸发消耗的热量 Q_m 为

$$Q_m = ML_{t_w} = kL_{t_w}(\gamma_{t_w} - \gamma) \tag{7.3}$$

式中 L_{t_w} 在湿球未结冰时为水的蒸发潜热，湿球结冰时为冰的升华潜热。

因 $Q = Q_m$，则

$$kL_{t_w}(\gamma_{t_w} - \gamma) = h(t - t_w)$$

因 $\gamma = 0.622\frac{e}{P}$，$\gamma_{t_w} = 0.622 \times \frac{E_{t_w}}{P}$，则

$$\frac{0.622kL_{t_w}}{P} \times (E_{t_w} - e) = h(t - t_w)$$

$$e = E_{t_w} - \frac{h}{0.622kL_{t_w}} \times P(t - t_w)$$

令 $A = \frac{1}{0.622L_{t_w}} \times \frac{h}{k}$，得

$$e = E_{t_w} - AP(t - t_w) \tag{7.4}$$

式中 e 为水汽压（hPa）；E_{t_w} 为湿球温度 t_w 所对应的纯水平液面的饱和水汽压（hPa），湿球结冰且湿球温度低于 0 ℃时，为纯水平冰面的饱和水汽压（hPa）；A 为干湿表测湿系数（/℃），是一变数，主要随湿球周围的风速而变；P 为本站气压（hPa）。

公式（7.4）即为干湿表方程，亦即干湿球实用测湿公式。

湿球温度的物理意义在于，它是在定压绝热条件下，空气与水直接接触达到稳定热湿平衡时的绝热饱和温度。即，湿空气焓值保持不变，相对湿度为 100％时对应的温度。该参数已在空调暖通领域许多方面得到了工程应用。

7.2.2 干湿表测湿系数 A

利用干湿表方程计算湿度的主要问题是确定干湿表测湿系数（简称“干湿表系数”）A 值。

从 A 值的定义可知，热扩散系数 h 和水汽扩散系数 k 是通风速度的函数。所以，A 值必然与风速有关，主要决定于流经湿球球部的风速。实际上 A 值也与湿球大小、形状、材质及包缠的纱布和湿润方式有关。

干湿表系数可以从理论上来计算，但实际上都是通过实验测定的。对于固定形状、大小的干湿表来说，A 值基本上只与风速有关。总的说来，干湿表系数 A 取决于干湿表(特别是湿球系统)的设计，取决于流过湿球的气流速度(称为通风速度)，取决于空气温度和湿度。长期研究得出的有关干湿表系数 A 值的主要结论如下：

(1) A 值与湿球球部附近的气流速度有关。随着气流速度的增加而减小，一般地，当风速超过 2.5 m/s 时，A 值就趋近于一个稳定的临界值，风速再增大时，A 值基本保持不变(见图 7.1)。这一点对于许多设计精良的干湿表都是相同的。

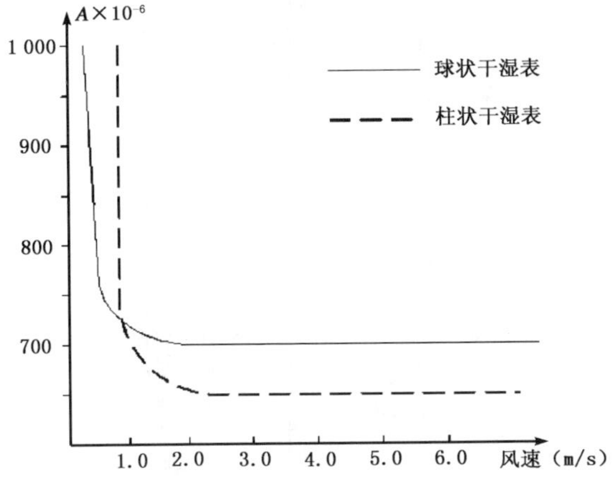

图 7.1　A 值与风速的关系

(2) A 值与湿球球部的直径和形状有关。球部直径越小，A 值越小；球部形状不同，蒸发的表面积就不一样。世界气象组织推荐的标准通风干湿表，采用表面积较小的铂电阻温度表，就极易取得热平衡。

(3) A 值与湿球表面是否结冰有关。湿球表面结冰，A 值减小，此时蒸发潜热变为升华潜热。

(4) A 值与气压、气温及湿度大小有着很弱且复杂的关系；还与湿球纱布的包扎和清洁等情况有关。

不同环境条件和球部形状的干湿球温度表的干湿表系数 A 值见表 7.1。

表 7.1　干湿表系数 A 值

干湿表类型及通风速度(m/s)	A(/℃)	
	湿球未结冰	湿球结冰
通风干湿表，通风速度 2.5	0.662×10^{-3}	0.584×10^{-3}
球状干湿表，自然通风速度 0.4*	0.857×10^{-3}	0.756×10^{-3}
柱状干湿表，自然通风速度 0.4*	0.815×10^{-3}	0.719×10^{-3}
球状干湿表，自然通风速度 0.8	$0.794\ 7\times10^{-3}$	$0.794\ 7\times10^{-3}$

* 根据我国平均风速资料，计算出百叶箱内平均自然通风速度为 0.4 m/s。据此，由实验测定得到球状干湿表和柱状干湿表系数 A。

7.2.3 安装

在小百叶箱的底板中心，安装一个温度表支架，干、湿球温度表垂直悬挂在支架两侧的环内，球部向下，干球在东，湿球在西，球部中心距地面 1.5 m 高。湿球温度表球部包扎一条纱布，纱布的下部浸到一个带盖的水杯内(见图 7.2)。杯口距湿球球部约 3 cm，杯中盛蒸馏水(电导率不能超过 10 μS/cm)，供湿润湿球纱布用。

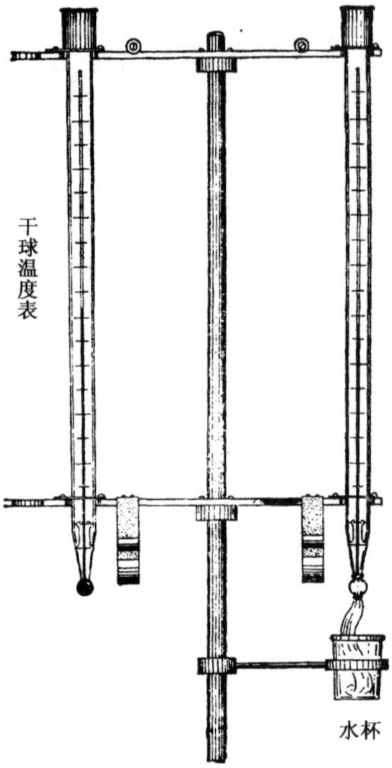

图 7.2　干湿球温度表的安装

包扎湿球温度表纱布时，要把湿球温度表从百叶箱内拿出，先把手洗干净，再用清洁的水将温度表的感应部分洗净，然后将长约 10 cm 的新纱布在蒸馏水中浸湿，使其上端服帖无皱折地包卷在感应部分上(包卷纱布的重叠部分不要超过球部圆周的 1/4)；包好后，用纱线把高出感应部分上面的纱布扎紧，再把感应部分下面的纱布紧靠着球部扎好，但不要扎得过紧，并剪掉多余的纱线(见图 7.3(a))。

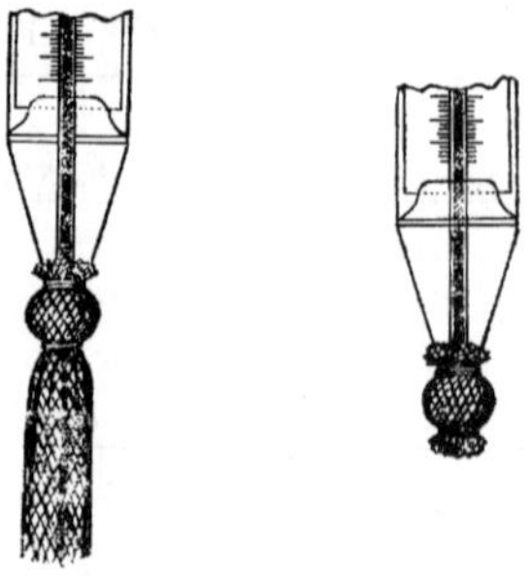

(a)温度在零上时　　(b)冻结时

图 7.3　湿球纱布包扎

7.2.4　观测和记录

(1) 定时观测程序

按干球、湿球温度表，最低温度表酒精柱，毛发湿度表，最高温度表，最低温度表游标的次序读数，调整最高、最低温度表，温度计和湿度计读数并作时间记号。

(2) 正常观测

各种温度表读数要准确到 0.1 ℃。温度在 0 ℃以下时，应加负号（“－”）。读数记入观测簿相应栏内，并按所附检定证进行器差订正。如示度超过检定证范围，则以该检定证所列的最高（或最低）温度值的订正值进行订正。

温度表读数时应注意：

① 观测时必须保持视线和水银柱顶端齐平，以避免视差。

② 读数动作要迅速，力求敏捷，不要对着温度表呼吸，尽量缩短停留时间，并且勿使头、手和灯接近球部，以避免影响温度示度。

③ 注意复读，以避免发生误读或颠倒零上、零下的差错。

(3) 溶冰观测

当湿球纱布冻结后，应及时从室内带一杯蒸馏水对湿球纱布进行溶冰，待纱布变软后，在球下部 2～3 mm 处剪断（见图 7.3(b)），然后把湿球温度表下的水杯从百叶箱内取走，以防水杯冻裂。

气温在－10.0 ℃或以上湿球纱布结冰时，观测前须进行湿球溶冰。溶冰用的水温不可过高，相当于室内温度，能将湿球冰层溶化即可。溶冰时将湿球球部浸入水杯中把纱布充分浸透，使冰层完全融化。从湿球温度示值的变化情况可判断冰层是否完全融化，如果示度很快上升到 0 ℃，稍停一会儿再向上升，就表示冰已融化。然后把水杯移开，用杯沿将聚集在纱布头的水滴除去（否则极易造成溶冰不当）。

掌握好溶冰时间是很重要的，可参照下述情况灵活掌握：

① 当风速、湿度中常时，在观测前 30 min 左右进行；湿度很小、风速很大时，在观测前 20 min以内进行；湿度很大、风速很小时，要在观测前 50 min 左右进行。

② 若每小时进行一次温、湿度观测，在冬季里湿度大、风速小的情况下，由于冰面蒸发很小，溶冰一次，可进行几次观测，不必一小时溶冰一次，否则容易造成湿球示值不稳定。具体多长时间溶冰一次，由各站根据天气情况具体掌握，但站内应当统一。

③ 读取干湿球温度表的示值时，须先看湿球示度是否稳定，达到稳定不变时才能进行读数和记录。在记录后，用铅笔侧棱试试纱布软硬，了解湿球纱布是否冻结。如已冻结，应在湿球读数右上角记录结冰符号“B”；如未冻结则不记。若湿球示度不稳定，不论是从零下上升到 0 ℃，还是从 0 ℃继续下降，说明溶冰不恰当，湿球不能读数，只记录干球温度。若在定时观测正点前湿球温度能够稳定，则需补测干湿球温度值，并用此值作为气温和湿度的正式记录。若在定时观测正点前湿球温度仍不能稳定，则相对湿度改用毛发湿度表或湿度计测定（需按规定作相应订正），水汽压、露点温度用干球温度和相对湿度计算得到；如无毛发湿度表或湿度计，或按规定冬季不需要编制订正图的气象站，应在正点后补测干、湿球温度，记在观测簿该时栏上面空白处，只作计算湿度用，正式记录中湿球温度按缺测处理，而温度的正式记录仍以第一次干球温度为准。

(4) 低温情况下的观测

气温在-10.0 ℃以下时，停止观测湿球温度，改用毛发湿度表或湿度计测定湿度。但在冬季偶有几次气温低于-10.0 ℃的地区，仍可用干、湿球温度表进行观测。

气温在-36.0 ℃以下时，因接近水银凝固点(-38.9 ℃)，改用酒精温度表观测气温。酒精温度表应按干球温度表的安装要求事先悬挂在干球温度表旁边。如果没有备用的酒精温度表，则可用最低温度表酒精柱的示度来测定空气温度。

(5) 水汽压、相对湿度、露点温度按本章7.3节给出的计算方法求得。人工由《湿度查算表》查得。

在非结冰季节湿度很大或有雾时，湿球温度偶有略高于干球温度的现象(指经器差订正后的数值)，这时湿球温度应作为与干球温度相同，进行湿度计算。

7.2.5　维护

(1) 必须注意保持干湿球温度表的正常状态。如发现温度表内刻度瓷板破损，或毛细管内有水银滴、黑色沉淀的氧化物或水银柱中断等情况，应同时更换干湿球温度表，换下的温度表予以报废。

(2) 干球温度表应经常保持清洁、干燥。观测前巡视设备和仪器时，如发现干球上有灰尘或水，须立即用干净的软布轻轻拭去。

(3) 湿球纱布必须经常保持清洁、柔软和湿润，一般应每周更换一次。遇有沙尘等天气，湿球纱布上明显沾有灰尘时，应立即更换。

(4) 在海岛、矿区或烟尘多的地方，湿球纱布容易被盐、油、烟尘等污染，应缩短更换纱布的期限。

(5) 水杯中的蒸馏水要保持常满、洁净，一般每周更换一次。

7.2.6　误差分析

用干湿球温度表测定空气湿度所产生的误差，不仅因干湿表系数A的变化而引起，而且还决定于干湿球温度t，t_w和气压P的测量误差。

由干湿表方程和相对湿度计算公式，可以得到干湿表计算相对湿度的公式：

$$U=\frac{e}{E_w}\times 100\%=\frac{1}{E_w}\times[E_{t_w}-AP(t-t_w)]\times 100\% \tag{7.5}$$

为便于分析，引入克拉柏龙-克劳修司(Clapeyron-Clausius)的饱和水汽压关系式：

$$\frac{\Delta E_w}{E_w}=\frac{L}{R_w T^2}\times\Delta T \tag{7.6}$$

根据误差传递公式，相对湿度测量误差ΔU为

$$\Delta U=\left[\frac{E_{t_w}}{E_w}\times\frac{L}{R_w T^2}\times\Delta t_w-U\times\frac{L}{R_w T^2}\times\Delta t-\frac{AP}{E_w}\times\Delta(t-t_w)-\frac{A(t-t_w)}{E_w}\times\Delta P-\frac{P(t-t_w)}{E_w}\times\Delta A\right]\times 100\% \tag{7.7}$$

式中L为蒸发潜热；R_w为水汽的比气体常数；T为以热力学温标表示的气温；Δt、Δt_w、$\Delta(t-t_w)$、ΔP、ΔA分别表示干球温度、湿球温度、干湿球温度差、气压和干湿表系数的误差大小。右边中括号内第1项至第5项分别为这些误差因素引起的相应测湿误差。假定温度的测量准确

度为 0.1 ℃，即分别取 $\Delta t = \Delta t_w = 0.1$ ℃，$\Delta(t - t_w) = 0.2$ ℃，$\Delta P = 1$ hPa，$\Delta A/A$ 分别取 1.5%，15%，50%，取 $P = 1\ 000$ hPa，$A = 0.794\ 7\times10^{-3}$/℃，则干球温度、湿球温度、干湿球温度差、气压和干湿表系数的误差各自引起的相对湿度误差大小的计算结果如表 7.2。

表 7.2　不同湿度、温度条件下各分量误差引起的相对湿度误差

U (%)	t (℃)	ΔU(%)						
		Δt =0.1 ℃	Δt_w =0.1 ℃	$\Delta(t-t_w)$ =0.2 ℃	ΔP =1 hPa	$\Delta A/A$		
						1.5%	15%	50%
75	20	0.5	0.5	0.6	0.0	0.1	1.5	5.0
	0	0.6	0.7	2.2	0.0	0.2	2.4	8.0
	−10	0.7	0.9	5.1	0.0	0.3	2.9	9.7
25	20	0.4	0.2	0.6	0.0	0.5	4.6	15.3
	0	0.6	0.2	2.2	0.1	0.7	7.4	24.7
	−10	0.8	0.2	5.1	0.1	0.9	10.0	33.3

从表 7.2 可以看出：

(1) 干湿表系数和干湿球温度差的误差是影响干湿表测湿精度的主要因子。

(2) 干湿表测温误差引起的测湿误差，随着气温的降低而增大，气温越低，引起的相对湿度误差越大。所以，为了保证干湿表测湿精度，干湿表测湿法只适用于−10 ℃以上的温度范围。

(3) 干湿表系数相对误差在 1.5%以内时，所引起的测湿误差较小，但如果超过 15%，则引起的测湿误差就较大。对于人工通风的干湿表，由于维持近似恒定的风速所造成 A 值的偏差约为标准值的 1.5%，产生的相对湿度误差不大；但对于自然通风的干湿表来说，通风存在两个明显的问题，一是通风速度不稳定，二是通风速度很难达到对应 A 值所依据的风速要求，因此，误差就会增大。

我国大部分地区的平均风速约为 2.5 m/s(相当于箱内风速 0.4 m/s)，较之对应 A 值所依据的风速 3.7～4.9 m/s(相当于箱内风速 0.8 m/s)偏小很多，A 值的偏差可达 15%，甚至在个别接近静风的条件下，偏差可达 50%，这时(特别是在低温条件下)相对湿度的误差就远远超过测湿精度 5%的要求。因此，我国大部分地区采用自然通风的干湿表所测得的相对湿度将产生系统性偏高的误差(特别是长江以南地区)。

7.3　湿度参量的计算

7.3.1　饱和水汽压

(1) 纯水平液面饱和水汽压

$$\begin{aligned}\lg E_w = {} & 10.79574\left(1-\frac{T_1}{T}\right)-5.02800\lg\frac{T}{T_1}+ \\ & 1.50475\times10^{-4}\left[1-10^{-8.2969(T/T_1-1)}\right]+ \\ & 0.42873\times10^{-3}\left[10^{4.76955(1-T_1/T)}-1\right]+0.78614\end{aligned} \tag{7.8}$$

式中 E_w 为纯水平液面饱和水汽压(hPa)；T_1 为水的三相点温度(273.16 K)；T 为绝对温度

(K)，$T=273.16+t$，t 为气温(℃)。

(2) 纯水平冰面饱和水汽压

$$\lg E_i=-9.09685\left(\frac{T_1}{T}-1\right)-3.56654\lg\frac{T_1}{T}+0.87682\left(1-\frac{T}{T_1}\right)+0.78614 \tag{7.9}$$

式中 E_i 为纯水平冰面饱和水汽压(hPa)；T_1 和 T 的含义同公式(7.8)。

7.3.2 水汽压

(1) 用干湿球温度计算

$$e=E_{t_w}-AP(t-t_w) \tag{7.10}$$

式中 e 为水汽压(hPa)；E_{t_w} 为湿球温度 t_w 所对应的纯水平液面的饱和水汽压(hPa)，湿球结冰且湿球温度低于 0 ℃时，为纯水平冰面的饱和水汽压(hPa)；A 为干湿表系数(/℃)，由干湿表类型、通风速度及湿球结冰与否而定，其值见表 7.1；P 为本站气压(hPa)；t 为干球温度(℃)；t_w 为湿球温度(℃)。

(2) 用相对湿度计算

当使用湿敏电容、毛发湿度表或湿度计等直接测得相对湿度时，水汽压计算公式为：

$$e=U\times E_w/100 \tag{7.11}$$

式中 U 为相对湿度(%)；e 为水汽压(hPa)；E_w 为干球温度 t 所对应的纯水平液面饱和水汽压(hPa)。

7.3.3 相对湿度

(1) 用干湿球温度表计算

在实际计算中，温度为 t、气压为 P、水汽压为 e 的湿空气的相对湿度 U 定义为水汽压 e 与该温度、气压下的湿空气中相对于平水面的饱和水汽压 E_w 之比的百分数，即

$$U=\frac{e}{E_w}\times 100\% \tag{7.12}$$

在此相对湿度的定义中，需要注意的是：

① E_w 是湿空气的饱和水汽压，而不是纯水相的饱和水汽压。它们在数值上很接近，但概念上不同。

② E_w 是相对于平水面而言的饱和水汽压，而不是相对于平冰面的饱和水汽压。当温度低于 0 ℃时，也是相对于平水面，而不是相对于平冰面。

③ E_w 是相对于某一气压和温度而言的，如果不指明气压和温度，知道了湿空气的相对湿度，只能知道湿空气距离饱和的程度，而不能知道水汽含量的多少。当气压小于纯水相的饱和水汽压时，这个定义是不成立的。

(2) 用毛发湿度表或湿度计计算

$$Y=b_0+b_1X+b_2X^2+b_3X^3 \tag{7.13}$$

式中 Y 为经毛发湿度表或湿度计订正后的相对湿度(%)；X 为毛发湿度表或湿度计读数(%)；b_0，b_1，b_2，b_3 为回归多项式系数，即毛发湿度表或湿度计的订正系数。

7.3.4 露点温度

露点温度没有直接的计算公式，采用新系数的马格拉斯公式求出初值，再用逐步逼近（最多 3 次）方法求出露点温度 T_d（℃）。

马格拉斯公式为

$$e = E_0 \times 10^{\frac{a\times T_d}{b+T_d}}$$

转换为

$$T_d = \frac{b \times \lg \frac{e}{E_0}}{a - \lg \frac{e}{E_0}} \tag{7.14}$$

式中 e 为水汽压（hPa）；E_0 为 0 ℃时的饱和水汽压，取值 6.107 8 hPa；a 和 b 为系数，取值分别为 7.69 和 243.92。

经验算，当 -80 ℃$<T_d<40$ ℃时，误差为 ±0.14 ℃；当 40 ℃$\leqslant T_d<50$ ℃时，误差为 ±0.2 ℃。

7.4 湿敏电容湿度传感器

7.4.1 结构与原理

湿敏电容湿度传感器是用有机高分子膜作介质的一种小型电容器（如图 7.4）。有机高分子膜就是高分子薄膜湿敏电容具有感湿特性的电介质，其介电常数随相对湿度变化而变化。湿敏电容器上的电极是一层多孔金膜，厚度为 0.02 μm，能透过水汽。下电极为一对刀状或梳子状电极，为两块相互分离的金属膜，引线由下电极引出。基板是玻璃的。整个感应器由两个小电容器串联组成。

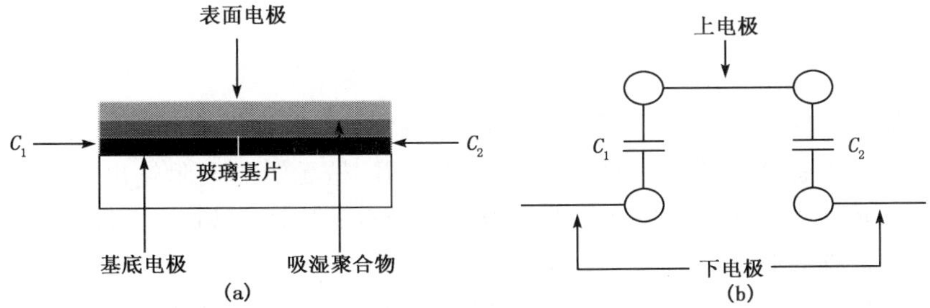

图 7.4　湿敏电容湿度传感器结构（a）与原理图（b）

传感器置于大气中，当大气中水汽透过上电极进入介电层，介电层吸收水汽后，介电系数发生变化，导致电容器电容量发生变化。电容量的变化正比于相对湿度。湿度变化引起的湿敏电容的变化由信号变换电路转换为电压信号，当相对湿度由 0～100％变化时，信号变换电路输出 0～100 mV 的电压，经放大得到 0～1 V 或 0～5 V 的电压，输出给测量及控制系统。

7.4.2 误差来源

湿敏电容具有较好的线性度，温度系数小，响应速度快。在相对湿度为80%以下时测湿的准确度为3%左右，在-10 ℃以下，它比毛发湿度表测湿准确。但在高湿时误差较大，尤其是长时间在高温高湿环境中使用，误差更大，甚至会出现迟滞现象，即在相对湿度下降时传感器还会虚假地测到高湿，这是该传感器固有的致命缺陷，主要是因为保护膜里的湿度构成了一个相对的小环境，水分子不易溢出。

通过对全国范围内自动与人工观测的湿度进行对比分析，湿度自动观测存在偏小的系统偏差，与人工观测的相对湿度相比年平均偏小3.5%左右，在相对湿润的地区，这一现象更明显。在相同的气温条件或相同的相对湿度条件下，高湿或高温情况下的对比差值均偏大。

此外，湿敏电容有怕污染、使用寿命短等缺陷。

7.4.3 安装与维护

湿敏电容传感器应安装在百叶箱内，传感器的中心点离地面1.5 m。

湿敏电容传感器不能长期暴露在含有某些化学物质的气体中，否则可能改变它的性能，缩短使用寿命。直接接触液态水也会严重损害用吸湿性电介质制作的湿敏电容传感器，因此湿敏电容传感器的头部需强制性地使用保护性过滤罩，罩内有保护滤纸，防止感应元件被尘埃污染。

每月应拆开传感器头部网罩，检查过滤纸，若污染严重应更换新的滤纸。一般情况下，可摘下保护帽，取出过滤纸用干毛巾或者柔软的纸张擦拭干净，也可用洁净的蒸馏水轻轻洗净后晾干即可，但禁止用手触摸湿敏电容，以免影响正常感应。如果有必要，过滤膜罩也可拆下清洗，但注意清洗时不要划伤过滤膜罩。

7.5 高分子湿敏电容湿度传感器

7.5.1 结构与原理

目前气象观测站使用的HMP45D温湿度传感器的湿度部分是利用高分子聚合物制成的薄膜湿敏电容。该传感器的感温元件为Pt100铂电阻，是无源的电阻输出；感湿元件为电容式薄膜聚合物感应元件（HUMICAP®180），是有源的0～1 V电压输出。温度和湿度感应元件装在传感器头部带有滤膜的保护罩内。其结构见图7.5。

该传感器与数据采集器之间用一根8芯屏蔽电缆连接，其中4芯为温度传感器铂电阻四线制引线，另4芯分别为湿度传感器的电源、电源地线、信号输出、信号地线，电缆最外层有屏蔽线。接线如图7.6所示。

信号地线用于差分测量时信号输出。使用信号地线，电缆延伸到超过100 m也不会影响测量的准确度。当输出不是用信号地线测量时，输出地线和信号地线接在同一点上。

HUMICAP感应元件是一个用有机聚合物电介质材料制成的小型电容器（见图7.7），它由玻璃衬板(a)、基片金膜电极(b)、感湿膜(c)、表面金电极(d)和引线(e)组成。

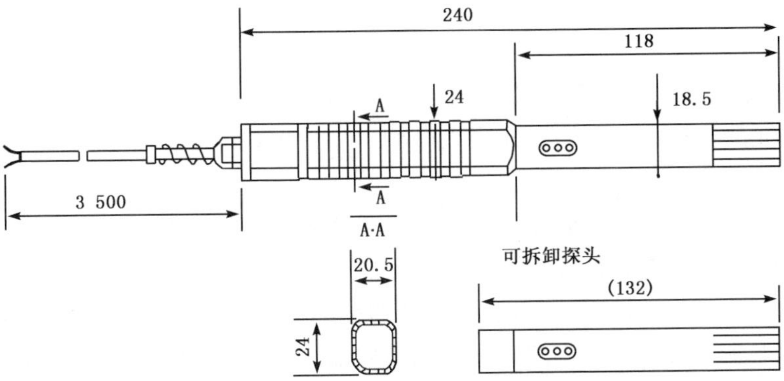

图 7.5　HMP45D 温湿度传感器结构图(单位:mm)

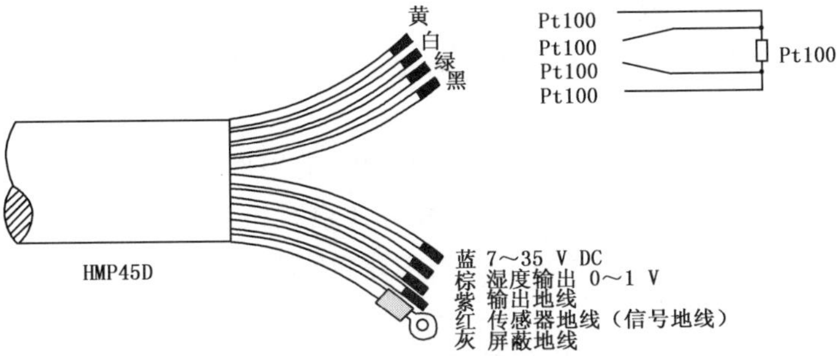

图 7.6　HMP45D 温湿度传感器接线图

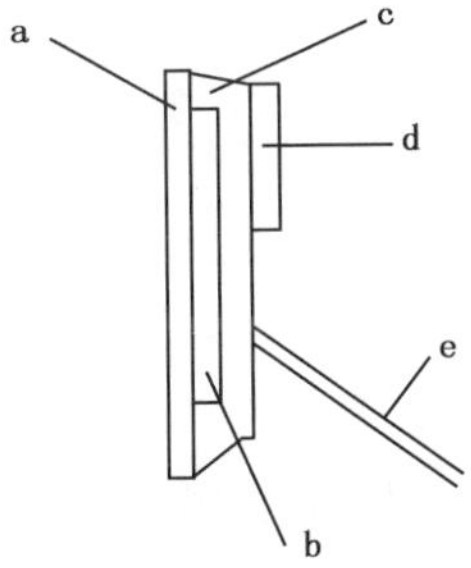

图 7.7　HUMICAP 感应元件结构图

感湿膜常用醋酸纤维素制成,厚度极薄,约为 0.5～1 μm。厚度太薄会使表面与底部的电极短路,太厚会影响测湿的响应特性。

表面金电极用真空蒸镀法制成,厚度要求为 0.02 μm,能良好地渗透水汽分子。基片金膜电极用腐蚀法制成,电极材料是贵金属和碳。在外界相对湿度发生变化时,作为感湿膜的高分子聚合物能吸附和释放水汽分子,其介电常数 ε 随之变化,促使湿敏电容量发生变化。为避免在极薄的表面电极上焊接引线,两根引线均从基片电极引出,元件等效为两个电容的串联,其电容量是薄膜吸附水分子时的比电容率,将其接在探测器的电子线路中,将电容变化量转化为电压的变化量,输出电压范围为 0～1 V,测量输出的电压即可得到相对湿度。

7.5.2 安装与维护

HMP45D温湿度传感器应安装在百叶箱内特制的支架上(用圆形不锈钢管制作),位于百叶箱水平面的中心,电缆线由支架底部穿入管内,由管顶取出,传感器固定在横臂的夹子中,头部向下。

HMP45D温湿度传感器与数据采集器之间采用航空插头,用一根8芯屏蔽电缆连接,应防止温湿度传感器与电缆之间的航空插头受潮,一旦受潮,易导致湿度缺测或长时间为100%。对于部分采集器,还会影响其他传感器的采集,如易导致温度缺测、影响地温的测量。

在南方夏季长时间处于高湿状态后,湿度传感器出现迟滞现象时,最简单的方法是将探头拔下来(注意保护帽不能拧下来),用电吹风机给它加热,使湿度下降,感应部分就能被激活。有条件的台站最好将它和干燥剂一起放到一个密闭的容器中干燥24 h后再使用(干燥剂最好是分子筛,不要有腐蚀性的化学药品)。

若出现湿度长期不能达到100%或误差偏大时,多为传感器发生精度漂移或故障,应及时更换。

HMP45D传感器所有校准电子电路都在探头内,有"D"(干,<50%RH)的微调电容分压器校准干端和"W"(湿,>50%RH)的微调电容分压器校准湿端,使用"饱和盐溶液高准确度两点校准方法"对微调电容进行调整即可达到测量准确度,但只能由仪器检定部门校准时使用,台站使用过程中严禁自行调整。

HMP45D温湿度传感器一般应每年校准。

其余同本章7.4.3节湿敏电容湿度传感器的维护要求。

7.6 毛发湿度表

7.6.1 毛发的测湿特性

任何吸收性材料都趋向于与其所处环境的温度和湿度达到平衡。脱脂人发有随空气中的相对湿度变化而改变其长度的特性。毛发长度的变化是相对湿度的函数,而且,当相对湿度由0变化到100%时,毛发的增长量约为2%～2.5%,但在不同湿度下的伸长量是不均等的,毛发的伸长量与总伸长量的百分比见表7.3。

表7.3 在不同相对湿度下毛发的伸长量与总伸长量的百分比

相对湿度(%)	0	10	20	30	40	50	60	70	80	90	100
毛发伸长百分比(%)	0	20.9	38.8	52.8	63.7	72.2	79.2	85.2	90.5	95.4	100

从表7.3可以看出:相对湿度变化相同时,低湿时毛发伸长量大;高湿时毛发伸长量小。也就是湿度小时,毛发灵敏度大;湿度大时,毛发灵敏度小。

毛发的这一特性通常用下面原因来解释:人的毛发贯串着许多细孔,在这些细孔内充满着油脂和色素。进行加工去除油脂后,细孔就能与外界空气相通。通常这些细孔内充满了呈弯月面的水。

已经证实,毛发经过滚轧使其截面变为椭圆形并用乙醇将其中的油脂性物质溶出之后,其表面积与其所包容的体积之比增大，而滞后系数变小，这与在低温下应用毛发特别有关，滚轧之后虽然毛发的抗拉强度变小，但却获得了比较线性的响应函数。单根毛发适用于准确测量，而成束毛发则适用于要求牢固性的场合。毛发若用硫化钡(BaS)或硫化钠(Na_2S)进行化学处理，其响应线性度会更好。

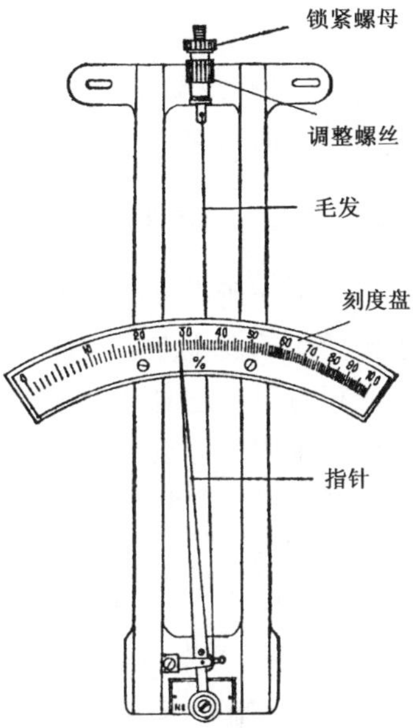

图 7.8　毛发湿度表结构图

7.6.2　毛发湿度表的构造

毛发湿度表是根据脱脂人发能随空气湿度大小而改变长度的特性，用人发制成的测定空气相对湿度的仪器(见图 7.8)。

毛发固定在金属架上，其上端的调整螺丝可用来调整毛发湿度表的零点，下端固定在弧钩上，与指针构成同轴。其固定点到轴心的距离比同一轴上的指针要短得多，因而可以起到传递放大的作用。用小锤来平衡毛发弹性力的毛发湿度表，刻度盘采用盖吕萨克尺度，刻度尺上自左至右刻出相对湿度 0～100%，其刻度间隔是左疏右密。如果采用线性毛发，则为均匀刻度。当空气中相对湿度增大时，毛发伸长，小锤因重力作用下降，拉紧毛发并使指针向右移动；湿度减小时，毛发缩短，使小锤与弧钩上抬指针向左移动。

7.6.3　安装

凡冬季使用毛发湿度表作正式记录的气象站，应配备两个毛发湿度表，并妥为保管。

在气温降到－10.0 ℃的多年平均日期之前约一个半月内，用软刷蘸蒸馏水对毛发湿度表的毛发进行预湿，并将两个毛发湿度表都安装好。一个作为现用表垂直地悬挂在温度表支架的上横梁上，表的上部用螺钉固定；另一个固定在百叶箱南壁上或备份百叶箱内。若现用毛发湿度表出现故障，则将备份毛发湿度表安装到温度表支架上。

7.6.4　观测和记录

(1) 按毛发湿度表指针指示的位置观测读数，记入观测簿相应栏。观测读数取百分数的整数。观测时，如果怀疑指针由于轴的摩擦或针端碰到刻度尺而被卡住，可以在读数后轻轻地敲一下毛发湿度表架，或小心地把指针向左边(刻度小的一端)轻拨一下，如发现它停在新的位置上，说明有摩擦现象，应重新读数，更改记录，并将仪器情况记入观测簿备注栏。

如果读数时发现指针超出刻度的范围，应当用外延法读数，若为上超，按 90 到 100 的刻度尺距离外延到 110；若为下超，按 10 到 0 的刻度尺距离外延到－10。估计指针相当于在延伸刻度的哪一个分划线上，得出读数记入观测簿相应栏。

(2) 毛发湿度表读数的订正。冬季用毛发湿度表或湿度计测湿时，为了获得较准确的湿度记录，毛发湿度表或湿度计的读数必须进行订正，订正的方法有两种：一种方法是人工制作毛发订正图(或地面气象测报业务软件制作)加以订正(见本章 7.6.5 节)；第二种是根据本章

7.3.3(2)节的方法，事先求得回归多项式系数，再计算求得。毛发湿度表或湿度计的读数经订正后记入观测簿相对湿度栏。定时观测记录应待当月订正图作出或回归多项式系数求得后，用其进行订正；在编发天气报告或加密天气报告时，为了及时发报，可临时使用上月订正图查出或用上月回归多项式系数计算编报所需湿度。

7.6.5　毛发订正图的制作和使用

目前全国所有气象观测站均已实现自动观测，但在自动气象站进入单轨业务运行后，北方冬季原使用毛发湿度表观测空气湿度的台站，仍保留毛发湿度表，并按时采用湿敏电容传感器测定的相对湿度记录和毛发湿度表读数制作订正图、订正表和订正系数。

毛发湿度表订正系数用来对毛发湿度表或湿度计读数进行订正求取相对湿度。当冬季用毛发湿度表或湿度计测湿时，为了获得较准确的相对湿度，必须利用毛发湿度表订正系数的订正图进行订正。

在气温降到－10.0 ℃的多年平均日期之前约一个半月内，用每天定时观测的湿敏电容传感器(或干湿表)测定相对湿度和毛发湿度表或湿度计读数来编制订正图。用一张方格纸(见图7.9)，以纵坐标表示定时观测的相对湿度，横坐标表示毛发湿度表或湿度计读数，将每次的毛发湿度表或湿度计读数和定时观测的相对湿度依次点在坐标纸上相应的交点上(重复的点子要用小点子点在原有点子的近旁，但不能不点)。全图点子要有100个或以上，以02,08,14,20时的记录为主。若个别区段点子偏少，则应从其他时次记录中选取相应的点子进行补充。

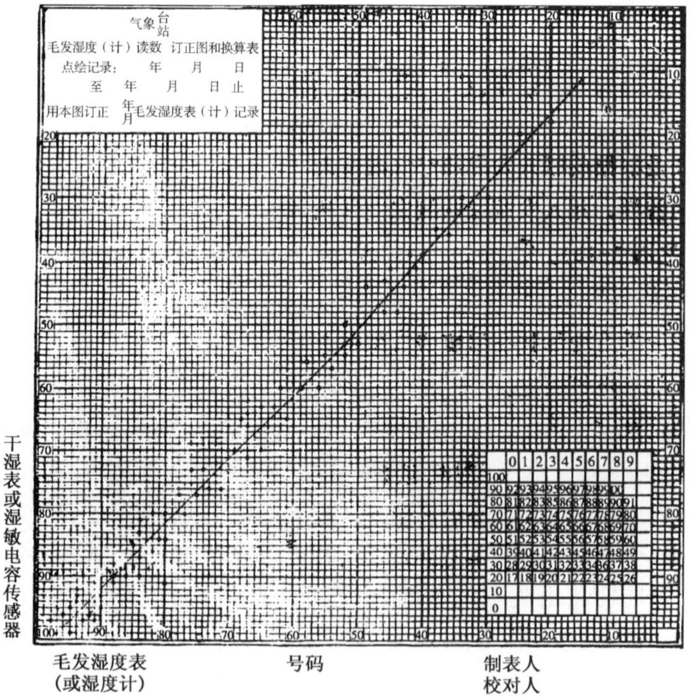

图 7.9　毛发湿度表订正图编制示意图

如果仪器性能良好，观测准确，这些点子就会密集在由左下角到右上角的一条狭带内，狭带与横坐标轴约成 45°角。穿过狭带正中，画一条均匀平滑的线，使两侧点数大致相等（离开密集点相当远的点子，画线时不必考虑）。这根线就是毛发湿度表或湿度计读数的订正线。

当空气温度降低到－10.0 ℃以下时，可以根据毛发湿度表或湿度计的读数，利用这条订正线，求出经过订正后的相对湿度。

为了使用方便，可以根据订正线事先做好一张换算表（见图 7.9 右下方）。表的最左一行和最上一行，是毛发湿度表或湿度计的读数（直行为十位数，横行为个位数），表中纵横相交的格子中，就是毛发湿度表或湿度计的读数经过订正后的相对湿度。例如毛发湿度表或湿度计读数为 67%，由换算表中查出经过订正的相对湿度为 68%。

通过业务软件，在输入定时观测的相对湿度与毛发湿度表或湿度计读数后，会自动绘制订正图，并求出订正系数，同时按照多项式公式自动计算出相对湿度。可打印输出毛发湿度表或湿度计订正图和换算表，以备人工查算用。

订正图上必须注明绘制订正图所依据的记录起止日期、仪器号码和用来订正哪几个月的毛发湿度表或湿度计的示度，以备查考。

(1) 判断订正图能否使用的原则

① 若订正图上的点子分布过于分散，应根据在订正线±5%的区域内（见图 7.10）的点子，是否达到或超过总点子数的 2/3 来确定，若不足 2/3，则该图不能使用。

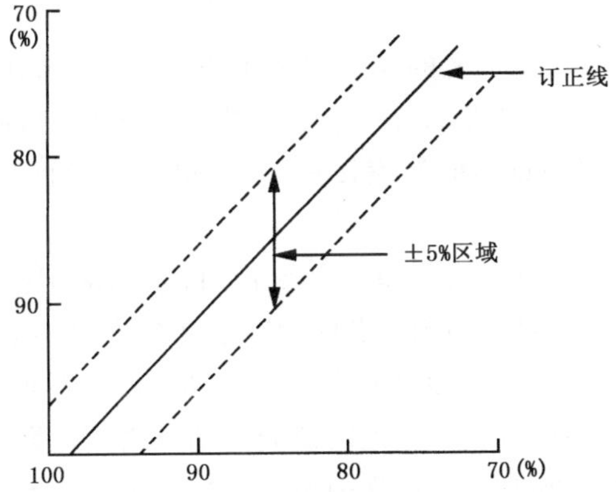

图 7.10　订正线±5%区域示意图

② 订正线突然变化，即毛发湿度表或湿度计数值变化 1%，而换算后的相对湿度值却变化了 6%或以上的（见图 7.11），则该图不能使用。

③ 订正线弯弯曲曲以致订正值不连续的图不能使用。

若系毛发湿度表或湿度计中途发生非性能变化造成的，应将变化前的记录点绘一张订正图（不足 100 个点时，向前沿用上月记录补足），将变化后的记录点绘另一张订正图（不足 100 个点时，向后沿用下月记录补足），绘制出两张订正图分别订正前后两段记录，或分别计算前后两段的订正系数；若系毛发湿度表本身性能变劣，则应使用备份毛发表或毛发湿度计代替（并须绘制订正图订正或计算订正系数），如果没有其他湿度记录可供代替，则记录从缺。

(2) 现用和备份毛发湿度表应当同时进行观测，并分别编制毛发湿度表订正图或求得订正系数。当备份的毛发湿度表也失效时，可使用湿度计测定湿度。采用湿度计作为观测记录时,亦应编制订正图或求得订正系数。观测时若发现毛发湿度表、备份毛发湿度表和湿度计均因故损坏,气温虽在−10.0 ℃以下,仍可用干湿球温度表读数查算湿度,并在观测簿备注栏注明。

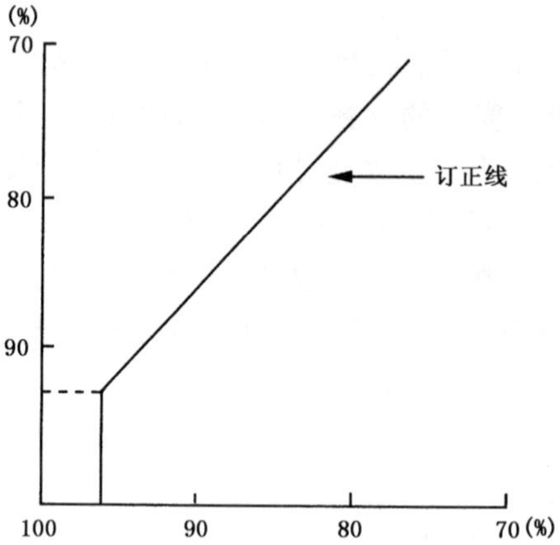

图 7.11　订正线突然变化示意图

7.6.6　维护

(1) 禁止用手触摸毛发,以免手上的油脂覆盖毛发小孔,影响其正常感应。

(2) 如果毛发及其部件上附有雾凇、冰或水滴,应轻敲金属架,使它脱落;或从百叶箱拿回室内,使它慢慢地干燥。但须注意不能使表接近炉子,也绝不能触及毛发,要等到干燥后,再把表放回原处。

(3) 毛发湿度表不用时,应放在盒子里。如果没有盒子,应把指针移向左边,使毛发放松,并用手指将指针贴紧刻度尺,用线绳扎住,或将指针卡在刻度尺的后面,妥善包装保存。

(4)空气湿度很大时,如果毛发湿度表的指针常超出刻度范围,应调整示度。调整示度应选在编制订正图前,相对湿度在70%或以上时进行。方法是:旋动调整螺丝,将指针往小刻度的方向调,调整的幅度按超出刻度的最大范围再加上3%来定。在正式编制订正图和冬季正式使用时,则不能进行调整。

7.7　毛发湿度计

7.7.1　结构与原理

毛发湿度计是自动记录相对湿度连续变化的仪器,它由感应部分(脱脂人发)、传动机械(杠杆曲臂)和自记部分(自记钟、纸、笔)组成(见图7.12)。

7.7.1.1　感应部分

为了增大拉力,感应部分由一束脱脂的毛发(约40～42根)组成,毛发的两端用毛发压板固定于毛发支架上。与温度、气压仪器的不同点在于,温度、气压自记仪器感应部分的装置是一端固定,而另一端为自由端;毛发湿度计感应部分的装置则为两端固定,其目的在于增大仪器的灵敏度。

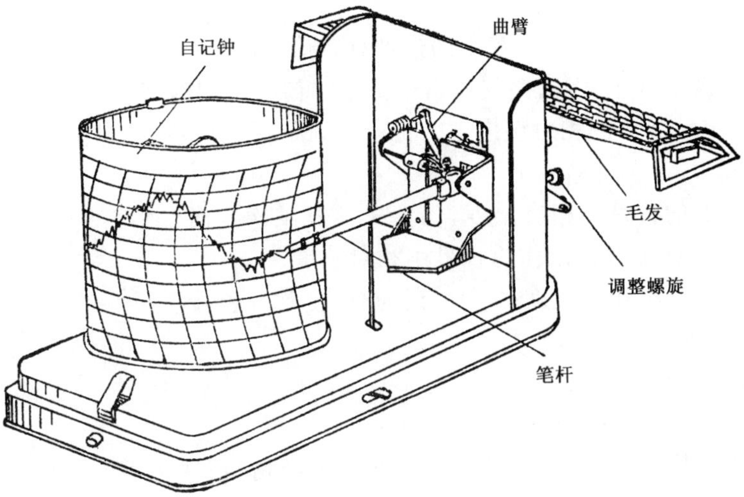

图 7.12　毛发湿度计结构图

7.7.1.2　传递放大部分

传递放大是采用两次放大的杠杆即双曲臂来实现的，第一级放大杠杆由第一水平轴上的小钩和带有平衡锤的上曲臂组成；第二级放大杠杆由第二水平轴上的下曲臂和笔杆组成。毛发束的中央被小钩钩住，平衡锤使毛发束总是处于微微拉紧状态，上下曲臂杠杆分别借平衡锤与笔杆的重量得以始终保持接触。当相对湿度增大时，发束伸长，平衡锤下降，迫使笔杆抬起，笔尖上移；当相对湿度减小时，发束缩短，平衡锤抬起，笔杆由于本身的重力作用而往下落，笔尖因此下降。

曲臂杠杆有两个作用，即传递放大作用和调整放大倍率的作用。湿度大时，曲臂的接触点离笔杆支点较近，此时第一杠杆的重力臂增大，第二杠杆的力臂减小，总的倍率趋大；湿度小时，第一杠杆的重力臂减小而第二杠杆的力臂增大，总的倍率趋小。因此，只要曲臂的曲率计算精确，由此而产生的放大倍率变化就会恰好抵消毛发本身随相对湿度改变而伸缩的不均匀性，使笔尖随相对湿度改变作均匀的移动，因而湿度计的自记纸刻度线是等距的。

7.7.2　安装

毛发湿度计应稳固地安装在大百叶箱内上面的架子上，底座保持水平。

7.7.3　观测和记录

02,08,14,20 时 4 次(一般站 08,14,20 时 3 次)定时观测时，根据笔尖在自记纸上的位置观测读数，记入观测簿相应栏，并作时间记号。作时间记号和换纸的方法同气压计。

读数时，若湿度计笔尖超出自记纸下沿(0%)，但未靠着钟筒的底沿；或笔尖超出自记纸上沿(100%)，但未超出自记纸，则按外延法读数，并进行订正；若笔尖已抵靠钟筒底沿或超出自记纸，除按外延法读数并进行订正外，还应在备注栏中注明。订正后的值>100 时，记为 100；<0 时，记为 0。

7.7.4 日最小相对湿度的挑选方法

(1) 在一日(20—20 时)自记迹线中的最低处,标出箭头并读数。

(2) 进行仪器误差订正,方法同气压自记记录。但冬季用湿度计读数(经订正图订正或订正公式计算)作为定时观测的相对湿度正式记录时,该月的日最小相对湿度也用订正图订正或订正公式计算求得。

(3) 若经订正后的日最小相对湿度,仍大于该日某次定时(基准站和自动气象站均为 24 次)记录时,应直接将该定时记录作为日最小相对湿度。

(4) 若订正后的最小相对湿度<0 时,记为 0。

7.7.5 维护

(1) 遇毛发脱钩时,应立即用镊子使其复位。

(2) 一般每季度用洁净毛笔蘸蒸馏水(或加适量酒精)清洗毛发一次(注意不要影响日极值的挑选)。当有沙尘暴、扬沙等天气影响,使毛发变脏时,应及时清洗。冬季使用湿度计测定湿度的气象站,在点绘和使用订正图期间不清洗。

(3) 当记录值与实测值相比较,误差较大时,应及时调整仪器笔位。

其他同温度计及毛发湿度表的有关部分。

7.7.6 毛发测湿误差

毛发湿度表或湿度计的误差主要来自于零点位置的变化、毛发受污染引起的误差和滞差三个方面,下面分别予以说明。

(1) 零位偏置的变化

毛发湿度计易于改变零位的原因是多种多样的,最可能的原因是毛发受到过度的拉伸。例如,作时间记号时误向湿度增加的方向拨动而拉伸了毛发,或者,在湿度下降后毛发湿度计的机械却滞后不动。如果毛发湿度计在干燥空气中放置很久,也会引起零位变化,但若将仪器在饱和大气中放置足够长的时间后,这种变化就会消除。

(2) 毛发受污染引起的误差

在观测中各种尘埃均能引起较明显的误差(有时高达 15%)。这种影响大多数可以通过清洗毛发而得到消除或减少,不过,已发现尘埃中的有害物质可以损害毛发,如氨对毛发有明显损害。

(3) 滞差

滞差表现在毛发元件的反应上,也表现在毛发湿度表的记录机件上。但是,采用成束毛发的记录机件的滞差则要小些,因为成束毛发可以有较大的负荷能力以克服摩擦。

毛发感应湿度变化的滞后性随温度的降低、湿度的减小而增大。由实验得知,在 −20 ℃时的落后时间比 10 ℃时大 9 倍,在 −40 ℃以下时,毛发几乎不感应湿度变化。

同时,毛发的滞后性还与湿度有关,相对湿度为 40%时的滞后时间为 90%时的 3 倍。当毛发在相对湿度<30%的空气中搁置较久时,会发生瘫痪现象(失去感应湿度变化的特性),这时应将其放在饱和湿空气中,使其逐渐恢复正常感应湿度的能力。

温度对毛发滞后性的影响分为两个方面:一方面是毛发本身随温度的改变而发生长度改

变。根据实验，毛发在 1.5 ℃时长度最长，在 1.5 ℃以上随温度的升高而缓慢缩短，在 1.5 ℃以下则随温度的降低而迅速缩短，在经过 0 ℃左右时，示度常发生剧烈变化。另一方面，固定毛发的金属支架也随温度的升降而胀缩。以黄铜为支架的毛发湿度表为例，黄铜的线胀系数为 0.000 018 4/℃，而毛发的线胀系数受温度影响，两者因线胀系数不一致，导致示度误差。又因毛发在不同相对湿度下增加量不等，由温度变化引起的毛发长度的变化在不同湿度下引起的误差也不同，湿度小时，因单位刻度间隔宽，影响就小，湿度大时影响就大。

7.8 通风干湿表

7.8.1 结构与原理

通风干湿表主要用于野外考察或自动气象站在气温或湿度采集出现故障时进行补测时使用。它由干湿球温度表、通风装置、金属套管、双层保护管和上水滴管等组成(见图 7.13)。

其作用原理与百叶箱干湿球温度表基本相同。主要不同处是：温度表球部装在与风扇相通的管形套管中，利用机械或电动通风装置，使风扇获得一定转速，球部处于≥2.5 m/s(电动通风可达 3 m/s 以上)的恒定速度的气流中。由于球部双层金属护管表面镀有镍或铬，是良好的反射体，能防止太阳对仪器的直接辐射。

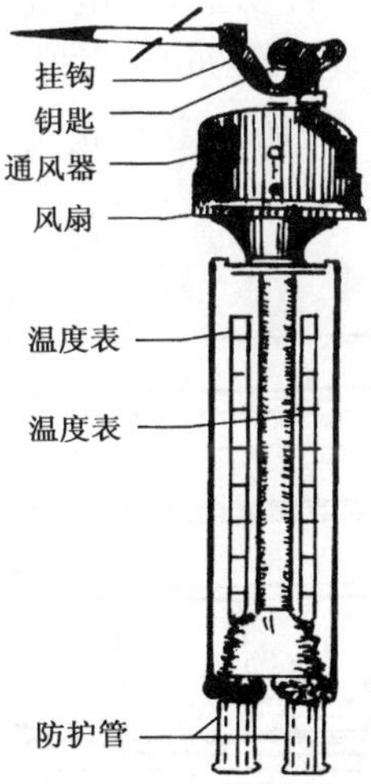

图 7.13　通风干湿表结构图

7.8.2 观测和记录

观测前，先把仪器悬挂在百叶箱或观测场内，感应部分距地面高度 1.5 m。在读数前 4～5 min 用滴管湿润湿球纱布，然后上好风扇发条(或接通电源)。上发条切忌过紧。观测时应注意不要让风把观测者自身热量带到通风管中去。

当气温低于 0 ℃时，为使温度表充分感应外界情况，应于观测前半小时，湿润纱布并上好发条，通风一次。然后在观测前 4 min 再通风一次，但不再润湿纱布。观测时应注意湿球是否结冰，示度是否稳定。

当风速大于 4 m/s 时，应将防风罩套在风扇迎风面的缝隙上，使罩的开口部分与风扇的旋转方向一致，这样就不会影响风扇的正常旋转。

记录处理方法同干湿球温度表。

7.8.3 维护与检查

仪器的金属部分，特别是下端保护管的镀镍面应细心保护，使其不要受到任何损伤。每次观测后，应用纱布擦净外壳，并放回盒中。从盒中取出仪器时，应拿着风扇帽盖下的颈部，不要捏在金属护板处，也不能用手触摸防护管。

注意定期检查风扇旋转是否正常。可以通过风扇中央的发条盒旋转速度来判断，在发条盒上绘有短划或箭头，从圆顶上小窗孔可以看到。上发条后，发条盒每转一周的时间，如果与检定证上所给的时间相差不到 5 s，则可认为风扇转速正常。如果转速显著降低则应进行修理。

湿球纱布应经常保持清洁。

7.9 遥测通风干湿球传感器

7.9.1 结构与原理

通风干湿球传感器中的干球和湿球感应元件是性能相同的两支铂电阻。该传感器的结构如图 7.14。传感器上部装有贮水箱，可自动上水；电阻温度表水平安装，与气流方向垂直，有利于热交换。湿球温度表的感应部分套有纱布套，并从纱布套的两端润湿，这样可使湿球的润湿更加均匀，与气流的接触面也增大。通风器定时通风，通风速度大于 3.5 m/s。实验表明该干湿表常数为$(6.88\pm0.22)\times10^{-4}$/℃ 。

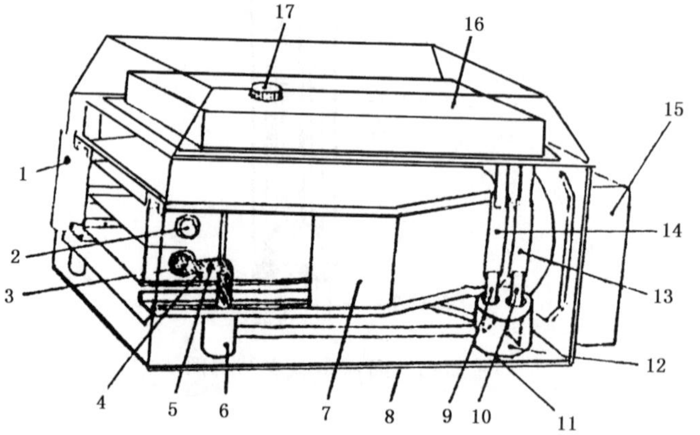

图 7.14 通风干湿球传感器结构图

1. 外通道活动板 2. 干球铂电阻 3. 湿球铂电阻 4. 内通道 5. 湿球纱布套 6. 小水杯 7. 外通道 8. 外壳 9. 气管 10. 水管 11. 放水嘴 12. 下水槽 13. 水管上胶管 14. 气管上胶管 15. 电机 16. 贮水箱 17. 上水口盖

7.9.2 安装与维护

遥测通风干湿球传感器安装在百叶箱内，干球的中心线离地面 1.5 m。每天要定时巡视一次贮水箱的水位，当水位影响到润湿湿球纱布时，要及时加水。每周要给湿球换一次纱布。

在污染较重的地方，要缩短更换纱布的期限。每天要定时检查一次通风电机，检查是否能定时启动。

当气温接近 0 ℃时，该传感器停用，并将水箱的水放干净，以免冻裂水箱。

7.10　其他测量仪器和方法

7.10.1　吸湿称重法

吸湿称重法，也称绝对法，这是实验室内测湿的标准方法。使体积为 V 的湿空气流过一个干燥管（或几个串联的干燥管），让干燥管把空气中的水汽全部吸收，然后称量干燥管所增加的质量，同时确定流经干燥管的空气的体积或干空气的质量，就可直接确定空气的混合比或绝对湿度。

样本空气通过干燥管，进入容器中，干燥管中盛有高效能的吸湿剂——五氧化二磷或高氯酸镁。容器中装有气压表和温度表，以便计算实际进入容器中样本空气的体积或质量。

吸湿称重法测湿是目前测湿方法中最精确的一种，但测试一次需要很长的时间，否则既不能使空气中的水汽完全被干燥剂吸收，也无法使足够体积（或质量）的空气流过干燥管。因要求较高，不适用于气象观测站的日常湿度测定。

7.10.2　光谱吸收法

光谱吸收法是根据空气中的水对不同波长的红外辐射吸收程度不同的原理确定空气湿度的方法。主要以两束波长不同的光线（一束波长 $\lambda=1.37\ \mu m$，能被水汽强烈吸收；另一束波长 $\lambda=1.24\ \mu m$，不被水汽吸收）轮流横穿被考察的空气层，在出口处，用两束光线能量的比值来直接测定湿度（含水量）。

7.10.3　露点测湿法

若使空气通过一个光洁的金属镜面时等压降温，则当空气温度降低至露点温度时，金属面上开始有微小的露珠凝结，那么测定金属镜面的表面温度，就可确定流过镜面样本空气的露点温度。当气温低于 0 ℃时，镜面凝华出小冰晶，此时镜面的表面温度称为霜点温度。露点仪就是根据此原理设计的。

通常露点测湿仪由感应器、热控装置、凝结观测装置等几部分组成。感应器是一个高度抛光的金属镜面，热控装置包含冷却器和加热器，凝结观测装置包含光源系统和显微镜系统。

新型露点仪多采用半导体制冷系统，可以控制，使初始阶段的冷却速率较快，而后在接近露点前逐渐减缓其冷却速率。一旦首次从镜面检测到露或霜的形成，半导体制冷系统则在露点附近进行数次冷却和加热过程，形成几次露滴（霜晶）的生消，直到其温度显示在露点上下作很小幅度的摆动时为止。

7.10.4　碳膜湿度片测湿

碳膜湿度片是用溶胀性较好的高分子聚合物——羟乙基纤维素和聚丙烯酰胺为感湿材料，加上导电材料炭黑及分散剂凝胶，配制成胶状液体浸渍到聚苯乙烯片基上制成的。片基尺寸为 101.6 mm×17.46 mm×0.79 mm，长边两侧溅射上银电极。

当湿度增大时，高分子聚合物吸湿后膨胀，使悬浮于其中的碳粒子接触概率减小，元件的电阻增大；反之，当湿度降低时，聚合物脱水收缩，使碳粒子相互的接触概率增加，元件的电阻值减小。通过测量元件的电阻值可以确定空气的相对湿度。

碳湿敏元件测湿存在一定的升湿和降湿滞差。这种滞差有别于动态测量中的滞后效应，是一种永久性的落后效应。碳湿敏元件的另一个缺点是存在明显的温度系数。

7.10.5 氯化锂测湿

氯化锂测湿元件有两种，一种是电阻式氯化锂元件，另一种是露点式氯化锂元件。

(1) 电阻式氯化锂元件。它是根据氯化锂吸湿后电阻发生变化这一特性制成的。由于氯化锂吸收水汽的多少与空气的相对湿度有关，相对湿度大时，吸收水分多，电阻小；相对湿度小时吸收水分少，电阻大。因此，测定氯化锂的电阻，便可得出空气的相对湿度。一定浓度的氯化锂溶液的感湿范围只能测定 20%范围内的相对湿度，所以整个测量范围(0～100%)就需要有 5 个以上的元件串联组合。

(2) 露点式氯化锂元件。它的工作原理与电阻式氯化锂元件有很大不同，是通过测量氯化锂饱和溶液的水汽压与环境水汽压平衡时的温度来确定空气露点的。

氯化锂饱和溶液的水汽压，仅仅与温度有关，它随温度的上升而增大。如果在某一温度下，氯化锂溶液的饱和水汽压等于周围大气中的水汽压，此时水汽与氯化锂溶液中的水分交换量正好平衡。如果改变氯化锂饱和溶液的温度，随着温度的增减，饱和溶液就会吸收或放出部分水汽。同样，如果温度不变而改变大气中的水汽含量，也会发生水汽的吸收与释放。

复习思考题

1. 气象上常用的湿度参量有哪些？地面气象观测中需要观测哪些湿度参量？
2. 如何理解湿空气的饱和状态？饱和水汽压是湿度参量吗？为什么？
3. 湿敏电容的测湿原理是什么？湿敏电容的测湿误差有哪些？
4. 干湿球温度表为什么能测湿？干湿表测湿系数 A 与哪些因素有关？
5. 在实际计算相对湿度时，如何理解湿空气饱和水汽压与干球温度 t 所对应的纯水平液面饱和水汽压的关系？
6. 湿球溶冰的时机如何掌握？湿球溶冰不当时观测记录如何处理？
7. 干湿球温度表测湿误差是如何产生的？试分析自然通风条件下我国的测湿误差？
8. 试分析水汽压计算公式中各项的意义。
9. 简述高分子湿敏电容湿度传感器的结构与原理。
10. 毛发为什么能够测湿？毛发湿度表如何观测？
11. 判断毛发订正图能否使用的依据是什么？
12. 吸湿称重法的测湿原理是什么？

第8章　土壤温度观测

内容提要

本章主要介绍地温的概念，各种观测仪器及其结构原理，安装、使用和观测记录方法。

8.1　概述

下垫面温度和不同深度的土壤温度统称地温。下垫面温度包括裸露土壤表面的地面温度、草面(或雪面)温度及其最高、最低温度。地面温度也称为地表温度。

浅层地温包括离地面5,10,15和20 cm深度的地中温度。深层地温包括离地面40,80,160和320 cm深度的地中温度。

地温以摄氏度(℃)为单位，取1位小数。

测量地温使用铂电阻地温传感器和玻璃液体地温表。在地表温度的自动观测中，红外地温传感器开始越来越多地被使用。

8.2　地面温度与浅层土壤温度

8.2.1　地面温度和浅层地温传感器

测量地面温度和浅层地温的传感器采用铂电阻制作，测量原理与铂电阻气温传感器相同。测量土壤温度的传感器外金属保护管较大，以增大其时间常数。

根据自动气象站型号的不同地面温度的测量采用1支或4支传感器，5～20 cm地温的测量各有1支传感器。

8.2.2　地面温度表和曲管地温表

地面温度表(又称0 cm温度表)、地面最高和最低温度表的构造及原理，与测定空气温度用的温度表相同。

5,10,15 和 20 cm 曲管地温表的结构及原理基本同上,只是表身下部伸长,且长度不一,并且在感应部分上端弯折,与表身成 135°夹角,玻璃套管下部(自球部至温标起点)用石棉灰填充,再上有棉花填塞,并用火漆做成若干道分隔板,以防止玻璃套管内空气的对流。

8.2.3　观测地段及要求

土壤的增热主要依靠吸收太阳辐射,但由于土壤性质与植被的不同,往往使地温分布很不一致。为了适应农业生产的需要及便于相互比较,观测地段土壤应能代表当地土壤性质,不得为了便于地温场的整理而人为掺杂沙壤土,使土壤性质改变。

地面温度和浅层地温的观测地段,设在观测场内南面平整出的裸地上,地段面积为 2 m×4 m。地表疏松、平整、无草,并与观测场整个地面相平。

地面温度和浅层地温场四周应保持自然状态,不应有各种建筑和装置。可在地温场四角用砖块设置标识,不得将地温场边缘砌实。标识与地面齐平,不得外贴瓷砖条或设置小栅栏。

8.2.4　安装

8.2.4.1　传感器的安装

采用 1 支传感器测量地面温度时,地面温度传感器与 5,10,15 和 20 cm 浅层地温传感器采用同一个支架安装;地面温度传感器安装在浅层温度传感器支架板的顶端,传感器的头部朝向正南,传感器保持与浅层地温场地面平齐的半裸露状态(见图 8.1(a))。

安装传感器的板条长 250 mm、宽 30 mm、厚 5 mm。板条用木料或硬塑料等不易导热的材料制成。

采用 4 支传感器测量地面温度时,4 支地面温度传感器仍采用正方形塑料框架安装,塑料框的边长以适合地面温度传感器的长度为宜,传感器的头部朝向框架中心,传感器部分保持与浅层地温场地面平齐的半裸露状态;浅层地温传感器及其支架安装在 4 支地面温度传感器中心的土壤中(见图 8.1(b))。

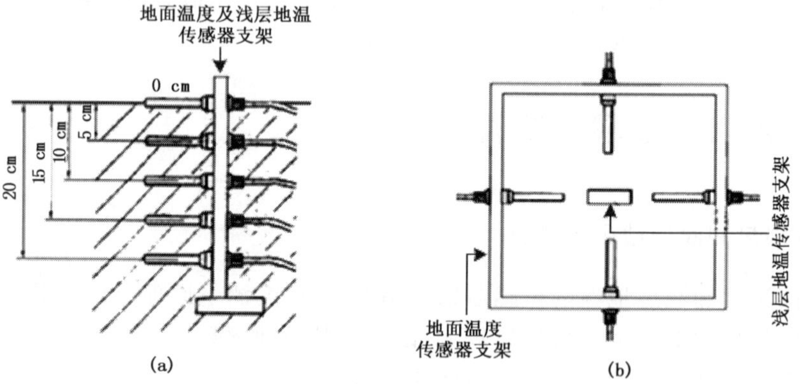

图 8.1　地面温度及浅层地温传感器安装图

地温传感器以浅层地温传感器支架顶面位置为准,安装在浅层地温场的南北向中轴线上偏东一侧,距地温场南北向中轴线 20 cm;全部信号线均自传感器位置开始,从地面以下 20 cm 深度送入出线井。布局如图 8.2 所示。

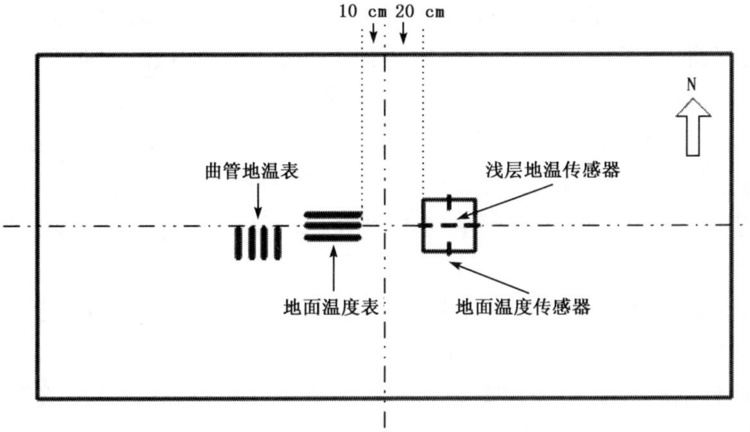

图 8.2　地面温度和浅层地温观测仪器布局图

8.2.4.2　地温表的安装

地面 3 支温度表应水平地安放在观测地段南北向中轴线偏西一侧，按 0 cm、最低、最高的顺序自北向南平行排列，感应部分向东，并使其位于南北向的一条直线上，表间相隔约 5 cm，其中，地面最低温度表正好处于地温场东西向中轴线上，且感应部分顶端距离南北向中轴线 10 cm(图 8.2)。感应部分及表身，一半埋入土中，一半露出地面(见图 8.3)。埋入土中部分的感应部分与土壤应密贴，不可留有空隙；露出地面部分的感应部分和表身，要保持干净。

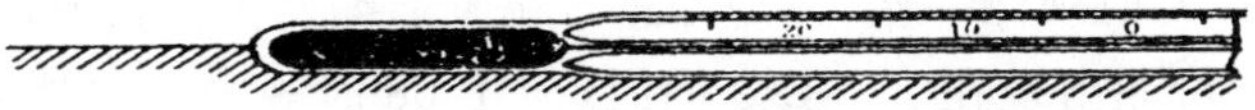

图 8.3　地面温度表安装示意图

曲管地温表安装在地面最低温度表的西边约 20 cm 处(图 8.2)，按 5，10，15 和 20 cm 深度顺序由东向西排列，感应部分向北，表间相隔约 10 cm；表身与地面成 45°夹角，各表表身应沿东西向排齐，露出地面的表身须用叉形木(竹)架支住，不得使用金属支架(见图 8.4)。

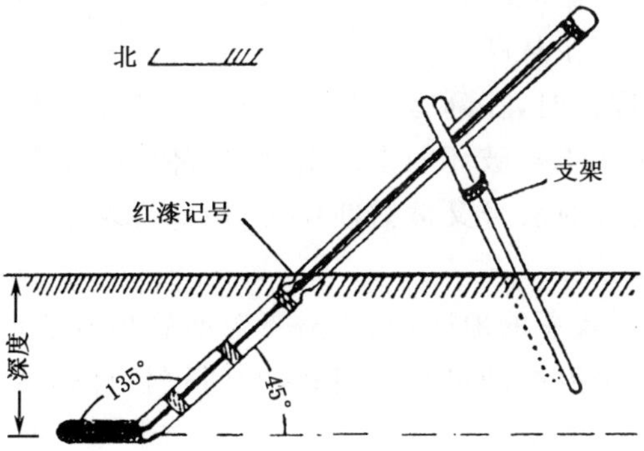

图 8.4　曲管地温表安装示意图

安装曲管地温表时，应按上述要求，先在地面划出安装位置，然后挖沟。表身露出地面的沟壁(称南壁)呈东西向，长约 40 cm，沟壁往下向北倾斜，与沟沿成 45°坡；沟的北壁呈垂直面，北沿距南沿宽约 20 cm；沟底为阶梯形，由东至西逐渐加深，每阶距地面垂直深度分别约为 5，10，15 和 20 cm，长约 10 cm。沟坡与沟底的土层要压紧。然后安放地温表，使表身背部和感应部分的底部与土层紧贴，各表的深度、角度和距离均符合安装要求后，再用土将沟填平。填土时，土层也应适度培紧，使表身与土壤间不留空隙。整个安装过程，动作应轻巧，以免损坏仪器。

为便于正确安装地温表和日后检查深度变化，在表身的相应处做了一红漆记号，安装后的土面应与记号平齐。

为避免观测时践踏土壤，应在地温表北面相距约 40 cm 处，顺东西向设置一观测用的栅条式木制踏板。踏板宽约 30 cm、长约 100 cm(有地温传感器时，可加长至 120 cm)，踏板不得使用金属材料。

8.2.5 观测和记录

8.2.5.1 地面温度和浅层地温传感器的观测

地面温度和浅层地温传感器采用自动观测，由采集器实时采集数据。

铂电阻地面温度传感器被积雪埋住时仍按正常观测，但需在观测簿备注栏注明。

8.2.5.2 地面及浅层温度表的观测和记录

0，5，10，15 和 20 cm 地温表于每日 02，08，14，20 时(一般站 08、14、20 时)观测；地面最高、最低温度表于每日 20 时观测一次，并随即进行调整。编发天气报或加密天气报的气象站，当 08 时地面最低温度可能出现在±5 ℃之间时，应于 08 时观测一次地面最低温度。各种地温表观测读数要准确到 0.1 ℃。

观测时，要踏在踏板上，按 0 cm、最低、最高和 5 cm、10 cm、15 cm、20 cm 地温的顺序读数。观测地面温度时，应俯视读数，不准把地温表取离地面。读数记入观测簿相应栏，并进行器差订正。

地面温度表和曲管地温表被水淹时，可照常观测，其中地面 3 支温度表应水平地取出水面，迅速进行读数。在拿取地温表时，勿使水银柱、游标滑动，手也不能触及地温表感应部分。若遇地温表漂浮于水中，则记录从缺。

地面 3 支温度表被雪埋住时，在降雪或吹雪停止后，应小心地将表从雪中取出(勿使水银柱、游标滑动)，水平地安装在未被破坏的雪面上，感应部分和表身埋入雪中一半。当发现表身下陷于雪内，或在观测前巡视时表身又被雪埋住时，均应将表重新安装在雪面上。读数时若感应部分又被雪盖，可照常读数。

在积雪较浅或积雪时间较短的地区，当积雪覆盖曲管地温表时，可以把雪拨开观测(沿地温表表身拨开一道缝，露出刻度线即可)。但积雪时间较长且积雪较深的地区，在积雪覆盖曲管地温表后，即停止观测。

冬季易冻折曲管地温表的地区，在土壤临近冻结时，应将曲管地温表全部收回，待次年解冻后再重新安装观测。若服务需要，可不收回，但应将支撑表身的叉形架拆除。

在观测中若发现地面温度表损坏，可用地面最低温度表酒精柱读数代替。

当地面温度降到－36.0 ℃以下时，只读地面最低温度表的酒精柱和游标示度，并以经器差订正后的酒精柱读数作为 0 cm 记录，地面最高温度表停止观测，记录从缺。

若确有地温观测中最高温度示度超出刻度范围的情况出现，可用外推法估计并用该仪器检定证中最高温度值的订正值进行订正，但气象观测站应正确选取温度表的刻度范围，尽量避免此种情况出现。

上述情况均应在备注栏注明。

8.2.6　观测地段及仪器的维护

精确测定土壤表面温度是很困难的，这是由于地表面不是均匀的，其比热容、导热系数、颜色及其他物理性质均不一致，在热量取得或消耗相同的条件下，相邻地段的地面温度都可能有很大差异。同时要使温度表的感温元件只与土壤表面进行热量交换，而不受表面以下的土壤及其上面空气温度的影响是很困难的。因此对于地温观测地段的维护和仪器的正确安装显得尤为重要。

8.2.6.1　传感器的观测地段及仪器的维护

(1) 保持安放地面温度传感器和浅层地温传感器的裸地表土疏松、平整、无草，雨后及时耙松板结的地表土。

(2) 查看地面温度传感器和浅层地温传感器的埋设情况，保持地面温度传感器一半埋在土内，一半露出地面，擦拭沾附在上面的雨露和杂物，应保持地面温度及浅层地温传感器支架的零标志线与地面齐平。

(3) 整理地温场时需特别注意传感器连接电缆的安全，避免损毁或松动；地温传感器应避免碰撞和振动。

8.2.6.2　玻璃液体地温表的观测地段及仪器的维护

(1) 裸地表土应保持疏松、平整、无草，雨后造成地表板结时，应及时将表土耙松。

(2) 应经常注意地面 3 支温度表感应部分的安装状态，切实做到一半埋入土中(球部与土壤须密贴)，一半露出地面。日常观测中常见的地面最高温度低于地面温度，其主要原因就是仪器安装不当，球部一半没有埋入土中所致；露出地面部分要保持干净，及时擦拭掉沾附在上面的雨、露、霜、尘土等。每天 20 时观测后和大风、雷雨天气过后，应认真检查一次，保证安装正确。

每月检查一次曲管温度表的安装状况。安装深度、角度超过允许误差时，应立即纠正。

(3) 场地有积水或遇有强降水时，为防止地面的 3 支温度表漂动，可用竹、木做成的叉形物叉住表身。

(4) 在夏季高温的日子里，为防止地面最低温度表失效，应在早上温度上升后观测一次地面最低温度，记入观测簿 08 时栏，随后将地面最低温度表收回，并使其感应部分向下，妥善立放于室内或荫蔽处。20 时观测前巡视仪器时再放回原处(游标须经调整)。若遇雷雨天气，因可能有显著降温，应提前将表放回原处，以免漏测最低温度。

因酒精液极易蒸发而凝结在毛细管壁上，在温度降低时容易在内管壁上附着一层酒精膜，酒精膜极易集聚而形成酒精柱中断，故最低温度表不使用时应垂直放置，感应部分向下，使毛细管壁上尽可能少附着酒精，即使有酒精凝结在内管壁上，也能借重力作用流回液柱，避免中断。

(5) 在可能降雹之前，为防止损坏地面温度表和曲管地温表，应罩上防雹网罩，雹停后立即取掉。为避免影响观测记录，除降冰雹外，其他情况不得使用防雹罩，不得放置其他各种防护罩。

(6) 冬季，为防止潮湿土壤冻结时冻住和损坏地面 3 支温度表，可事先用等量的凡士林和机油的混合物，涂抹表身贴地的一面；但在调整温度表时，注意勿使表从手中滑脱。

8.3 深层土壤温度

8.3.1 深层地温传感器

深层地温传感器亦采用铂电阻制作而成，原理与气温铂电阻传感器相同，40，80，160 和 320 cm 各 1 支传感器。

深层地温传感器各安装在一根木棒(或三节棒)上，木棒的长度依深度而定。整个木棒及传感器放在专用套管内。木棒顶端有一个金属盖，用以盖住专用套管。木棒上几处缠有绒圈，金属盖内装有毡垫，以阻滞管内空气对流和管内外空气交换，也可防止降水等物落入套管内及防止传感器过快下落受震。各部件的组装见图 8.5。

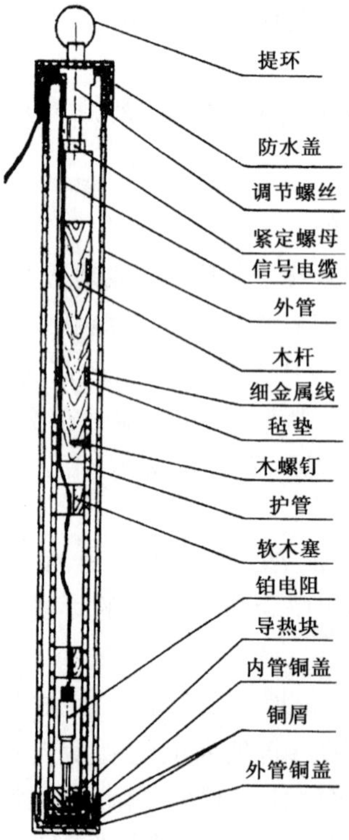

图 8.5 深层地温传感器组装示意图

8.3.2　直管地温表

40,80,160 和 320 cm 直管地温表装在带有铜底帽的管形保护框内，在铜底帽内温度表球部周围填有很多铜屑(见图 8.6)，是为了使温度表具有必要的滞后性，以便在从地中抽出温度表进行读数的短时间内，示度保持不变。保护框中部有一长孔，使温度表刻度部位显露，供观测读数。其他同本章 8.3.1 节。

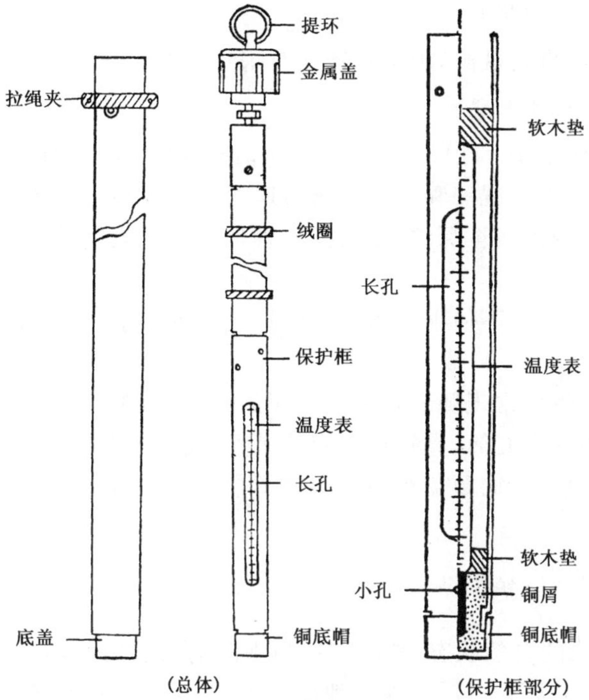

图 8.6　直管地温表结构图

8.3.3　观测地段与仪器安装

观测深层地温的地段应是有自然覆盖物的地方。在观测场内南面，标出一块地面有自然覆盖物(草皮或浅草层，不长草的地区除外)，面积为 3 m×4 m 的范围，作为深层地温的观测地段。地段的地面要与观测场其他地面一样平坦，若有洼陷，应及时垫平和植上草层，草层应与整个观测场的草层同高。

直管地温表的安装应自东向西，由浅而深，表间相隔约 50 cm，在地段中部排列成一行。应尽量采用钻孔法将直管地温表的套管垂直埋入土中。套管埋放后，其 0 cm 标示线应与地面齐平，并把管壁四周与土层之间的空隙用细土充填、捣紧。

深层地温传感器的专用套管安装在人工观测的直管地温表套管的南侧 50 cm 处，并一一对应。然后将传感器安装在相应的专用套管内。无人工观测直管地温表的台站，深层地温传感器的专用套管直接安装在地段中部(其他同直管地温表)。

深层地温传感器的信号线应通过线管与地沟相连，线管与传感器外套管相距约 20 cm，高度与外套管平齐，与地面垂直，并排列整齐，为防雨水流入管内，顶部应接向下的弯管。

有人工观测直管地温的气象观测站，为保护地段的草层和有积雪时的积雪层，在地温表北边约 30 cm 处，应设置一个观测台架。架宽为 30～40 cm，长度视观测方便而定，高度与地温表外管露出地面的高度相同（无积雪或积雪不深的地方，台架高度可适当放低）。台架的材料一般应为木质，也可使用角钢或不锈钢制作。

8.3.4 观测和记录

8.3.4.1 深层地温传感器的观测

深层地温传感器采用自动观测，由采集器实时采集数据。

8.3.4.2 直管地温表的观测和记录

40 cm 地温表于每日 02，08，14，20 时观测；80，160 和 320 cm 地温表因深层地温日变化小，仅于每日 14 时观测一次。观测和记录要求与地面温度表和曲管地温表相同。

观测时，应在台架上按由浅至深的顺序，把直管地温表从套管中迅速取出读数；观测后将表轻轻插回套管，盖好顶盖。

观测时，若正降大雨，为了不使雨水落入直管地温表的套管中，可适当延迟直管地温表的观测。

有积雪时，直管地温表照常观测。在积雪较深的地区，为避免积雪覆盖直管露出地面的部分，应事先在管外再附加一个套筒（直径比原套管稍大，长度以积雪不会覆盖筒顶为宜，用塑胶或金属管自制），并加顶盖。套筒顶盖须系一根绳子，绳的下端系在直管表顶盖的环上，用以观测时提取地温表。

8.3.5 观测地段及仪器的维护

（1）应保持观测地段的自然状态，地段草层与观测场草层同高，对草层的养护不得影响观测记录。有积雪时，不得破坏积雪层。保持地段平整，并与整个观测场同高，有低洼时，应及时垫平，植上草层。

（2）经常注意检查直管地温表和深层地温传感器的套管内有无积水，特别是在雨后和雪融后应及时检查。检查时，若发现内套管上有湿斑或滴水，则应及时用竹竿或长棒缚上海绵、棉花等易吸水物反复插入管内将水蘸干。若管内经常积水，则应查明原因，视情况进行修理或更换硬橡胶套管。

（3）每月检查一次直管地温表和深层地温传感器的安装状况，保持安装深度符合要求。并经常注意直管地温表保护框的清洁，特别要注意清除保护框铜底帽上的泥垢。

（4）传感器的测量特性漂移是自动气象站测量中常见的故障，一般因变化较为缓慢是很不易发现的。目前，自动气象站地温传感器的漂移较为普遍，因此应加强与其他自动观测系统或人工观测值（包括历史资料）的对比。

8.4 红外地表温度传感器

8.4.1 结构与原理

红外测温是通过探测物体表面发射的能量来测量其温度。由物理学可知，自然界一切温度高于绝对零度(－273.16 ℃)的物体由于分子的热运动都在不停地向周围空间发出红外辐射能量,物体的红外辐射特性、辐射能量的大小及其按波长的分布与它的表面温度有着十分密切的关系。因此,红外测温仪通过对物体自身辐射的红外能量的测量,便能准确地测定它的表面温度。红外测温传感器是利用热电偶原理,同时测量目标物与传感器之间的温度差值,并将其转换成与温度成比例的电信号,由此测出其温度。

红外地表温度传感器主要由光电探测器、光学系统、信号处理电路组成(见图 8.7)。探测器一般由一个热电堆(用来测量表面温度)和一个热敏电阻(用来测量传感器自身温度)构成,可以订正传感器自身温度对测量目标温度造成的影响。两种温度探头都被放置在一种包裹式铝制导管内,该导管含有一个锗透镜构成光学系统。由光学系统汇聚地表及探头至地表间空气的红外辐射能量,红外能量聚焦在光电探测器上并转换为相应的电信号,该信号经信号处理电路转换为地表温度。

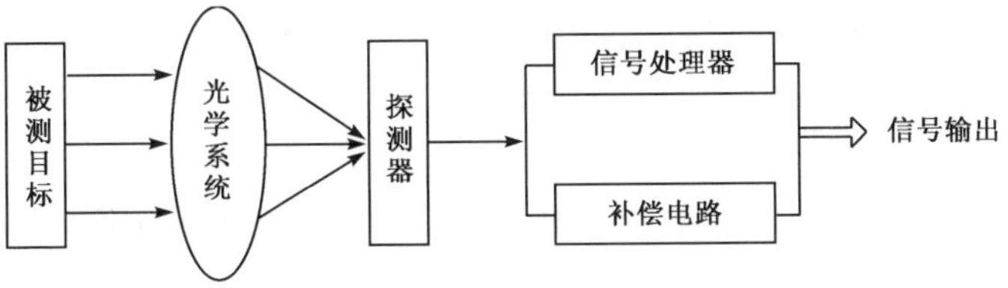

图 8.7　红外地表温度传感器原理图

红外地表温度传感器的视野范围为 22°的半角,即由测量目标产生的锥面和探测器产生的锥顶之间构成的圆锥体顶角的一半。

8.4.2　安装与维护

红外地表温度传感器应由固定托盘固定在铁塔或三脚架上,探头头部朝下,并保持与地面垂直,使其遥感地面的有效半径约为 1 m。托盘上的固定卡可以调整传感器的目标方向。

以探头为中心,半径为 1.2 m 的区域应整理为平整裸地,地表疏松、无草。可与铂电阻地温传感器安装地段连成一体。

(1) 应经常保持红外观测地段的地表平整、疏松无草,并与测场四周相平,雨后及时耙松板结的地表土。

(2) 保持探头清洁,否则会造成测量的温度有可能是障碍物的而不是所要测量物体表面的。可用软棉签蘸取水或者酒精仔细清除探头表面的尘土和污渍。对于盐沉积,可用弱酸(0.1 mol)溶解,再用软棉签蘸取水或者酒精仔细清除。发现探头被障碍物挡住时,应在值班日记中注明。

(3) 冬季降雪,应保持自然积雪状态。

8.5　草面温度

草面温度传感器的性能与气温传感器相同。草面温度的自动连续观测,对结霜的判断极其有用。

8.5.1 草面温度传感器的安装

草面温度的观测区域位于裸地地温观测区西侧，面积约 1 m^2。传感器安装在距离地温场西侧 50 cm 处，高度为距地面 6 cm，南北方向安置，感应头朝南，并与地面大致平行。草温传感器的中心与地温传感器(4 支时为东西向传感器)、最低温度表、曲管地温表应处于地温场中心东西向轴线上。连接电缆穿入套管，与套管一起埋设在土壤中，但在传感器一端应留有 0.5 m左右的电缆露出地面(北方积雪较深地区外留电缆线长度视常年最大雪深确定)，以方便移动。

在冬季，当有降雪但未覆盖草层时，继续进行草面温度观测。当积雪覆盖草层时，将传感器置于原来位置的雪面上，这时测量雪面温度，并在观测簿备注栏内注明开始和终止观测的日期和时间(时、分)，当积雪融化后，应将传感器调至正常安装位置，继续观测草面温度。

观测场无草层的气象观测站，以自然下垫面进行草面温度观测。

8.5.2 草面温度传感器的维护

当草株高度超过 10 cm 时，应修剪草层高度。对草层的养护不得影响观测记录，应防止损坏电缆和碰撞传感器。

复习思考题

1. 地温与下垫面温度的区别是什么？
2. 在地面温度观测中，为什么温度表必须严格按照要求安装？
3. 在浅层地温场内，自动观测、人工观测的仪器应如何布局？
4. 人工观测时地面及浅层地温应如何观测和记录？
5. 夏季高温时，为什么地面最低温度表在 08 时观测后要收回至荫蔽处？
6. 如何判断地温传感器的测量特性漂移？
7. 红外测温的原理是什么？红外地表温度传感器使用时应如何维护？
8. 试述深层地温传感器的结构和安装要求。
9. 冬季降雪时因雪覆盖地温传感器时，地面温度和草面(雪面)温度应如何进行观测和处理？

第9章　土壤湿度观测

内容提要

本章主要介绍土壤湿度的概念，土壤水分自动观测及人工对比观测方法——烘干称重法，常用土壤水分观测仪器的原理、使用和维护。

9.1　基本概念

水是农业生产最重要的控制因素，是植物生存的主要限制因子。土壤水分是土壤的重要物理参数，制约着土壤中养分的溶解、转移和吸收及土壤微生物的活动，对土壤生产力有着多方面的重大影响；同时，土壤水分状况是气候、植被、地形及土壤因素等自然条件的综合反映，对于降水径流、蒸散（植被蒸腾和土壤蒸发）也具有重要影响。对土壤水分及其变化的监测，掌握土壤水分变化规律，已成为气象观测及为农服务的一项基础工作。

土壤湿度是表示一定深度土层土壤的干湿程度，即土壤水分含量多少的物理量，又称土壤含水量。为及时了解气象干旱，除对农作物观测地段开展土壤水分观测外，对地面气象观测场附近固定地段的土壤水分进行观测已成为很多气象观测站的常规观测项目，因此将土壤湿度观测纳入本书。

土壤湿度可用土壤含水量与土壤湿度位势来表示。土壤含水量反映了土壤中水的质量与体积，分为重量含水量和体积含水量两种；而土壤湿度位势即土壤水势则反映土壤水分能量状态。

9.1.1　土壤重量含水量

土壤重量含水量一般以单位质量干土所持水的质量表示：

$$\theta_g=\frac{M_{water}}{M_{soil}}\times 100\% \tag{9.1}$$

式中 θ_g 为土壤重量含水量，也称土壤重量含水率（%）；M_{water} 为土样中水的重量（g）；M_{soil} 为土样烤干（100～110 ℃）后的土重量（g）。

对于风干（25 ℃）的矿物土壤，土壤重量含水量通常小于 2%，但随着土壤水分达到饱和，其重量含水量会增加到 25%～60%。土壤重量含水量主要采取称重取样法进行测量。但具有破坏性，在土壤接近饱和时，则更难取得准确的土壤重量含水量。

9.1.2 土壤体积含水量

通常，土壤湿度用体积表达，即每 1 m^3 的土壤中水的体积。由于降水、蒸散量和溶质变化参量通常用容量表示，因此，用体积表示的水含量更为有用。其计算公式为

$$\theta_V = \frac{V_{water}}{V_{soil}} \times 100\% \tag{9.2}$$

式中 θ_V 为土壤体积含水量，也叫土壤容积（或体积）含水率（%）；V_{water} 为土壤中水的体积（cm^3）；V_{soil} 为土壤总体积（包括土壤、空气和水）（cm^3）。

土壤体积含水量的变化可从风干土壤的小于 10% 到临近饱和的矿物土壤的 40%～50% 间变化。由于水与土壤体积的准确测定存在困难，体积含水量通常间接测定。

土壤体积含水量与土壤重量含水量可用如下关系式表示：

$$\theta_V = \theta_g \cdot \frac{\rho_b}{\rho_w} \tag{9.3}$$

式中 θ_V 为土壤体积含水量（%）；θ_g 为土壤重量含水量（%）；ρ_b 为土壤体积密度，即单位体积内的干土重，也称土壤容重（g/cm^3）；ρ_w 为土壤水分密度（g/cm^3）。

9.1.3 土壤相对湿度

为了对不同土壤之间的土壤湿度状况进行比较，常用土壤相对湿度来表示土壤的湿度状况。在此，先给出田间持水量的概念。

田间持水量是指在地下水较深和排水良好的土地上充分灌水或降水后，允许水分充分下渗，并防止蒸发，经过一定时间，土壤剖面所能维持的较稳定的土壤水含量。它是植物有效水的上限值，是衡量土壤保水性能的重要指标，也是农田灌溉的重要参数。

土壤相对湿度即为实际土壤重量含水量占田间持水量的百分比。

$$U_s = \frac{\theta_g}{\theta_c} \times 100\% \tag{9.4}$$

式中 U_s 为土壤相对湿度（%）；θ_g 为土壤重量含水量（%）；θ_c 为田间持水量，用重量含水率（%）表示。

当土壤重量含水量超过田间持水量时，土壤相对湿度就会达到或超过 100%。

9.1.4 土壤水分贮存量

土壤水分贮存量是指一定深度（厚度）土壤中总的含水量，以水层深度（mm）表示，计算公式如下：

$$W_V = 10h\rho_b\theta_g \tag{9.5}$$

式中 W_V 为土壤水分贮存量（mm）；h 为土层厚度（cm）；ρ_b 为土壤容重（g/cm^3）；θ_g 为土壤重量含水量（%）。

9.1.5 土壤有效水分贮存量

土壤有效水分贮存量是指土壤中含有的大于凋萎湿度的水分贮存量，以水层深度（mm）

表示。计算公式如下：

$$W_u = 10h\rho_b(\theta_g - \theta_w) \tag{9.6}$$

式中 W_u 为土壤有效水分贮存量(mm)；h，ρ_b，θ_g 的含义同公式(9.5)；θ_w 为凋萎湿度，用重量含水量(%)表示。

凋萎湿度是指生长正常的植株仅由于土壤水分不足，致使植株失去膨压，开始稳定凋萎时的土壤湿度，亦称凋萎系数。

9.1.6　土壤水势

土壤是非均质多孔体，土壤中液体界面上具有一定的表面张力，而固体颗粒具有一定的吸附力，称为基质势。土壤中的溶质对水的吸力称为溶质势。两者之和称为土壤水势。土壤水势一般表示为负的压力，因此也称为土壤水分张力。

土壤水势是指在等温条件下从土壤中提取单位水分所需要的能量，单位是 kPa。若土壤水分饱和，则水势为零；若含水量低于饱和状态，则水势为负值，土壤含水量越低，负值越大。土壤水势绝对值的大小反映了土壤水分运动和植物吸水的难易。植物吸收水分时必须克服土壤水势，一般适合植物生存的土壤水势范围为 0～－1 500 kPa。

9.2　观测方法和要求

土壤水分的测量方法有多种，一是直接测量土壤的重量含水量和体积含水量，如烘干称重法、中子仪法、时域反射法(time-domain reflectometry，TDR)、频域反射法(frequency-domain reflectometry，FDR)等，其中 TDR 和 FDR 为测量土壤传导性的方法；另一类是测量土壤基质势的方法，如张力仪法、电阻块法、干湿计法等。

目前在气象上对于土壤含水量测定需要的准确度范围为 1%～5%。气象观测站使用的是土壤水分测量自动观测系统，同时利用烘干称重法进行对比观测。

土壤湿度观测项目和土壤水文、物理特性值及其记录要求：

(1) 土壤含水量的单位为克(g)，记录取 1 位小数。

(2) 土壤重量含水量、土壤体积含水量、田间持水量、凋萎湿度的单位为百分比(%)，记录取 1 位小数。

(3) 土壤容重的单位为克每立方厘米(g/cm^3)，记录取 2 位小数。

(4) 土壤相对湿度的单位为百分比(%)，记录取整数。

(5) 土壤水分贮存量、土壤有效水分贮存量的单位为毫米(mm)，记录取整数。

9.3　自动土壤水分观测

自动土壤水分观测可实现自动、连续地定点监测土壤的动态含水量，具有方便、快速、不扰动土壤等特点。目前土壤水分的自动观测建立在独立的自动土壤水分观测系统上，随着总线式自动气象站的应用，土壤水分传感器将逐步融入到自动气象站中。

自动土壤水分观测系统业务试运行后，需进行现场标定和对比观测。

9.3.1　自动土壤水分传感器

土壤水分传感器全密封，可长期埋设在地下任意深度连续测量，避免了因烘干称重法对土壤的破坏，可以反映土壤水分的连续变化。

土壤水分传感器多种多样，有频域反射水分传感器（FDR 水分传感器）、时域反射水分传感器（TDR 水分传感器）、陶瓷水分传感器、电解质水分传感器、高分子传感器、压阻水分传感器、光敏水分传感器、微波法水分传感器、电容式水分传感器等，地面气象观测站使用的主要有 TDR 水分传感器和 FDR 水分传感器。

9.3.1.1　TDR 土壤水分传感器

TDR 土壤水分传感器的基本原理是测定传感器上时域反射波的起始和终止时间及反射波幅度，能够快速推算介质的介电常数和电导率，从而推算土壤含水量。

TDR 土壤水分传感器由脉冲产生电路、采样电路、同轴电缆及测试探针（两根平行的不锈钢针）构成（见图 9.1）。脉冲产生电路产生一个具有快速上升沿的阶跃脉冲，脉冲经电缆沿土壤传导至探针。探针前端开路，脉冲在探针前端开路处全反射。采样电路记录脉冲幅度随时间变化的波形，通过计算脉冲在传感器探针上的传输时间，进而推算介质的介电常数，电磁波在介质中的传播速度取决于介质的介电常数及磁导率。在无线电频率标准状态时（20 ℃，1 个大气压），水的介电常数为 80.36，干土壤为 3～7，空气为 1。由于这种较大的介电常数差值，可根据土壤中沿探针脉冲传播的时间测定含水土壤的介电常数，反算出土壤含水量。

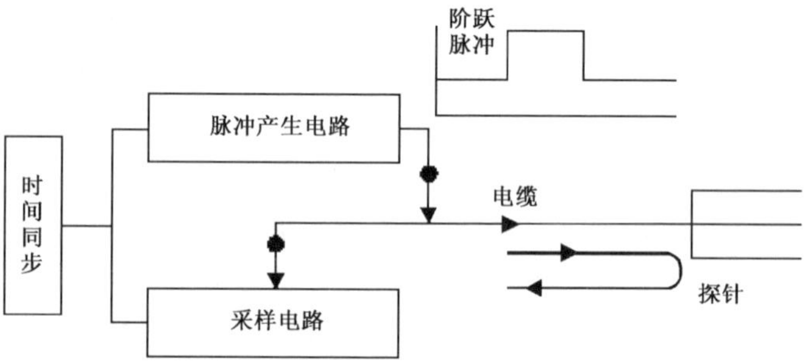

图 9.1　TDR 测试基本原理框图

电磁波在介质中的传播速度为

$$v_{\rm p}=\frac{1}{\sqrt{\mu_0\mu_{\rm r}\varepsilon_0\varepsilon_{\rm r}}}=\frac{c}{\sqrt{\mu_{\rm r}\varepsilon_{\rm r}}}=\frac{c}{\sqrt{\varepsilon_{\rm r}}} \tag{9.7}$$

式中 $v_{\rm p}$ 为电磁波在介质中的传播速度；c 为电磁波在真空中的传播速度；μ_0 为真空中的磁导率；$\mu_{\rm r}$ 为相对磁导率，绝大多数介质的相对磁导率为 1；ε_0 为真空中的介电常数；$\varepsilon_{\rm r}$ 为相对介电常数。

又因为脉冲在探针上的传播速度为

$$v_{\rm p}=\frac{2l_{\rm p}}{t} \tag{9.8}$$

则有

$$\varepsilon_r = \left(\frac{ct}{2l_p}\right)^2 \tag{9.9}$$

式中 l_p 为探针长度；t 为电磁波在探针上的传播时间。

9.3.1.2　FDR 土壤水分传感器

FDR 是利用电磁脉冲原理，根据电磁波在土壤中的传播频率来测试土壤的表面介电常数，而得到土壤体积含水量。

FDR 土壤水分传感器由一个内含电子器件（高频发射器、接收器、微处理器等）的防水室和与之一端相连的 4 个不锈钢针组成的探针构成，这些探针直接插入土壤。探头尾部的电缆线连接适宜的电压源并输出模拟信号。

FDR 土壤水分传感器测量土壤体积含水量的原理与 TDR 类似。土壤内水分变化导致介电常数变化，土壤的体积含水量与介电常数之间存在函数关系。插针式传感器内部的高频信号源产生高频信号，沿传输线传播至土壤探针。若探针阻抗与传输线阻抗不匹配，那么传输线上会形成反射波，这样在传输线上入射波与反射波叠加形成驻波，使传输线上的电压值发生变化。而土壤探针阻抗取决于土壤的介电常数，土壤的介电常数又取决于土壤体积含水量，因而通过测量传输线上电压值即可计算出土壤体积含水量的数值。

9.3.2　自动土壤水分监测站

自动土壤水分监测站是利用土壤水分测量传感器和总线式数据采集技术，对实时和正点土壤相对湿度、体积含水量、重量含水量、贮水量进行连续观测，并显示动态变化曲线及自动生成标准数据文件。自动土壤水分观测系统由土壤水分传感器、传感器变送器（外接盒）、采集器、电源及电缆等部分组成，根据业务需要可配备计算机，见图 9.2 所示。

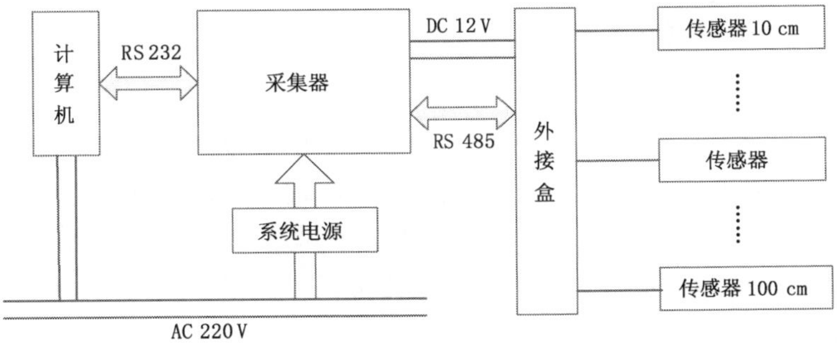

图 9.2　自动土壤水分观测系统框图

9.3.3　观测场地

9.3.3.1　观测地段的选择

观测地段的选择应充分考虑仪器安装地点对于当地土壤类型、地貌、地质条件的代表性。所选地段土壤应能够代表本地区的主要土壤类型，应尽量选择地势平坦、能代表本地区自然环境下土壤水分变化特征的地块，山丘地区应避免选取沟底、山顶、斜坡和积水洼地等地块。

观测地段通常按如下三类分别选取：

(1) 固定观测地段。所选地段的土壤水分状况具有代表性,选取植被覆盖好且土层较厚的自然土壤(非回填土),草高不能超过 20 cm,场地应平整,保持自然植被状态。场内不能种植作物,禁止灌溉。

(2) 作物观测地段。能代表当地一般地形、地势、气候、土壤、产量水平和主要耕作制度。选取土层较厚的自然土壤(非回填土)。地段应保持相对稳定,面积一般为 1 hm^2,不小于 0.1 hm^2。周围 20 m 内没有沟、河、水渠和道路,附近没有大型水体。

(3) 辅助观测地段。为满足当地墒情服务的需要进行临时性或季节性土壤湿度观测所设置的地段。

地面气象观测站固定地段一般选择在地面气象观测场近旁。

自动土壤水分传感器安装调试完毕后,其地表应尽量恢复原状,如果需要,应种植与周围一致的植物,尽量保持自然状态。

观测场一般为 3 m×4 m 的平整场地,其他要求同地面气象观测场。

9.3.3.2 地段描述与记载

观测地段一经选定,应对地段位置及代表区域的自然地理、水文气象、地质地貌、农田水利工程及农业种植等情况在值班日志中进行勘查记载,其主要内容有:

(1) 观测地段所属行政区划,经、纬度(精确到秒)和海拔高度(精确到 0.1 m)。

(2) 观测地段的地形及地势、地貌。

(3) 观测地段的类型、种植作物名称。

(4) 土壤质地、酸碱度。

(5) 灌溉条件、水源、地下水位深度。

(6) 土壤水文、物理特性测定值。

(7) 自动土壤水分观测站示意图。

9.3.3.3 土壤水文、物理特性的测定

在选定观测地段后,应按《农业气象观测规范》(土壤水分分册)要求,在观测地段附近分层测定土壤容重、田间持水量和凋萎湿度等土壤水文、物理常数,并在值班日志中填写。

土壤水文、物理特性值可在任何土壤湿度状况下测定,但为了采取结构完整的土样,最好是在田间土壤比较湿润且软而可塑的状态下进行土壤容重、凋萎湿度的测定,田间持水量的测定应在地下水位较低的条件下进行。

(1) 测定深度

固定观测地段:深度一般为 2 m,分 0～10,10～20,…,190～200 cm 等 20 个层次,每个层次取 4 个重复。

作物观测地段:根据测定土壤湿度的深度而定,深度一般为 50 cm,分 0～10,10～20,…,10～50 cm 等 5 个层次,每个层次取 4 个重复。

地下水位常年稳定较高(黏土、壤土小于 2 m,沙壤土小于 1 m,沙土小于 0.3 m)的地区不进行田间持水量的测定,土壤容重和凋萎湿度测至地下水位深度为止。

(2) 土壤容重的测定

土壤容重是在没有遭到破坏的自然土壤结构条件下,采取体积一定的土样称重,取样烘干,计算单位体积内的干土重,以 g/cm^3 表示。土壤容重是计算土壤水分总贮存量及土壤有

效水分贮存量的换算常数。

测量时可利用安装传感器时所挖土壤剖面坑，沿着土坑平滑的垂直面，按土壤的颜色、结构、质地、侵入体及根系的分布情况，划分土壤发生层，再详细记载各层的深度、土壤颜色、结构、质地等特征。重复取 4 次土样后进行称重烘干后计算土壤容重。

注意钻筒中剩余土样装入编好序号的布袋中，供测定凋萎湿度使用。

(3) 田间持水量的测定

田间持水量是在地下水位较低(毛管水不与地下水相连接)的情况下，土壤所能保持的毛管悬着水的最大量，是植物有效水的上限。它是衡量土壤保水性能的重要指标，也是进行农田灌溉的重要参数。田间持水量的测定多采用田间小区灌水法，在土壤排除重力水后，测定的土壤湿度即为田间持水量。

灌水后当重力水下渗后，开始测定土壤湿度。第一次测定土壤湿度的时间，根据不同土壤性质而定，一般沙性土灌水后 1～2 d，壤性土 2～3 d，黏性土 3～4 d 以后。每天取一次，每次取 4 个重复，下钻地点不应靠近小区边缘。

每次测定土壤湿度后，逐层计算同一层次前后两次测定的土壤湿度差值，若某层差值≤2.0%，则第 2 次测定值即为该层土壤的田间持水量，下次测定时该层土壤湿度可不测定。若同一层次前后两次测定值>2.0%，则需继续测定，直到出现前后两次测定值之差≤2.0%时为止。

(4) 凋萎湿度的测定

凋萎湿度的测定采用栽培法。把指示作物栽种到土表封闭的玻璃容器中，当指示作物的所有叶片出现凋萎且空气湿度接近饱和，在蒸腾最小的情况下仍不能恢复时，测定容器中的土壤湿度。

应选择对土壤湿度不足反应敏感、凋萎特征明显容易鉴别的植株作为指示作物，如大麦、燕麦等。

9.3.4 传感器安装

9.3.4.1 探针式传感器埋设法

探针式传感器平行于地面安装，传感器安装按照制作安装剖面、传感器定位、传感器埋设、联机检查、原土回填等步骤进行。

(1) 制作安装剖面。在传感器安装点向北约 18 cm 处挖安装剖面，剖面大小为 1.2 m(长)×0.7 m(宽)×1.2 m(深)，挖土同时在各安装层次进行环刀取土，用于测定土壤水文、物理常数。

(2) 传感器定位。在土壤剖面上根据各传感器安装层次确定各层传感器的安装定位点。为减少相邻层次间相互影响，将 8 支传感器按安装层次间隔为两列进行安装。

(3) 传感器埋设。使用专用土钻以各传感器安装定位点为中心，沿与土壤剖面垂直方向做安装孔，安装孔的深度约为 18 cm。使用专用的电木底座将传感器插入安装孔。在土壤剖面上制作线槽，分别将各传感器电缆经传感器线槽引至垂直主线槽后固定，统一引出地面。传感器的引线在线槽中不宜拉得太直，应以 S 形布置，或者留有部分余量，避免将来回填土沉降后，将传感器引线拉断。

(4) 联机检查。将各传感器接入数据采集器，联机检查正常后再进行回填操作。

(5) 原土回填。在土壤剖面上做电缆布设槽，将传感器电缆固定在槽内。然后按照“后出先回填”的原则进行原土回填，要求逐层压实。土壤回填后，第一次大的降水后，应该及时检查土壤水分传感器安装区域的回填土是否发生沉降及沉降的多少，适当补充并压实。

9.3.4.2 插管式传感器直接钻孔法

插管式传感器垂直于地面安装，传感器的安装需要专用的安装工具(专用三脚架、取土钻、大锤等)，安装步骤如下：

(1) 在安装地点展开并固定三脚架，将三脚架的水平调节好，根据传感器安装深度选择合适长度的护管，并将护管插入安装支架。

(2) 利用重锤将护管每次敲入 10 cm，利用土钻将护管中的土壤取出。将取出的土按照不同的深度层次分别堆放，用于测定土壤水文、物理常数。

(3) 重复上述步骤，直至将护管按刻度要求敲入土中。

(4) 利用专用工具清理护管管壁、封堵护管下口，将传感器插入护管中，走线。

(5) 放置干燥剂，密封管口。

9.3.5 传感器标定

由于自动土壤水分传感器在实际测量过程中受到土壤质地、容重、安装结合紧密度等因素的影响，读数差别很大，因此在正式使用前需要进行标定。一般认为，传统的烘干法测得的土壤水分值是可信的，可以作为其他各种土壤含水量测量方法的校正标准。

标定分两个步骤：实验室标定和田间标定。实验室标定是从田间取回土样，在标准容器内回填成均匀的土体，控制加入的水量可得到不同的土壤湿度，传感器与人工对比观测，进行标定。田间标定是以人工与自动土壤水分传感器进行同时次的对比观测，用人工观测数据对仪器进行标定。仪器安装 3 个月以后，待传感器安装地段的土层恢复稳定，再进行田间标定。

9.3.5.1 实验室标定

为确保自动土壤水分观测仪器的准确性，仪器生产厂家应对每一种土壤质地样本进行土壤标定参数试验。

按照相同土壤质地合并原则进行组合，至少分为 10～30，40～60，80～100 cm 等 3 层。对合并后的土层，分别制作标准土壤水分样本，每层制作样本的土壤体积含水量分别为＜10％，10％～15％，15％～20％，20％～25％，25％～30％，30％～35％和＞35％等 7 个等级(3 层共 21 个样本)。将传感器分别插入标准土壤水分样本中测量，获取器测值。通过专用环刀在各个土盒样本中取土烘干、称重，获得对应样本的实际土壤含水量值。对烘干称重法获得的土壤含水量值与器测值进行分析比较，建立各层相应的对比曲线。利用数学方程进行拟合计算，确定传感器标定参数方程。

9.3.5.2 田间标定

田间标定以仪器观测的 10 cm 土层体积含水量变化为判断标准，在＜10％，10％～15％，15％～20％，20％～25％，25％～30％，30％～35％和＞35％等 7 个不同的土壤体积含水量区间进行相应的人工对比观测。原则上每一个土壤体积含水量等级样本数不少于 4 个，总样本数不少于 28 个。对各层人工对比观测数据和器测值进行分析比较，建立各层相应的对比曲线。利用数学专用工具进行拟合计算，确定传感器标定参数方程。

进行人工对比取土观测时，须跨越干、湿两季，使获得的样本分布均匀、能够代表当地土壤水分含量范围并验证仪器在干、湿两季过渡期的适应性。取土钻孔的位置应分布在传感器埋设位置四周半径 2～10 m 之间的范围内，完成取土观测后对取土孔要立即分层回填，不得在回填孔中再次取土进行对比观测，取土时记录每个钻孔取不同深度土样时的详细时间。

由相关技术人员利用人工和同时次的仪器观测数据分别计算不同层次的标定参数，完成对传感器的田间标定。

9.3.6　业务化检验标准

在完成田间标定工作后，须达到业务化检验标准，方能投入业务使用。

业务化检验标准的评价指标为人工观测土壤体积含水量值与器测土壤体积含水量值之差的多次平均值的绝对误差 $\bar{\sigma}\leqslant 5\%$。$\bar{\sigma}$ 的计算公式为

$$\bar{\sigma}=\frac{\sum_{i=1}^{N}|x_i-a_i|}{N} \tag{9.10}$$

式中 x_i 为仪器观测值；a_i 为人工观测值；N 为对比观测次数。

田间标定结束后，再连续人工对比观测 1 个月（不少于 6 次，遇 0～10 cm 土壤冻结顺延）用于业务检验，由省级气象业务主管部门负责对所辖范围内的自动土壤水分观测仪统一组织进行检验。

如果地下水位比较高，在人工取土过程中，如发现某一层已渗水，则该层及其以下层次不再对仪器观测数据与人工观测数据进行评估。

若仪器未通过检验，则应该分析查找原因，在排除仪器故障原因后，对建立的标定方程参数进行完善，补充对比观测 1 个月后再次进行检验；若仍达不到检验标准，必须对仪器进行更换。

对比观测时间应不少于 6 个月，田间标定与检验应在 1 年内完成。

9.3.7　使用及维护

在仪器投入试运行以后，台站业务人员应做好日常使用和维护工作，待仪器通过检验后，按相关要求定期进行检定。

9.3.7.1　日常工作

（1）保持自动土壤水分观测设备处于正常连续的运行状态，每天 9 时和 17 时正点前 10 min要查看计算机显示的实时观测数据是否正常。

（2）根据业务需要，每周巡视观测场和自动土壤水分观测仪等设备 1～2 次。

（3）每天 20 时通过自动土壤水分观测仪计算机终端检查前一天采集的数据是否完整、是否存在异常数据，如有缺失及时补收。出现异常数据，及时向上级业务主管部门报告。

（4）当发现仪器故障时，应记入值班日志，根据故障情况及时通知生产厂家进行必要的处理。

（5）在同人工观测对比期间，做好人工与自动观测数据的记录和分析。

9.3.7.2 维护

(1) 定期巡视观测场和仪器设备。

(2) 每年至少 1 次对自动土壤水分观测仪的传感器、采集器和整机进行现场检查、校验。每年春季对防雷设施进行全面检查,对接地电阻进行复测。

(3) 无人值守的自动土壤水分观测仪由业务部门每月派技术人员到现场检查维护至少 1 次。

9.3.7.3 仪器检定

自动土壤水分观测仪器应每 2 年检定 1 次,不得使用未经检定或超过检定周期或检定不合格的仪器。土壤水分传感器以人工对比观测作为检定标准,具体要求如下:

(1) 检定期一般为 2 个月,至少经历干、湿两季,样本数量应覆盖不同土壤体积含水量。

(2) 对比观测时间为每旬逢 3、逢 8 日,降水量超过 5 mm 后需加测。

(3) 测定深度为 0～10,10～20,20～30,30～40,40～50,50～60,70～80 和 90～100 cm 共 8 个层次。各层均取 4 个重复,取土时记录每个钻孔取不同深度土样时的详细时间。

(4) 按公式(9.10)计算检定期内的土壤体积含水量多次平均值的绝对误差。若人工对比观测土壤体积含水量多次平均值的绝对误差≤5%,则仪器检定合格,可继续使用;否则,仪器检定不合格。对于检定不合格的仪器,可补充人工对比观测 1 个月后完善标定方程,再进行检定,样本选取方法同前。对于再次检定不合格的仪器,须及时更新或维修,并上报省级气象业务主管部门。

9.4 烘干称重法

称重技术是测量土壤含水量最为简单且被广泛应用的人工观测方法。

烘干称重法是用土钻从观测地段取回各个要求深度所有重复的土样,称重后送入一定温度的烘烤箱中烘干再称重,两次重量之差即为土壤含水量,土壤含水量与干土重的百分比即为土壤重量含水量。

自动土壤水分观测中必须运用烘干称重法对其精度进行标定。

9.4.1 仪器及工具

土钻、盛土盒、刮土刀、提箱、托盘天平(载重量为 100 g,感应量为 0.1 g)、烘箱、高温表。

盛土盒盒身、盒盖应标上号码,号码要一致。每年第 1 次取土前应称量盛土盒的重量,以克(g)为单位,取 1 位小数。天平要定期送往计量部门检定。

9.4.2 测定程序

(1) 把观测地段分 4 个小区,并作上标志。每次取土各小区取 1 个重复。取土下钻地点应距前次测点 1～2 m,取土完毕应作上标记。

(2) 钻土取样。垂直顺时针下钻,按所需深度,由浅入深,顺序取土。当钻杆上的深度达到所取土层下限,即钻杆上的该刻度线与地表平齐时,提出土钻,即为所取土层的土样,如取 40～50 cm 的土样,当钻杆上的刻度 50 与地表平齐时即可。将钻头零刻度以下和土钻开口处的土壤及钻头口外表的浮土去掉，然后将钻杆平放，采取剖面取土的方法，用小刀刮取土样40～60 g，放入盛土盒内，随即盖好盒盖，再将钻头内余土刮净并观测该土层的土壤质地。按上述步骤依次取出各个重复各个深度的土样。每个重复的土样取完后将剩余的土按原来土层顺序填入钻孔中。所有土样取完后将土钻擦干净，以备下次使用。

(3) 称重(盛土盒与湿土共重)。土样取完带回室内，擦净盛土盒外表泥土，然后校准天平逐个称量，以克(g)为单位，取1位小数，最后复称检查一遍。

(4) 烘烤土样。在核实称重无误后，打开盒盖，将盒盖套在盒底，放入烘箱内烘烤。烘烤温度应稳定在100～105 ℃之间。烘土时间的长短以土样完全烘干、土样重量不再变化时为准，具体时间视土壤性质而定。从烘箱内温度达到100 ℃开始计时，一般沙土、沙壤土约6～7 h，壤土7～8 h，黏土10～12 h。然后按上、中、下不同深度层次取出4～6盒土样称重，再放回烘箱烘烤2 h，复称一次。如前后两次重量差均≤0.2 g，即取最后一次的称重值作为最后结果，否则，按上述方法继续烘烤，直到相邻两次各次抽取样本的重量差均≤0.2 g为止。

(5) 称重(盛土盒与干土共重)。烘烤完毕，断开电源，待烘箱稍冷却后取出土样并迅速盖好盒盖，进行称重，然后复称一遍。当全部计算完毕经检验确认无误时，倒掉土样，并将土盒擦洗干净，按号码顺序放入提箱内，以备下次使用。

(6) 计算土壤重量含水量。土壤重量含水量即土壤含水量占干土重的百分比，其计算公式如下：

$$W = \frac{g_2 - g_3}{g_3 - g_1} \times 100\% \tag{9.11}$$

式中 W 为土壤重量含水量(%)；g_1 为盒重(g)；g_2 为盒与湿土共重(g)；g_3 为盒与干土共重(g)。

先计算出各个深度每个重复的土壤重量含水量，再求出各个深度4个重复的平均值，均取1位小数。

但若要反映精细的时间尺度上土壤含水量的变化，烘干称重法几乎不可能实现，而且烘干称重法取样破坏土壤，同时带来误差，妨碍工作的持续开展，其精度和代表性有着一定的缺陷。烘干时当温度高于105 ℃，会引起土壤内有机质的消散，导致湿度计算误差，例如，当高岭土从105 ℃加热到800 ℃后重量亏损可以达到16%。田间土壤水分在水平、垂直方向的分布差异很大，尤其在田间土壤物理特性不同及植物根系分布不规则的情况下，这就需要大量和重复取样。根据研究，在一般的土壤中至少应取10个样本才能保证达到1%的土壤含水量测量准确度。

在已实现土壤水分自动观测的台站，烘干称重法主要用于与自动观测进行对比，观测地段与自动观测地段相同，每次观测执行4个重复，钻孔的位置应尽量均匀分布在传感器埋设位置四周半径2～10 m之间的范围内。对比观测从地表向下最深至100 cm。测定时间为每旬第8日下午，如传感器安装在固定观测地段，可直接采用固定地段相应层次的观测结果，不必另外取样观测；否则需重新取样观测。遇有降水超过10 mm以上情况，降水停止后2 h内加测一次(如夜间降水停止，则次日上午加测)。冬季土壤冻结时，停止烘干法(土钻)测量，但自动土壤水分观测站可继续工作。

9.5 其他观测方法和仪器

9.5.1 中子散射法

中子散射法是间接测量土壤含水量的辐射方法之一。中子土壤湿度仪就是根据中子散射过程被氢减速的原理测量土壤含水量。土壤水中含有大量的氢，另外还有少量的氢包含在矿物质的化学结合水内，后者几乎是不随土壤含水量变化的常量。因而对中子的减速主要取决于土壤中的含水量。

该仪器分成探测器和计数器两大功能块。硬质铝管的前端安装有快中子源，通常是20～50毫居里(mCi)的镅—铍(Am241—Be)或钋—铍(Po210—Be)。用三氯化钡或三氯化硼作为慢中子计数管进行记数，经线性放大器放大后输出到记录或采集设备。整个仪器的探头放入直径为50 mm的土壤钻孔内，钻孔土壤层上有一个石蜡防护筒。石蜡筒有两个功能：不进行测量时，将中子源置于筒内进行防护；测量时作为标准减速剂，先测出石蜡筒内减速中子的计数率，而后将中子源放置到一定的土壤深度测定土壤中减速中子的计数率，得到这两个计数率的比值与土壤含水量的关系。

中子土壤湿度仪的优点是测量没有滞后，测量的直接结果是单位体积土壤的含水量。与土壤密度无关，测量范围可以从干土到饱和土壤。

但在有机质含量较高的土壤中，高湿条件下有机质内氢含量的变化将对测量精度产生影响。在盐碱土中，由于氯对慢中子的吸收，当氯化钠含量超过0.02 mol时，就需对测量结果进行订正。浅层土壤含水量较大，同时植物根系中也含有大量的水分，以及部分慢中子逸出地表，这些因素均将使结果产生较大的误差。

9.5.2 张力计

张力计测定的是土壤水势。其结构简单，感应头是一只微孔陶管，管头封闭，后端与硬质塑料管连接，塑料管上端旁侧连接有压力计，塑料管顶安装有集气室，集气室顶开口处为一密封的橡胶塞。所有部件必须黏结紧密可靠，并能在田间条件下保持密封而不致漏气。微孔陶管的特点是能透过水及其溶质，而在常压下不能透过空气。

当感应头周围土壤的含水量没有达到饱和时，水分在土壤毛细管中呈凹弯月面，它对周围的液体表面具有一种附加的负压力，使欠饱和的土壤具有吸水能力，因而能经过管壁把水吸出，造成管内产生一定的真空度(负压力)，直到管内压力与周围土壤吸力达到平衡为止，此时压力计的指示值就是土壤的水势值。当土壤含水量处于饱和状态时负压力为零，而当探头处于含水层下时，压力计指示为正值，因而可以推算出地下水的水位。

仪器安装前应先将陶管浸入水中置换出陶管中的空气，埋设时尽可能使土壤与陶管紧密接触，然后在仪器内管中注满蒸馏水。仪器的精确度、灵敏度、性能优劣主要取决于陶瓷头的质量，要求陶瓷头透水性越大越好，当陶瓷管完全被水浸透后，其孔隙间的水膜能阻止空气透过。水膜在一定的压强下能够被破坏，这个压强值约为1.0×10^5 Pa，而达到这种要求的陶瓷头微孔直径应在0.9～1.3 mm。

集气室用来收集仪器内的空气。土壤水中溶解的空气在进入管内后，在一定真空度的作用下，也会逸出而聚集在集气室内，当空气含量超过 1～2 ml 时，必须重新充水排气。

土壤由干到湿或者由湿到干，土壤含水量与吸力之间的关系曲线不能互相重叠，形成所谓的“滞差”。

不同类型的土壤，其含水量与土壤水势完全不同，但在同一吸力下，植物可吸收利用的有效土壤水分却非常接近。

张力计在干燥土壤中，会由于陶瓷管的漏气而失去测量功能，最佳工作范围为 $0 \sim 1.0 \times 10^5$ Pa，虽然这一范围相当狭窄，但恰好是作物生长发育阶段潮湿土壤的水势变化范围。另外，张力计的测量单元存在较大的温度系数，精确测量时应进行一定的订正。目前，由于灵敏压力计的应用，张力计可以输出经过转换的电信号。

9.5.3　GStar-S406 土壤水分仪

GStar-S406 土壤水分仪为一种手持式土壤水分观测仪，由土壤水分传感器、GPS 模块、地温传感器、手持采集器、通信电缆、取土工具和计算机应用软件等几部分组成（见图 9.3）。

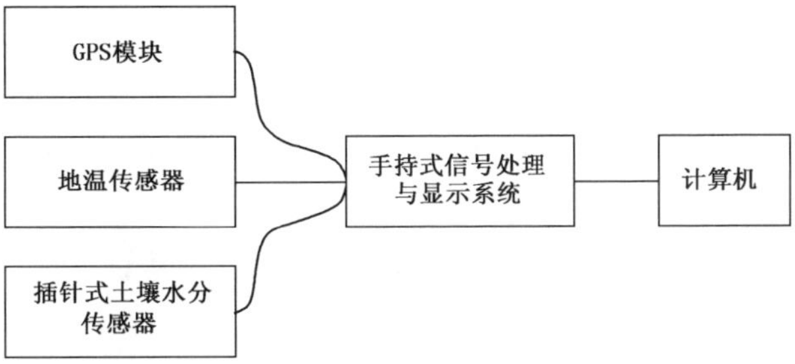

图 9.3　GStar-S406 土壤水分仪组成图

GStar-S406 土壤水分仪由一个内含电子器件的防水室和与之一端相连的 4 个不锈钢针的成型探针组成。这些探针直接插入土壤，由探头尾部的电缆线连接电源和输出模拟信号。通过特殊设计的传输线产生高频信号，测量土壤参数。该传输线的阻抗随土壤阻抗变化而变化。选用电信号频率使离子传导率的影响最小，以使传输线阻抗变化几乎仅依赖于土壤介电常数的变化。这些变化产生一个电压驻波，驻波随探针周围介质的变化增加或减小晶体振荡器产生的电压。利用振荡器产生的电压和振荡器返回电压的差值测量土壤的介电常数。GStar-S406 土壤水分仪的输出电压与已知介电常数对应一致，输出电压 0～1 V(DC)表示土壤介电常数在 1～32 之间。

GStar-S406 采用 ARM 微处理器进行控制、运算和存储。可以存储 2 000 个测量结果，数据能够长期保存，即使在更换电池时也不会丢失，数据可以通过 RS-232 接口传输到计算机内。

GStar-S406 土壤水分仪的测量结果，是通过无机土壤进行严格的标定后以曲线方式计算得出，直接显示土壤体积含水量，可以满足一般的土壤水分测量要求。

复习思考题

1. 什么是土壤重量含水量、土壤体积含水量、土壤相对湿度、土壤水分贮存量、土壤有效水分贮存量？

2. 试述 FDR 与 TDR 土壤水分传感器的工作原理，两者有何区别？
3. 自动土壤水分观测系统由哪几部分构成？
4. 如何选取土壤湿度观测地段？
5. 土壤水文、物理特性值的测量内容有哪些？如何测量？
6. 自动土壤水分传感器安装有何要求，有关注意事项是什么？
7. 自动土壤水分观测系统在日常工作中应如何进行维护？
8. 试述烘干测重法原理及其测定程序。烘干称重测湿有什么弊端？
9. 试分别说明土壤湿度传感器的实验室标定和田间标定方法。
10. 试说明自动土壤水分观测站业务化检验的方法。
11. 试述中子散射法和张力计测量土壤湿度的原理。各有何优缺点？

第10章　风的观测

内容提要

本章主要介绍风的基本概念，各类测风仪器的原理及测量方法，风的观测记录和处理规定，自动站风的采样和算法，各种测风仪器的使用和维护。

10.1　概述

空气运动产生气流。气流场是由许多在空间和时间上都随机变化的小尺度脉动叠加在大尺度规则气流上的一种三维空间矢量。

气象学上规定空气的水平运动称为风。空气的水平运动和气压的分布有直接的关系，空气运动的结果会造成各地热量和水汽的交换，这个过程伴随天气的变化，标志着某种天气过程的发生或演变，在天气预报中有重要作用。

热力和地面摩擦等的综合作用使得空气运动不只存在于水平方向上，但水平方向上的风速一般比垂直方向上的气流速度大一个数量级以上。因此，在地面气象观测中主要观测水平方向的风。为了使观测结果具有可比较性，世界气象组织规定所有气象观测站应观测离地面10 m高度处的风向、风速，并且观测场地应四周开阔，尽可能地减少地形、地物的影响，以提高记录的准确性和代表性。

由于大气的湍流特性，气流随时间和空间剧烈变化，对一个固定的地点，风具有明显的阵性。只有消除地面摩擦形成的湍流影响并排除短期脉动的瞬时变化，才能得到气象学上具有比较意义的地面风。因此，风的观测应包括平均值和瞬时值。一定时段（一般取10 min或2 min）内的平均值代表比较稳定的主导方向的风；瞬时值（为很短时间内的平均值）则反映大气的湍流特性。特殊的观测还包括风的阵性和风的三维分量。

风的阵性在航空、航海、建筑、大气污染和放射性微尘的扩散等方面都有广泛的应用。所谓阵风（风的阵性）是指瞬时风在平均值附近涨落的变化和分布特性。另外，由于风的阵性变化（包括风向的突变或风速的迅变）常常伴随其他气象要素的变化，标志某种天气过程的发生或演变，因此，风的阵性的研究很受重视。

10.2 测量要求

10.2.1 风的观测与记录

地面气象观测中，应观测风向和风速。风向用最多量或平均量表示，风速用平均量、瞬时量和最大量表示。

风向是指风的来向。最多风向是指在规定时间段内出现频数最多的风向。平均风向是指在规定时间段内按照规定的算法计算得到的风向。自动观测，风向以度(°)为单位；人工观测，风向用十六方位法，即用16个地理方位来表示。当出现静风时，风向用“C”表示。风向符号与度数对应关系见表10.1。

表10.1 风向符号与度数对照表

方位	符号	中心角度(°)	角度范围(°)
北	N	0	348.76～11.25
北东北	NNE	22.5	11.26～33.75
东北	NE	45	33.76～56.25
东东北	ENE	67.5	56.26～78.75
东	E	90	78.76～101.25
东东南	ESE	112.5	101.26～123.75
东南	SE	135	123.76～146.25
南东南	SSE	157.5	146.26～168.75
南	S	180	168.76～191.25
南西南	SSW	202.5	191.26～213.75
西南	SW	225	213.76～236.25
西西南	WSW	247.5	236.26～258.75
西	W	270	258.76～281.25
西西北	WNW	292.5	281.26～303.75
西北	NW	315	303.76～326.25
北西北	NNW	337.5	326.26～348.75
静风	C	风速小于或等于0.2m/s	

注：表中虽给定的北风对应中心角度为0°，但北风对应度数应为360°。

风速是指单位时间内空气移动的水平距离。最大风速是指在某个时段内出现的最大的10 min平均风速值。极大风速是指某个时段内出现的最大瞬时风速值。瞬时风速是指3 s的平均风速。风速以米/秒(m/s)为单位，取1位小数。海面风速也用海里/小时(n mile/h)为单位表示，又称为节(kn)，1 kn=1 n mile/h=0.514 444 m/s。

风的平均量是指在规定时间段的平均值，有3 s，1 min，2 min和10 min平均值。

当风的变化较剧烈时，许多方面需要应用风的阵性或风的瞬时变化资料。阵风的观测主要有2个变量：风速和风向的标准差、阵风峰值。

地面气象观测站风的观测项目有：人工观测时，测量平均风速和最多风向，极大风速和对应风向及其出现时间，配有自记仪器时连续记录风向、风速，人工整理得到10 min平均风速和最多风向，以及日最大风速和对应最多风向及其出现时间。自动观测时，测量平均风速、平均风向、最大风速和对应风向及其出现时间、极大风速和对应风向及其出现时间，这些要素值必须遵循规定的采样和算法得到。

测定平均风速时，仪器要有优良的积分性能（即自动平均能力）；若是测定阵风，仪器应能反映瞬时风速，自动平均能力良好反而不利。因此要根据观测要求选择仪器。目前气象观测站测量风的仪器主要有单翼风向传感器和风杯风速传感器、螺旋桨式风向风速传感器、强风计、EL 型电接风向风速计、EN 型测风数据处理仪、轻便风向风速表等。

世界气象组织对水平风测量准确度总体要求：

(1) 水平风速小于 5 m/s 时，准确度为 0.5 m/s；水平风速大于 5 m/s 时，准确度为实际风速的 10%。

(2) 风向的准确度要求为 5°。

10.2.2　世界气象组织对测风系统设计的推荐意见

测风系统设计时，需要重点考虑的因子应包括响应长度、临界阻尼、阻尼比和无阻尼自然波长。定义如下：

响应长度(response length)：近似地是指风速传感器的输出对测量值的一个阶跃函数变化达到 63%所需要的风程(以 m 表示)。

临界阻尼(critical damping)：是指对阶跃变化给出最快的瞬变响应而又没有过振时的阻尼值。

阻尼比(damping ratio)：是指实际阻尼与临界阻尼之比。

无阻尼自然波长(undamped natural wave length)：指风向标无阻尼地经过一种振荡的一个周期所需要的风程(以 m 表示)。

世界气象组织对测风系统有两种推荐设计，即以模拟信号处理为主和以数字信号处理为主。

以模拟信号处理为主的系统由风速表(响应长度为 5 m)、脉冲发生器(脉冲频率正比于风速表的转速)、计数器(能以 0.25 s 的间隔对脉冲计数)和微处理器(可以计算在每 0.25 s 采样基础上每 10 min 的平均值和标准偏差)组成。极值从 3 s 平均值中挑取，3 s 平均值用最末尾 12 个采样计算得到。实际上，3 s 平均值是每隔 0.25 s 计算的，即每 0.25 s 有一个 3 s 平均值。风向用风向标(无阻尼自然波长为 5 m、阻尼比为 0.3)测量，用一个 7 位编码器每秒采样。平均值和标准偏差都是每隔 10 min 计算 1 次，对采样值检查其连续性。如果两次连续采样值相差超过 180°，就要对第 2 次采样值加上或减去 360°以缩小其差值。风速表与风向标配用时，其风速与风向的标准偏差会分别相应减少 7%和 2%，对应整个测量链的阵风持续时间约为 3 s。

以数字信号处理为主的系统由风速表(响应长度为 5 m)、发电机(发电电压正比于风速表的转速并每秒进行模—数变换)和采样的数字处理等组成。风向部分由风向标(无阻尼自然波长为 5 m、阻尼比为 0.3，每秒进行模—数变换)和平均值与标准偏差的数字计算等组成。测量阵风峰值时，发电电压经过时间常数为 1 s 的一阶滤波器滤波并经过每 0.25 s 的模—数变换。关于滤波，此系统与前者略有不同，其风速和风向的标准偏差经滤波后的减少量分别为 12%和 2%，而阵风持续时间仍约为 3 s。

10.2.3 风的采样与算法

10.2.3.1 采样

世界气象组织推荐的风速采样频率为每秒 4 次，即每 0.25 s 1 个采样值。现在新型自动气象站为每秒 1 次。风向采样频率均为每秒 1 次。

10.2.3.2 算术平均法

算术平均法是将规定时间间隔内对风的采样结果求代数和后，再除以样本次数，主要用于地面风的观测，其平均结果代表测量点位置的风向和风速，计算公式为

$$\begin{cases} D = \dfrac{1}{n}\sum\limits_{i=1}^{n} D_i \\ V = \dfrac{1}{n}\sum\limits_{i=1}^{n} V_i \end{cases} \tag{10.1}$$

式中 D 和 V 分别为风向和风速的算术平均值；D_i 和 V_i 分别为每次的采样结果；n 为在规定时段内的采样次数，$i=1,2,3,\cdots,n$。对于每一个采样值，在用算术平均法计算时其作用（"权重"）是相同的。

在对风向求算术平均时，需考虑风向"过零"的问题。即风向在正北方向（360°）来回摆动，就会导致采样值不连续，采取算术平均计算得到的风向平均值差值会很大，而实际风向差值却很小。必须按下述方法进行"过零"处理：

(1) 找出所有样本的最大值 $D_{\max}=\mathrm{MAX}(D_i)$。

(2) 考虑"过零"处理后的风向样本定义为 D_i'，若 $D_{\max}-D_i>180°$，则 $D_i'=D_i+360°$。

(3) $D=\dfrac{1}{n}\sum\limits_{i=1}^{n} D_i'$ 。

例如：采样得到的风向值为 20°，10°，0°，350°，330°，310°，如果简单地求算术平均值则平均风向为 170°，显然与实际风向相差太大。经过"过零"处理后的样本应该为 380°，370°，360°，350°，330°，310°，再求算术平均值，则风向为 350°，即为正确的平均风向。

10.2.3.3 滑动平均法

滑动平均仍属于算术平均的范畴，它是按一种特定的方式变形之后的算术平均。

若有 n 个风速观测值 $y_1,y_2,\cdots,y_i,\cdots,y_n$，以该时间序列来计算多个连续 m 项序列的算术平均值。其中第 1 个连续 m 项序列的第 1 项，是原来 n 序列的第 1 项；第 2 个连续 m 项序列的第 1 项是原来 n 序列的第 2 项；……；最后一个 m 项序列的第 1 项是原来 n 序列的第（$n-m+1$）项。则第 i 个和第 $i+1$ 个连续 m 项序列的滑动平均值分别为

$$\overline{V}_i = \frac{1}{m}(y_i + y_{i+1} + \cdots + y_{i+m-1}) \tag{10.2}$$

$$\overline{V}_{i+1} = \overline{V}_i + \frac{1}{m}(y_{i+m} - y_i) \tag{10.3}$$

同样，风向的滑动平均值为

$$\overline{D}_i = \frac{1}{m}(d_i + d_{i+1} + \cdots + d_{i+m-1}) \tag{10.4}$$

$$\overline{D}_{i+1} = \overline{D}_i + \frac{1}{m}(d_{i+m} - d_i) \tag{10.5}$$

上述滑动平均的方法，适用于高频采样对平均风向风速的求取。在进行滑动平均时，也应注意风向的“过零”处理。

例如：在风的实际采样计算中，若采样频率为每秒 1 次，需要求取 8 时 01 分至 02 分内的 1 min平均风速，则需要有 8 时 00 分 59 秒至 8 时 02 分 00 秒的 62 个采样值。假如该采样序列为 0.1，0.2，0.3，…，6.0，6.1，6.2，则需先求得每秒钟的连续 3 s 的算术平均值。为了实际计算的需要，根据滑动滤波原理，8 时 01 分 01 秒的连续 3 s 样本取 8 时 00 分 59 秒的 0.1、8 时 01 分 00 秒的 0.2、8 时 01 分 01 秒的 0.3，其算术平均值为 0.2，以此类推，得到 01 分 01 秒至 02 分 00 秒的 60 个连续 3 s 的算术平均值序列为 0.2，0.3，…，6.0，6.1。则 8 时 01 分至 02 分内的 1 min 平均风速为

$$\frac{1}{60}\times(0.2+0.3+\cdots+6.0+6.1)=3.15$$

若不采取 3 s 的滑动平均，直接用 60 s 的采样值求算术平均，则为 3.25。

应该注意的是，这种平均方法显示的数据在刚开机到规定的平均时段以前其显示值是不准确的，只有在待规定的时段过后才能显示风向风速的正确结果。

由于规定了风的多种平均区间的平均值，因此采取逐步从高频采样值滑动到低频平均值的方法。

10.2.3.4　矢量平均法

风向风速实际上是一个统一的参数，在测量中却变成了两个互相独立的量，且单位和量纲不同。风参数的完整描述最确切的表达应为风矢量。设风的方向为 d，速度为 V，则风矢量 $F(d,V)$ 可用图 10.1 表示。

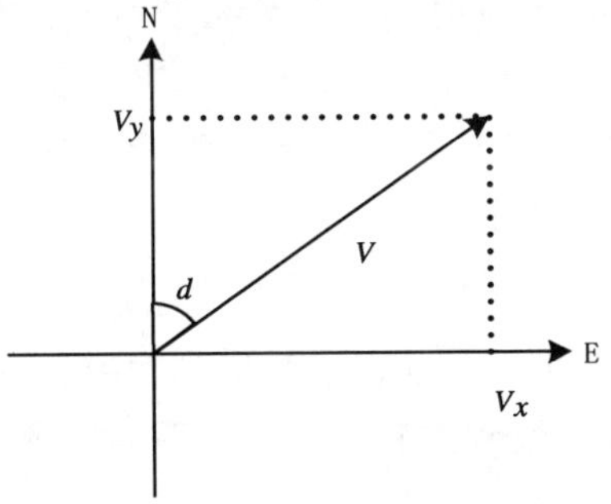

图 10.1　矢量风分解图

图 10.1 中，风矢量 $\boldsymbol{F}$ 可用 V_x 和 V_y 两个分量表示其大小，则计算公式为

$$V_x = V\sin d \tag{10.6}$$

$$V_y = V\cos d \tag{10.7}$$

矢量平均方法就是将规定时段的多组风速分量，先用代数法对相同分量进行平均，求出两个平均值 V_x 和 V_y，即

$$\overline{V}_x = \frac{\sum_{i=1}^{n} V_{x_i}}{n} \tag{10.8}$$

$$\overline{V}_y = \frac{\sum_{i=1}^{n} V_{y_i}}{n} \tag{10.9}$$

公式(10.8)、(10.9)中，$i=1,2,3,\cdots,n$，n 为采样的次数。然后将两个风速分量的平均值合成。则合成风速 V 和合成风向 d 的计算公式为：

$$V = \sqrt{\overline{V}_x^2 + \overline{V}_y^2} \tag{10.10}$$

$$d = \arctan \frac{\overline{V}_x}{\overline{V}_y} \tag{10.11}$$

值得注意的是，由于风向是在 360°变化的，必须根据两个风速分量的不同方向进行判断加以修正，规定南北分量气流向北为正值，向南为负值；东西分量气流向东为正值，向西为负值，其修正方法如下：

(1) 若 $\overline{V}_x > 0$，$\overline{V}_y > 0$，则 d 的值不变。

(2) 若 $\overline{V}_x > 0$，$\overline{V}_y < 0$ 或 $\overline{V}_x < 0$，$\overline{V}_y < 0$，则 d 的值加 180°。

(3) 若 $\overline{V}_x < 0$，$\overline{V}_y > 0$，则 d 的值加 360°。

这种平均方法的特点是能始终保持风向和风速的密切关系，在两个风速分量都为 0 时，其矢量可表示为 $V(0,0)$，这样，避免了滑动平均对风速为 0 时风向数值无法处理的情况。同时，在平均过程中也不会出现风向"过零"的问题。

对于风向的矢量平均，可以采取单位矢量平均法，即令每次样本的风速为 1，不依赖于每次样本的风速，只需每次的样本风向即可求得合成平均值。

10.2.3.5 平均值计算

对于风速，以 1 s(或 0.25 s)为步长计算 3 s 滑动平均值，为每秒钟的平均风速；以 1 s 为步长(当采样频率为 0.25 s 时，取整秒时的 3 s 滑动平均值)，计算 1 和 2 min 的滑动平均值；以 1 min 为步长(取 1 min 平均值)，计算 10 min 滑动平均值。

对于风向，以每秒采样值计算 1 和 2 min 的滑动平均值；以 1 min 为步长(取 1 min 平均值)计算每分钟的 10 min 滑动平均值。

10.2.3.6 极值挑取

最大风速及其相应的风向和出现时间，从滑动过程中的每 10 min 平均值中挑取。极大风速及其相应的风向和出现时间，从滑动过程中的 3 s 平均值中挑取。

10.2.4 风力估计与记录

预报服务及日常应用中常使用风力等级来代表风速大小。常用的风力等级系英国人蒲福于 1805 年规定的，称为蒲福风力等级。蒲福风力等级有 0～12 共 13 个等级。现在使用的风力等级标准是对其进行扩充后的 0～18 共 19 个等级。风力等级规定见表 10.2。

当没有测定风向风速的仪器，或虽有仪器但因故障而不能使用时，可目测风向风力。根据风对地面或海面物体的影响引起的各种现象，按风力等级表估计风力，并记录其相应风速的中数值。根据炊烟、旌旗、布条展开的方向及人的感觉，按八个方位估计风向。

目测风向风力时，观测者应站在空旷处，多选几个物体，认真地观测，以尽量减少估计误差。

表 10.2　风力等级表

风力等级	名称	海面大概波高(m)		海面和渔船征象	陆上地物征象	相当于平地10 m高处的风速(m/s)	
		一般	最高			范围	中数
0	静风	—	—	海面平静	静,烟直上	0.0～0.2	0.0
1	软风	0.1	0.1	微波如鱼鳞状,没有浪花。一般渔船正好能使舵	烟能表示风向,树叶略有摇动	0.3～1.5	1.0
2	轻风	0.2	0.3	小波,波长尚短,但波形显著,波峰光亮但不破裂。渔船张帆时,可随风移行每小时1～2海里	人面感觉有风,树叶有微响,旗帜开始飘动。高的草开始摇动	1.6～3.3	2.0
3	微风	0.6	1.0	小波加大,波峰开始破裂;浪沫光亮,有时有散见的白浪花。渔船开始簸动,张帆随风移行每小时3～4海里	树叶及小枝摇动不息,旗帜展开。高的草摇动不息	3.4～5.4	4.0
4	和风	1.0	1.5	小浪,波长变长;白浪成群出现。渔船满帆时,可使船身倾于一侧	能吹起地面灰尘和纸张,树枝动摇。高的草呈波浪起伏	5.5～7.9	7.0
5	劲风	2.0	2.5	中浪,具有较显著的长波形状;许多白浪形成(偶有飞沫)。渔船需缩帆一部分	有叶的小树摇摆,内陆的水面有小波。高的草波浪起伏明显	8.0～10.7	9.0
6	强风	3.0	4.0	轻度大浪开始形成;到处都有更大的白沫峰(有时有些飞沫)。渔船缩帆大部分,并注意风险	大树枝摇动,电线呼呼有声,撑伞困难。高的草不时倾伏于地	10.8～13.8	12.0
7	疾风	4.0	5.5	轻度大浪,碎浪形成的白沫沿风向呈条状。渔船不再出港,在海者下锚	全树摇动,大树枝弯下来,迎风步行感觉不便	13.9～17.1	16.0
8	大风	5.5	7.5	有中度的大浪,波长较长,波峰边缘开始破碎成飞沫片;白沫沿风向呈明显的条带。所有近海渔船都要靠港,停留不出	可折毁小树枝,人迎风前行感觉阻力甚大	17.2～20.7	19.0
9	烈风	7.0	10.0	狂浪,沿风向白沫呈浓密的条带状,波峰开始翻滚,飞沫可影响能见度。机帆船航行困难	草房遭受破坏,屋瓦被掀起,大树枝可折断	20.8～24.4	23.0
10	狂风	9.0	12.5	狂涛,波峰长而翻卷;白沫成片出现,沿风向呈白色浓密条带;整个海面呈白色;海面颠簸加大,有震动感,能见度受影响,机帆船航行颇危险	树木可被吹倒,一般建筑物遭破坏	24.5～28.4	26.0

续表

风力等级	名称	海面大概波高(m)		海面和渔船征象	陆上地物征象	相当于平地 10 m 高处的风速(m/s)	
		一般	最高			范围	中数
11	暴风	11.5	16.0	异常狂涛(中小船只可一时隐没在浪后);海面完全被沿风向吹出的白沫片所掩盖;波浪到处破成泡沫;能见度受影响,机帆船遇之极危险	大树可被吹倒,一般建筑物遭严重破坏	28.5～32.6	31.0
12	飓风	14.0	—	空中充满了白色的浪花和飞沫;海面完全变白,能见度严重地受到影响	陆上少见,其摧毁力极大	32.7～36.9	35.0
13						37.0～41.4	39.0
14						41.5～46.1	44.0
15						46.2～50.9	49.0
16						51.0～56.0	54.0
17						56.1～61.2	59.0
18						≥61.3	—

10.3　单翼风向传感器和风杯风速传感器

10.3.1　结构及测量原理

10.3.1.1　单翼风向传感器

单翼风向传感器为单翼风标(见图 10.2(a))。采用光电转换即格雷码盘来传送和指示风向标所在方位。

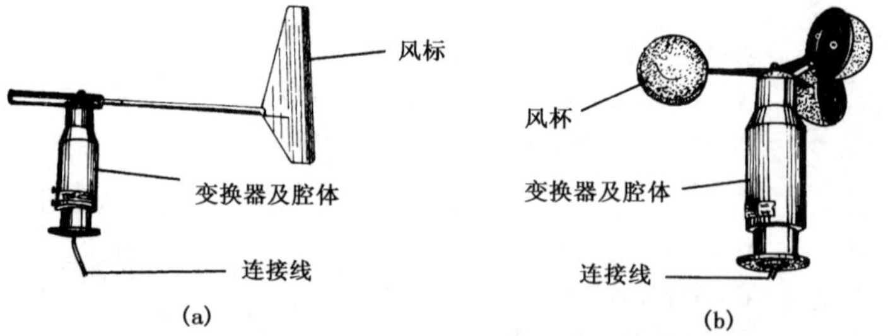

图 10.2　单翼风向传感器(a)和风杯风速传感器(b)

格雷码盘将风向标轴转动角度的度数变换成一个二进制的数字信号。十进制与通用二进制码及格雷码的转换见表 10.3。

格雷码盘是由等分的同心圆组成,由内到外分别做 0,2^0,2^1,…,2^n 等份,相邻两份做透光和不透光处理,在每一个同心圆上放置一个红外发光管,n 个发光管排列在同一个半径上。在码盘下方放置与红外光源一一对应的光电接收管,作为转换器。当光通过码盘的透明部分时,光电接收管接收到的信号为“1”，当光通过码盘的不透明部分时，光电接收管接收到的信号为“0”，通过光电转换线路，把光信号转换为电信号，输入到指示、记录装置。

表 10.3　十进制与通用二进制码及格雷码的转换

十进制	0	1	2	3	4	5	6	7	8	9
二进制	0000	0001	0010	0011	0100	0101	0110	0111	1000	1001
格雷码	0000	0001	0011	0010	0110	0111	0101	0100	1100	1101

风标转动时，带动格雷码盘转动，就形成 n 位格雷码信号，实现风向与 n 位格雷码的转换，每一个码表示一个风向，风向的分辨率为 $360°/2^n$，若采用 7 位格雷码，则分辨率为 $360°/2^7 \approx 2.8°$。

格雷码最大的优点是每进一位只是其中的一位数发生 0 与 1 之间的变化，因而即使发生误读也只能产生一位码的误差，这对保证风向测量精度大有好处。

10.3.1.2　风杯风速传感器

风杯风速传感器采用三杯式感应器(见图 10.2(b))，风杯由碳纤维增强塑料制成。

当风杯转动时，带动同轴的多齿截光盘转动，使下面的光敏三极管有时接收到上面发光二极管发射的光线而导通，有时接收不到上面发光二极管照射来的光线而截止。这样就能得到与风杯转速成正比的脉冲信号，该脉冲信号由计数器计数，经换算后就能得出实际风速值。

还有一种风杯风速计的工作原理是：当风杯转动时，带动同轴的磁棒旋转，在霍尔集成电路中感应出与风速成正比的脉冲信号，经计数器处理后，输出实际风速值。

10.3.2　安装

单翼风向传感器和风杯风速传感器安装在专制的风杆上，高度距地面 10～12 m，安装地点要求尽量开阔空旷，远离障碍物，使之不受气流涡旋的影响。风杆不宜太粗，否则会改变气流的自然状况，应尽可能使用自动气象站配套风杆，使用自制风杆或风塔时，杆或塔体及其附属装置应防锈蚀并尽可能减少对传感器周围流场的影响，若在风杆或风塔上设置维修平台，其与传感器的距离应在1 m以上。拉线应保证风杆的牢固、垂直，一般为上、下两组，每组拉线为 3 根，上部拉线与地面的夹角为 55°～65°，拉线的锚钉与风杆或风塔连线之间的夹角为 120°。

传感器应安装在杆的顶端，保持垂直。如果安装在杆的中间，则应使用一定长度的横臂(约 0.8 m)，以使传感器远离杆柱。安装时首先按照仪器技术手册给定的方法把风向、风速传感器用法兰盘分别固定在横臂两端，传感器的电器连接线接入接线盒，再将横臂安装在风杆(塔)上。

横臂应呈南北向，风向传感器的指南(北)针与横臂平行。若使用风塔，最多可安装两组风传感器，且两组传感器之间的距离应在 1.5 m 以上。

安装时，传感器中轴应垂直，横臂应水平，风向标的方位要对准正北。

风杆顶端可安装避雷针，避雷针用紫铜线做下引线，顺拉线(拉线需与风杆绝缘)下来接到避雷针接地桩上。

室外自动气象站的采集器可安装在东边的风杆上或单独制作的支架上，距地面不低于 50 cm。

10.3.3　维护

经常观察风杯和风向标转动是否灵活、平稳。尤其在恶劣天气过程中，应及时检查仪器是否正常运转，发现异常时，换用备份传感器。

每年定期维护一次风传感器，清洗风传感器轴承；检查、校准风向标指北方位。

每年雷暴季节来临前，应对防雷装置进行检测，确保符合防雷规定。

10.4　螺旋桨式风向风速传感器

螺旋桨式风向风速传感器具有抗强阵风、耐海洋性气候、测风范围宽、空气动力性能好、工作稳定可靠、使用方便等特点。

10.4.1　结构及工作原理

10.4.1.1　结构

螺旋桨式风向风速传感器主要由螺旋桨、机头组件、风速感应线圈、线圈座、固定机身组件、尾翼平衡组件、风向电位器、安装紧固件、风向机械传导组件、接线盒和电路板等组成。风速传感器位于头部，是一组螺旋桨叶片（通常为 4 片）。风向传感器位于尾部，是一个牢固且重量轻的风向标，外形与飞机机身相似，具有良好的流线型（见图 10.3）。螺旋桨的材料通常为改性聚丙烯，能够抗强阵风并具有较好的动态特性。

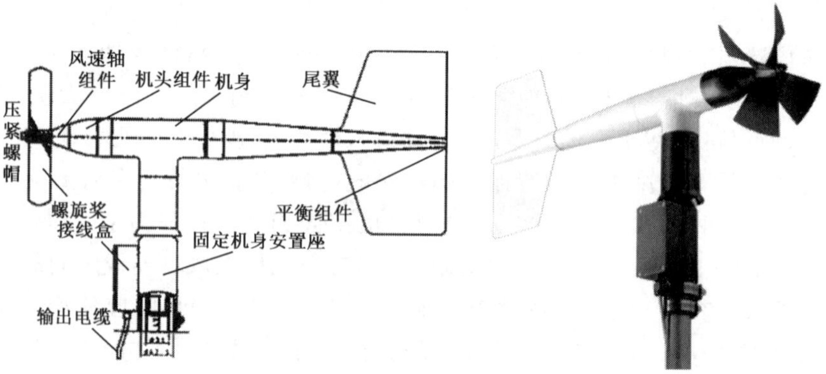

图 10.3　螺旋桨式风向风速传感器

10.4.1.2　工作原理

风速信号的变换采用机电一体化电磁感应原理（见图 10.4）。在风向尾翼作用下，叶片旋转平面始终对准风的来向。叶片系统受到风压的作用，产生一定的扭力矩，使叶片旋转，带动螺旋桨轴上的六磁极磁盘旋转，线圈中即感应出交流正弦波信号，其频率与螺旋桨的转速成正比，螺旋桨每转一周，线圈中就感应出 3 个周期的正弦波信号。经过电路板信号放大和整形，输出频率正比于风速的方波信号。电路板上设有多个快速反应二极管，能够起到防雷电干扰和其他电磁脉冲干扰的作用。

风向变换器采用精密导电塑料作为角度传感器元件，安装在固定机身座内，通过该电位器来感知叶轮角，一个已知的激励电压作用于电位器，输出电压直接与叶轮角成比例。上机身通过尾翼和风的作用带动风向电位器输出 0～5 V 或 0～2.5 V(对应 0°～360°)的直流电压风向信号。

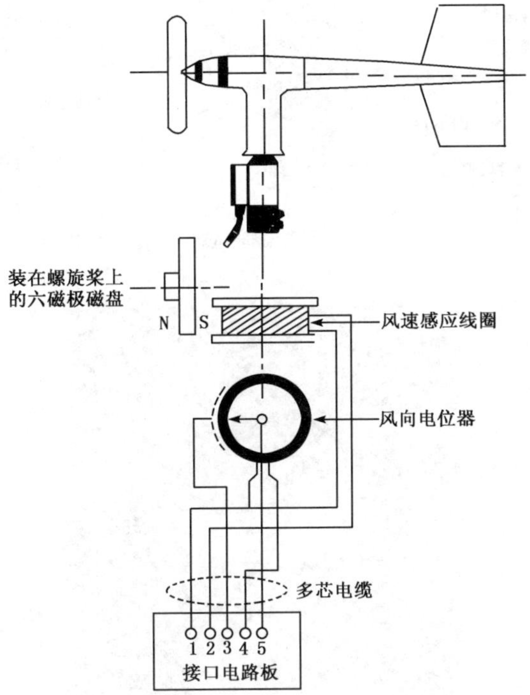

图 10.4 螺旋桨式风向风速传感器工作原理图

10.4.2 安装

10.4.2.1 风向定位标志

风传感器黑色机身上有一凸起的指北线，上标有“N”字，线的下端指向指北定位凹槽；指北定位卡环上有一定位凸轮位于指北针中心，与风传感器定位凹槽啮合后使指针对准地理上的正北方向。

10.4.2.2 安装方式

安装时先将指北定位卡环套在固定管上，再将风传感器装到固定管上，然后上移指北定位卡环使卡环上的定位凸块嵌入风传感器的定位凹槽内，并转动指北定位卡环使指针指向正北，再紧固指北定位卡环和风传感器(见图 10.5)。

10.4.2.3 电缆连接

打开风传感器电路板盒盖，可以看到电路板(见图 10.6)。按照图 10.6 所示接好电缆，将压线螺丝拧紧。在信号试通后将盒盖盖好，注意盒盖上的 4 个螺丝拧紧压力要均衡。

接线定义：1 为风向信号输出；2 为电源正极输入；3 为接电缆屏蔽层；4 为风速信号输出；5 为正 5 V 电压检测；6 为电源负极输入。

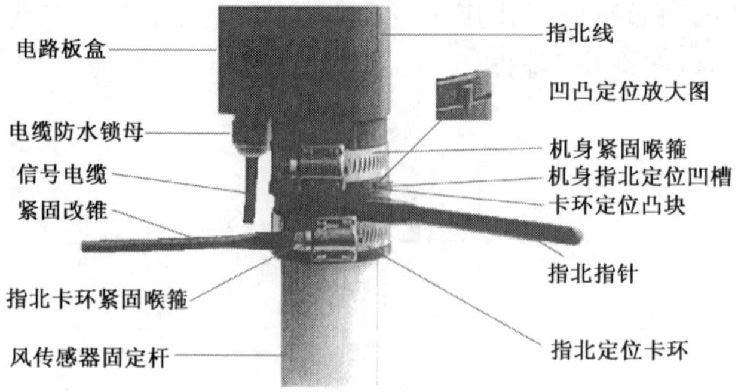

图 10.5　螺旋桨式风向风速传感器安装图

图 10.6　信号电缆接线图

10.4.3　维护

要保证传感器轴与水平面垂直。经常观察风杯和风向标转动是否灵活、平稳。尤其在恶劣天气过程中，应及时检查仪器是否正常运转，发现异常时，换用备份传感器。

每年定期维护一次风传感器，检查、校准风向标指北方位；每两年对风向、风速传感器进行一次现场检查、校准，校准方法严格按照自动气象站现场校准方法进行。

每年雷暴季节来临前，应对防雷装置进行检测，确保符合防雷规定。

10.4.4　故障判断

10.4.4.1　风向故障判断

在接线端子 2 和 6 之间有正常的 12 V 供电的情况下，转动风传感器，用万用表直流电压 10 V 挡测量 1 和 6 端电压应在 0～5 V 之间变化，如没有电压，可将接线端子 1 风向输出电缆线断开再测，如电压正常说明电缆或远端数据采集器的采集板有短路，如仍没有电压，说明风向有故障，需返厂维修。

10.4.4.2　风速故障判断

用指针式万用表放在直流 50 V 挡，红表笔接到接线端子 4 端，黑表笔接 6 端，此时若螺旋桨在转动，应能测量到 7 V 左右的电压，减慢螺旋桨转速时可以看到指针随电压频率摆动，当螺旋桨停止时电压应是 12 V 左右或接近零，以上现象说明风速信号是正常的，否则电压过小或过大或无摆动都属不正常，需送厂家维修。

10.5　强风计

在沿海台风、西北风口多发地区，要求风的观测仪器对环境适应性更高，包括对多频次的风向切变和剪切力的适应，以及风速传感器在风速为 70 m/s 以上时能够正常观测，为此中国气象局对强风计给出了指标要求。

(1) 强风计工作环境要求

工作温度：－50～50 ℃；

相对湿度：0～100％；

抗阵风强度：≥90 m/s；

具有防湿热、防盐雾腐蚀、防霉菌和防污损等工艺，能在高山、海岛、沙漠等恶劣环境下长期工作。

(2) 强风计观测范围和精度要求

① 风向

测量范围：0°～360°；

分辨力：3°；

准确度：±10°；

风向启动风速：≤1.5 m/s；

阻尼比：0.3～0.7。

② 风速

测量范围：1～90 m/s；

分辨力：0.1 m/s；

准确度：1 m/s(≤20 m/s)、V(实际风速)×±5％(＞20 m/s)；

风速启动风速：≤1.5 m/s；

距离常数：2～5 m。

(3) 可靠性：平均无故障时间(MTBF，mean time before failure，即平均故障间隔)＞4 000 h。

(4) 使用寿命：不小于 3 年。

10.6　EL 型电接风向风速计

10.6.1　结构及工作原理

EL 型电接风向风速计是由感应器、指示器、记录器组成的有线遥测仪器。可连续记录每天 24 h 风的行程，同时每隔 2.5 min 记录一次瞬时风向。记录经过整理后，可以得出任意 10 min 的平均风速及相应风向和当日最大风速值。其基本性能参数如下：

风速测量范围：0～40 m/s；

风向测量范围：16 方位；

启动风速：≤1.5 m/s；

风速 1.5 m/s 时，风向标偏离风向≤10°。

感应器由风向和风速两部分组成（见图 10.7）。风向部分由风标、风向方位块、导电环、接触簧片等组成；风速部分由风杯、交流发电机、涡轮等组成。

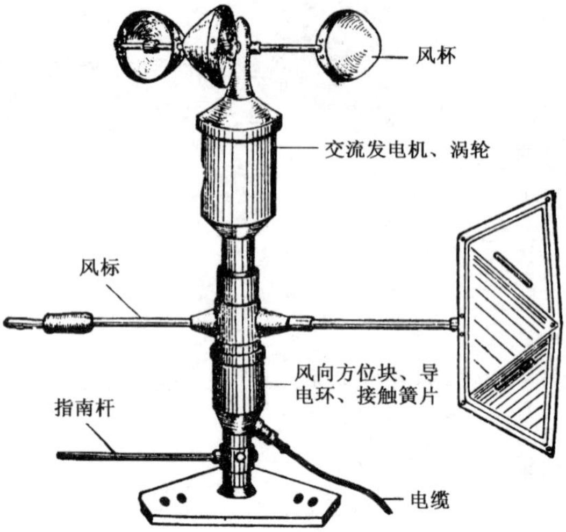

图 10.7 EL 型电接风向风速计感应器

指示器由电源、瞬时风向指示盘、瞬时风速指示盘等组成（见图 10.8）。

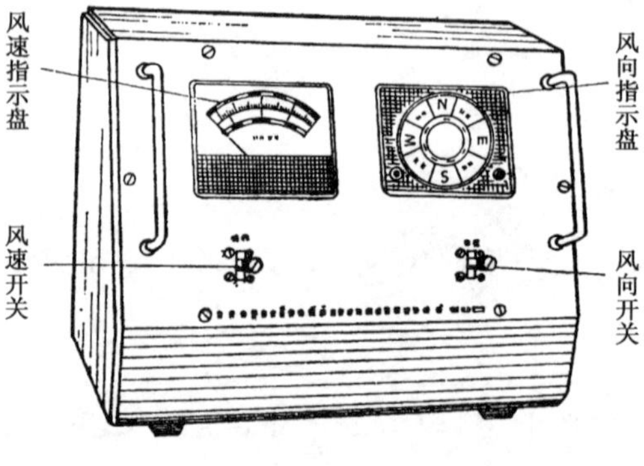

图 10.8 EL 型电接风向风速计指示器

记录器由 8 个风向电磁铁、1 个风速电磁铁、自记钟、自记笔、笔挡、充放电线路等部分组成（见图 10.9）。

风速部分工作原理：发电机由磁钢和定子线圈组成，随着风杯的转动，带动磁钢在定子线圈中转动，从而在定子线圈两端产生交流电压，风速越大，磁钢转动越快，定子线圈两端的电压就越高，电流也就越大，因此可以用电流表间接测出风速的大小。线圈两端产生的交流电压，其值基本上与风速成正比，当风速＜2 m/s 时，产生的交流电压为 0.2 V 左右；当风速为

10 m/s 时，电压约为 3 V；风速为 20 m/s 时，电压约为 6 V。由于发电机定子线圈两端输出的是交流电，而仪器上使用的是直流微安表，因此，必须把交流电变为直流电才能测量。指示器所用的电表最大量程只有 100 μA，所以发电机的电流需要降压后才能加到电表上。由于降压电路是串联在发电机和整流器之间，因此发电机的电流受降压电路的限制（也叫限流电路），即减小电路中的电流，交流电流经限流电路时，根据欧姆定律（$A=V/R$），其中 R 由 4 个电阻组成并分为两挡（即 0～20 m/s 低速挡和 0～40 m/s 高速挡），当电压不变时，电阻 R 改变，则电流 A 就改变，故分别对应 0～20 和 0～40 m/s 刻度盘的数值。由此得知，指示器电表读数与发电机输出的电压和指示器中降压电路的 R 值有关，因此，风速感应器与指示器必须配套使用。

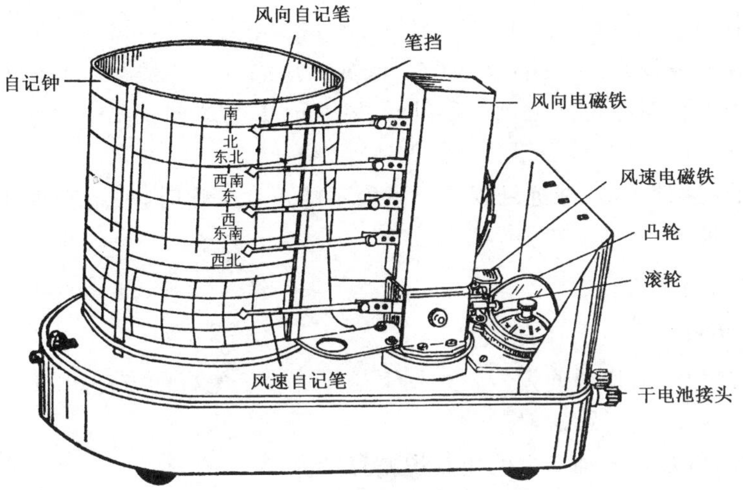

图 10.9 EL 型电接风向风速计记录器

风向部分工作原理：通过接触器导通方位灯泡亮闭来指示风的来向。风向接触器有内、外两个环，外环接在机壳上，叫做导电环。内环等分为相互绝缘的 8 个方位块。接触簧片上有 3 个接点，外面 1 个接点在导电环上，靠里面的 2 个接点在 8 个方位块上，接触簧片固定在风标座上随风标座转动而转动。在风标的带动下，外面 1 个电接点在导电环上滑动，靠里面的 2 个接点在 8 个方位块上滑动。8 个方位块与指示器上的 8 只小灯泡连通。随着风向的改变，3 个电接点停在不同的位置。里面的 2 个接点，可能停在一个方位块上，使这一方位块和导电环接通，也就是使 8 只小灯泡的某一只亮，8 只灯泡固定代表 8 个方向，某只灯亮就指示某方向风的来向。但也可能这 2 个接点分别停在相邻的 2 个方位块上，这时就把这两个方位块与导电环接通，也就是使 8 只小灯泡中的某 2 只接通并亮起来。而这相邻的 2 只灯泡同时接通又表示同一方向，因此，可以测出 16 个方位的风向。

10.6.2 安装

（1）安装前应进行运转试验，运转正常，方可进行安装。

（2）感应器应安装在牢固的高杆或塔架上，并附设避雷装置。风速感应器（风杯中心）距地面高度为 10～12 m；若安装在平台上，风速感应器（风杯中心）距平台面（平台有围墙者，为距围墙顶）6～8 m，且距地面高度不得低于 10 m。

(3) 感应器中轴应垂直,方位指南杆指向正南。为检查校正方位,可在高杆或塔架正南方向的地面上,用水泥混凝土或其他石材制作一个固定的南北标志。

(4) 指示器、记录器应平稳地安放在值班室内桌面上,用电缆与感应器相连接;电缆不能架空,必须走电缆沟(管)。

(5) 电源使用交流电(220 V)或干电池(12 V)。若使用干电池,应注意正负极不能接错。

10.6.3 观测记录和换纸

10.6.3.1 观测记录

打开指示器的风向、风速开关,观测 2 min 风速指针摆动的平均位置,读取整数,小数位补 0,记入观测簿相应栏中。风速小的时候,把风速开关拨在“20”挡,读 0～20 m/s 标尺刻度;风速大时,应把风速开关拨在“40”挡,读 0～40 m/s 标尺刻度。观测风向指示灯,读取 2 min 的最多风向,用十六方位对应符号记录。静风时,风速记 0.0,风向记 C;平均风速超过 40.0 m/s 时,则记为>40.0,计算日合计、日平均时,按 40.0 统计。

因电接风向风速计故障,或冻结现象严重而不能正常工作时,可用轻便风向风速表进行观测,并在备注栏注明。

10.6.3.2 自记纸的更换

方法步骤基本同气压计。不同点是:

(1) 笔尖在自记纸上作时间记号是采用下压风速自记笔杆的方法。

(2) 换纸后不必用逆时针法对时。

(3) 对准时间后必须将钟筒上的压紧螺帽拧紧。

10.6.4 维护

(1) 因感应器与指示器是配套检定的,所以在撤换仪器时二者应成套撤换。

(2) 电源(串联的干电池)电压如已低于 8.5 V(测量电压时,要切断交流电源,打开风向开关),就不能保证仪器正常工作,应全部调换新电池,干电池与整流电源并联使用时,要经常检查干电池。如锌壳发软或者有微量糊状物冒出,应立即更换以免腐蚀仪器。如经常发生这种情况,可能是电源电压太高或短路造成,应检查原因。如是由于电源电压太高造成的,应改换电源变压器的输出插头。如仍不见效,就不宜将干电池和整流电源并联使用。

(3) 如风向画线后笔尖复位超越基线过多,可能造成判断错误,应向里调节笔杆上的压力调整螺钉,以加大笔尖压力。如画线后回不到基线上,有起伏,就应向外调节螺钉减小笔尖压力。

(4) 风向方位块应每年清洁一次。如发现风向指示灯泡严重闪烁,或时明时暗时灭,应及时检查感应器内风向接触簧片的压力并清洁方位块表面。

(5) 更换风向灯泡时,应从灯盘后面拧下正中的一个大螺钉,再把装灯泡的底板连同后半个胶木壳一起拔出来。换好灯泡重新放回时,应注意使前后胶木壳的色点对准,否则灯泡相应的方位就会错乱。

(6) 调换风向指示灯泡时,要用同样规格(6～8 V,0.15 A)的,切不可使用超过 0.15 A 的灯泡。

（7）5 个笔尖不在同一时间线上时，应首先调好风速笔尖在笔杆上的位置，然后将风向笔尖沿笔杆移动至与风速笔尖对齐。移动、清洗或调换笔尖时，均应注意勿使笔杆变形；感到难以拨动时，可先将笔杆拆下来，再细心处理。

（8）自记钟的走时有较大误差时，应调整快慢针。若偏慢较多，应检查套在钟轴上的双片大齿轮的上下齿轮有无相对转动一个角度、钟机内的 2.5 min 自动开关对双凸轮的压力是否过大，并加以调节。若无效，应进行检修。

10.7 EN 型测风数据处理仪

EN 型测风数据处理仪与 EL 型电接风向风速计的感应器配套，用以取代 EL 型电接风向风速计的指示器和记录器，共同构成 EN 型自动测风仪。主要功能有：定时打印输出 2 和 10 min平均风向、风速；打印输出大风报警、航危报大风报警及解除警报的风向、风速及其出现时间，发出报警信号；每天 20 时打印输出日极大风速、最大风速及其相应的风向和出现时间，日合计、日平均，并可随时显示各种瞬时值和平均值，存储 24 h 风向风速记录。

EN 型测风数据处理仪内部按功能可分为微处理机、时间基准电路、风速信号处理电路、风向信号处理电路、键盘显示、打印（外设）、复位、报警、电源等部分。同 EL 型电接风向风速计相比，虽然传感器相同，但是工作原理不同。它是利用发电机输出的交流电压的频率作为瞬间风速和平均风速信号。各部分工作原理如下：

（1）风速信号处理电路，对传感器四极交流发电机的电压信号进行限幅、放大、整形、变换成幅度一定的方波后送入风程计数器，风杯每转一圈产生 4 个方波，对应 2.5 m 风程，因此风程计数器的绝对分辨率为 0.625 m(2.5/4)。2 和 10 min 平均风速都是以风程计数器的对应值为基础进行计算的，所以提高了风速测量的分辨率和精度。同时消除了传感器的凸轮式电接点故障率高的问题，提高了风速测量的可靠性。由于风速是根据频率测出，与发电机的输出电压值无关，因此，不但使主机与传感器具有了互换性，而且延长了传感器的使用寿命。

（2）风向信号处理电路，对传感器 8 路风向开关的信号进行隔离后送入微处理器，定时由微处理机对风向信号进行采样处理，瞬间风向的采样周期为 1 s，最多风向的采样周期为 12 s，2 min 最多风向的样本总数为 10 个，10 min 为 50 个，提高了最多风向的测量精度，因为主机加到风向开关上的电流不到 0.1 mA，这样延长了风向开关的寿命。同时，由于主机对每次输入的风向信号进行有效性检查，剔除非法值，并对多次出现的非法值进行记录，因此，有利于及时发现传感器的故障，提高了风向测量的可靠性。

（3）微处理机部分，包括 8 倍单片微处理器、地址锁存器和程序存储器。这是处理仪的核心，由时间基准电路触发其定时从风速测量和风向测量电路读取数据，进行相应的计算处理：当风速低于 10 m/s 时，对传感器的非线性误差进行修正；完成日历时钟计时，定时向打印机输出数据；接受从键盘输入的命令，进行相应的数据显示、打印或设置日期、时间、报警风速；在条件满足设定值时，发出音响信号并打印出相应参数。

（4）时间基准电路，每秒钟发一个触发信号，微处理机进行一次数据处理，并检查有无键盘操作。时间基准电路信号源为石英晶体振荡器，可以保证主机时钟的日误差小于 3 s，有利于提高整个测量系统的精度。

（5）键盘显示和打印部分，是用其内部具有专用微处理机的整机成品，能够控制显示器和打印机。

(6) 复位电路部分,能够自动或手动排除因操作不当而造成程序运行“锁死”的故障。

(7) 报警控制电路,是微处理机控制报警音响信号的开关和驱动器,其输出接压电陶瓷喇叭,以降低报警功耗。

(8) 电源电路,对外接 220 V 交流电源进行变压整流,与机内电池和外接直流电源分别经隔离二极管进入稳压器,以防止各电源间相互充电影响电池寿命。

10.8 轻便风向风速表

10.8.1 仪器构造及原理

轻便风向风速表,是测量风向和 1 min 平均风速的仪器,它用于野外考察或气象站仪器损坏时的备份。常用的仪器有 DEM6 型轻便三杯风向风速表(见图 10.10)。

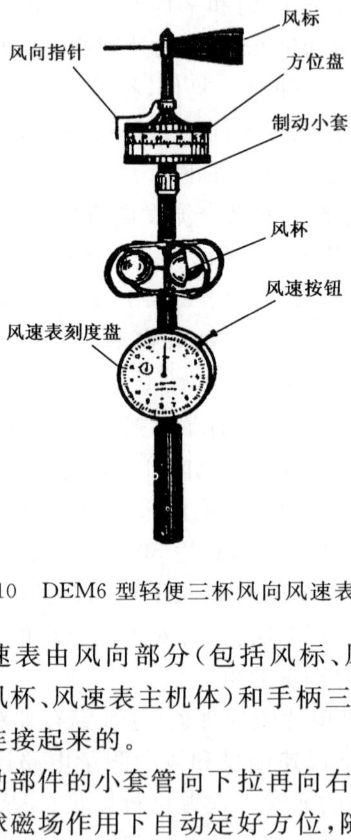

图 10.10 DEM6 型轻便三杯风向风速表示意图

DEM6 型轻便三杯风向风速表由风向部分(包括风标、风向指针、方位刻度盘和制动部件)、风速部分(包括十字护架、风杯、风速表主机体)和手柄三部分组成,其风速部分结构见图 10.11,它们相互间是通过螺纹连接起来的。

风向测量原理是将作为制动部件的小套管向下拉再向右转一角度,带磁棒的方位盘就落在顶钉上,并能自由摆动,在地球磁场作用下自动定好方位,随风标转动的风向指针与方向盘所对的读数就是风向。

风速测量原理是用手指压下启动杆,就会带动离合控制器,使风速指针回到零位。放开启动杆后,在时间齿轴上的红色时间小指针就开始走动。风杯转动,带动蜗杆,蜗杆带动蜗轮,蜗轮带动齿轴组,通过中心轮,带动风速指针走动,风速越大,风杯转动的越快,风速指针走动得越多,经 1 min 后,风速指针停止转动。接着时间指针转到最初位置也停下来,结束风速的测量。如欲进行下一次观测，只要再压一下启动杆即可。

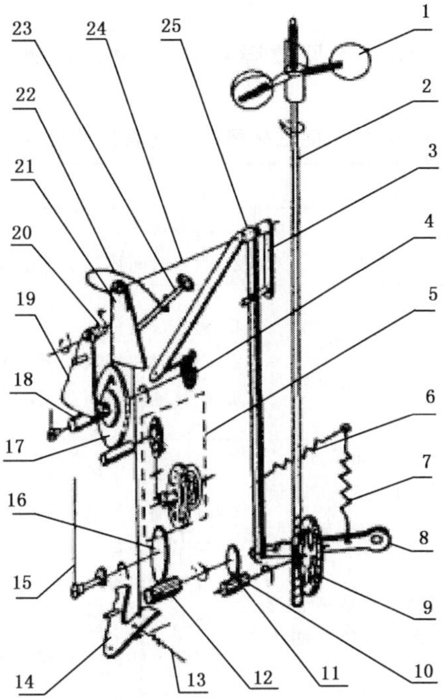

图 10.11 DEM6 型轻便三杯风向风速表风速部分结构图

1.风杯 2.蜗杆 3.拨杆 4.时间控制盘 5.擒纵调速器 6.和 7.弹簧 8.蜗轮架 9.蜗轮 10.齿轴 11.轮片 12.齿轴 13.弹簧 14.回零杠杆 15.风速指针 16.中心轮 17.时间轮片 18.时间齿轴 19.原动齿板 20.原动弹簧 21.启动板 22.弹簧 23.启动杆 24.转动轴 25.离合控制架

风速表在出厂时和使用相当时间后要经过法定计量检定机构检定，给出特定的校准方程(或校准图线)。使用风速表测量风速后，要将风速表测得的风速用给定的校准方程(或校准图线)校准后才能得出实际风速。

10.8.2 观测和记录

观测前，应将仪器从盒中取出，各部件安装到位，注意在拧紧各部件连接螺丝时，切勿拧松各齿轮和固定螺钉。仪器在拿出过程中，应手持手柄，保持风标朝上，避免碰到其他物体。按如下步骤和要求进行观测和记录：

(1) 观测时应将仪器带至空旷处，由观测者手持仪器，高出头部并保持垂直，风速表刻度盘与当时风向平行；然后，将方位盘的制动小套向右转一角度，使方位盘按地磁子午线的方向稳定下来，注视风向标约 2 min，记录其摆动范围的中间位置。

(2) 在观测风向时，待风杯转动约半分钟后，按下风速按钮，启动仪器，再待指针自动停转后，读出风速示值(m/s)；按此值从该仪器订正曲线上查出实际风速，取 1 位小数。

(3) 观测完毕，将方位盘制动小套向左转一角度，固定好方位盘。

10.8.3 常见故障及排除

DEM6 型轻便三杯风向风速表常见故障主要发生在风速部分，故障现象、原因分析见表 10.4。

表 10.4 DEM6 型轻便三杯风向风速表常见故障和排除方法

故障现象	原因分析	排除方法
风速指针指示风速偏大	1. 摆轮摆动过慢； 2. 时间控制盘的外圆弧度太大	1. 调整快慢针； 2. 调整时间控制盘上的偏心，使外圆弧度适中
风速指针指示风速偏小	1. 摆轮摆动过快； 2. 时间控制盘的外圆弧度太小； 3. 蜗杆上轴眼压得过紧或上下轴眼过脏	1. 调整快慢针； 2. 调整时间控制盘上的偏心，使外圆弧度适中； 3. 调整轴眼间距或清洗轴眼
擒纵系统走动，风杯也转动，而风速指针不走动	1. 蜗轮与蜗杆的间隙太小而脱开； 2. 蜗轮架轴孔内摩擦阻力太大，以致使弹簧不能拉起蜗轮，或蜗轮架凹槽处不光滑； 3. 拨杆安装角度不正确，造成离合控制架的右臂不能落入蜗轮架凹槽的底部	1. 调整蜗杆下端轴眼的位置，使蜗轮与蜗杆吻合适当； 2. 清洗蜗轮架轴孔，并加适量钟表油，使其润滑而清除摩擦或将凹槽修理光滑； 3. 重新装正拨杆的角度，当一按启动杆就能使离合控制架左臂上的销子跳出时间控制盘的缺口；放开启动杆时，又能使右臂上的销子刚好落入蜗轮的凹槽底部
风杯不转动	1. 蜗杆弯曲变形； 2. 蜗杆脱离出轴孔； 3. 各齿轮的轴轮太脏或生锈，摩擦阻力太大	1. 将蜗杆矫直； 2. 蜗杆转入轴孔，并适当调整蜗杆上端的轴眼； 3. 清洗各齿轮的轴孔，若生锈应将锈擦去，并在各轴孔内加适量钟表油
擒纵系统停摆	1. 原动弹簧失灵或原动齿轮卡住； 2. 摆轮被拨针卡住	1. 检查原动弹簧，若原动挂环脱出小柱而失灵，只要重新装上即可，若原动齿板卡住，则将受卡处排除； 2. 装正拨针
擒纵系统有时停摆	1. 时间系统各齿轮的轴孔太脏，阻力太大； 2. 时间控制盘的外圈不光滑，而使离合控制架左臂上的销子受阻	1. 清洗各齿轮轴孔，并加适量钟表油，使其润滑； 2. 将时间控制盘的外圆轻轻打磨光滑
风速指针不能回零	1. 风速刻度盘的位置移动； 2. 风速指针凸轮上的弹簧太松	1. 将风速刻度盘装到正确的位置； 2. 用钳子将弹簧压紧
风杯不平衡	1. 风杆喷漆脱落； 2. 杯臂弯曲	1. 重新涂漆调整，使三杯平衡； 2. 用钳子将杯臂矫直

10.8.4 维护

(1) 保持仪器清洁、干燥。若仪器被雨、雪打湿，使用后须用软布擦拭干净。若长时间不用，应拆分部件，放回盒中。拆分部件时应特别注意不要拧错固定螺钉。

(2) 应避免碰撞和震动。非观测时间，仪器要放在盒内，切勿用手触摸风杯。

(3) 平时不要随便按风速按钮，计时机构在运转过程中亦不得再按该按钮。

(4) 各齿轮和固定螺钉不得随意松动。

(5) 清洗风速表内的各零部件时，可将它们浸泡在 80 号汽油中，用软毛刷刷洗，然后再用布擦干，然后在各齿轮轴孔中适量滴几滴钟表油。

(6) 仪器使用 120 h 后，须重新检定。

10.9　其他测风仪器

10.9.1　声学风速表

声学风速表是利用声波在大气中的传播速度与风速密切相关的特性测量风速分量的仪器。如果两组声音发生器和接收器在一定距离上成等距平行对向排列，则受风速影响，同时发出的声波，其顺向和逆向接收信号就会有时间差。因声波在顺风和逆风两相反方向传播的时间差与风速成正比，故可得到该方向的风速分量。如在水平(x,y)和垂直(z)三个方向各设置两组元件，则可测得气流的三个分量。

声学风速表高频响应好，不干扰气流，能精确测量瞬时风速，是理想的湍流测量仪器，但造价较昂贵。因超声波的抗干扰性和方向性均好，故常用超声波段，使用超声波测风的仪器即为超声风速仪。

10.9.2　压力式风速仪

压力式风速仪是利用风的压力来测定风速。该仪器有两种，一种称为风压板，是利用自然下垂的板所受到的风压大小(表示为板的倾角大小)与风速的平方成正比的原理来测定风速的；另一种是压管式，是利用流体的全压力与静压力之差来测定风速的，经常采用的是皮托管。

10.9.3　散热式风速表

散热式风速表是利用一个被加热物体(如金属丝、金属膜或金属球)的散热速率与周围空气流速的关系来测定风速的。散热式风速传感器的主要器件是加热元件和测温元件，通常散热式风速传感器采用尺寸很小的加热和热敏元件，因而频率相当高，时间常数很小，在很小的空间内可以安装很多测量元件，空间分辨率很高。

散热式传感器在安装时要求热线与气流来向垂直，即散热体的方向必须与气流的方向正交，否则由于对流热交换系数随热线与风向交角的不同而变化，从而使测量误差偏大，一般交角误差应当在 10°以内。另外，物体的热交换系数与通风量有关，即空气密度的变化直接影响风速的测量结果，若使用地点与检定地点的空气密度不同，应进行空气密度修正。

复习思考题

1. 平均风和阵风的区别是什么？它们观测的要素各自有哪些？

2. 根据蒲福风级表，中文名称强风，对应为几级风？相当于地面空旷地带 10 m 高度上平均风速是多少？

3. 请给出风向“过零”的处理算法。

4. 简述风的矢量平均法的原理。

5. 对测风仪器安装有什么要求?
6. 简述单翼风向传感器和风杯风速传感器的工作原理。
7. 试述螺旋桨式风向风速传感器的测量原理。
8. 我国对强风计的技术指标有哪些要求?
9. EL 型电接风向风速计和 EN 型自动测风仪测量风速的原理有何不同?
10. 轻便三杯风向风速表的维护要求有哪些?

第 11 章　降水观测

内容提要

本章主要介绍降水量的概念，常用降水测量仪器的工作原理、操作方法和维护规定，简要介绍降水测量的误差来源。

11.1　概述

11.1.1　定义

降水是指从天空降落到地面上的液态或固态(经融化后)的水。由于云内及云层到地面间气层的温度、气流分布等状况的差异，降水具有不同的形态，包括雨、雪、米雪、霰、冰粒、冰雹等。

降水观测主要包括观测降水量和降水强度。

降水量是指某一时段内的未经蒸发、渗透、流失的降水，在水平面上积聚的深度。单位是毫米(mm)，取 1 位小数。

降水强度是指单位时间内的累计降水量。通常测定 5 min、10 min 和 1 h 内的累计降水量。

气象上按降水量的多少将降水分为小雨、中雨、大雨、暴雨、大暴雨和特大暴雨等 6 个等级，以及小雪、中雪和大雪 3 个等级，其划分标准参见表 11.1。

表 11.1　降水强度划分标准

划分标准	雨			雪	
		mm/d	mm/h		mm/d
降水强度等级	小雨	<10.0	<2.5	小雪	<2.5
	中雨	10.0～24.9	2.5～7.9	中雪	2.5～4.9
	大雨	25.0～49.9	8.0～15.9	大雪	≥5.0
	暴雨	50.0～99.9	≥16.0		
	大暴雨	100.0～199.9			
	特大暴雨	≥200.0			

引自：李爱贞等，2004。

11.1.2 测量仪器与安装要求

气象上常用的测量降水的仪器有雨量器、翻斗式雨量计(传感器)、虹吸式雨量计、双阀容栅式雨量传感器和称重式降水量传感器等。

测量降水的仪器与障碍物间的距离应大于障碍物与仪器受水口高度差的 2 倍以上,不宜选择在斜坡或建筑物的顶部。对于降雪的测量,应当尽量选在避风的地方。对液态降水可采用合适的围栏或防风圈使气流在仪器受水口上方水平流动。测量降水的仪器的周围地表应避免类似整块混凝土的坚硬而平整的地面,以防止雨水溅入。

11.2 雨量器

11.2.1 构造与原理

雨量器由雨量筒与量杯组成(见图 11.1)。雨量筒用来承接降水物,它包括承水器、储水瓶和外筒。承水器有两种:一种是带漏斗的承雨器,另一种是不带漏斗的承雪器。

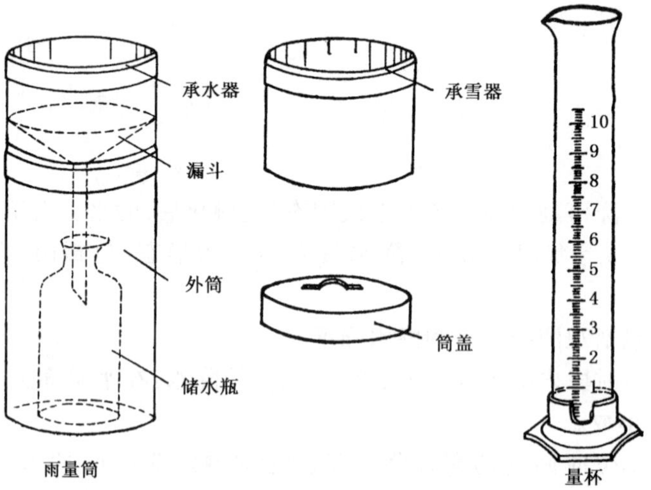

图 11.1 雨量筒及量杯

我国采用直径为 20 cm 的正圆形承水器,其口缘镶有内直外斜的刀刃形铜圈,以防雨滴溅失和筒口变形。外筒内放储水瓶,以收集降水量,当降水量较大超过储水瓶的容量时,外筒同时用来承接降水。当为降雪时,改用承雪器,不放储水瓶,直接用外筒承接降雪。量杯为一特制的有刻度的专用量杯,其口径和刻度与雨量筒口径成一定比例关系,量杯有 100 分度,每 1 分度等于雨量筒内水深 0.1 mm。

11.2.2 安装

雨量器安装在观测场内固定的架子上。器口保持水平,距地面高 70 cm。冬季积雪较深的地区,应备有一个较高的备份架子。当雪深超过 30 cm 时,应把仪器移至备份架子上进行观测。

对新启用的量杯应检查其计量的准确度，一是对 0.1～0.5 mm 的量能够正确读取；二是量取约 10 mm 的降水量，与另一量杯量取的值相差不能超过 0.1 mm。

11.2.3　观测与记录

11.2.3.1　正常观测与操作

每天 08、20 时分别量取前 12 h 降水量。观测液体降水时将水倒入量杯，要倒净。将量杯保持垂直，使人的视线与水面齐平，以水凹面为准，读的刻度数即为降水量，记入相应栏内。降水量大时，应分数次量取，求其总和。

11.2.3.2　固态降水的观测

冬季出现降雪（含混合降水）时，须将承水器漏斗卸下，取走储水瓶，用承水器和外筒承接降水。或者将承水器换为承雪器，取走储水瓶，用承雪器和外筒承接降水。

观测时，将已有固体降水的外筒，用备份的外筒换下，盖上筒盖后，取回室内，待固体降水融化后，用量杯量取。也可将固体降水连同外筒用专用的台秤称量，称量后应把外筒的重量（或 mm 数）扣除。

11.2.3.3　日界时降水的测量

20 时降水量观测时和观测前无降水，而其后至 20 时正点之间（包括延续至次日）有降水；或 20 时观测时和观测前有降水，但降水恰在 20 时正点或正点之前终止。遇有以上两种情况时，应于 20 时正点补测一次降水量，并记入当日 20 时降水量定时栏，使天气现象与降水量的记录相吻合。

11.2.3.4　特殊情况的处理

天气炎热干燥时，为防止蒸发，降水停止后应及时进行观测。

遇强降水时，应视降水情况增加人工观测次数，以免降水溢出外筒，造成记录失真。

不足 0.05 mm 的降水量记 0.0。纯雾、露、霜、冰针、雾凇、吹雪的量按无降水处理（吹雪量必须量取，供计算蒸发量用）。

出现雪暴时，应观测其降水量。

11.2.4　维护

经常保持雨量器清洁，每次巡视仪器时，注意清除承水器、储水瓶内的昆虫、尘土、树叶等杂物。

定期检查雨量器的高度、水平，发现不符合要求时应及时纠正；如外筒有漏水现象，应及时修理或撤换。

承水器的刀刃口要保持正圆，避免碰撞变形。

11.2.5　误差来源

雨量器的测量误差主要有：

(1) 由于承水口上方风场变形而导致的误差，对降雨为 2%～10%，对降雪为 10%～50%。

(2) 承水器内壁挂水导致的沾湿误差。

(3) 储水瓶内壁挂水导致的沾湿误差，与前一项加起来，一般夏季为 2%～15%，冬季为

1%～8%。

(4) 外筒内水分蒸发导致的误差(在炎热天气条件下尤为突出),为 0～4%。

(5) 由于吹雪或飘雪导致的误差。

(6) 溅入的或溅出的水导致的误差,为 1%～2%。

(7) 随机误差和仪器误差。

风场变形是造成降水量测量值偏小的最主要的环境因素,偏小可达 50%,系统性误差将随着降水形态(雨、雨夹雪、雪)的不同而变化。在风速较大的情况下,雨量筒的绕流作用将导致筒口上方出现局部的上升气流,使降落速度低于上升气流速度的雨滴或雪片随风飘去而不落入筒口之内,形成降水采集量偏低的系统误差。

沾湿误差是另一种累积系统误差。蒸发误差随雨量器器口状况和季节而变化,承水器内不带漏斗装置的雨量器蒸发更为明显。固体降水测量的系统误差通常要大于液体降水测量中的系统误差,而且可能高达一个数量级。

我国气象部门在 1992—1998 年选取 30 个国家基准气候站开展了坑式标准雨量器的对比观测,经过统计综合分析(任芝花 2003),对于收集口口径为 20 cm、安装高度为 70 cm 的普通雨量器,每次测量随机误差累计平均值为 0.0 mm,沾湿误差为 0.2 mm,蒸发误差为 0.0 mm,降雨风场变形误差为 0.19 mm,降雪为 0.32 mm。降雨测量的平均相对误差为 4.34%～15.28%,降雪测量的平均相对误差为 6.17%～39.99%。

11.3 标准雨量器

11.3.1 坑式标准雨量器

把雨量器安装在一个大坑中,坑上放置防溅栅网,最大限度地减小雨量器上方风场变形引起的测量误差,用来作为对比标准雨量器使用,称为坑式标准雨量器。但由于坑内积水不易排出和观测不便,也无法解决吹雪问题,因此坑式标准雨量器未能应用于台站业务。

坑式标准雨量器安置在地面气象观测场内,坑口面积为 2 000 mm×2 000 mm,并配有大小为 122 mm×122 mm 的金属防溅网,能够承载观测者方便观测,坑底面积为 1 700 mm×1 700 mm,坑深 760 mm;坑壁用砖砌,保持平整。雨量器置于坑内,其承水口与防溅网上沿相齐(即与地表面相齐),承水口中心与坑口中心重合。

它的主要设计特点是减少或控制风对降水捕捉率的影响,由于克服了风引起的误差,其所收集的降水量比高于地面的雨量器要多。

11.3.2 双栅式标准雨量器

双栅式标准雨量器用于固体降水测量。它是以雨量器为中心,由木质叶片制成的栅栏围成的内、外两圈的正八边体,外高内低,以提高对固态降水的捕获率,保证准确、可靠地测量降水量。其大小应满足出现最大积雪的需要,可视降雪情况制作,分为 DFIR、SDFIR 两种型号。

(1) DFIR 型。如图 11.2,外圈直径为 12 m,每边边长约 910 cm,叶片 55 片;内圈直径为 4 m,每边边长约 300 cm,叶片 17 片。每片叶片长约 140～150 cm,宽约 8 cm,厚度以风力无法吹断为宜。叶片采用木质或金属连接,连接片宽度约为 5 cm,分别固定在叶片两端的 90 和

20 cm 处。叶片之间的间隙约为 8 cm。采用铁管作为支架，分别安装在正八边形各边连接点和每边中点。支架的高度以雨量器的高度为准，内圈栅栏高于雨量器口沿约 10 cm，外圈栅栏高于雨量器口沿约 10～20 cm。叶片应进行防腐处理，刷清漆以保持木质的本色，铁管和金属件均应进行防锈蚀处理。

内装的雨量器配备支架，雨量器口沿低于内圈栅栏 10 cm。

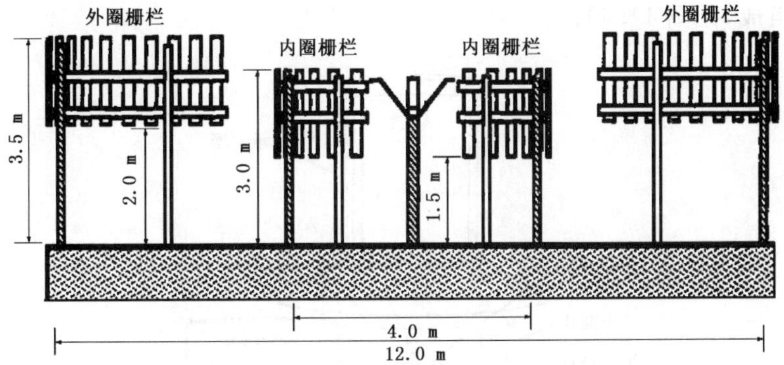

图 11.2　DFIR 型双栅结构示意图

(2) SDFIR 型。如图 11.3，外圈直径为 8 m，每边边长约 610 cm，叶片 38 片；内圈直径为 4 m，每边边长约 300 cm，叶片 17 片。支架的高度以传感器的高度为准，内圈栅栏高于传感器口沿约 10 cm，外圈栅栏高于传感器口沿约 10～20 cm(图中标示尺寸仅作参考)。其他要求同 DFIR 型。在北边的一块栅栏应卸装方便，在内圈栅栏内设置扶梯，以便观测员对仪器进行维护。扶梯高度低于雨量筒器约 50 cm，倾角以观测员上下方便为宜，扶梯应进行防滑处理。

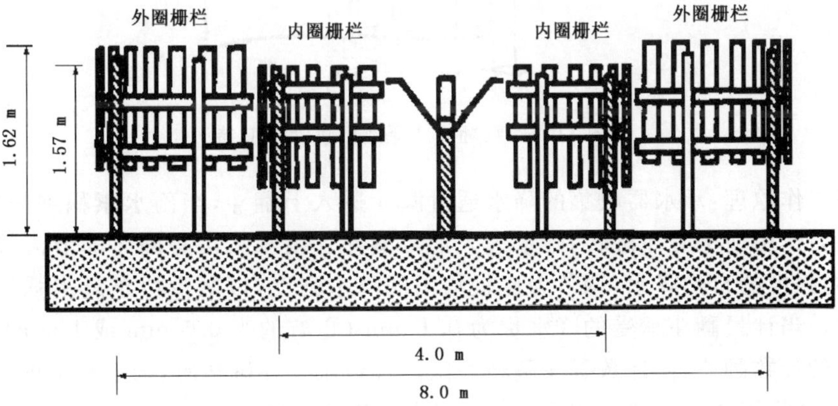

图 11.3　SDFIR 型双栅结构示意图

11.4　翻斗式雨量计

翻斗式雨量计分为双翻斗式和单翻斗式两种，本书没有特别注明的均指双翻斗式雨量计。在自动气象站中，翻斗式雨量计的感应器用做测量雨量的传感器。

11.4.1 构造与原理

双翻斗式雨量计由感应器与记录器组成，感应器安装在室外，采集降水进行计量；记录器安装在室内，二者用导线连接，用来遥测并连续采集液态降水量。

感应器主要由承水器、汇集漏斗、上翻斗（匀强翻斗）、中翻斗（计量翻斗）、下翻斗（计数翻斗）和干簧管等组成（见图 11.4）。

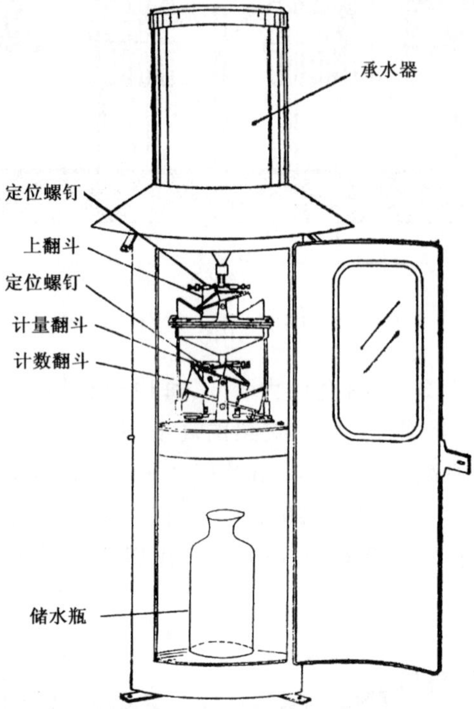

图 11.4 双翻斗式遥测雨量计感应器

感应器工作原理：承水器收集的降水通过漏斗进入上翻斗，当雨水累积到一定量时，由于雨水本身重力作用使上翻斗翻转，雨水进入汇集漏斗。雨水从汇集漏斗的节流管注入计量翻斗时，把不同强度的自然降水，调节为比较均匀的降水强度，以减少由于降水强度不同所造成的测量误差。当计量翻斗承受的降水量为 0.1 mm（也有的为 0.5 mm 或 1 mm）时，计量翻斗把雨水倾倒到计数翻斗，使计数翻斗翻转一次。计数翻斗在翻转时，与它相关的磁钢对干簧管扫描一次，干簧管因磁化而瞬间闭合一次。这样，降水量每达到 0.1 mm 时，就送出去一个开关信号，通过二芯电缆传输到记录器，进行记录、计数。

记录器由计数器、记录笔、自记钟、控制线路板等构成（见图 11.5），放置在室内台架上。计数器是一个机械式十进制计数装置，附有手动回零按钮。电磁步进记录笔组（见图 11.6）由电磁铁、棘轮、给进爪、履带轮、紧张轮轴组、同步齿带（履带）、记录笔架组等组成。

记录器工作原理：当室外感应器送出一个导通信号时，控制线路板上的晶体管放大电路推动中间继电器动作，促使继电器内部两对常开接点同时闭合，其中一对接点电路导通使计数器计数，另一对使电磁步进器动作，带动记录笔记录，电磁步进机构的电磁铁每吸动一次，给进爪推动棘轮转动时，带动同步齿带运动，同步齿带上的推条推动自记笔上升，在记录纸上画出相应位置的线条，当电磁铁吸动 99 次时，记录笔移到记录纸最高点，再吸动 1 次，则记录笔从推条上脱落，由于阻尼器的作用，记录笔缓慢下落至零位，再由同步齿带的下一个推条继续推动记录笔，重新开始记录，如此不断地记录出阶梯式的记录线条。

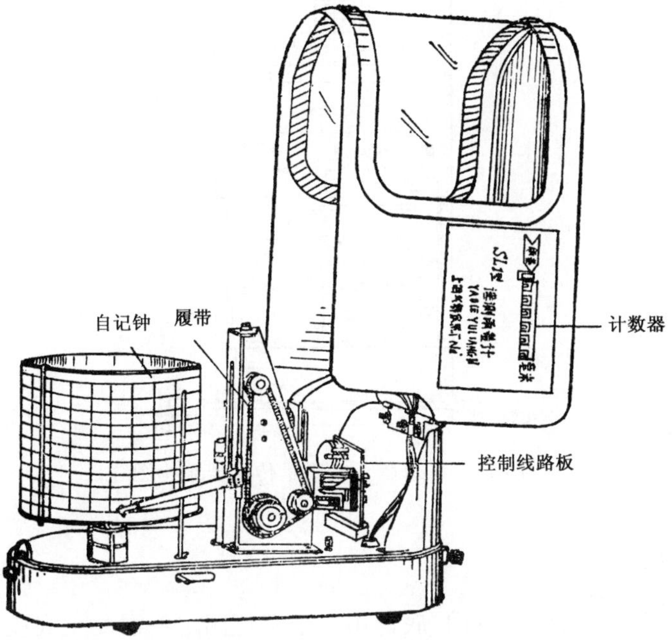

图 11.5　双翻斗式遥测雨量计记录器

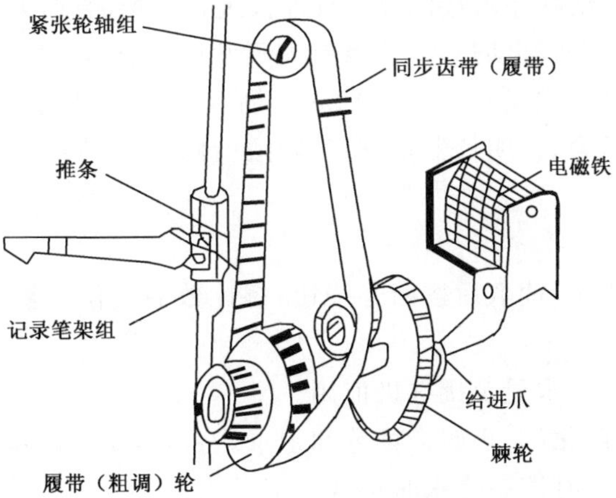

图 11.6　电磁步进记录笔组结构图

在自动气象站中，双翻斗式雨量传感器与双翻斗式遥测雨量计感应器的组成完全相同，工作原理也完全相同，只是外形结构有所不同，见图 11.7。

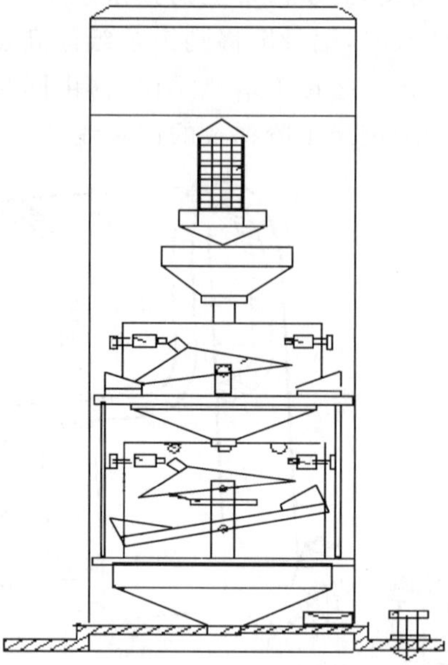

图 11.7　双翻斗式雨量传感器结构图

11.4.2　安装与测试

先将承水器外筒安装在观测场内，底盘用三个螺钉固定在混凝土底座或支架上，要求安装牢固、器口水平；感应器安在外筒内，注意当上翻斗处于水平位置时，漏斗进水口应对准其中间隔板，计量翻斗与计数翻斗向同一方向倾斜；最后将电缆线与室内仪器连接。

安装完毕，可用JJS1型翻斗雨量传感器校准仪进行现场测试，方法是：将清水徐徐注入感应器漏斗，随时观察计数翻斗翻动过程，注意有无不发信号或多发信号现象。检查室内仪器上是否采集到数据。最后注入定量水（60～70 mm），如无不发信号或多发信号的现象，且室内仪器的数据与注入水量相符合，说明仪器正常，否则须检修调节。

11.4.3　观测操作

从计数器上读取降水量，读数后按回零按钮，将计数器复位。复位后，计数器的五位0数必须在一条直线上。

自记记录供整理各时降水量及挑选极值用。

遇固态降水，凡随降随化的，仍照常读数和记录。否则，应将承水器口加盖，仪器停止使用并在观测簿备注栏注明，待有液态降水时再恢复记录。

更换自记纸的规定：

（1）一日内有降水（自记迹线上升≥0.1 mm），必须换纸。若换纸时正在降水，则在记录迹线终止和开始的一端均用铅笔画一短垂线，作为时间记号；若换纸时无降水，则在新自记纸换上前拧动笔位调整旋钮，把笔尖调至“0”线上（相当于作了换下时间记号），在新自记纸的开始记录处上抬笔杆作换上时间记号。

（2）换纸时遇强降雨，若自记纸尚有一部分可继续记录，则可等雨停或雨势转小后再换纸。若估计短时间内雨不会停也不会转小，则可拨开笔尖，转动钟筒，在原自记纸的开始端（此处须无降水记录，或有降水自记迹线但不致重叠）对准时间，重新记录。待雨停或转小后，立即换纸。换下的自记纸应注明情况，分别在两天的迹线上标明日期，以免混淆。

(3) 一日内无降水时，可不换纸。每天在规定的换纸时间，先作时间记号，再拨开自记笔，旋转钟筒，重新对准时间，放回自记笔，拧动笔位调整旋钮（或按微调按钮），使自记笔上升约 1 mm 的格数，以免每日迹线重叠。无降水时，一张自记纸可连续使用 8～10 d。

仅因雾、露、霜量使自记迹线上升≥0.1 mm 时，不必换纸，但应在自记纸背面备注。

11.4.4　维护

11.4.4.1　调整传感器

新仪器（包括冬季停用后重新使用或调换新翻斗）在工作一个月后的第一次大雨后，应作准确度对比，即比较自身排水量与计数、记录值。如发现差值超过±4%时，应首先检查记录器工作是否正常，计数与记录值是否相符，干簧管有无漏发或多发信号现象。如确实是由于仪器的基点位置不正确所造成时，应作基点调整（一般不轻易动基点）。

调整方法：向外或向里旋动计量翻斗的两个定位螺钉。将一个定位螺钉旋动一圈，其差值 $\left(\dfrac{\text{排水量}-\text{计数值}}{\text{排水量}}\times 100\%\right)$ 改变量为 3% 左右；如两个定位螺钉都往外或往里旋动一圈，其差值改变量为 6% 左右。

如差值是 −2% 时，可将其中的一个定位螺钉往外旋动 2/3 圈。如差值是 6% 时，可将两个定位螺钉都往里旋动一圈。

为使调节位置准确，在松开定位螺帽前，需在定位螺钉上作位置记号。调节好后，需拧紧定位螺帽。

每一次降水过程将计数值与自身排水总量比较，如多次发现 10 mm 以上降水量的差值超过±4%，则应及时进行检查。必要时应调节基点位置。

11.4.4.2　检查维护

仪器每月至少定期检查一次，清除漏斗、节流管、过滤网上的尘沙、树叶、小虫等，以免堵塞管道，特别要注意保持节流管的畅通。无雨或少雨的季节，可将承水器口加盖，但注意在降水前及时打开。翻斗内壁禁止用手或其他沾有油污的物体抹拭，以免污染翻斗内壁。

如记录器采用干电池供电，必须定期检查电压。电压低于 10 V 时，应更换全部电池，以保证仪器正常工作。

结冰期长的地区，在初冰前拔掉记录器电源，将其承水器口加盖，不必收回室内，并注意将残留在翻斗内的水擦拭干净。

其他同雨量器。

11.4.5　单翻斗式雨量传感器

单翻斗式雨量传感器与双翻斗式雨量计结构类似，主要由承水器（口径为 159.6 mm）、过滤漏斗、翻斗、干簧管和底座等组成（见图 11.8）。降水通过承水器，再通过过滤网流入翻斗里，当翻斗流入一定量的雨水后，翻斗翻转，倒空斗里的水，翻斗的另一个斗又开始接水，翻斗的每次翻转动作通过干簧管转成脉冲信号(1 次脉冲为 0.1 mm)传输到采集系统。

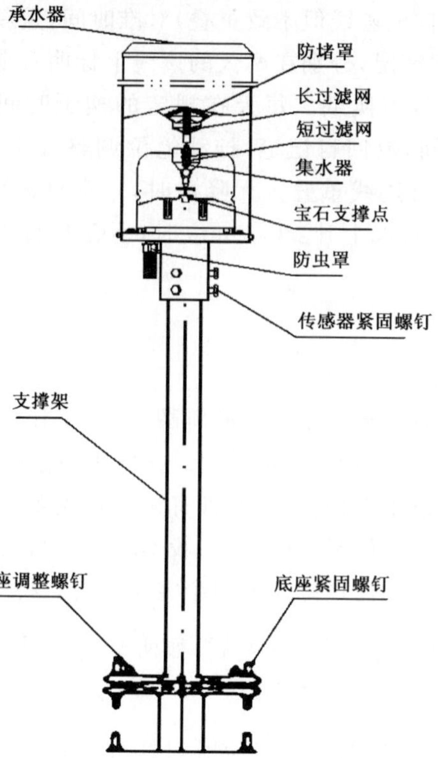

图 11.8 单翻斗式雨量传感器

11.4.6 误差来源

翻斗式雨量计的误差来源包括：

(1) 大雨时翻斗翻转的雨量损失和上翻斗与计量翻斗同步翻转造成的雨量损失。

(2) 翻斗水分蒸发的损失明显，特别是在炎热地区。这种误差在小雨时也很明显。

(3) 在毛毛细雨或很小的雨的情形下，降水量达不到 0.1 mm 不会翻动，造成记录的不连续性，降雨起止时间无法准确界定。

(4) 雨水可能附着于斗壁和斗边上，以及斗内会有残存的雨水，翻转动作需要克服这些额外的重量。

(5) 从漏斗流入翻斗的水流可能导致读数略高，这取决于进水嘴的尺寸、形式和位置。

(6) 由于雨量计的水平状态未调整好，仪器极易产生摩擦和使翻斗处于非正常平衡状态。

11.5 虹吸式雨量计

11.5.1 构造与原理

虹吸式雨量计是用来连续记录液体降水的自记仪器，它由承水器(通常口径为 20 cm)、浮子室、自记钟和虹吸管等组成(见图 11.9)。

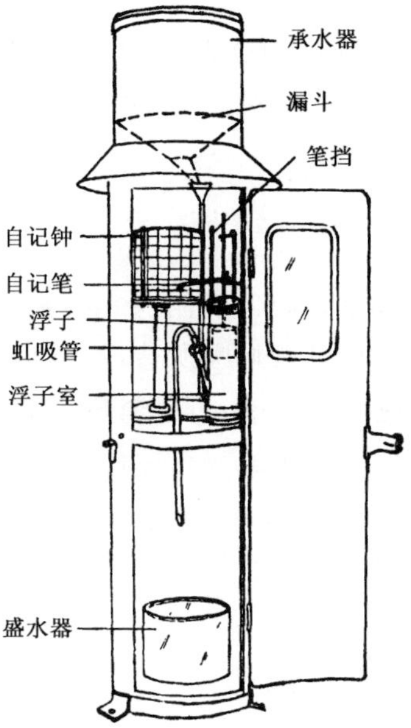

图 11.9　虹吸式雨量计

有降水时，雨水从承水器经漏斗、进水管引入浮子室。浮子室是一个圆形容器，内装浮子，浮子上固定有直杆与自记笔连接。浮子室外连虹吸管。降水使浮子上升，带动自记笔在钟筒自记纸上画出记录曲线。当自记笔尖上升到自记纸刻度的上端(一般为 10 mm)时，浮子室内的水恰好上升到虹吸管顶端，虹吸管开始迅速排水，使自记笔尖回到刻度“0”线，又重新开始记录。自记曲线的坡度可以表示降水强度。

11.5.2　安装与检查

仪器安装的地方和要求与翻斗式雨量计相同。

内部机件的安装：先将浮子室安好，使进水管刚好在承水器漏斗的下端；再用螺钉将浮子室固定在座板上；将装好自记纸的钟筒套入钟轴；最后把虹吸管插入浮子室的侧管内，用连接螺帽固定。虹吸管下部放入盛水器。

开始使用前应按调整零点、检查浮子等部件灵活性、检查虹吸管位置是否正确的顺序进行调整检查。

11.5.3　观测与记录

自记记录供自动气象站雨量缺测时，整理各时降水量及挑选极值用。遇固体降水时，处理方法同翻斗式雨量计。

自记纸的更换要求：

(1) 无降水时，自记纸可连续使用 8～10 d，用加注 1.0 mm 水量的办法来抬高笔位，以免每日迹线重叠。

(2) 有降水(自记迹线上升≥0.1 mm)时，必须换纸。自记记录开始和终止的两端须作时间记号，可轻抬自记笔根部，使笔尖在自记纸上画一短垂线；若记录开始或终止时有降水，则应用铅笔作时间记号。

(3) 当自记纸上有降水记录,但换纸时无降水时,则在换纸前应作人工虹吸(给承水器注水,产生虹吸),使笔尖回到自记纸"0"线位置。若换纸时正在降水,则不作人工虹吸。

(4) 其他同翻斗式雨量计。

11.5.4 运行维护

在雨季,每月应将盛水器内的自然排水进行 1~2 次测量,并将结果记在自记纸背面,以备使用资料时参考。如有较大误差且非自然虹吸所造成,则应设法找出原因,进行调整或修理。

虹吸管与浮子室侧管连接处应紧密衔接,虹吸管内壁和浮子室内不得沾附油污,以防漏水或漏气而影响正常虹吸。浮子直杆与浮子室顶盖上的直柱应保持清洁,无锈蚀;两者应保持平行,以减小摩擦,避免产生不正常记录。

在初结冰前,应把浮子室内的水排尽;冰冻期长的地区,应将内部机件拆回室内保管。

11.5.5 误差来源

虹吸式雨量计的可能误差来源有:

(1) 正在虹吸过程中落入雨量计的雨量损失。有一种强迫虹吸装置具有一个与主浮子室分开的小室,用来收集在虹吸过程中继续降落的雨水,待虹吸过程结束后将水排入主浮子室中,以保证降水总量的正确。

(2) 虹吸管位置不正确引起的误差。

11.6 称重式降水量传感器

目前我国气象部门对固体降水以人工观测为主,存在时效性差、时空密度不足等诸多弊端,不能全面、连续反映冰雪过程的变化情况。称重式降水量传感器既可以作为单独的传感器挂接在自动气象站上,又可以作为观测仪独立使用,使观测结果客观化、观测资料连续化,减少观测人员的工作量,进一步提高观测质量和观测效率。相对于翻斗式雨量计和虹吸式雨量计而言,只有称重式降水量传感器适用于全天候降水的测量。

称重式降水量传感器使用高精度的电子称重原理,它由一个大容量的高稳定载荷元件和集水桶组成,载荷元件是传感器的核心,通过对重量变化的快速响应测量固体降水。

根据载荷元件测量原理来分,目前称重式降水测量技术主要有两种,一种是基于电阻应变技术,敏感梁在外力作用下产生弹性变形,使粘贴在它表面的电阻应变片也随之产生变形,电阻应变片变形后,它的阻值将发生变化,再经相应的测量电路把这一电阻变化转换为电信号,进而得到重量,如 T—400 型称重式降水量计;另一种是振弦技术,以弦丝为弹性部件,根据其重量与振动频率的对应关系,通过相应的测量电路得到重量,如 T—200B 型称重式降水量计。下面分别介绍 T—200B 型和 T—400 型全天候降水量计。

11.6.1 T—200B 型全天候降水量计

11.6.1.1 结构与原理

T—200B 型全天候降水量计由承水器(器口面积为 200 cm^2)、集水桶(600 mm)、弦振传感器组、支架和 Alter 型挡风圈组成(见图 11.10)。

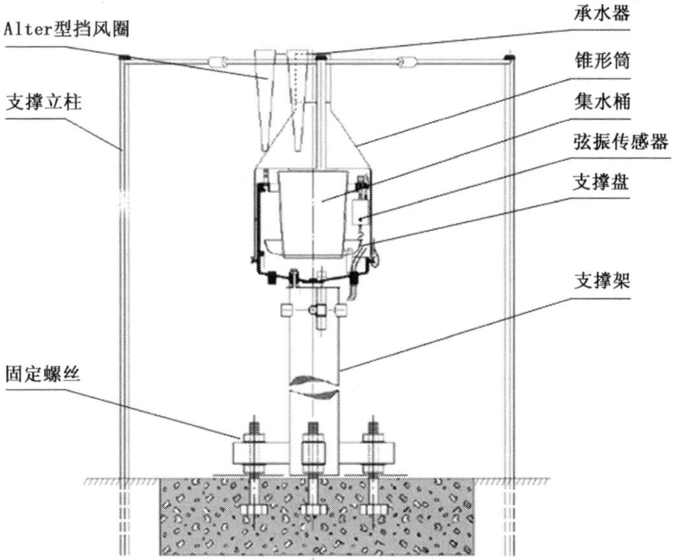

图 11.10　T—200B 型全天候降水量计结构图

承水器由进入口和锥形筒组成,进入口承接来自天空的降水,汇集到集水桶,集水桶应保持水平,在集水桶中装有防冻剂(无降雪站或非降雪季节可只加入机油,以减少蒸发),可以融化固态降水,集水桶位于靠 3 个相互独立的弦振传感器钩住的支撑盘上,通过弦振传感器进行称重,然后给出一个频率,频率被作为一个 0～5 V 的方波信号输出,这种信号可以很方便地连接到数据采集器系统上进行测量,计算得到降水总量。在每个弦振传感器的侧面有锁紧螺钉,用于锁住传感器称重。仪器无机械移动部件,消除了一些可能的系统误差。单个传感器出现故障也可以方便地探测到。

Alter 型挡风圈为圆形,直径为 122 cm,通过 4 根等距的立柱支撑,挡风圈上叶片为不锈钢材料,以防腐蚀,安装在承水器的周围。

11.6.1.2　*安装*

传感器安装底座用水泥浇筑,将底座固定螺丝预埋,支架固定在底座,由此支撑传感器,传感器承水器口沿距地面高度为 150 cm,积雪较大的地区,其高度应大于最大积雪深度 30 cm,器口应水平。

Alter 型挡风圈安装在承水器的周围。安装方法是将 4 根立柱牢固地插入地中(风力较大的地方可以浇注水泥),深度以挡风圈被风吹时牢固为宜,挡风叶片的上端高出传感器承水器上沿约 5 cm。

在降雪较大的地区,应在挡风圈外另行安装 DFIR 型挡风圈,以进一步提高固态降水的捕获率。防护栏的安装应足够坚固以防止风的影响。

11.6.1.3　*维护*

除一般的日常维护外,主要是对集水桶内的降水、防冻液和防蒸发液的维护。

集水桶液面防蒸发液不足时,应及时添加。在气温可能低于 0 ℃的季节,还应添加适量的防冻液。为了防止集水桶中降水量的溢出，当集水桶中的累积降水量达到或超过集水桶最大承载量的70%时，应及时在非降水时间对集水桶进行排水处理，操作步骤如下：

（1）按照仪器操作手册要求，断开称重式降水量传感器的电源，暂停用该传感器。

（2）取下承水器。承水器为传感器的外罩，其下方周围有三个锁扣，一个一个地用力向下扳，使全部锁扣松开，然后将外罩向上提起取下。提取外罩时应注意不要用力拉扯连线。

（3）打开外罩后，顺时针方向拧紧弦振传感器侧面的三个锁紧螺钉。

（4）将集水桶取下（也可直接操作），使用附带的吸水器吸出集水桶中的降水，并保证集水桶中有一定的降水余量，其液面高度以5～8 mm为宜。在吸水时，应将吸水器伸到集水桶底部，使防蒸发液留下。

（5）放回集水桶。桶的底部应水平地落在支撑盘中，保持集水桶的平衡。

（6）松开弦振传感器侧面的锁紧螺钉。将弦振传感器侧面的三个锁紧螺钉按逆时针方向适当拧松。螺钉松开时，会听到轻微的啸叫声，表明传感器正常工作。如果没有啸叫声，可能是螺钉松开不够或有传感器故障。

（7）盖上外罩并扣紧锁扣。外罩底盘底部的三个小槽与锁扣对准，锁扣钩住小槽后，用力向上扳起即可。

（8）按照仪器操作手册要求，接通传感器电源，开始启用该传感器。

11.6.2 T—400型全天候降水量计

11.6.2.1 结构

T—400型全天候降水量计由降水采集传感器、红外降水发生探测器（OPD）和风挡三部分组成（如图11.11所示）。

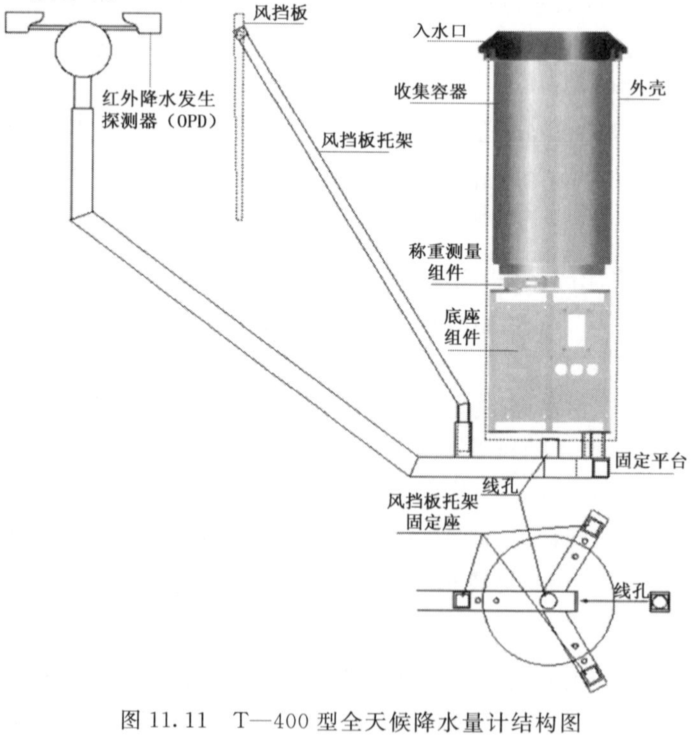

图11.11 T—400型全天候降水量计结构图

(1) 降水采集传感器

降水采集传感器包括入水口、外壳、降水收集容器、底座组件(包括称重测量组件(WMA)、载荷传感器和收集容器平台)、通用传感器接口(USI)。

圆柱体外壳高度为 730 mm,直径 254 mm。向下吻合地套在底部组件上。入水口刚好插入到外壳的顶端,通过一个"O"形环紧密地套在外壳上面。入水口直径为 203.2 mm,便于降水的进入;入水口内部垂直壁高 57.15 mm,呈现出一个最小的面积,用于降水的收集。

铝制降水收集容器最大可容纳 406 mm 的降水量,收集容器的底部恰好套在载荷传感器平台的定位导向装置上。收集容器中的降水,与一定量的防冻剂混合在一起,从而防止容器中的液体结冰。收集容器中还可放置一层薄的蒸发抑制油,用以阻止溶液的蒸发。

通过载荷传感器获取在收集容器中的降水重量的信号,该信号被转换为毫米单位的降水。称重测量组件中的温度传感器提供对任意能够影响准确度的温度响应进行补偿。称重测量组件输出一个模拟翻斗的脉冲,在累积降水中以每次 0.1 mm 递增。

通用传感器接口同时监控红外降水发生探测器和称重测量组件电路模块,通用传感器接口连续检查红外降水发生探测器的发生和阻塞信号,以及称重测量组件的输出脉冲以激活电路的工作。通用传感器接口通过降水"发生"信号输出降水脉冲。当降水事件结束时,"发生"信号行又将返回到它正常的状态。通用传感器接口还可以接收指示红外降水发生探测器的 LED 红外线光路被雪或其他障碍物封堵的"阻塞"信号,在这种情况下,通用传感器接口可以继续报告降水。

底座组件保证降水量计结构的稳定,为载荷传感器、微电子电路、接口连接器和通用传感器接口提供安装场所。

(2) 降水发生探测器

降水发生探测器包括双束红外光发射/探测传感器、红外降水发生探测器电路、铝制外壳。通过电缆线连接到降水采集传感器。

红外降水发生探测器利用红外线光束探测无论是以雨、雨夹雪,还是以雪的形式下落的降水的发生。当探测有降水时,"发生"信号行将会出现低电平。该信号连接到通用传感器接口上,允许称重测量组件在收集容器中的液体重量增加时输出脉冲;如果探测器长时间没有探测到降水,"发生"信号行又将返回到高位电平状态,通用传感器接口将不允许称重测量组件输出脉冲,直到它再一次发现有指示降水的"发生"信号。这样,可以保证不会出现由于外部的影响(比如风或温度引起的震动或噪声)而造成降水虚假的指示。

红外降水发生探测器后侧面板附着 4 颗螺丝。在面板的周围与外壳连接处被涂上一层很厚的硅树脂油脂,用于防水。如果面板由于某种原因被打开,应当再一次涂抹硅树脂油脂以防止水的侵入。

(3) 风挡

风挡环绕在降水采集传感器的四周,由 42 个独立的 75 mm×406 mm 的聚碳酸酯面板组成,用来使降水量计入水口周围的风保持平静,增强捕获降水的效率。

11.6.2.2　*工作原理*

T—400 型全天候降水量计由安装在底座组件上的芯片微处理器(MCU)的管理程序所控制;降水量计管理程序常驻于 MCU 的单片 PROM(可编程只读存储器)中。另一个板载 EPROM(可擦可编程只读存储器)存储器储存所有的校准常数、温度系数和计时频率。

降水采集传感器通过精密的全桥载荷传感器提供与收集容器中降水的重量成正比的电路输出，每 10 s 采样一次。红外降水发生探测器提供一个降水发生信号，载荷传感器提供一组与降水量计中液体的重量成正比的信号输出，输出是仿效翻斗式雨量计的脉冲，通过采集系统完成液体重量的测量，并进行温度与风的信号补偿。实现每小时正点自动测量，存储当前小时的分钟降水量、累计降水量。

11.6.2.3 安装

T—400 型全天候降水量计应安装在稳固的地面上，减少由于刮风或其他环境原因所造成的震动影响。安装后的效果见图 11.12。

图 11.12 T—400 型全天候降水量计安装效果图

(1) 支撑架组件(平台)应安装在混凝土的底座上。按照随设备所附技术手册的要求，在底座应埋设用于固定支架的地脚螺栓。

(2) 支撑架组件的安装应当使支撑臂支撑着红外降水发生探测器臂朝向正北。

(3) 红外降水发生探测器电缆向下穿过安装支架，从支撑架底部的电缆入口(中间的小孔)穿出，向上穿过底座上的中央小孔。

(4) 红外降水发生探测器的外罩上标记着“北”和“南”，将标记有“北”的一端远离降水量计朝向正北。

(5) 通过调节支撑架下面地脚螺栓上的螺母，进行水平调节和得到想要的高度，然后拧紧地脚螺栓顶端的螺母。

(6) 完成线路连接。

(7) 完成降水量计的组装。

(8) 安装风挡。

11.6.2.4 维护

日常维护要求与 T—200B 型全天候降水量计基本相同。有关清空收集容器中的降水、添加防冻剂和蒸发抑制油、称重测量组件复位等的操作需按照厂家随设备所提供的技术手册进行。

11.7　双阀容栅式雨量传感器

双阀容栅式雨量传感器也是用于自动测量降水量的仪器，可与自动气象站采集器连接。主要由承水器、储水室、浮子与感应极板及信号处理电路等组成（见图 11.13）。

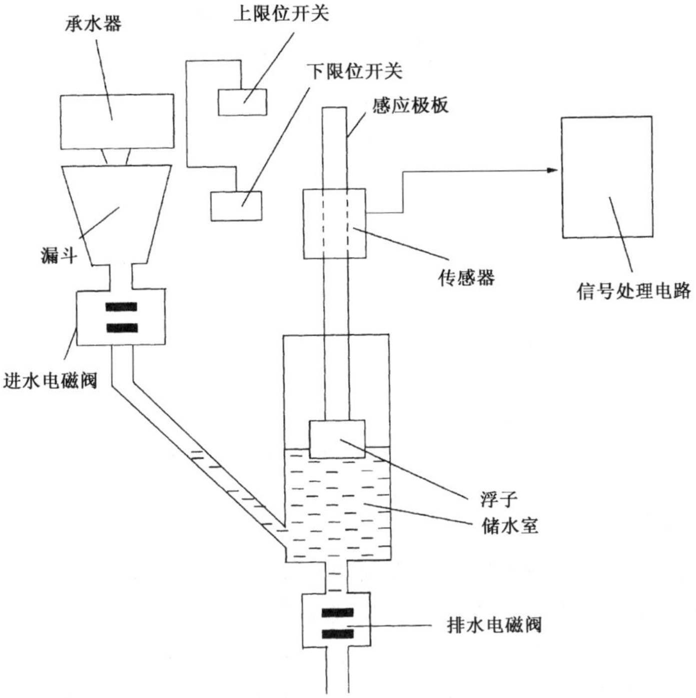

图 11.13　双阀容栅式雨量传感器结构图

工作原理：雨水降落时，由承水器收集，经过漏斗和进水电磁阀，进入储水室使水位上升，从而带动浮子上升，带动感应极板通过容栅位移传感器产生电容变化，经计算机处理转换成位移计量，输出无源脉冲。如果连续降雨，储水室的水位继续上升到特定水位时，进水电磁阀关闭，而后排水电磁阀打开，开始放水（放水过程大概 12 s）。待放水完毕，排水电磁阀关闭，同时进水电磁阀打开，继续降雨计量。采用上、下两个电动水阀控制雨水的进水和放水，实现对降雨进行持续计量。

安装要求参照翻斗式遥测雨量计。安装后用电缆与室内仪器连接。使用时要注意维护仪器清洁，定期清洗过滤网与储水室。

11.8　激光降水粒子谱仪

激光降水粒子谱仪可以实现对各种类型降水的测量。不仅可以测量降水量、颗粒大小和速率，而且可以分辨降水类型，如毛毛雨、小雨、冰雹、雪及混合降水（见图 11.14）。

工作原理：是以激光测量为基础的粒子测量传感器，采用平行激光束和光电管阵列结合，当有降水粒子穿越采样空间时，自动记录遮挡物的宽度，通过穿越时间计算降水粒子的尺度和速度，根据各种参数的综合信息对降水粒子进行分类，并能够以数字形式显示瞬时降水强度、降水粒子总数、累积降水量、降水时的能见度和雷达反射因子，可以得到降水粒子尺度谱、速度谱和降水粒子分类，且自动生成天气现象代码，实现天气现象的自动识别。

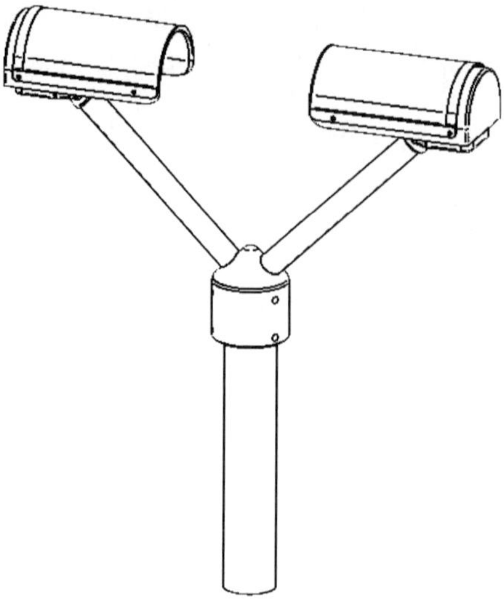

图 11.14 激光降水粒子谱仪示意图

仪器具有如下特点：

(1) 降水分布和降水量的测量可以在无需维护下进行，不需要考虑降水的密度、持续时间或降水类型。可以直接通过测量获得每种粒子的粒径和速度。

(2) 能够按照世界气象组织天气代码的规定，识别天气现象代码，无论在何种天气状况下，可以确定水汽凝结体的类型、数量和组成，还可以确定大气的能见度。可以作为降水性质区别的天气现象传感器。

(3) 利用地面雨滴谱的连续观测资料，可以分析降水特征和降水的形成机制，开展降水微物理特征研究，因而该仪器被广泛应用于云降水物理及人工影响天气领域。

(4) 但由于激光降水粒子谱仪在测量时的准确性和可靠性还不尽完善，目前多用在研究领域，气象业务中还较少应用。

11.9 降水记录的处理

11.9.1 自记纸的整理

(1) 翻斗式雨量计自记纸的整理

① 时间差订正。凡 24 h 内自记钟计时误差达 1 min 或以上时，自记纸应作时间差订正。订正方法同风的自记纸整理。

② 按上升迹线计算出两个正点记号间水平分格线实际上升的格数，即为该时降水量。如换纸时有降水，致使换纸时间内的降水量未记录上，这一部分量应作为换纸所在时段内的降水量。没有上升迹线的各时段空白。

③ 降雹时按自记迹线读取各时降水量，但应在自记纸背面注明降雹起止时间（夜间不守班的站，夜间降雹可只注明情况）。

（2）虹吸式雨量计自记纸的整理

在降水微小的时候，自记迹线上升缓慢，只有累积量达到 0.05 mm 或以上的那个小时，才计算降水量。其余不足 0.05 mm 的各时栏空白。

其他同翻斗式雨量计。

11.9.2　自动气象站分钟降水量的处理

地面气象观测数据文件（A、Y 文件）中的逐小时降水量和各时段年最大降水量均以自动气象站降水量为准，年最大降水量由业务软件从全年 J 文件中自动挑取，当 J 文件中数据有缺测或异常并对年最大降水量有影响时，必须进行人工干预处理。由于降水量异常的情况比较复杂，人工干预处理按以下原则进行：

（1）人工雨量器观测到微量降水，但自动气象站未记录到降水量，此时不需作人工干预。

（2）人工雨量器未观测到降水，但自动气象站有降水，此时应判断是否为滞后降水，若是，则将滞后量累加在降水现象终止时间的分钟降水量上，并修改原始 J 文件相关内容。若为空翻或纯露、霜、雾量，则删除该降水量，并修改 J 文件相关内容。判断是否为滞后降水的依据是该降水量的时间距最近一次降水的时间是否超过 2 h，不超过 2 h 的作为滞后，超过 2 h 的作为空翻处理。

（3）当发生随降随化的固态降水时，按液态降水处理；当为非随降随化的固态降水时，以人工雨量器观测到的降水量为准，降水量累计到该时段的最后时次，作为过程降水，其他各小时降水量作缺测处理，不需要修改 J 文件。

（4）因调整雨量传感器而产生的降水量，应对自动气象站原始采集数据文件进行修改，删除相应的分钟、小时降水量，并在备注栏中注明。

复习思考题

1. 测量降水主要有哪几种方法？对降水测量仪安装的要求有哪些？
2. 常规雨量器测量降水主要有哪些误差？坑式标准雨量器可以减小哪些测量误差？
3. 简述双翻斗式雨量传感器的工作原理。
4. 如何更换翻斗式雨量计的自记纸？
5. 分析翻斗式、虹吸式和称重式三种降水量自动测量仪器的优缺点。
6. 简述激光降水粒子谱仪的工作原理。
7. 自动气象站分钟降水量记录不正常时，如何处理？

第12章　积雪观测

内容提要

本章主要介绍雪深、雪压的定义，及其观测要求，简要介绍了积雪的自动观测方法。

12.1　概述

积雪观测包括雪深和雪压。雪深是指从积雪表面到地面的垂直深度，以厘米(cm)为单位，取整数；雪压是指单位面积上的积雪重量，以克每平方厘米(g/cm^2)为单位，取1位小数。

当气象站四周视野地面被雪(包括米雪、霰、冰粒)覆盖超过一半即测站达到记录积雪天气现象标准时要观测雪深；在规定的日子当雪深达到或超过5 cm时要观测雪压。

人工测定雪深用量雪尺或普通米尺，自动观测雪深采用超声波雪深探测仪；测定雪压用体积量雪器或称雪器。

雪深、雪压的观测地段，应选择在观测场附近平坦、开阔的地方。入冬前，应将选定的地段平整好，清除杂草，并做上标记。

12.2　雪深的观测

12.2.1　人工观测

12.2.1.1　测量工具

气象站一般用量雪尺或普通米尺来测量雪深。量雪尺是一木制的有厘米刻度且底部为楔形的直尺，一般情况下不得使用非木制的直尺作为量雪尺。

12.2.1.2　观测要求

气象站应按如下规定进行雪深观测：

(1) 符合观测雪深的日子，每天08时在入冬前平整好的观测地点将量雪尺垂直地插入雪中到地表为止(勿插入土中)，依据雪面所遮掩尺上的刻度线，读取雪深的厘米整数，小数四舍五入。使用普通米尺时，若尺子的零线不在尺端，雪深值应注意加上零厘米线至尺端距离的相当厘米数值，气象站使用的普通米尺应事先量好零厘米线至尺端的长度，保证站内统一。

(2) 每次观测应做 3 次测量，记入观测簿相应栏中，并求其平均值。3 次测量的地点，彼此相距应在 10 m 以上(丘陵、山地气象站因地形所限，距离可适当缩短)，并作出标记，作出的标记站内应统一，以免下次在原地重复测量。

(3) 平均雪深不足 0.5 cm 记 0。若 08 时未达到测定雪深的标准，之后因降雪而达到测定标准时，则应在 14 时或 20 时补测一次，记在当日雪深栏，并在观测簿备注栏注明。如果某日天气现象达到积雪标准，但因随后积雪融化，08，14 和 20 时均未达到测定雪深的标准，该日不观测雪深(雪压)，且不需要在观测簿备注栏注明。

(4) 若气象站四周积雪面积过半，但观测地段因某种原因(地形、风、吹雪)无积雪，则应在就近有积雪的地方，选择较有代表性的地点测量雪深(雪压同)。如因吹雪或其他原因使观测地段的积雪高低不平时，应尽量选择比较平坦的雪面来测定。

丘陵、山地的气象站四周的积雪在雪深观测时间达到记录积雪标准，但由于地形影响，测站及其附近已无积雪存在时，雪深不测量(雪压同)，但应在观测簿备注栏注明。

12.2.2　超声波雪深探测仪

超声波雪深探测仪是用来自动、连续测量雪深的自动观测仪器，它由超声波发射电路、超声波接收电路、温度补偿、处理器、通信接口和外围组件(测雪板、支架组件等)组成(见图 12.1)。

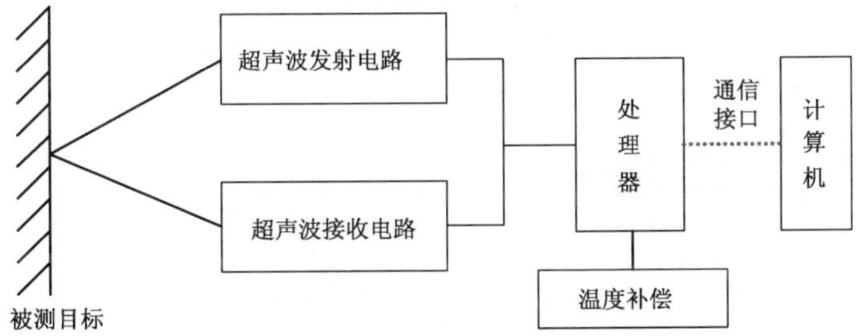

图 12.1　超声波雪深探测仪原理图

根据超声波测距原理，采用一定频率(一般为 40 kHz)的超声波，超声波发射器在某一时刻发出超声波信号，当遇到被测目标后反射回来，测出超声波信号从发射到接收到回波信号的时间，利用超声波在介质中的传播速度，就可以计算出被测目标的距离，计算公式为：

$$d = \frac{1}{2}vt \tag{12.1}$$

式中 d 为被测目标物与超声波发射器之间的距离；v 为超声波在介质(空气)中的传播速度(常温)；t 为超声波信号从发射到接收到回波信号所用的时间。

超声波在空气中传播其波速易受湿度、温度、压强等因素影响，其中温度的影响最大。因此用常温下的超声波速度 331.5 m/s 计算的不同温度下的超声波距离有很大误差。这就需要根据经验公式：$V=331.5+0.607T$ 对超声波的波速进行补偿，其中 V 为实际波速；T 为现场温度。

若以超声波雪深探测仪探头安装位置到地面的距离为基准，当地面有积雪时，超声波雪深探测仪可以测量出雪面到探测仪的距离，两个距离相减即可计算出地面积雪的深度。

处理器完成去除干扰、波形整形、准确计时等任务，并通过通信接口实现指令发送和数据传输。由于不同温度下超声波在空气中的传播速度会发生变化，所以可通过温度补偿单元测量外界温度，实现温度补偿。

超声波雪深探测仪观测地段应符合人工雪深观测地段的要求，应注意保持下垫面状态一致，避免基准发生偏差，确保探测仪波束探测范围内下垫面积雪保持自然状态，以减少环境所造成的测量误差。为了保证雪深探测仪基准的稳定，常在雪深观测地段的下垫面上设置测雪板，其材质应不随温度变化而发生质变，无融雪效应，一般选择比热容低的固体材质(例如PVC板材)，整体平整，埋设后与地面齐平，几何中心正对上方的雪深传感器测量中心点，测雪板面积大小必须覆盖雪深传感器测量面。

安装超声波雪深探测仪的支架应牢固，由于传感器发出超声波存在一定的角度范围，应避免波束探测到立杆，探头要保持对地探测点不会变化，当有改变或重新安装探头后，应重新测量基准距离，以保证积雪深度值计算的正确。

12.3 雪压的观测

12.3.1 体积量雪器

12.3.1.1 观测仪器

体积量雪器是测量雪压用的一种仪器(见图 12.2)。它由一内截面积为 100 cm^2 的金属筒、小铲、带盖的金属容器和量杯组成。

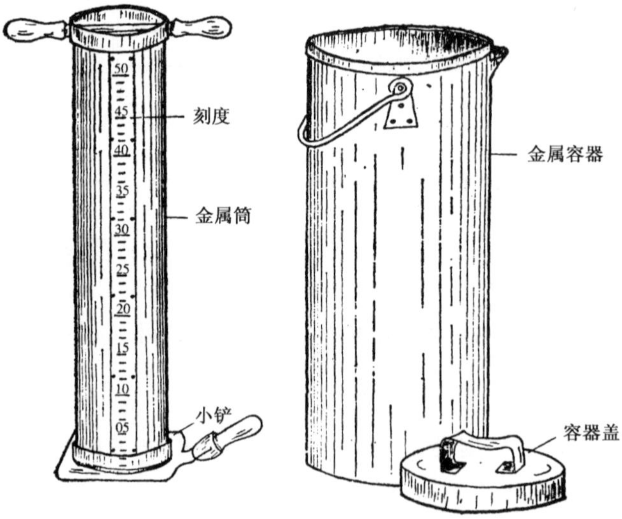

图 12.2 体积量雪器示意图

12.3.1.2 观测要求

雪压只有在规定的日子观测，具体观测要求如下：

(1) 每月 5,10,15,20,25 日和月末最后一天,若雪深已达到 5 cm 或以上时,在雪深观测(或补测)后,应在观测雪深的地点附近进行雪压观测。

如在上述规定的观测日期,雪深不足 5 cm(或无积雪),而在随后的其他日子里,雪深达 5 cm 或以上,以及前一天雪深观测后,因降雪使得雪深一日间又增加 5 cm 或以上时,须在该日雪深观测后,补测雪压。

例:某站 1 月量得雪深如表 12.1(该月 1—18 日均未达到观测雪压标准)。

表 12.1　某站 1 月雪深观测记录

日期	19	20	21	22	23	24	25	26	27	28	29	30	31
雪深(cm)	10	6	3	8	15	14	4	5	4	9	3	5	5

19 日雪深达到 10 cm,且 15—18 日未测雪压,故应观测;20,31 日为规定的日子,且雪深达到5 cm,应观测;22,23,28 日比前一天雪深增加 5 cm 或以上,均应观测;24,30 日雪深虽达到5 cm,但没有比前一天增加 5 cm 或以上,故不观测;25 日为规定观测的日子,但雪深未达到标准,而 26 日达到 5 cm,所以 26 日需观测。故该站 1 月观测雪压的日子为 19,20,22,23,26,28 和 31 日。

(2) 观测雪压取 3 个样本,并取其平均值,作为该次雪压值。为避免下次在原地重复取样,应在取过样本的地点作出标记。

(3) 雪压的测定和计算。观测前半小时,把量雪器拿到室外。取样前,应把量雪器清理干净。取样时,拿住把手,将量雪器垂直插入雪中,直到地面。然后拨开量雪器一边的雪,把小铲沿量雪器口插入,连同量雪器一起拿到容器上,再抽出小铲,使雪样落入容器内,加盖拿回室内。等雪融化后,用量杯测定其容量。

取样时,要注意清除样本中夹入的泥土、杂草。所取样本不应包括雪下地面上的水层和冰层,但应包括积雪上或积雪层中的冰层,有此情况时应在观测簿备注栏中注明。

当雪深超过取样的量雪器金属筒高度时,应分几次取样。在取上层雪样时,注意不要破坏下层雪样。

雪压计算公式为:

$$P = \frac{M}{100} \tag{12.2}$$

式中 P 为雪压(g/cm^2);M 为样本重量(g);量雪器内截面积为 100 cm^2。

12.3.1.3　维护

每次观测后,应将仪器擦净,并防止金属筒的刀刃口变形、变钝。

非积雪期间长期不用时,应将仪器擦净,妥善保管。

12.3.2　称雪器

称雪器是由带盖的圆筒、秤和小铲等组成的一种测量雪压的仪器(见图 12.3)。

观测要求同体积量雪器。测量方法如下:

观测前半小时,把称雪器拿到室外。每次取样前应先清洁称雪器,检查秤的零点,把带盖的空圆筒挂在秤钩上,使秤锤上的刻线与秤杆上的零线吻合。这时秤杆应当水平,平衡标志是秤杆上的指针应与提手正中缺口相合。如果秤的零点不准,须移动秤锤位置,使它平衡,并把秤锤的新位置作为零点。

取样时，将圆筒(锯齿形的一端)向下垂直插入雪中，直到地面。然后拨开圆筒一边的雪，把小铲插到圆筒底沿下面，连同圆筒一起拿起，再将筒翻转，擦净沾在筒外的雪，把筒挂在秤钩上，移动秤锤，直到秤杆水平为止，读出秤锤准线对应于秤杆上的刻度数，取1位小数。

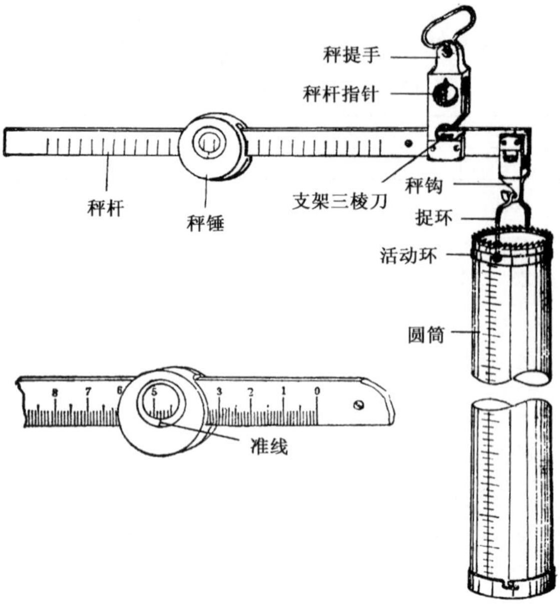

图 12.3 称雪器示意图

取样操作过程中的注意事项与体积量雪器相同。

因秤杆上每一刻度单位(即10小格)等于50 g，称雪器圆筒内截面积为50 cm^2，故称得的秤杆刻度数即为雪压值。

记录时，将称得的秤杆刻度数直接填入观测簿雪压栏，并求其3次平均值填入平均栏，样本重量栏空白不填。

观测后必须将仪器擦净，秤杆上的两个三棱刀要经常保持清洁，涂油防锈。注意维护锯齿圈，防止变形。

12.3.3 雪枕

可采用各种材料制作的大小不同的雪枕进行雪压的自动测量。最普通的雪枕是用橡胶材料制成的直径为3.7 m圆而扁平的容器，其中充有甲醇与水混合或甲醇、乙醇和水混合的防冻液。通过浮筒式液位记录器或者压力传感器测量记录雪枕内的液体静压力的变化，进行雪压的连续测量。

雪枕安装在地面上，与地齐平，或者埋在一薄层土或沙下。为了避免雪枕受损坏和使积雪保持其自然状态，最好把安置场地周围用栅栏围住。在正常情况下，雪枕可使用10年以上。

温度变化可以引起测量准确度的变化。在浅积雪地区，每天温度变化导致枕内液体的膨胀或收缩，造成出现虚假的降雪或融雪的指示。因此，应将连接测量单元的连通管装在可控温的保护管内或埋入地中以减少温度的影响。在深山地区，除了在降雪开始和结束的季节，每天的温度变化不大。

雪枕的测量结果与人工观测的测量结果会有差异，其差异可达 5%～10%，尤其是在融雪期间更为明显。当积雪中不含有在雪枕上方“架桥”的冰层时，雪枕的测量结果更可靠。

复习思考题

1. 为什么要求观测前半小时，把量雪器（称雪器）拿到室外？

2. 当测量雪压时，为什么要求取得的积雪如果包括积雪上或积雪层中的冰层应在观测簿备注栏中注明？

3. 试着写出某月连续 6 天达到观测雪压条件时的连续 6 天的最小可能雪深。

4. 某地某日之前一直未降雪，当日 08 时之前出现降雪，08 时未出现积雪，当日 14 时补测雪深 1 cm，20 时加密观测测得雪深 5 cm，请问该日是否需要观测雪压，如需要观测，则何时观测（补测），为什么？

第13章　蒸发观测

内容提要

本章主要介绍蒸发的概念，E—601B型蒸发器和小型蒸发器的构造及其观测方法，蒸发量自动观测传感器的结构和原理，影响蒸发量的因子及误差分析。

13.1　概述

蒸发是指温度低于水的沸点时，水汽从水面、冰面或其他含水物质表面逸出的过程。蒸发是地表热量平衡和水量平衡的组成部分，也是水循环中最直接受土地利用和气候变化影响的一项，同时，蒸发也是热能交换的重要因子。在自然界中，蒸发是海洋和陆地水分进入大气的唯一途径，是地球水文循环的主要环节之一。

由于蒸发而消耗的水量称为蒸发量。蒸发量在估算陆地蒸发、作物需水和作物水分平衡等方面具有重要的应用价值。进行蒸发量变化的研究，对深入了解气候变化、探讨水分循环变化规律具有十分重要的意义。

蒸发量又分为以下几种：

(1) 实际蒸发量：地表处于自然湿润状态时来自土壤蒸发和植物蒸腾的水的总量。

(2) 蒸散量：农田土壤蒸发和植物蒸腾的总耗水量。

(3) 潜在蒸散量：在给定的气候条件下，覆盖整个地面且供水充足的成片植被蒸散的最大水量的能力。

(4) 实际蒸散量：在自然条件下，通过作物叶面蒸腾和土壤表面蒸发而损失的水量。

(5) 蒸发率：单位时间内从单位表面面积蒸发的水量。可以表示为在单位时间内单位面积所蒸发的液态水的质量或容积，通常用单位时间内从全部面积上所蒸发的液态水的相当深度来表示。

气象站测定的蒸发量是水面(含结冰时)的蒸发量，它是指一定口径的蒸发器中，在一定时间间隔内因蒸发而失去的水层深度，以毫米(mm)为单位，取1位小数。但是这样测量的蒸发量既不能反映自然水面的蒸发及实际的蒸散，也不能反映潜在的蒸发。所获得的观测值需加以修正，才能得出湖面蒸发或自然表面实际的和可能的蒸散的可靠估计值。

测量蒸发量的仪器有大型蒸发器、小型蒸发器、蒸发池等。在地面气象观测中常用E—

601B 型蒸发器(传感器)和小型蒸发器,以及用于自动观测的超声波蒸发量传感器。

13.2 E—601B 型蒸发器

13.2.1 仪器的构造

E—601B 型蒸发器由蒸发桶、水圈、溢流桶和测针等 4 部分组成(见图 13.1)。

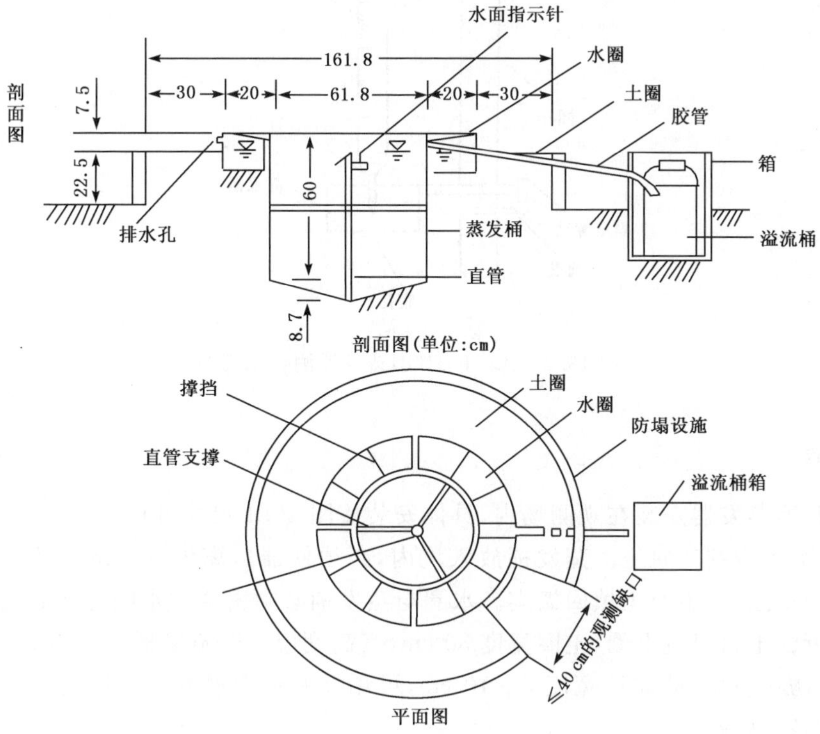

图 13.1 E—601B 型蒸发器

(1) 蒸发桶。由白色玻璃钢制作,是一个器口面积为 3 000 cm^2,有圆锥底的圆柱形桶,器口正圆,口沿为内直外斜的刀刃形。器口向下 6.5 cm 器壁上设置测针座,座上装有水面指示针,用以指示蒸发桶中水面高度。在桶壁上开有溢流孔,孔的外侧装有溢流嘴,用胶管与溢流桶相连通,以承接因降水较大时从蒸发桶内溢出的水量。

(2) 水圈。是安装在蒸发桶外围的环套,材料也是玻璃钢。用以减少太阳辐射及溅水对蒸发的影响。它由 4 个相同的弧形水槽组成。水圈安装时,口沿高度低于桶口 5~6 cm。每个水槽的壁上开有排水孔。水圈内的水面应与蒸发桶内的水面接近。

(3) 溢流桶。是承接因降水较大时而由蒸发桶溢出的水量的圆柱形盛水器,可用镀锌铁皮或其他不吸水的材料组成。桶的横截面以 300 cm^2 为宜,相当于蒸发桶截面积的 1/10。溢流桶应放置在带盖的套箱内,套箱要求耐久、干燥。须注意防止蒸发桶外的雨水顺着胶管流入溢流桶内。不出现暴雨的地方,可以不设溢流桶。

(4) 测针。是专用于测量蒸发器内水面高度的部件,应用螺旋测微器的原理制成(见图

13.2)。读数精确到0.1 mm。测针插杆的杆径与蒸发器上测针座插孔孔径相吻合。测针针尖外围还设有静水器，调节静水器的上、下位置，使其底部没入水中。

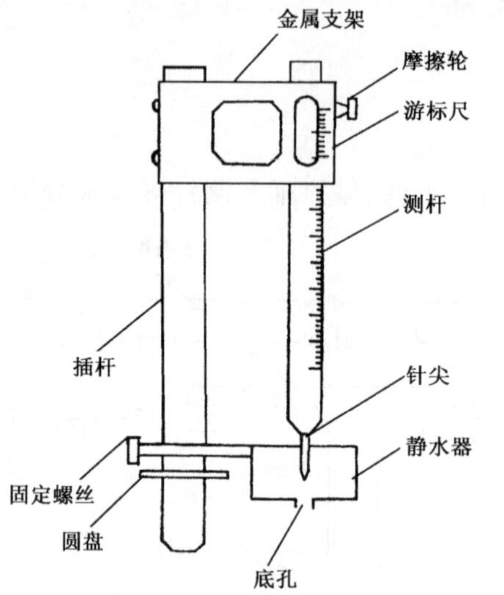

图 13.2　E—601B 型蒸发器测针示意图

13.2.2　安装

E—601B 型蒸发器安装在观测场内，具体安装按图 13.1 尺寸进行。

安装时，力求少挖动原土。蒸发桶放入坑内，必须使器口离地 30 cm，并保持水平。桶外壁与坑壁间的空隙，应用原土填回捣实。水圈与蒸发桶必须密合。水圈与地面之间，应取与坑中土壤相接近的土料填筑土圈，土圈宽度 30 cm，其高度应低于蒸发桶口沿约 7.5 cm。在土圈外围，还应有防塌设施，防塌墙宽度 6～10 cm，可用预制弧形混凝土块拼成，或用水泥砌成外围，外围可贴条形瓷砖。

13.2.3　观测和记录

每天 20 时进行观测。观测时先调整测针针尖与水面恰好相接，然后从游标尺上读出水面高度。读数方法：通过游尺零线所对标尺的刻度，即可读出整数；再从游尺刻度线上找出一根与标尺上某一刻度线相吻合的刻度线，游尺上这根刻度线的数字，就是小数读数。摩擦轮在测针顶端的测针的小数读数也设计在顶端，此时，以靠近顶端零线所对的数值作为小数读数值。

如果由于调整过度，使针尖伸入到水面之下，此时必须将针尖退出水面，并将针尖上的水擦拭干净，重新调好后才能读数。蒸发量计算公式为：

蒸发量＝前一日水面高度＋降水量(以雨量器观测值为准)－测量时水面高度

如因降水，蒸发器内有水流入溢流桶时，应测出其量(使用量尺或 3 000 cm^2 口面积的专用量杯；如使用其他量杯或台秤，则须换算成相当于 3 000 cm^2 口面积的数值)，并从蒸发量中减去此值。

观测后检查蒸发桶内的水面高度，如水面过低或过高，超过 1 cm 时应加水或吸水，使水面高度合适。每次水面调整后，应测量水面高度值，记入观测簿次日蒸发量的“原量”栏，作为次日观测器内水面高度的起算点。

因降水使日蒸发量出现负值时，日蒸发量按 0.0 处理。

为使计算蒸发量准确和方便起见，在多雨地区的气象站或多雨季节应增设一个蒸发专用的雨量器。该雨量器只在蒸发量观测的同时进行观测。没有安装蒸发专用雨量器的台站，蒸发量计算中的“降水量”以人工观测雨量筒的降水量为准，且两者观测时间尽可能一致，以免强降水时因观测时间不一致而导致蒸发量的测量误差。干燥天气和降水量较大时按降水量观测规定处理。

有强降水时，通常采取如下措施进行观测：

(1) 降大到暴雨前，先从蒸发器中取出一定水量，以免降水太大时水从溢流桶内溢出而造成缺测，计算日蒸发量时将这部分水量扣除掉。

(2) 预计可能降大到暴雨时，将蒸发桶和专用雨量器同时盖住(这时蒸发量按“0.0”计算)，待雨停或转小后，把蒸发桶和专用雨量器盖同时打开，继续进行观测。无蒸发专用雨量器的台站，不能使用加盖的方法。

冬季结冰期很短或偶尔结冰的地区，结冰时可停止观测，相应日的蒸发量栏记“B”；待某日结冰融化后，测出停测以来的蒸发总量，记在该日蒸发量栏内。但不得跨月、跨年。当月末或年末蒸发器内结有冰盖时，应沿着器壁将冰盖全部敲离，使之呈自由漂浮状后，仍按非结冰期的要求，测定自由水面高度。

13.2.4　维护

蒸发器用水的要求：应尽可能用代表当地自然水体(江、河、湖)的水。在取自然水有困难的地区，也可使用饮用水(井水、自来水)。器内水要保持清洁，水面无漂浮物，水中无小虫及悬浮污物，无青苔，水色无显著改变。一般每月换一次水，风沙较大的地区，应适当缩短换水时间，当器内水已不符合要求时，应及时换水。蒸发器换水时应清洗蒸发桶，换入水的温度应与原有水的温度相接近。应注意及时清除掉入水中的小虫、杂物等。

冬季结冰期较长的地区停止大型蒸发器观测，整个结冰期改用小型蒸发器观测冰面蒸发，同时应将 E—601B 型蒸发器内的水吸净，以免冻坏。

每年在汛期前后(长期稳定封冻的地区，在开始使用前和停止使用后)，应各检查一次蒸发器的渗漏情况等；如果发现问题，应进行处理。

定期检查蒸发器的安装情况，如发现高度不准、不水平等，要及时予以纠正。

13.2.5　超声波蒸发量传感器

13.2.5.1　结构原理

超声波蒸发量传感器由超声波传感器、不锈钢圆筒和支架组成(见图 13.3)。圆筒内有静水装置。

根据超声波测距原理，选用高精度超声波探头，对 E—601B 型蒸发器内水面高度变化进行检测，由公式(13.1)得出。

$$H = \frac{1}{2}ct \tag{13.1}$$

式中 H 为超声波探头距水面的高度；c 为超声波在介质（空气）中的传播速度；t 为超声波脉冲往返水面高度 H 所经历的时间。

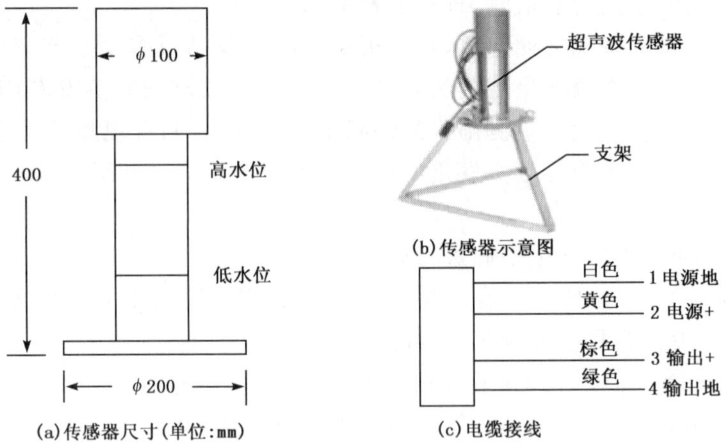

图 13.3 超声波蒸发量传感器结构图

该高度值被转换成电信号输出。并配置温度校正部分，以保证在使用温度范围内的测量准确度。前后两次测得的水位差，即为这一时段内的蒸发量。

目前我国气象观测站使用的超声波蒸发量传感器，其测量范围为 0～100 mm，分辨力为 0.1 mm，测量准确度为±1.5%（0～50 ℃）。

13.2.5.2 *安装及维护*

超声波蒸发量传感器安装在 E—601B 型蒸发桶内的专用三角支架上（如图 13.4）。用 3 个水平调整螺钉将不锈钢筒的底座调整水平，拧紧固定螺钉。应保持不锈钢圆筒最高水位刻度线（上标志线）稍高于蒸发桶溢孔。桶内注水，使水面接近不锈钢筒的最高水位刻度线处。保持水面位于最高和最低刻度线之间。传感器用电缆与采集器相连。安装时注意将传感器调整水平。

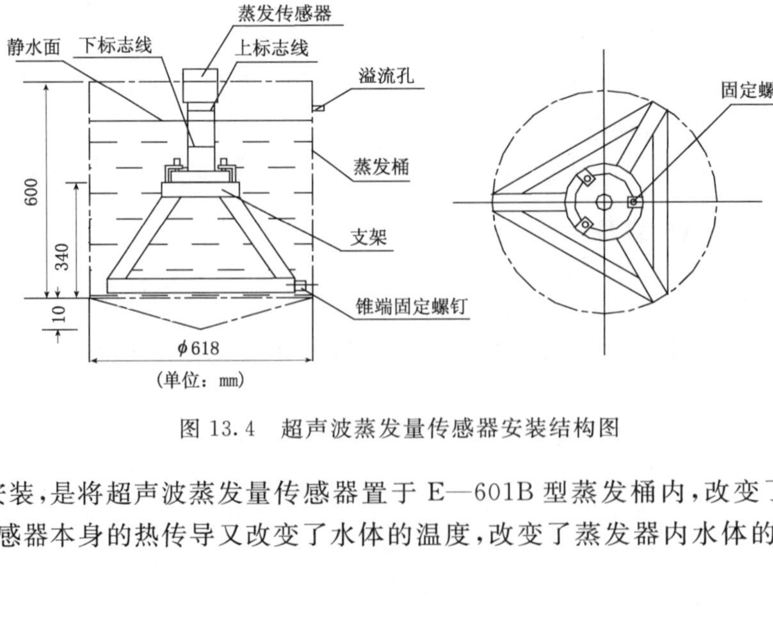

图 13.4 超声波蒸发量传感器安装结构图

此方式安装，是将超声波蒸发量传感器置于 E—601B 型蒸发桶内，改变了蒸发器内水体面积，同时传感器本身的热传导又改变了水体的温度，改变了蒸发器内水体的自然状况，影响蒸发速率。为了减小此种误差，改为使用连通管安装超声波蒸发量传感器（见图 13.5）。使用连通管可减少人为因素或风浪、气候的影响，静水效果也会更佳，有利于提高测量准确度。

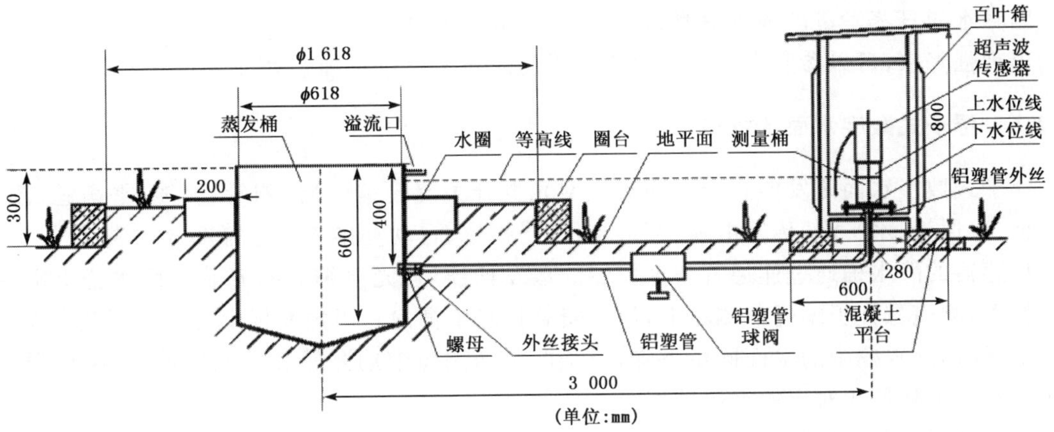

图 13.5　连通蒸发传感器安装示意图

安装时在蒸发桶上边沿向下 400 mm 处，朝向正北做一圆孔，用螺母和“O”型圈固定连接管，蒸发桶上连接管外接口接铝塑管内丝，用铝塑管连接至百叶箱混凝土平台中心，连接的铝塑管在通过蒸发桶和百叶箱平台中间的水泥井处安装铝塑管球阀。

将百叶箱放置在蒸发桶正北已浇筑的平台上，确认百叶箱水平后，四脚用角件和地脚螺丝固定，百叶箱门朝北方。并固定好百叶箱顶。

将已旋好铝塑管外丝接头的不锈钢测量桶放置在百叶箱内，将由蒸发桶连接来的铝塑管，从百叶箱底部的孔穿进百叶箱后，与不锈钢测量通上的外丝接头连接。从而使不锈钢测量桶与蒸发桶组成一个连通器。

调节 3 个支撑螺钉使测量桶水平并且高度符合要求后，用 3 个木螺钉将不锈钢测量桶紧固在百叶箱内。调节高度时，要求不锈钢测量桶高水位刻度线和蒸发桶溢流口下沿持平。或不锈钢测量桶高水位刻度线高于蒸发桶溢流口下沿 5 mm 以内。调节方法：用长乳胶管灌入 90％水，两端两个水位线应分别与高水位刻度线、溢流口下沿一致。也可使蒸发桶装满水，分别测量蒸发桶内水位和不锈钢测量桶内水位。

给蒸发桶和水圈上水后，打开水泥井内阀门，检查各接头是否渗漏，确认不渗漏后用土掩埋铝塑管道。

然后将超声波蒸发量传感器罩在不锈钢测量桶上，并拧紧 3 个固定螺钉。

维护：超声波蒸发量传感器测量精度高，安装尺寸非常严格，切勿撞击或用手触摸传感器探头。定期检查、清洁传感器，以防风沙及其他因素影响正常使用。发现故障时及时修复。

冬季结冰时该仪器不观测，应将传感器取下，妥善保管；解冻后再重新安装使用。

13.2.5.3　数据采集与处理

采集器能够采集蒸发桶内水面高度的连续变化，自动计算出每小时和一日（20—20 时）的蒸发量（采集器自动把同一时间内降至蒸发器内的降水量减去）。

若冬季结薄冰的台站，停用超声波蒸发量传感器观测，由人工在 20 时用测针进行补测。

晴天液面高度即将低于（或雨天液面高度即将高于）测量范围时需要人工加水（或取水），

调整水位的时间最好在正点刚过，且蒸发量等于 0.0 的时间段内，减少由于水位变化而引起的蒸发量测量值不准确。

因降水使日蒸发量出现负值时，日蒸发量按 0.0 处理。

出现强降水，可以参照人工蒸发量观测措施对蒸发桶进行加盖处理。

13.2.6 浮子式数字水面蒸发传感器

浮子式数字水面蒸发传感器由绝对值型光电开关旋转编码器、测轮、测缆、平衡锤、浮子、静水桶、连通管、水平泡、传输电缆、圆形支板、防护罩、自动补排水装置等部分构成。

传感器的静水桶通过连通管与蒸发器的蒸发桶连通，光电编码器安装于静水桶上端的圆形支板上，测缆悬挂于编码器测轮上，浮子安装在静水桶内。当蒸发桶中的水面因蒸发而引起水位下降时，静水桶中的水面同步下降，浮子即拉动测缆带动测轮和编码器旋转，编码器即可输出与水面下降量相对应的编码数据。

当蒸发桶或蒸发池中的水位下降时，蒸发传感器静水桶中的水位同步下降，浮子带动编码器旋转测得变化量输出，当蒸发桶中的水位低到某一预定值时，通过控制设备可以启动补水装置或人工予以补水。当有降雨时，蒸发桶中的水位上升到某一预定高度，通过控制装置可以启动排水装置或人工予以排水。静水桶中的水位数值始终可以受到监控。采集器通过采集对应时段范围内的水位变化量，计算出时段水面蒸发量。

13.3 小型蒸发器

13.3.1 仪器的构造

小型蒸发器为口径 20 cm，高约 10 cm 的金属圆盆，口沿镶有内直外斜的刀刃形铜圈，器旁有一倒水小嘴(见图 13.6)。为防止鸟兽饮水，器口附有一个上端向外张开成喇叭状的金属丝网圈(防鸟罩)，无降水时，该网罩应罩在器口上。

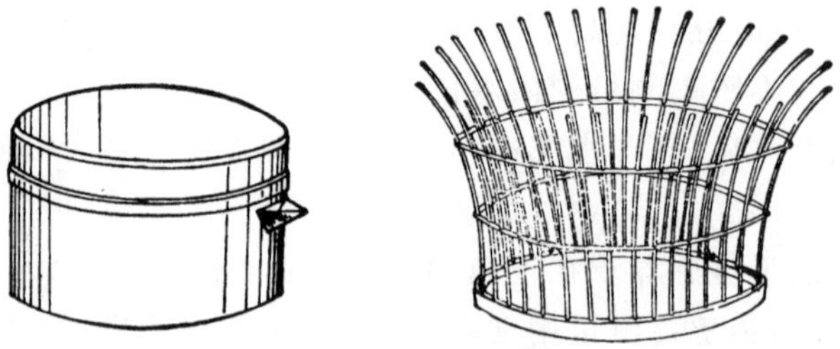

图 13.6 小型蒸发器

13.3.2 安装

在观测场内的安装地点竖一圆柱，柱顶安一圈架，将蒸发器安放其中。蒸发器口沿保持水平，距地面高度为 70 cm。安装支架可用亚光不锈钢材料制作，支架上部的托盘四周和底部均应通透。在支架的中央可焊一挂钩，用于防鸟罩取下放置。

冬季积雪较深地区的安装同雨量器。

13.3.3　观测和记录

每天 20 时进行观测，测量前一天 20 时注入的 20 mm 清水(即今日“原量”)经 24 小时蒸发剩余的水量，记入观测簿“余量”栏。然后倒掉余量，清洗蒸发器，倒尽余水后重新量取 20 mm(干燥地区和干燥季节需量取 30 mm)清水注入蒸发器内，并记入次日“原量”栏。蒸发量计算公式如下：

蒸发量＝原量＋降水量－余量

有降水时，应及时取下防鸟罩，以免造成测量误差；有强降水时，应注意及时从器内取出一定的水量，以防水溢出。取出的水量及时记入观测簿备注栏，并加在该日的“余量”中。

因降水或其他原因，致使蒸发量为负值时，记 0.0。蒸发器中的水量全部蒸发完时，按加入的原量值记录，并加“＞”，如＞20.0，这种情况应尽量避免发生。

如在观测当时正遇降水，在取走蒸发器时，应同时取走专用雨量器中的储水瓶；放回蒸发器时，也同时放回储水瓶。量取的降水量，记入观测簿蒸发量栏中的“降水量”栏内。没有安装蒸发专用雨量器的台站，蒸发量计算中的“降水量”以人工观测雨量筒的降水量为准，且两者观测时间尽可能一致，以免强降水时因观测时间不一致而导致蒸发量的测量误差。

炎热干燥的日子，当降水停止后，对蒸发专用雨量器内的降水量也应作补充观测记录。

没有 E—601B 型蒸发器的气象站，全年使用小型蒸发器进行观测；有 E—601B 型蒸发器的，应保留小型蒸发器安装支架，以便冬季结冰或大型蒸发器出现故障时使用小型蒸发器。在冬季结冰期较长的气象站，冬季结冰期间停止 E—601B 型观测，用小型蒸发器进行冰面蒸发量观测，用秤量法测量。两种仪器的替换时间应选在结冰开始和化冰季节的月末 20 时观测后进行。E—601B型和小型蒸发器测得的蒸发量分别记在“大型”与“小型”栏内。

如结冰期有风沙，在观测时，应先将冰面上积存的尘沙清扫出去，然后称重。称重后须用水将冻着在冰面上的尘沙洗去，再补足 20 mm 的水量。

13.3.4　维护

每天观测后均应清洗蒸发器，并换用干净水。冬季结冰期间，可 10 天换一次水。应经常注意器内水面状况，当有小虫、杂草等落入器内时，应用镊子及时清除。

应定期检查蒸发器是否水平，有无漏水现象，并及时纠正。器口应避免碰撞，防止变形。

13.4　其他蒸发观测仪器

13.4.1　俄罗斯 20 m² 蒸发池

蒸发池有各种形状和尺寸规格，俄罗斯 20 m² 蒸发池已被采纳推荐选作国际参考标准蒸发器。

这种蒸发池的水面面积为 20 m²，直径约 5 m，底部为平底圆桶形，深 2 m，它是用 4～5 mm 厚的铁板焊接而成，安置在土中且其上沿高出地表 7.5 cm。蒸发池的内表面及暴露的外表面均被漆成白色。蒸发池装备有一个加水容器和一个带有指示管的静水器。在测量蒸发池的水面时，在指示管上放上一个容积量筒。在静水器内部的指示管附近有一个小杆，其端点有一指针，用来指示水面要调整到的高度。水面高度将始终保持在不低于指示针尖 5 mm 和不高于指示针尖 10 mm 之间。在加水的容器边上附有一带有刻度的玻璃管，用以指示加到蒸发池的水量，并对容积量筒的测量结果进行粗略检验。

13.4.2 美国 A 级蒸发器

美国 A 级蒸发器为圆桶形，深 25.4 cm，直径 120.7 cm。蒸发器底部高出地面 3～5 cm，由一个有开口框架的木平台支撑，使得蒸发器下部的空气流通，在雨季可保持蒸发器的底部位于地面的水面以上，可以较容易地检查蒸发器的底部状况。

蒸发器用 0.8 mm 厚的白铁、铜或蒙乃尔合金制成，一般都不上漆。在蒸发器内，注水到上沿以下 5 cm 处(即通常所说的标准面)。

水面用钩形水位计或定点水位计测量。钩形水位计，有一个可移动的刻度尺和配有一个钩的游标。水位计调整正确时，钩的尖端与水面接触。大型蒸发器内有一个底部有一小孔的直径为 10 cm、深 30 cm 的静水管，可用来阻止器内可能有的水面波动，观测时起到支撑钩形水位计的作用。当水位计显示器内水面降到低于标准面 2.5 cm 以下时，蒸发器应加水。

13.4.3 俄罗斯 GGI—3000 蒸发器

俄罗斯 GGI—3000 蒸发器呈圆桶形，表面积为 3 000 cm^2，深度为 60 cm。蒸发器的底部呈圆锥形。蒸发器安装在土壤中，其上沿高出地面 7.5 cm。在蒸发器的中央有一金属指标管，在进行蒸发测量时，在这个指标管上放一个容积量筒。这个量筒有一个阀门，打开阀门可使量筒的水面与蒸发器的水面高度相同，然后关闭阀门并精确测量量筒内水的容积。根据量筒内水的容积及量筒口径大小，确定金属指标管以上水面的高度。与金属指标管相连的指针，指示蒸发器内水面应该加(或减)到的高度。水面要保持在不低于指针尖 5 mm 和不高于指针尖 10 mm 之间。在邻近 GGI—3000 蒸发器的地方通常安装一个 GGI—3000 雨量筒，它有一个面积为 3 000 cm^2 的收集器。

13.5 影响蒸发量的因子和测量误差

13.5.1 影响蒸发量的因子

影响物体或地表蒸发量的因子，主要分为两大类：气象因子和表面因子。而气象因子本身，又可再分为能量变量和空气动力学变量。水从液态变为气态需要能量，而在自然界中这种能量主要由太阳辐射和地球辐射供给。空气动力变量，诸如地面风速及地面与低层大气间的水汽压差控制着蒸发的水汽的输送率。如果是水面蒸发，蒸发速率的大小可根据道尔顿定律用公式(13.2)表示：

$$w = A \times \frac{E - e}{P} \tag{13.2}$$

式中 w 为蒸发速率(g/(cm^2 · s))；E 为饱和水汽压(hPa)；e 为实际水汽压(hPa)；$(E-e)$为湿度饱和差(hPa)；P 为实际气压(hPa)；A 为比例系数，由水汽的扩散能力及高度来决定。

空气中的水汽扩散能力愈大，则水面附近蒸发出的水汽分子就愈容易远离水面，这样，水面附近的水汽量就会减少，从而促进蒸发作用加快进行。影响空气中水汽扩散能力的主要因素是风，因为气流能使水汽分子远离水面，增大扩散能力，使蒸发加快。以 D 表示扩散系数，在 0 ℃时取 $D=0.22\ cm^2/s$，Z 为高度，单位为 cm，则

$$A=\frac{D}{Z} \tag{13.3}$$

由公式(13.2)可以看出：蒸发速率与湿度饱和差成正比。在干空气中，$e=0$，w 最大；在饱和空气中，$e=E$，则 $w=0$。当温度升高时，E 增大，w 也随之增大。气压的影响是与蒸发速率成反比的，当气压高时，空气密度增大，水汽扩散受到阻碍，扩散能力减小，蒸发变慢；反之，气压低时能促使蒸发加快。因此，在影响蒸发速率的诸多因素中，起主导作用的是温度，温度的时间变化也引起蒸发速率相应的时间变化。

蒸发速率还与表面因子有关。表面因子主要是指蒸发面的大小、蒸发面的性质、蒸发体中所含杂质的多少等。一般而言，在其他条件相同时，蒸发面越小，蒸发速率越大；水面蒸发速率比冰面蒸发速率大；水面越洁净，蒸发速率越大。

13.5.2　测量误差

通过影响蒸发量的因子可以看出，蒸发速率决定于蒸发面的性质、大小，蒸发面上空气的相对湿度、风速、气压，蒸发体的温度，以及水中所含杂质的多少等。因此，要测定自然条件下的蒸发是十分困难的。目前所用的 70 cm 高的小型蒸发器的观测记录代表性较差，E—601B 型蒸发器相对较好一些，但代表性仍不够理想。所存在的问题从以下方面进行说明：

(1) 蒸发器的口径大小。根据研究，用蒸发器测得的蒸发量通常大于实际的水面蒸发量，其差值随着蒸发器上口面积的减小而增大。20 cm 口径的蒸发器所测得的蒸发量超过实际水面蒸发量达 1 倍左右。

(2) 蒸发器的安装。由于气象要素在近地面层随高度变化剧烈，因此，在同一时间内，不同高度上同样的仪器所测得的蒸发量是不同的，这是风速的垂直分布起了主要作用。高度越高，风速越大，则蒸发也大；反之，高度越低，则蒸发也越小。湿度随高度迅速减小，也引起蒸发随高度增大。而事实上自然水面一般是不会高出地面以上的，因此 30 cm 高的 E—601B 型蒸发器和 70 cm 高的小型蒸发器所测得的蒸发量，都比实际水面的蒸发量偏大。但小型蒸发器容易安装及维护，比埋入地下的 E—601B 型蒸发器干净，E—601B 型蒸发器内会聚集很多杂物，不易清除，出现漏水不易发觉与修补，另外，蒸发器与土壤之间的热交换也影响测量精度。

(3) 蒸发器内的水温。现用小型蒸发器，器身全部暴露在外面，在阳光照射下水温不断升高，因此加大了蒸发。而水温的升高又与器内水量多少有关，蒸发器越小，器内水量越少，则与实际蒸发差异就越大。

(4) 雨水溅失。在降水时，落入器内的水滴会部分外溅，从而使所测数值偏大。而且雨下得越大，器内的水面越高，蒸发器口面积越小，外溅的水就越多，造成的误差也就越大，有时甚至造成缺测。

(5) 水面高度。蒸发器内的水面高度很重要。如果蒸发器内的水太满，就可能有 10%(或更多)的降雨溅出，造成蒸发量过高。若蒸发器内的水面太低，由于边缘的过分荫蔽及屏障，可

导致蒸发率降低(在温带地区,若水面高度在标准高度 5 cm 以下时,每降低 1 cm 将会导致蒸发率降低约 2.5%)。如果水的深度变得非常浅,则由于增强了水表加热而使得蒸发率增大。

因此,现用的蒸发器观测的蒸发量只能代表该仪器在特定环境下的蒸发量,不能代表实际的水面蒸发量。但各地用同一仪器观测有一定的比较性,通过较长时期与水面蒸发观测比较求得折算系数仍有一定的使用价值。

13.5.3 蒸发器、蒸发池蒸发量的折算系数

对上述影响蒸发因子的研究表明,自然表面的蒸发率与安置在相同大气条件下的蒸发器所测定的蒸发率不同,因为两种蒸发表面的物理特性不一致。

我国目前的蒸发资料,主要是采用蒸发器测定的蒸发量,通过上述影响蒸发量的因子和误差分析,可以知道,蒸发器测定的蒸发量不可能准确地代表自然水体的蒸发量,且与自然水体的蒸发量有较大差异。为了能够使用目前的蒸发资料,将蒸发器测得的蒸发量换算成自然水体的蒸发量,一般采用对大型水体蒸发量进行平行对比观测的方法,即以大型蒸发器(如截面为 20 m^2 或 100 m^2)的蒸发量为标准,在其附近设置小型蒸发器,求出代表该区域的折算系数,即较大水体蒸发量与较小水体蒸发量的比值。不同的蒸发仪器、不同的安装方式、不同地区、甚至不同季节其折算系数不一样。折算系数应通过对大型水体蒸发量的平行对比观测才能求得。

虽然小型蒸发器测得的蒸发量比实际蒸发量偏大明显,但我国在 20 世纪 70 年代以前,气象站主要是通过小型蒸发器的观测获取蒸发资料,直到 1995 年才在基准站和基本站用 E—601B型蒸发器替代小型蒸发器的水面蒸发观测,同时保留小型蒸发器冰面蒸发观测,而且使用小型蒸发器的站点多,资料序列长,故小型蒸发器资料是极其珍贵的历史观测资料,对我国的气候研究有着重要的价值。

为了便于将小型蒸发器观测资料与 E—601B 型蒸发器观测资料衔接使用,通过全国 618 个气象站从 1998—2001 年 3 年的对比观测,得到统计分析结论(任芝花等 2002):总体上折算系数是北方小,南方大,山地比平原略大(如图 13.7 所示)。折算系数最小的区域成片地出现

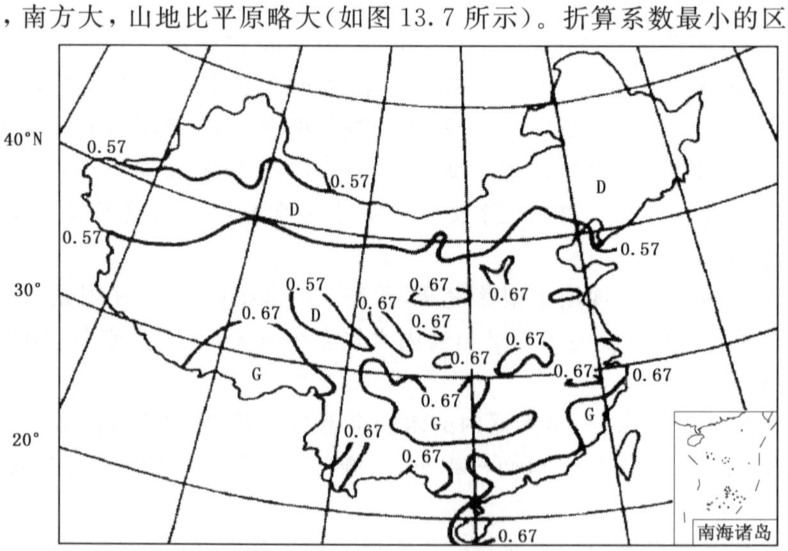

图 13.7 我国小型蒸发器对 E—601B 型蒸发器的年平均折算系数分布图

在东北、内蒙古和新疆天山以南的寒冷和干燥沙漠地区，其折算系数一般在 0.57 以下。另外，以青海玉树为中心的一小片区域折算系数也较小。折算系数大于 0.67 的 3 个区域为：①浙江、福建、广东与海南，广西的东南沿海一带，云南南部；②贵州及湖南和四川南部大片山区；③青藏高原南部。另外，太行山区、黄土高原、沂蒙山区、大别山区、九华山区、大巴山区、秦岭及四川西部等高海拔地区折算系数也较大。折算系数最小为 0.50 左右，最大的大于 0.70。

复习思考题

1. 如何理解蒸发与蒸发量？影响蒸发的因子有哪些？
2. E—601B 型蒸发器由哪几部分组成？各部分的作用是什么？
3. 如何调整 E—601B 型蒸发器水面高度？
4. 有强降水时，E—601B 型蒸发器和小型蒸发器各应如何观测？
5. 试述超声波蒸发量传感器的测量原理及主要组成部分。
6. 超声波蒸发量传感器目前采用何种方式安装？对观测数据有何影响？可如何改进？
7. 冬季结冰时，如何观测和记录蒸发量？
8. 试述影响蒸发量的因子和测量误差。
9. 目前国际参考标准蒸发器推荐使用什么蒸发器，有何优点？
10. 小型蒸发器与 E—601B 型蒸发器的观测资料各有何优缺点，应如何连续使用？

第 14 章　辐射观测

内容提要

本章简述了太阳辐射和地球辐射的特点，主要介绍了辐射的概念，各种辐射仪器的安装、使用及维护方法，辐射数据质量控制方法和不正常记录的处理。

14.1　概述

14.1.1　太阳与地球辐射

太阳照射到地球表面及从地球表面发射的各种辐射通量，是地球和地球表面及大气热量收支最重要的变量。太阳辐射能是地球大气最重要的能量来源，太阳、地球和大气的辐射过程是形成气候的主要因子之一。

地面辐射测量按照辐射来源可将辐射量分为两类，即太阳辐射与地球辐射。

太阳辐射是由太阳发射出来的，99.9%集中在 0.2～10 μm 的波段，其中波长短于 0.4 μm 的称为紫外辐射，0.4～0.76 μm 的称为可见辐射，而长于可见辐射的称为红外辐射。可见光辐射是肉眼看得见的，故亦称为可见光，它由红、橙、黄、绿、青、蓝、紫等各种颜色的光组成，其中红光波长最长，紫光波长最短。紫外辐射、可见光、红外辐射分别约占太阳辐射总能量的7%，50%，43%。此外，太阳光谱在 0.29～3.0 μm 范围，称为短波辐射，也可简称日射，约占太阳总能量的 97%，目前气象站主要观测这部分太阳辐射。在生物学中，常将 0.4～0.7 μm 的光谱范围称做光合有效辐射。紫外辐射按照其在不同波段范围的特性，分为三部分，其中 0.315～0.4 μm 的称为 UV-A，0.28～0.315 μm 的称为 UV-B，0.1～0.28 μm 的称为 UV-C。计算研究表明（王炳忠等 2002），0.295～0.385 μm 的紫外辐射占小于 0.4 μm 紫外辐射的 78%左右。

地球辐射是地球表面、大气、气溶胶和云层所发射的辐射，波长范围为 3～100 μm，所以也称做长波辐射。地球平均温度约为 300 K，地球辐射能量中 99%的波长大于 5 μm。

由于太阳辐射和地球辐射的光谱分布重叠很少，所以常将它们分别处理。在辐射观测中，需要对不同波长的辐射进行测量。

14.1.2 气象辐射量

14.1.2.1 辐射测量术语

根据对辐射与光的定量测量，以及不同研究与应用的需要，辐射能量可按照辐射度量、光度量和光[量]子度量三种方式表示。

(1) 辐射度量

辐射能(Q)：以电磁波或粒子形式发射、传播或接受的能量。它的单位与其他形式能量的单位相同。在国际单位制(SI)中，辐射能的单位是焦耳(J)。

辐射通量或辐射功率(Φ)：单位时间内发射、传播或接受的辐射能；或者说是以辐射形式发射、传播或接受的功率，单位为瓦(W)。若以 t 表示时间，辐射通量可以写为

$$\Phi = \frac{\mathrm{d}Q}{\mathrm{d}t} \tag{14.1}$$

辐射强度(I)：在给定方向上单位立体角元内，离开点辐射源(或辐射源面元)的辐射通量。在给定方向上的辐射强度为

$$I = \frac{\mathrm{d}\Phi}{\mathrm{d}\Omega} \tag{14.2}$$

式中 Ω 为立体角(sr)；I 的单位是瓦每球面度(W/sr)。如果辐射源所发出的辐射通量 Φ 在空间上的分布是均匀的，则

$$I = \frac{\Phi}{4\pi} \tag{14.3}$$

辐照度(E)：照射到物体表面某一面元上的辐射通量除以该面元的面积(照射到物体单位面积上的辐射通量)，即

$$E = \frac{\mathrm{d}\Phi}{\mathrm{d}A} \tag{14.4}$$

式中 E 的单位为瓦每平方米(W/m^2)。

曝辐量(H)：接收到的辐射能的面密度，也就是辐照度对时间的积分，即

$$H = \int E\mathrm{d}t \tag{14.5}$$

式中 H 的单位是焦耳每平方米(J/m^2)。

(2) 光度量

光度量和辐射度量的符号、定义等均是一一对应的。二者之间的差异主要在于波长范围和人眼的光谱视觉效率(或称视见函数)。光度量的波长范围仅涉及 0.4～0.73 μm 的辐射，因为超过此范围的辐射人眼是不可见的。所以，光度量是相应波长的辐射度量经国际发光照明委员会(CIE)推荐的国际平均人眼视见函数加权后得出的。

(3) 光[量]子度量

光[量]子数(N_p)：对于频率 ν 的单色辐射，光[量]子数为 $N_p = Q/(h\nu)$，这里 Q 是辐射能，h 是普朗克常数。

光[量]子照度(E_p)：定义与辐照度相同，其基本单位为每秒平方米($/(m^2 \cdot s)$)，实际测量中用 $\mu mol/(m^2 \cdot s)$来度量。

曝光[量]子量(H_p)：定义与曝辐量相同，其基本单位为每平方米($/m^2$)，实际测量中用

mol/m^2 来度量。

辐射度量、光度量和光[量]子度量的对比见表 14.1。

表 14.1 各种辐射度、光度和光[量]子度量的对比

符号	辐射度量	基本单位	光度量	基本单位	光[量]子度量	基本单位
Q	辐射能	J	光量	lm·s	光[量]子数	1
Φ	辐射通量	W	光通量	lm	光[量]子通量	/s
L	辐射亮度	W/(sr·m^2)	光亮度	cd/m^2	光[量]子亮度	/(sr·m^2·s)
I	辐射强度	W/sr	发光强度	cd	光[量]子强度	/(s·sr)
E	辐照度	W/m^2	光照度	lx	光[量]子照度	/(m^2·s)
H	曝辐量	J/m^2	曝光量	lx·s	曝光[量]子量	/m^2

14.1.2.2 太阳辐射

太阳辐射通过地球大气时，会因大气的吸收和散射而衰减，到达地面后，还会被下垫面反射，为此，太阳辐射可分为：

(1) 直接辐射(S)。亦称直接日射，是指日面及其周围一小立体角(从太阳中心向外扩展的半开敞角，约 2.5°，相当于 5×10^{-3} sr)内发出并入射到与该立体角轴线相垂直平面上的辐射。

(2) 水平面太阳直接辐射(S_L)。水平面上接收到的直接辐射。S_L 与 S 的关系为

$$S_L = S\times\sin H_A = S\times\cos Z \tag{14.6}$$

式中 H_A 为太阳高度角；Z 为天顶距($Z=90-H_A$)。

(3) 散射辐射。亦称散射日射，是指太阳辐射被空气分子、云和空气中的各种微粒分散成无方向性的，但不改变其单色组成的辐射。以相应的辐射度量加下角标 d 表示，如 E_d。

为了表示辐射来自的方向，通常对方向向下的辐射在相应辐射度量后加↓表示，方向向上的辐射加↑表示。在不会引起歧义的情况下，符号↓和↑也可以忽略。

(4) 总辐射。亦称总日射，是指水平面上从 2π 球面立体角(半球向)内接收到的太阳直接辐射和散射辐射之和。以相应的辐射度量加下角标 g 表示，如 E_g。

$$E_g\downarrow = S_L + E_d\downarrow \tag{14.7}$$

白天太阳被云遮蔽时，$E_g\downarrow = E_d\downarrow$，夜间 $E_g\downarrow=0$。

(5) 反射辐射。亦称反射日射，是指总辐射到达地面后被下垫面(作用层)向上反射的那部分短波辐射。以相应的辐射度量加下角标 r 和方向符号↑表示，如 $E_r\uparrow$。

下垫面的反射本领以它的反射比 E_k 表示：

$$E_k = \frac{E_r\uparrow}{E_g\downarrow} \tag{14.8}$$

14.1.2.3 太阳常数

在日地平均距离处，地球大气外界垂直于太阳光束方向上接收到的太阳辐照度，称为太阳常数，用 S_0 表示。1981 年世界气象组织推荐了太阳常数的最佳值，$S_0=(1\ 367\pm7)\text{W/m}^2$。

据研究，太阳常数也有周期性的变化，变化范围为 1%～2%，这可能与太阳黑子的活动周期有关。在太阳黑子最多的年份，紫外线部分某些波长的辐射强度可为太阳黑子最少年份的 20 倍。

14.1.2.4　地球辐射

地球辐射即地球长波辐射，可细分为大气长波辐射和地面长波辐射。

(1) 大气长波辐射。它是指地表以上的空气、悬浮的微粒和云本身向下所发射的辐射，简称大气辐射。以相应的辐射度量加下角标 L 和方向符号↓表示，如 $E_L\downarrow$。

(2) 地面长波辐射。它是指地球表面上的地物所发射的辐射(包括地面长波反射辐射)，简称地面辐射。以相应的辐射度量加下角标 L 和方向符号↑表示，如 $E_L\uparrow$。

14.1.2.5　全辐射

太阳辐射与地球辐射之和，称为全辐射，波长范围为 0.29～100 μm。

14.1.2.6　净全辐射

太阳与大气向下发射的辐射和地面向上发射的辐射之差值，也称为净辐射或辐射差额。以相应的辐射度量加上角标 * 表示，如 E^*。其表示式为：

净全波辐射：

$$E^* = E_g\downarrow + E_L\downarrow - E_r\uparrow - E_L\uparrow \tag{14.9}$$

净短波辐射：

$$E_g^* = E_g\downarrow - E_r\uparrow \tag{14.10}$$

净长波辐射：

$$E_L^* = E_L\downarrow - E_L\uparrow \tag{14.11}$$

14.1.2.7　各辐射量间的关系

以上各种辐射相互之间的关系如图 14.1 所示。

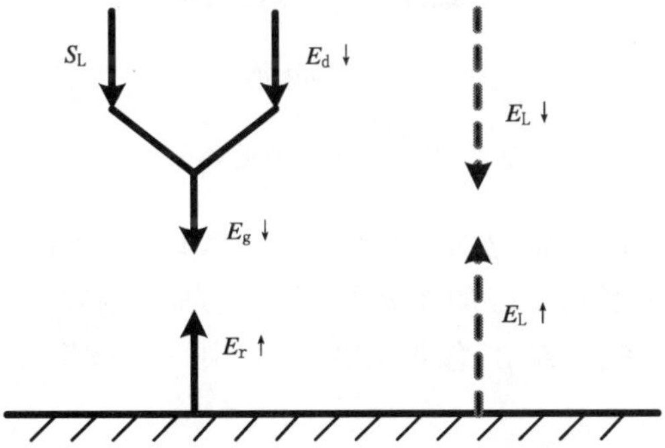

图 14.1　各辐射量关系示意图

14.1.3　辐射观测内容和单位

各辐射项目均应观测辐照度、曝辐量、最大辐照度及其出现时间。辐照度单位为瓦每平方米(W/m^2)，取整数；曝辐量单位为兆焦每平方米(MJ/m^2)，取 2 位小数，1 MJ = 10^6 J = 10^6 W · s。对于光合有效辐射还可以光[量]子度量单位表示，光[量]子照度单位为 $\mu mol/(m^2 \cdot s)$，取整数；曝光[量]子量为 mol/m^2，取 2 位小数。

对于直接辐射项目，还应观测水平面直接辐射的曝辐量、日照时数和大气浑浊度。日照时数的单位为小时(h)，取 1 位小数。

对于净全辐射和长波辐射项目，还应观测最小辐照度及其出现时间。

当有总辐射和反射辐射项目时，还应观测反射比，单位为百分比(%)，取整数。

对于净全辐射、反射辐射和地面长波辐射项目，还应观测作用层状态。

14.1.4 辐射传感器

辐射传感器和其他地面观测传感器一样，测量得到的电信号通过辐射变送器传送到采集器进行数据统计，然后通过专门的处理软件得到辐射数值。测量辐射能有多种方法，都是基于将辐射能转变为其他便于测量的能量形式再加以测量的。气象辐射传感器按原理可分为两种类型：热电型和光电型。

14.1.4.1 热电型

目前国内气象站广泛使用的辐射传感器都为热电型，它利用传感器表面的黑色涂层吸收入射的辐射能，将其转换为热能，进而利用温度上升引起的传感器电参数的规律性变化进行测定。具体又分为热电堆和热敏电阻两种类型。

热电堆按制作方式不同，可分为电镀式、蒸镀式和焊接式3种(见图14.2)，目前台站多使用电镀式热电堆。

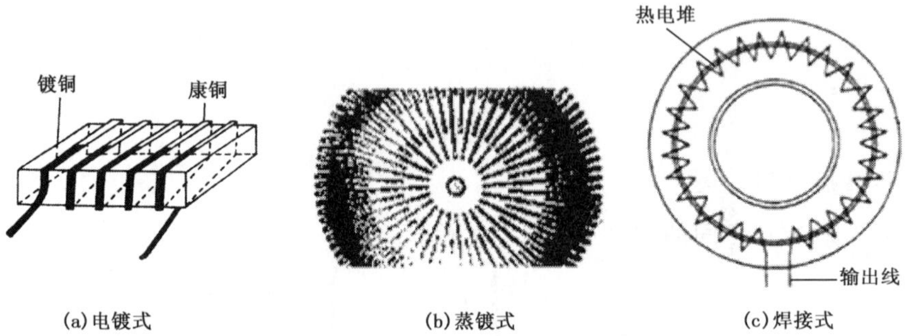

图14.2 不同类型的热电堆

电镀式热电型辐射传感器由感应面与热电堆组成，其原理结构如图14.3所示。感应面是薄金属片，涂上吸收率高、光谱响应好的无光黑漆。紧贴在感应面下部的是热电堆，它与感应面应保持绝缘。热电堆由康铜丝绕在绝缘骨架上，其中一半镀铜(图14.2(a))，形成几十对串联的热电偶。

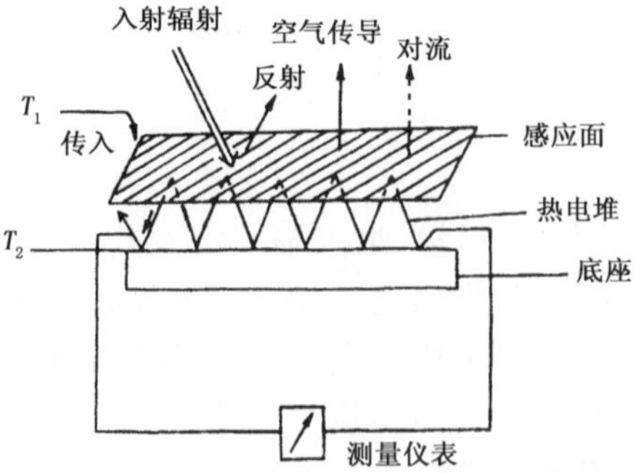

图14.3 电镀式热电型辐射传感器原理图

蒸镀式热电堆是利用薄膜工艺蒸镀制成的，工作端位于感应面下的中心部位，呈悬空状，参考端(冷端)位于四周且与较冷的仪器体绝缘相接。

焊接式热电堆则采用了焊接工艺。为了增大仪器的灵敏度，热电堆由多个串联的热电偶组成。

当辐射表对准辐射源(如太阳)，感应面黑体因吸收辐射能而增热时，下部的热电堆两端形成温度差，热电堆便产生电动势(电压)。辐照度越强，热电堆两端的温差就越大，输出的电动势(电压)也就越大，它们的关系基本是线性的：

$$V = K \times E \tag{14.12}$$

$$K = \frac{V}{E} \tag{14.13}$$

式中 V 为热电堆产生的电动势(电压)(μV)，取整数；K 为仪器的灵敏度，定义为仪器达到稳态后，输出量与输入量之比，也就是单位辐照度产生的电压微伏数($\mu V \cdot m^2/W$)，取 2 位小数；E 为辐照度(W/m^2)，取整数。

若已知 K，测量辐射表输出电压大小，就可确定辐照度的强弱，这就是热电型辐射传感器的基本原理。

通常热电型辐射传感器是相对仪器，它与标准仪器对比观测(检定)后，才能求出仪器的灵敏度 K。

提高传感器灵敏度的途径有：增加串联热电偶的数量、提高黑色涂层的吸收比、加大传感器与环境之间的热阻、减小负载电阻和传感器自身的电阻。但这些都是相对的，一是由于制作工艺的限制，在有限的体积内不可能无限制增加热电偶对数；二是仪器的性能大多不是孤立的，因为改善某一性能，会导致另一性能的下降，例如灵敏度高与响应速度快就是矛盾的。

K 值是否稳定是衡量一个辐射表等级标准的重要指标。随着仪器温度的变化，热电堆仪器会出现灵敏度的变化。有些仪器备有内装温度补偿线路，以便在温度变化范围内尽可能地保持恒定响应。

必须注意，不仅是温度对灵敏度有影响，灵敏度还随太阳辐照度、余弦响应(即太阳高度角的影响)、环境条件(如湿度、风)等的改变而发生变化。

14.1.4.2　光电型

光电型辐射传感器是利用某些物体受辐射照射后，引起物体电学性质的改变，即发生“光电效应”而制作的元件，这个过程比起热电型器件的加热过程要快得多，因此光电型辐射传感器的响应时间短。另外，光电型辐射传感器是以光子为单位在起作用，所以灵敏度高。

光电型辐射传感器的最大缺陷是光谱响应随波长变化较大，很难在较宽的波长范围内找出光谱响应较均一的光电器件。

辐射的光电效应有不同的表现形式，因此光电型辐射传感器可根据其所利用的具体效应分为光伏、光电导和光电子发射 3 种类型。

14.1.5　辐射表的性能指标

国际标准化组织和世界气象组织提供的对各种辐射仪器性能规格的要求，主要有：

(1) 灵敏度。传感器对被测量变化的反应能力，有时也称响应度，其倒数称为校准因子。

(2) 响应时间。传感器对输入被测量的反应速度。通常以传感器的反应达到输入量 95%

或 99%的时间来计算，以时间较短者的性能为优。

(3) 稳定性。灵敏度年变化的百分比。

(4) 零偏移(热偏移)。用两种试验判断，一是以通风情况下仪器对 200 W/m^2 净热辐射的响应时间来计算；二是以仪器对环境温度变化 5 K/h 的响应来计算。以仪器响应度低者为优。

(5) 分辨力。能够被仪器测出的最小变化量，以结果值低者性能为优。

(6) 非线性。辐照度在 100～1 000 W/m^2 间变化，仪器灵敏度偏离 500 W/m^2 情况下的百分比，以值小者性能为优。

(7) 光谱选择性。光谱吸收比与光谱透射比的乘积偏离 0.3～3.0 μm 范围内平均值的百分比，以值小者性能为优。

(8) 温度响应。环境温度任意变化 50 K 所引起的最大百分比误差，以值小者性能为优。

(9) 倾斜响应。在 1 000 W/m^2 辐照度水准下，由仪器倾斜 1°～90°引起的距 0°状态响应偏差的百分比，以值小者性能为优。

(10) 方位响应。辐射强度不变，太阳天顶角不变，改变仪器的方向，其输出应该不变。

(11) 余弦响应。辐射强度不变，太阳天顶角逐渐改变，仪器输出应当按 $E \cdot \cos Z$ 的规律变化。在太阳高度角为 10°，30°时，余弦响应误差应分别≤10%和≤5%。

(12) 环境影响。环境条件(如温度、湿度、风等)引起的仪器灵敏度的变化。

14.2 太阳直接辐射的测量

由于需要将太阳从天空背景中分离出来进行太阳直接辐射的测量，因此太阳直接辐射的测量仪器需要装配一个带有一系列光栅的准直管。光栅保证仪器的视场，防止管壁辐射和气流的影响。日面对地面上任何地点的张角约为 0.5°，要将其分离需要将准直管做得很长，但会带来对准日面的难度，使得直接辐射的测量仪器很难消除大气散射辐射的影响。因此，来自垂直于太阳表面(视角约 0.5°)的辐射和太阳周围很窄的环形天空的散射辐射称为太阳直接辐射。

现代直接辐射仪器视窗的半张角从太阳中心向外扩展的度数有两种，即半开敞角约 2.5°或 5°(分别相当于 5×10^{-3} 或 5×10^{-2} sr)。直接辐射表支架的结构应能迅速而平稳地调整方位角和高度角。通常有一瞄准装置，当接收表面完全垂直于太阳直射光束时，瞄准装置中有一小光点会正落在目标点标志上。若连续测量直接辐射，需使用自动跟踪太阳装置。

14.2.1 直接辐射表

14.2.1.1 结构和原理

目前，我国气象观测站使用的直接辐射表由进光筒、感应件、跟踪架(赤道架)及附件组成(见图 14.4)。

(1) 进光筒的孔径角。直接辐射表孔径大小由半开敞角 α 和斜角 β 来定义(见图 14.5(a))。

$$\tan\alpha = \frac{R}{d} \tag{14.14}$$

$$\tan\beta = \frac{R-r}{d} \tag{14.15}$$

式中 R 为进光前孔半径；r 为接收器半径；d 为进光前孔到接收器的距离。

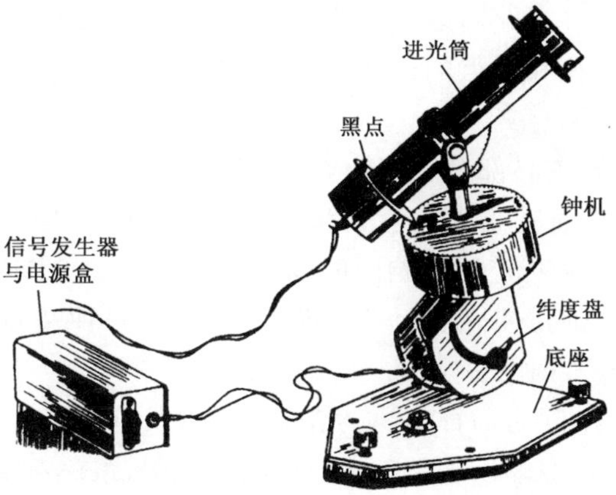

图 14.4　直接辐射表示意图

1956 年国际辐射委员会曾建议孔径参数：$\beta \leqslant 1°$；前孔到接收器的距离与接收器半径之比 $d/r \geqslant 15$。这意味着要求半开敞角不能大于 4°。

图 14.5(b)中，β 角(一般 1°～2°)内来自天空区域 1 的辐射能照射到全部感应面上，来自天空区域 2 和 3 的辐射只能照射到部分感应面上，它们的交界处圆周上的辐射正好只能照射感应面积的一半；区域 3 以外的辐射则完全不能进入仪器。由此可知，传感器上所接收的是发自日面的辐射和环日天空散射辐射的综合结果。

环日天空散射辐射对直接辐射的贡献是不可小视的。一般情况下，它占直接辐射的 2%～3%，在大气浑浊的情况下，则可能增至 4%～6%。

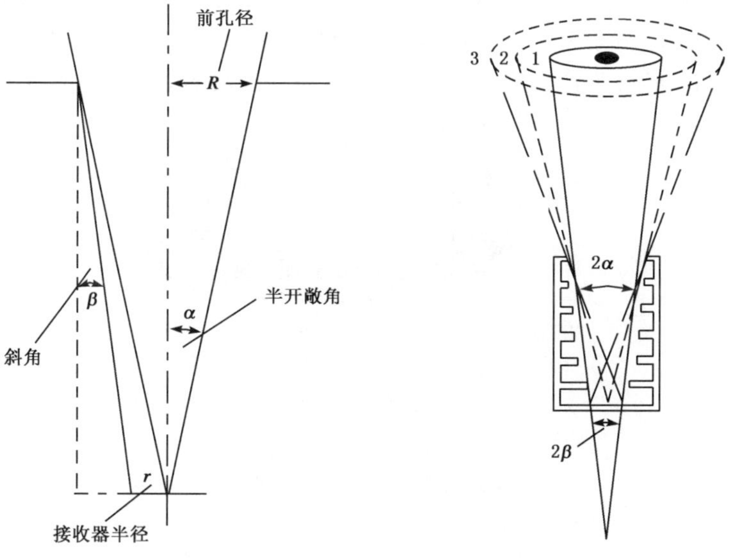

(a)进光筒 α、β 角关系图　　(b)进光孔张角与接收辐射的关系

图 14.5　进光筒接收辐射关系图

(2) 进光筒是一个金属圆筒，为使感光面不受风的影响，同时又减少管壁的反射，筒内有几层涂黑的光栅，光栅的坡度使得进入光筒的半开敞角为 2.5°～5.5°。为保证筒内清洁，筒口装有石英玻璃片。进光筒前有一金属箍用来安放各种滤光片，筒内装有干燥剂，以防止产生水汽凝结物。为了对准太阳，进光筒两端分别安装有两个固定圆环，筒口圆环上有一小孔，筒末端白色圆盘上有一黑点，小孔和黑点的连线与筒的中轴线相平行。如果光线透过小孔落在黑点上，说明进光筒已对准太阳。

(3) 感应件是辐射表的核心部分，由感应面与热电堆组成。安装在进光筒的后部。当进光筒对准太阳时，黑体感应面吸收太阳直射增热，使得热电堆产生温差电动势，由导线输出。辐射表灵敏度约为 7～14 $\mu V \cdot m^2/W$，响应时间为 35 s 左右(99%响应)。

(4) 跟踪架是支撑进光筒，使之自动准确跟踪太阳的一种装置，常用的跟踪架有时钟控制、直流电机控制和全自动 3 种形式：

① 时钟控制跟踪架。实际为一石英钟。信号发生器及电源部分一般安装在室内，用导线与跟踪架上的钟机连接，钟机操纵输出轴带动进光筒跟踪太阳，跟踪精度为±1°/d(相当 4 min/d)。

这种跟踪架由于每天不停地转动，使得进光筒上两根输出线容易缠绕，发现缠线后，应在不观测时(日落后)，松开进光筒的固定螺旋，向相反方向转动，直至导线完全放松为止，再拧紧固定螺旋。

② 直流电机控制跟踪架。由单片计算机和电源部分用导线与跟踪架上的直流电机相连接，单片计算机控制电机从而推动进光筒跟踪太阳，每天准确转动一圈。

以上两种跟踪架也称赤道架。

对赤道架应经常加以维护，使之不受环境变化的影响。赤道架的主轴应与地球自转轴保持平行，其方位角与高度角的调节都应准确到 0.25°以内。直接辐射的测量对观测条件要求较高，所以每天至少应对仪器检查一次，如果天气条件恶劣，更需经常检查。

③ 全自动跟踪架。它由机械主体、控制箱与电缆线等构成。机械主体安装在室外，由准光筒、固定直射表的架子、电机、转动轴、底座等组成(见图 14.6)。该仪器以单片计算机为控制核心，采用传感器定位和太阳运行轨迹定位两种自行切换的跟踪方式，弥补了赤道架跟踪的缺点，具有全自动、全天候、跟踪精度高(±0.2°)、不绕线等特点，是辐射仪器的主要跟踪装置。

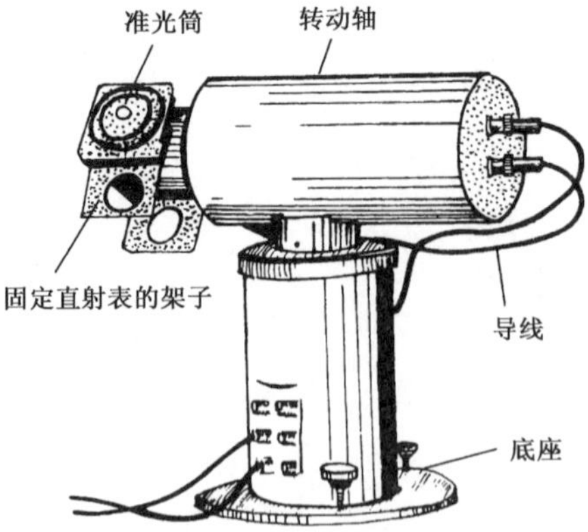

图 14.6 全自动太阳跟踪器示意图

跟踪的原理是利用单片计算机的软件(每天日出至日落每一时刻的太阳高度角与方位角

参数)控制电机转动,带动准光筒跟踪太阳。此外,准光筒内均匀安装有 4 个光敏传感器,当准光筒跟踪太阳稍有偏差时,筒内的 4 个传感器接收到的阳光信号就不相同,从而驱动准光筒自动瞄准太阳,使得装在架子上的直接辐射表进光筒准确对准太阳。这种装置可带动多台直接辐射表及散射辐射表上的遮光板跟踪太阳。

机械主体安在牢固的台架上,调好水平、方位后将底座固定。用时角、赤纬、传感器的三根信号线将机械主体与室内的控制箱连接。调整控制箱内参数——时间(年、月、日、时、分、秒)、经纬度与本站的实际时间、经纬度相一致。调整后,一般不再需要人工干预。接通电源后,由计算机控制可以自动搜寻太阳位置,并自动选择合理跟踪方式,对太阳进行全自动跟踪。日落 6 min 后,装置自动返回初始位置。下一日出前 6 min 仪器将自动运行到适当位置,开始新的跟踪过程。

这种装置在对准太阳的情况下其输出是平衡的,而在失衡情况下,仪器会根据失衡状况的大小和不同方向进行调整,直到最终达到平衡为止。实践结果表明,这种反馈机制对于准确跟踪太阳是绝对必要的。

(5)附件。包括仪器底座(刻有南北方位线)、水准器、调整螺旋、进光筒帽盖和外罩等。

14.2.1.2　仪器的安装

直接辐射表安装在专用的台柱上。

直接辐射表跟踪太阳的准确度与仪表安装是否正确关系极为密切,安装时必须对准南北向、纬度,调整水平及观测时的赤纬和时间。

(1) 调整对准南北向。将表底座方位线对准南北向是非常重要的。对准南北向,首先必须测定南北线。测定南北线的主要方法如下:

经纬仪法:真太阳时正午,用经纬仪(通过深色玻璃)观测太阳,然后降低物镜到水平面一点,这一点与观测点相连即南北线,并在仪器台柱上画出南北线。利用此法测南北线时,应先算出当地当日真太阳时正午对应的北京时间。

在晴朗夜晚用经纬仪测北极星的方法也可确定南北线。

铅垂线法:这是较常用的一种方法。在真太阳时正午,用铅垂线观测其投影(当地子午线),使仪器底座上的南北方位线与其重合,尽可能达到$\pm 0.25°$以内。应用铅垂线法测方位时,也应先算出当地当日真太阳时正午对应的北京时间。

例如:某站(106°29′58″E)6 月 28 日测南北线,当日真太阳时正午相当于北京时间的计算方法是:

真太阳时(TT)=地平时(T_M)+ 时差(E_Q)=北京时(C_r)± 经度时差(L_c)+时差(E_Q)

经度差$=120°-106.5°=13.5°$

经度时差(L_c)$=13.5°\times 4$ min/(°)=54 min

因为该站在 120°以西,所以,$L_c=-54$ min

查表得 6 月 28 日时差(E_Q)$=-3$ min

12 时真太阳时(TT)=北京时(C_r)-54 min-3 min

北京时=12 h+03 min+54 min=12 h 57 min

因此,北京时 12 时 57 分这一时刻的铅垂线投影应与仪器底座的南北线重合。

对方位往往不是一次能对好的,反复几次对准后,初步将底座固定。

(2) 调整对准纬度(全自动跟踪架例外)。松开纬度刻度盘上的螺旋,转动刻度盘对准当地纬度(准确至 0.1°),然后再固定。

(3) 调整水平。用 3 个水平调整螺旋调整,使水准器气泡位于中央。

方位、纬度、水平调整好后,再将仪器牢固地固定在台架上。仪器安装完成后,转动进光筒对准太阳(光点恰好落在瓷盘黑点中央)。这时仪器的赤纬与时间指针应指在当时的太阳赤纬和时间(真太阳时)上,但往往有一定差别,这是由于制造仪器时的刻度误差等原因造成的。直射表安装好后,应试着跟踪太阳一段时间,检查其是否准确,否则,应反复调整,直到准确为止(一天跟踪误差<1 光点,约 4 min)。

14.2.1.3 使用和维护

直接辐射表与其他辐射表相比,不仅感应元件要灵敏,而且还要跟踪准确,才能获得准确的直接辐射。要保持在任何天气条件下常年不断地、准确可靠地跟踪太阳是不容易的,因此要严格遵守操作规程。

用直接辐射表进行连续记录时,需要防雨、雪等。例如,通常用石英制作的光学窗置于仪器的前端。必须注意保证光学窗的清洁,并且在其内表面不能出现凝结物。每天早上日出前,应检查进光筒石英玻璃窗是否清洁,如有灰尘、水汽凝结物应及时用软布擦净。跟踪架要精心使用,切勿碰动进光筒位置,每天上下午至少各检查一次仪器跟踪状况(对光点),遇特殊天气要经常检查。如有较大的降水、雷暴等恶劣天气不能观测时,要及时加盖,并切断电源。转动进光筒对准太阳,一定要按操作规程进行,绝不能用力太大,否则容易损坏电机。直接辐射表每月检查的内容和总辐射表基本相同(见本章 14.3.2.2 节),除检查感应面、进光筒内是否进水,以及接线柱和导线的连接状况外,重点应检查仪器安装与跟踪太阳是否正确。

14.2.2 大气浑浊度

14.2.2.1 定义与计算公式

大气浑浊度是表征太阳辐射受到大气中气体、水汽、气溶胶等的吸收和散射后,其透射程度下降的指标,一般通过测量大气垂直气柱内的大气气溶胶光学厚度来得到。描述大气浑浊度的参数有两种方式:一是表示为一定波长的光学厚度,如许埃普浑浊度因子(Schüepp turbidity factor),它代表波长为 0.5 μm 的气溶胶光学厚度;再如埃斯屈朗浑浊度系数(Ångström turbidity coefficient),它表示波长为 1.0 μm 的气溶胶光学厚度。二是利用全波段大气总光学厚度与瑞利(Rayleigh)散射光学厚度的比值来表达,如林克浑浊度因子(Linke turbidity factor)(或大气浑浊度指标)。这里大气总光学厚度的主要部分一般还是气溶胶光学厚度。因此,观测大气浑浊度,实际上与观测大气气溶胶光学厚度直接相关。

大气浑浊度不仅是指示大气透明程度的指标之一,也是气候变化研究中的重要参量。测量大气气溶胶浑浊度(光学厚度)及其随波长的变化可以使用多种仪器,如多波段太阳光度计、光谱仪、分光辐射表等,其中太阳光度计方法是测量大气浑浊度的一种较为常用的方法。太阳光度计通过对太阳直接辐射的测量来确定气溶胶光学厚度及其随波长的变化。

全波段浑浊度指标 T_G 是指总的浑浊度系数(总的光学厚度)δ 与理想浑浊度系数(干洁大气光学厚度)δ_{mol}之比,即

$$T_G = \frac{\delta}{\delta_{mol}} \tag{14.16}$$

根据全波段太阳辐射在大气中的衰减定律：

$$S = S_0 e^{\frac{-\delta m P}{P_0}} \tag{14.17}$$

式中 S 为地面上观测到的垂直于太阳的直接辐射；S_0 为太阳常数，$S_0 = 1\ 367\ W/m^2$；P 为本站气压；P_0 为标准大气压，其值为 1 013.25 hPa；m 为相对大气质量(考虑地球形状与折射情况)。

$$m = \frac{1}{\sin H_A + 0.15(H_A + 3.885)^{-1.253}} \tag{14.18}$$

式中 H_A 为太阳高度角。因此，有

$$T_G = \frac{1}{-P/P_0 m\delta_{mol} \lg e} \cdot \lg \frac{S}{S_0} = -R\lg \frac{S}{S_0} \tag{14.19}$$

其中，

$$R = \frac{1}{P/P_0 m\delta_{mol} \lg e}$$

式中 δ_{mol} 为本站气压 P 与相对大气质量 m 的函数。

当 $m \cdot P/P_0 \leqslant 3.3$ 时，

$$\delta_{mol} = 0.1005 - (m \cdot P/P_0 - 0.5) \times 0.0074 \tag{14.20}$$

当 $m \cdot P/P_0 > 3.3$ 时，

$$\delta_{mol} = 0.0798 - (m \cdot P/P_0 - 3.3) \times 0.0047 \tag{14.21}$$

由上述可知，大气浑浊度 T_G 的大小，取决于地面上观测到的太阳直接辐射 S、本站气压 P 与太阳高度角 H_A。其中太阳直接辐射 S 是最主要的。因此观测到无云时的太阳直接辐射愈大，则 T_G 愈小，表示大气越透明；反之，观测到 S 愈小，T_G 则愈大，表示大气愈浑浊。

14.2.2.2　T_G 的观测条件

进行太阳直接辐射观测的气象站(一级站)，在每日地方平均太阳时 09,12,15 时(±30 min 内)，若太阳面无云时，要进行大气浑浊度 T_G 的观测；若太阳面短时有云，可提前或推后观测(但不能超出 30 min)。观测时对计算机进行人工干预，输入太阳直接辐射、本站气压和太阳高度角数值，计算机则会计算并输出观测时的 T_G 值。

14.3　短波总辐射的测量

总辐射是辐射观测最基本的项目。总辐射用总辐射表(亦称天空辐射表)测量。

14.3.1　总辐射表

我国气象观测站使用的总辐射表由感应件、玻璃罩和附件组成，一般在底部装有干燥器(见图 14.7)。

感应件由感应面与热电堆组成，涂黑的感应面通常为圆形，也有方形。热电堆由康铜、康铜镀铜构成。仪器的灵敏度一般为 7～14 μV・m²/W。响应时间≤60 s(响应稳态值为 99% 时)。

取决于太阳高度角与方位角的传感器的方向性响应，分别称为余弦响应和方位响应。在理想情况下，接收器的响应必须正比于太阳光束天顶角的余弦，而对所有方位角保持定常。对于总辐射表，余弦响应指标规定为：太阳高度角分别为 10°和 30°时，余弦响应误差分别≤10%

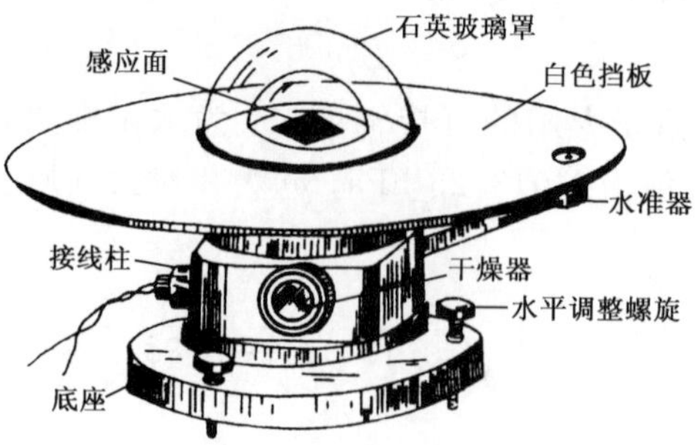

图 14.7　总辐射表示意图

和≤5％。

玻璃罩由半球形双层石英玻璃构成。它既能防风，又能透过波长 0.3～3.0 μm 范围的短波辐射，其透过率为常数且接近 0.9。双层罩的作用是为了防止外层罩的红外辐射影响，减少测量误差。

附件包括机体、干燥器、白色挡板、底座、水准器和接线柱等。此外，还有保护玻璃罩的金属盖（又称保护罩）。干燥器内装干燥剂（硅胶），与玻璃罩相通，保持罩内空气干燥。白色挡板既可挡住太阳辐射对机体下部的加热，又可防止仪器水平面以下的辐射对感应面的影响。

底座上设有安装仪器用的固定螺孔及调整感应面水平的 3 个调节螺旋。

还有一种感应面由黑白相间的金属片构成（见图 14.8），利用黑白片吸收率的不同，测定其下端热电堆温差电动势，然后转换成辐照度。黑白片型总辐射表由于玻璃罩对冷、热接点的热辐射影响几乎相等，所以玻璃罩只有一层。黑白片型总辐射表主要用于散射辐射测量。

图 14.8　黑白片型总辐射表

14.3.2　仪器的安装、使用和维护

14.3.2.1　安装

总辐射表安装在地面观测场内，若受条件限制也可安装在屋顶平台上，要求在全年之中日出和日落时的方位角范围内没有高度角超过 5°的障碍物。其他的障碍物，也不应使太阳全张

角减少 0.5 sr 以上。总辐射表不应靠近浅色墙壁或其他易于反射阳光的物体，也不应暴露在人工辐射源之下。如果气象观测站的四周环境不能达到这些要求，在对测站环境的描述中应包括周围环境障碍物高度角及张角的详细信息。

总辐射表应牢固安装在专用的台柱上。台柱是用一根金属管或木柱，上部固定一块比总辐射表底座稍大的金属板或木板构成。台柱离地面约 1.50 m，下部埋入地中且要求很牢固，长时间内不会出现下陷或变形现象，即使台柱受到严重的冲击震动（如大风等），也不会改变仪器的水平状态。总辐射表的朝向，在北半球应使露出的引线或接线柱位于感应件的北面，这样可减少太阳对连接导线的加热作用。

安装时，先把总辐射表的白色挡板卸下，再将总辐射表安装在台上，使仪器接线柱方向朝北。用 3 个螺钉（最好用不生锈的材料）将总辐射表固定在台柱上。然后利用仪器上所附的水准器，调整底座上 3 个螺旋，使总辐射表的感应面处于水平状态。最后将白色挡板装上。

仪器安装后，用导线与接线柱、记录仪表连接（接线时，要注意正负极），有的接线柱有 3 根引出线，其中一根连接机体，用于连接电缆的屏蔽层，起到防干扰和防感应雷击的作用。

连接总辐射表与记录器的电缆必须是防水屏蔽导线。电缆应牢固地固定在支架台座上。如果记录器的位置距离较远，应把电缆埋入地下穿管。总辐射表、电缆和记录器应与公共地线良好接地。

14.3.2.2　使用和维护

在日出前把总辐射表的金属盖打开，辐射表就开始感应，记录仪自动显示总辐射的瞬时值和累计总量。日落后停止观测，并加盖。若夜间无降水或无其他可能损坏仪器的现象发生，总辐射表也可不加盖。

开启或盖上金属盖应特别小心，要旋转到上下标记点对齐，才能开启或盖上。由于石英玻璃罩贵重且易碎，操作时动作要轻。冬季玻璃罩及其周围如附有水滴或其他凝结物，应擦干后再盖上，以防结冰。在金属盖被冻住，很难取下时，可用吹风机使冻结物融化后再将盖取下，但要仔细，以免损坏玻璃罩。

每天上、下午至少各一次对总辐射表进行如下检查和维护：

(1) 仪器是否水平，感应面与玻璃罩是否完好。

(2) 热电堆表面色泽和质地是否均匀。

(3) 仪器是否清洁，玻璃罩如有灰尘、露、霜、雾水、雪和雨水时，应用镜头刷或麂皮及时清除干净，注意不要划伤或磨损玻璃罩。

(4) 玻璃罩不能进水，罩内也不应有水汽凝结物。

(5) 干燥器内硅胶是否变潮，若变潮要及时维护或更换。

(6) 降大雨、雪、冰雹或较长时间的雨雪，应根据具体情况及时加盖，雨停后即把盖打开。

(7) 遇强雷暴等恶劣天气时，应加盖并加强巡视，发现问题及时处理。

硅胶由蓝色变成红色或白色可判断为已变潮。受潮的硅胶，可在烘箱内烤干变回蓝色后再使用。

总辐射表防水性能较好，一般短时间或降水较小时可以不加盖。

总辐射表要求每两年校准一次。

14.4 短波散射辐射的测量

把总辐射中来自太阳直接辐射的部分遮蔽后测得的辐射值即为散射辐射或天空辐射。散射辐射用总辐射表配上有关部件进行测量。

遮蔽太阳直接辐射的方式有两种：一种是直接用遮光装置把太阳直接辐射从传感器上遮蔽；另一种是用电机带动自动跟踪太阳的遮光球（板）或使用手动的遮光环，以阻挡太阳直接辐射。在电机带动的遮光装置中，应经常检查遮光装置，以保证支撑细杆的转动与太阳的视运动同步，否则难以发现不正常的记录。遮光环式的散射辐射只需要较少的人工调整，一般只需一天或几天调整一次即可，但需要考虑遮光环装置对散射辐射有明显的遮挡而必须对记录进行修正。

14.4.1 散射辐射表

我国气象观测站使用的散射辐射表是由总辐射表和遮光环两部分组成（见图 14.9）。遮光环的作用是保证从日出到日落能连续遮住太阳的直接辐射。它由遮光环圈、标尺、丝杆调整螺旋、支架、底座等组成。

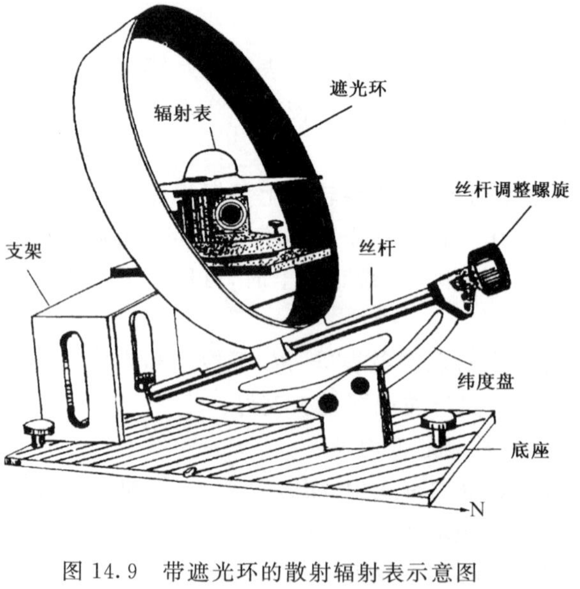

图 14.9 带遮光环的散射辐射表示意图

遮光环圈的宽度为 65 mm，直径为 400 mm。固定在标尺的丝杆调整螺旋上，标尺上有纬度与赤纬刻度。标尺与支架固定在底座上，底座上有 3 个水平调整螺旋。总辐射表安装在支架平台上。

14.4.2 仪器的安装、使用和维护

14.4.2.1 安装

散射辐射表安装的地方条件和台架安装的要求与总辐射表相同。由于遮光环很重并且底盘较大，因此，仪器台架的安装应更牢固。安装步骤如下：

(1) 先将遮光环架安装在观测台架上。安装时必须使底盘边缘对准南北向，使仪器标尺指向正南北(在北半球，遮光环丝杆调整螺旋柄朝北)。用水平尺和底座 3 个调节螺旋把底座调水平，然后，用螺栓将遮光环底座固定在观测台架上。

(2) 根据当地的地理纬度，固定标尺位置。

(3) 把总辐射表水平地安装在遮光环中的平台上，使接线柱朝北，其位置应正好使辐射表涂黑感应面位于遮光环中心。调整总辐射表水平并固定。

(4) 将遮光环按当日的太阳赤纬调到相当的位置上，使遮光环恰好全部遮住总辐射表的感应面和玻璃罩。

(5) 将接线柱导线与记录仪连接。

14.4.2.2 使用和维护

散射辐射表的使用与维护基本同总辐射表。日出前，转动丝杆调整螺旋，将遮光环按当日赤纬调在标尺相应的位置上(有时也可几天调整一次)，使遮光环全天遮住太阳直接辐射。每天上、下午巡视一次，检查遮光环阴影是否完全遮住仪器的感应面与玻璃罩，否则应及时调整。

平时要经常保持遮光环部件的清洁和丝杆的转动灵活。发现丝杆有灰尘或转动不灵活时，尤其是风沙过后，要用汽油或酒精将丝杆擦净。若较长时间不使用，应将遮光环取下或用罩盖好，以免丝杆和有关部件锈蚀。若长时间使用遮光环，当圈环(外白内黑)褪色或颜色脱落时，应重新上漆。

14.4.3 遮光环订正系数

14.4.3.1 订正系数的理论值

观测天空散射辐射，由于遮光环不仅遮住太阳直接辐射，同时还把遮光环带上的散射辐射遮掉了，这样使用遮光环测得的散射辐射比实际值偏小。因此，观测值必须乘以一个大于 1 的遮光环订正系数，才能得到准确的散射辐射。

假定天空散射是均匀的，天空被遮光环遮住的部分 X/T(成数)，从理论上可用下式计算：

$$\frac{X}{T}=\frac{2b}{\pi r}\cos^3 D_E(\sin\varphi\cdot\sin D_E\cdot t_0+\cos\varphi\cdot\cos D_E\cdot\sin t_0) \tag{14.22}$$

式中 b 为遮光环的宽度；r 为遮光环的半径；D_E 为太阳赤纬；φ 为当地纬度；t_0 为时角，单位为弧度，t_0 按如下公式计算：

$$t_0=\frac{T_S-T_R}{12}\times\frac{90}{57.3} \tag{14.23}$$

式中 T_S 为日落时间；T_R 为日出时间，均为真太阳时。

因此，遮光环订正系数计算公式为：

$$CQ=\frac{1}{1-\dfrac{X}{T}} \tag{14.24}$$

式中 CQ 为遮光环订正系数理论值。

由公式(14.24)可计算出我国不同纬度、不同月份(旬)的遮光环订正系数理论值。

14.4.3.2 业务上使用的遮光环订正系数

由于我国云天状况差异大，因此用遮光环订正系数理论值订正散射辐射会带来较大误差。

目前，我国使用的是遮光环订正系数参考理论值。通过实际对比试验得出，它因季节、纬度和各地云量而异，最大订正值可达1.30左右。计算公式如下：

$$CQ' = 0.0538 + 0.1715\varphi/90 + 0.0111\Delta Y - 0.0117N + CQ \quad (14.25)$$

式中 CQ' 为业务上使用的遮光环订正系数；ΔY 为计算月份相对于6月的值，即 $\Delta Y = |计算月份-6|$；N 为总云量月平均值(0.1成)。

由于 CQ' 考虑到各地的气候状况(云量)，因此更接近于实际情况。

14.5 短波反射辐射的测量

使总辐射表感应面朝下，即可测定短波反射辐射，此时总辐射表就称为反射辐射表。

反射辐射表一般安装在浅草平铺的观测场内，离地面的高度不应低于1.40 m。夏季，地面应为浅草所覆盖。应尽可能减少对下垫面的破坏。

安装反射辐射表的架子是由台柱和伸出的长臂组成。台柱的颜色以尽量减少太阳辐射的反射为宜。长臂下端(靠近净全辐射表)固定一个比仪器底座稍大的金属板，把感应面朝下的反射辐射表底座用不锈钢螺栓固定在金属板上。仪器接线柱方向朝北。然后用调整螺旋把感应面调平，通常有上下两个水准器。安装反射辐射表时一定要把仪器上的白色挡板翻过来安装，否则降雨时，雨水将聚积在白色挡板上，流入感应元件内，损坏仪器。

反射辐射表的使用、维护和一般性检查与总辐射表相同。

14.6 净全辐射的测量

净全辐射是研究地球热量收支状况的主要资料。净全辐射为正，表示地表增热，即地表接收到的辐射大于发射的辐射；净全辐射为负，表示地表损失热量。净全辐射用净全辐射表测量。

14.6.1 净全辐射表

目前，我国气象观测站使用的净全辐射表由感应件、薄膜罩和附件等组成(见图14.10)。

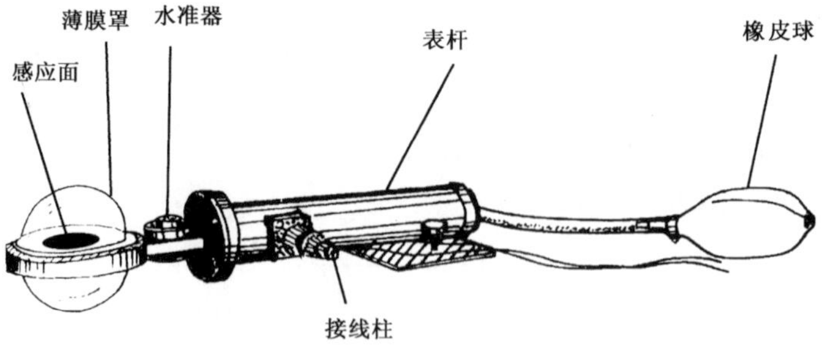

图14.10 净全辐射表示意图

净全辐射表感应件也是由涂黑的感应面与热电堆组成。与总辐射表不同，它有上、下两个感应面，两个面均能吸收波长为0.3～100 μm的全波段辐射。热电堆两端与上、下两个感应面相贴。由于上、下感应面吸收的辐照度不同，使得热电堆两端产生温度差异，其输出的电动势与涂黑感应面接收的辐照度差值成正比。净全辐射表有长波与全波段两个灵敏度，其要求范围一般为 7～14 $\mu V \cdot m^2/W$。长波与全波段灵敏度允许误差≤15%。响应时间≤60 s (99%响应)。白天(净全辐射为正值)采用全波段灵敏度，夜间(净全辐射为负值)采用长波灵敏度。

为防止风的影响和保护感应面，净全辐射表上、下感应面装有既能透过短波辐射，又能透过长波辐射的半球形专用聚乙烯薄膜罩。薄膜罩上放置橡皮密封圈，然后用压圈旋紧，使得薄膜罩牢牢固定住。

附件有表杆、干燥器、底板、上下水准器、调节螺旋、接线柱和橡皮球等。干燥器(内装硅胶)装在表杆内与感应件相通，用橡皮球打气，通过干燥器使上、下薄膜罩充成半球形，并提供干燥气体，排除罩内潮气。此外还有上、下两个金属盖和固定压圈用的金属环等。

14.6.2　仪器的安装、使用和维护

14.6.2.1　安装

安装净全辐射表的架子也是由台柱和伸出的长臂所组成，长臂的末端固定一块比净全辐射表底座稍大的金属板或木板。安装架子时，要求台柱离地面约 1.50 m，长臂基本水平，方向朝南。台柱埋入地下部分要很牢固，不能因长臂末端安装仪器长期承受重量而下垂。

安装时，把表的底板用不锈钢螺旋固定在金属板上，使感应件伸出长臂，接线柱方向朝北。用调整螺旋将感应面调平。最后用电缆线连接记录仪，接线时要注意正负极。

14.6.2.2　使用和维护

净全辐射表观测的是全辐射差额，不仅白天观测，夜间也要观测。

净全辐射表和总辐射表一样，除每天上、下午至少各检查一次仪器状态外，夜间还应增加一次检查。每次检查和维护的内容如下：

(1) 感应面是否水平。

(2) 薄膜罩是否清洁和呈半球凸起。罩外部如有水滴，应用脱脂棉轻轻抹去，若有尘埃、积雪等，可用橡皮球打气，使罩凸起并排除湿气。

薄膜罩通常每月更换一次，风沙多、大气污染严重或紫外光强易使聚乙烯老化的地区，要增加更换次数。

更换薄膜罩时要用专用工具(金属环)把压圈旋下，取下橡皮密封圈与旧罩，然后换上新罩，放上密封圈，再用专用工具把压圈旋紧。换罩时如发现密封圈老化或损坏应同时更换，更换时注意不要弄脏或碰坏黑体。如果感应面有脏物，要用橡皮球吹气清除，不要用刷子等硬物去清除。

(3) 遇有雨、雪、冰雹等天气时，应将上、下金属盖盖上，加盖条件同总辐射表。稍大的金属盖在上，以防雨水流入下盖内。降大雨时应另加防雨装置。降水停止后，要及时开启。

由于薄膜罩密封性能不好或金属盖盖得不紧，大雨时，常把感应面弄湿，使得仪器短路或出现负值，应及时把仪器烘干或换上备份表。

(4) 要注意观测结果的正负值。正常天气条件下，净全辐射夜间为负值，日出后 1～2 h 升为正值，至中午为最大，日落前 1～2 h 又转为负值。如果出现相反情况，可能仪器的正负极接错。

(5) 干燥器固定应牢固、密封，若失效要及时更换。

(6) 注意保持下垫面的自然和完好状态。平时不要乱踩草面，降雪时要尽量保持积雪的自然状态。

净全辐射表的故障和处理方法与总辐射表基本相同。但最常见的故障是薄膜罩漏水使得感应面潮湿，造成记录出错。因此，要备足薄膜罩与橡皮垫圈并及时更换，保持好密封性。

14.6.3 辐射作用层状态的观测

有净全辐射或反射辐射观测项目的气象站，应观测作用层状态。

作用层状态的观测地点为净全辐射表支架下的观测场地面，每天地方平均太阳时 9 时左右观测。

作用层状态由作用层情况的十位数码和作用层状况的个位数码组成的两位编码表示（见表 14.2），记录在备注栏靠日期一边栏内。例如：枯草上降新雪记“14”。

表 14.2 作用层状态编码表

十位数码	作用层情况	个位数码	作用层状况
0	青草	0	干燥
1	枯（黄）草	1	潮湿
2	裸露黏土	2	积水
3	裸露沙土	3	泛碱（盐碱）
4	裸露硬（石子）土	4	新雪
5	裸露黄（红）土	5	陈雪
		6	融化雪
		7	结冰

14.7 紫外辐射的测量

14.7.1 紫外辐射概述

由于太阳紫外辐射对环境和人类健康的影响，以及由于臭氧的衰减引起地球表面 UV-B 辐射的增强，因此太阳紫外辐射观测得到普遍重视。紫外辐射各部分的特性如下：

(1) UV-A。波长为 0.315～0.4 μm。刚好处在可见光谱外，不受大气臭氧含量的影响，对人的皮肤晒黑有一定作用，无其他更多的生物活性。在这个波段里有相当数量的紫外辐射能够到达地面。

(2) UV-B。波长为 0.28～0.315 μm。它具有生物活性，在地球表面其强度取决于大气臭氧柱。常用来表示其生物活性强度的是它的红斑效应，这种效应能引起人的皮肤变红，强者灼伤，甚至引发皮肤癌，长期还可诱发白内障和导致免疫力下降等。

(3) UV-C。波长为 0.1～0.28 μm。在大气的上层已被臭氧完全吸收，不会到达地球表面，但其生物活性极强。

对于紫外辐射的测量而言，UV-A 与 UV-B 的总量简称全紫外。波长小于 0.1 μm 者称为真空紫外。

紫外辐照度主要受大气层中臭氧和云的影响，另外还受地表散射影响，特别是有雪覆盖时，周围地表的影响也很重要。

由于到达地球表面的紫外辐射能量很小，使得紫外辐射的测量较为困难。

14.7.2　紫外辐射表

地面紫外辐射表分为单通道宽带、多通道窄道滤光片和扫描光谱 3 种类型。目前，宽带类型使用最多。

我国尚无定型的紫外辐射表，下面介绍两种国外较常用的单通道宽带紫外辐射表，分别是 TUVR 型和 CUV5 型紫外辐射表。

由于到达地球表面的紫外辐射能量很小，为了能够有效地测量，紫外辐射表的灵敏度一般较大，现用仪器多数为 200～400 $\mu V \cdot m^2/W$。

14.7.2.1　TUVR 型紫外辐射表

TUVR 型紫外辐射表是美国 Eppley 实验室的产品，感应元件是阻挡层硒光电池，主要由带硒阻挡层、石英窗密封的光电池、紫外滤光片和干净的聚四氟乙烯散射片组成，光电管的终端与一个精密的电阻相连接，信号的测定通过测量电阻的压降实现，其测量范围为 0.295～0.385 μm，用于测量全紫外辐射。在短波端由于臭氧的吸收作用，影响并不大；但是在 0.385～0.4 μm 段，仪器不能检测到辐射。因此，TUVR 测量的辐照度不能等同于 UV-A＋UV-B 或紫外总辐照度。其结构和光谱响应特征见图 14.11。

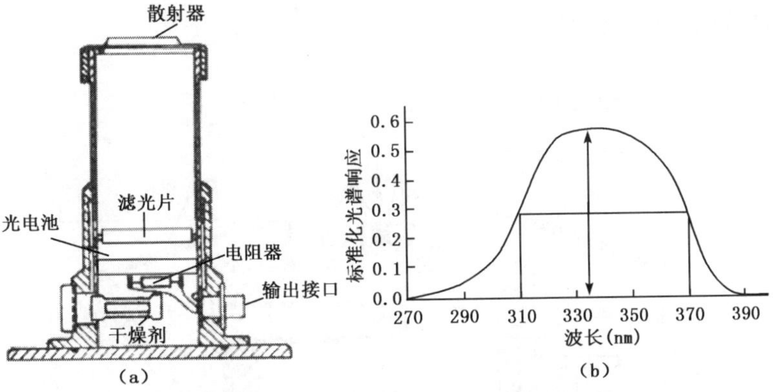

图 14.11　TUVR 型紫外辐射表结构(a)及其光谱响应曲线(b)

TUVR 型紫外辐射表在使用一段时间后，会产生不同程度的测量误差。误差主要来源于两部分：一是感应元件，包括光电管的光谱灵敏度变化和紫外滤光片透射率衰减；二是散射器的表面和微小孔被气溶胶覆盖及堵塞，会造成散射片光学厚度增加。

安装要求同总辐射表。

日常维护应保持散射器洁净，如有灰尘可用镜头纸擦拭。

14.7.2.2　CUV5 型紫外辐射表

CUV5 型紫外辐射表由 Kipp&Zonen 公司生产，外观与总辐射表相似(见图 14.12(a))。它的感应元件是硅光电器件，附加珀尔帖器件进行恒温，感应面部分为聚四氟乙烯材料制作的散射片，在 CUV3 型、CUV4 型的基础上不断改进了玻璃保护罩和对 UV-B 具有更好穿透性的材料，在全紫外辐射范围具有较好的光谱特性(见图 14.12(b))。测量范围可达 0.28～

0.4 μm，其中在 0.29～0.385 μm 波段光谱响应可达 0.5 以上。

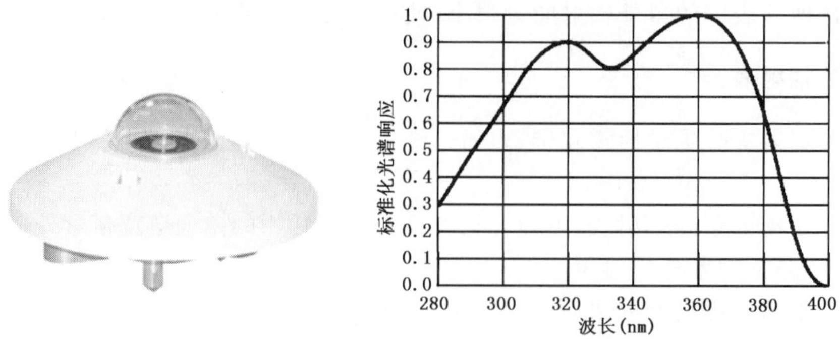

(a) (b)

图 14.12 CUV5 型紫外辐射表示意图(a)及其光谱响应曲线(b)

14.8 长波辐射的测量

14.8.1 长波辐射表

长波辐射由长波辐射表测得，其构造、外观与总辐射表基本相同，由传感器(感应面与热电堆)、外罩和附件等组成(见图 14.13)。其不同点在于：

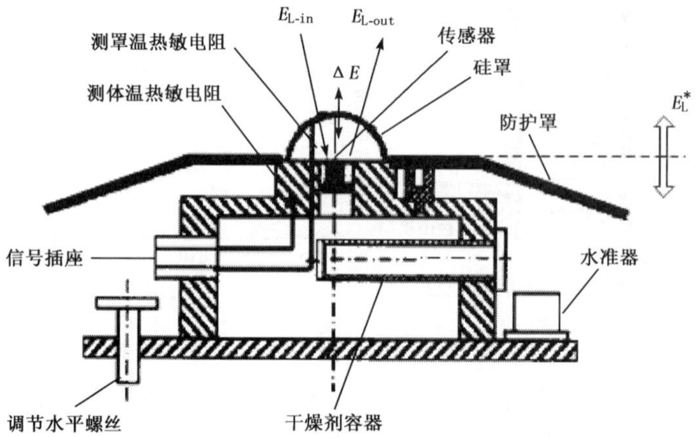

图 14.13 长波辐射表结构及辐射平衡关系图

(1) 长波辐射表的半球罩必须由只透过长波而不透过短波的熔融硅材料加镀干涉膜制作而成，玻璃罩内镀上硅单晶，保证了 3 μm 以下的短波辐射不能到达感应面。

(2) 由于表体本身也向外发射长波辐射，为确定其辐射出射度，必须加装热敏电阻，以测定其温度。

(3) 由于半球罩本身也向外发射长波辐射，为确定其辐射出射度，也加装了热敏电阻测定其温度。

长波辐射表的辐射平衡见图 14.13，仪器所测量的值，即长波辐射表测得的净辐射 E_L^*，实际上是感应面接收到的长波辐射 $E_{L\text{-}in}$ 以及感应面本身向外发射的长波辐射 $E_{L\text{-}out}$ 之差，即

$$E_L^* = E_{L\text{-}in} - E_{L\text{-}out} \tag{14.26}$$

式中 E_L^* 由热电堆输出算得，$E_L^* = V/K$，V 为热电堆输出的电压微伏（μV）值，K 为长波辐射表的灵敏度；对于感应面向外发射的长波辐射 $E_{L\text{-}out}$，则有

$$E_{L\text{-}out} = \sigma T_b^4 \tag{14.27}$$

式中 σ 为斯蒂芬-波耳兹曼（Stefan-Boltzmann）常数，$\sigma = 5.6697 \times 10^{-8}$ W/(m^2 · K^4)；T_b 为仪器腔体温度(K)，由安装在腔体内的热敏电阻测量。

因此，感应面接收到的长波辐射

$$E_{L\text{-}in} = V/K + 5.6697 \times 10^{-8} \times T_b^4 \tag{14.28}$$

由于白天太阳辐射较强，照得长波半球罩的温度 T_a 明显高于腔体温度 T_b，因此使感应面从半球罩得到附加热辐射，形成仪器数据系统偏高。为了克服此弊端，同时增加一个热敏电阻，测量半球罩温度 T_a，用来修正公式(14.28)的误差。这样公式(14.28)就可改写为：

$$E_{L\text{-}in} = V/K + \varepsilon\sigma T_b^4 + k_1 \varepsilon\sigma (T_b^4 - T_a^4) \tag{14.29}$$

式中 ε 为接收面的发射率；k_1 为经验系数；T_a 为半球罩温度(K)。

为了进一步克服太阳辐射对罩的加热作用，需要在如下方面改进长波辐射表：

(1) 应对仪器壳体和半球罩的温度进行测量。

(2) 仪器应设置通风。

(3) 应使用小的跟踪遮光盘，以便遮挡直射的太阳光线。

14.8.2 仪器的安装、使用和维护

如同总辐射表和反射辐射表的安装一样，分别将感应面朝上和朝下的两台长波辐射表安装在一起。安装地方条件、要求，使用注意事项，以及维护方法与总辐射表基本相同。每台仪器有 4 根引出线，其中 2 根测热电堆电压，另 2 根测量热敏电阻器的阻值，然后换算为腔体温度 T_b。

14.8.3 计算净全辐射

若用短波辐射仪器观测总辐射 E_g、反射辐射 E_r。用 2 台长波辐射表分别观测 $E_L\downarrow$ 与 $E_L\uparrow$。则按公式(14.30)计算净全辐射 E^*：

$$E^* = E_g + E_L\downarrow - E_r - E_L\uparrow \tag{14.30}$$

按公式(14.31)计算净长波辐射 E_L^*：

$$E_L^* = E_L\downarrow - E_L\uparrow \tag{14.31}$$

这种方式计算出的 E^* 与 E_L^* 比目前气象观测站所使用的净全辐射表观测的值，更加准确。

14.9 光合有效辐射的测量

14.9.1 光合有效辐射概述

光合有效辐射（Photosynthetically Active Radiation，PAR）是指对植物光合作用有效的那部分太阳辐射。作为影响植物生长的主要生态因子，PAR 是陆地生态系统碳循环模型、植被

生产力计算模型及生态系统-大气间 CO_2 交换模型等生态模型的关键变量。在全球气候变化的背景下，分析和检测气候要素长期变化趋势是气候变化研究的重要部分，PAR 作为重要的气候要素，研究其时空变化特征对于分析 PAR 的变化如何影响生态系统光合作用过程，具有重要意义。

根据植物学家和光生物学家的研究，对植物产生有效光合作用的这部分太阳辐射主要集中在可见光波段，目前，国际上通用的光合有效辐射波长范围是 0.4～0.7 μm。在 20 世纪五六十年代以前通常采用光照度，即勒克斯(lx)作为计量单位。由于勒克斯是以人眼对光谱的敏感程度为基础的，而光对作物的作用虽然随波长也有一定的变化，但毕竟不同于人眼。因此，以光照度来计量光合作用，显然是不恰当的。70—80 年代进一步发展到以能量单位(W/m^2)计量光合有效辐射。后来，通过研究发现，对光合作用真正起作用的是光量子，于是要求以光[量]子照度单位(μmol/(m^2 · s))来计量光合有效辐射。用能量探头测量光合有效辐射照度时，测量结果以 W/m^2 为单位，用光量子探头测得的结果以 μmol/(m^2 · s)为单位。

影响 PAR 时间动态特征的因素很多，包括天文辐射、云量、大气气溶胶的变化等。云是影响太阳短波辐射到达地表的重要障碍，云量的增加使得到达地表的 PAR 降低。大气气溶胶的增加，使 PAR 直接辐射降低，散射辐射增加，但由于散射辐射量的绝对值小，所以使到达地表的 PAR 降低。

近 50 年我国区域 PAR 的空间分布差异明显(朱旭东等 2010)，总体上呈现东南低、西部高的特点，最高值出现在青藏高原西南部，最低值位于四川盆地，年均 PAR 在 17.7～39.5 mol/(m^2 · d) 之间。我国西半部从北到南逐渐增大；东半部东北地区从北到南逐渐增大；其他区域以长江流域为低值区，向南向北均增大。

14.9.2 光能与光量子的换算

光和微观粒子(量子)既具有波动性又具有粒子性的双重属性。正如光具有波粒二象性一样，实物粒子如电子、原子、中子、量子等也具有波粒二象性，与实物粒子相联系的物质波的频率 ν 和波长 λ 与粒子能量 E_ν 的关系为：

$$E_\nu = h\nu \tag{14.32}$$

式中 h 为普朗克常数，$h = 6.626\times10^{-34}$ J · s；而波长 $\lambda = \frac{c}{\nu}$，c 为真空中的光速，$c = 3.00\times10^{17}$ nm/s，λ 的单位为 nm，所以光(辐射)能与光量子之间的关系可以写成：

$$E_\nu = \frac{hc}{\lambda} \tag{14.33}$$

从公式(14.33)可以看出，光的波长越短，每个光量子所具有的能量越大；反之，光的波长越长，每个光量子所具有的能量越小。

光合有效辐射在 400～700 nm 波段，则其辐照度 E 可表示为

$$E = \int_{400\ \mathrm{nm}}^{700\ \mathrm{nm}} E_\lambda \mathrm{d}\lambda \tag{14.34}$$

式中 E_λ 为单色(或光谱)辐照度(W/(m^2 · nm))。辐照度 E 是单位面积在单位时间内接受的辐射能，该能量亦可用单位面积在单位时间内接受的光量子数 N_p 来表示：

$$N_p = \int_{400\ \mathrm{nm}}^{700\ \mathrm{nm}} \frac{E_\lambda \mathrm{d}\lambda}{h\nu} = \frac{1}{hc}\int_{400\ \mathrm{nm}}^{700\ \mathrm{nm}} E_\lambda \lambda \mathrm{d}\lambda \tag{14.35}$$

由于 N_p 的数值巨大，使用起来非常不便，为此，借助阿伏加德罗常数 N_A，用 E_p 表示以 μmol/(m^2 · s)为单位的辐照度数值，则 $N_p = N_A \cdot E_p$，于是

$$E_p = \frac{1}{hcN_A}\int_{400\ \mathrm{nm}}^{700\ \mathrm{nm}} E_\lambda \lambda \mathrm{d}\lambda \tag{14.36}$$

阿伏加德罗常数 $N_A = 6.022 \times 10^{23}$/mol，使所得数据偏小，最终采用的是 $N_A = 6.022 \times 10^{17}/\mu$mol。将各种常数代入，这样以光量子表示的公式就可写成：

$$E_p = \frac{1}{119.7}\int_{400\ \mathrm{nm}}^{700\ \mathrm{nm}} E_\lambda \lambda \mathrm{d}\lambda \tag{14.37}$$

以 W/m^2 为单位表示的辐照度 E 与以 μmol/(m^2 · s)为单位表示的辐照度 E_p 间的关系可以按公式(14.38)表示：

$$E = 119.7\,\frac{E_p}{\bar{\lambda}} \tag{14.38}$$

式中 $\bar{\lambda}$ 为 400～700 nm 波段范围内 λ 曲线下带状面积元的平均波长，若取值为543.4 nm，则

$$E_p \approx 4.54E \tag{14.39}$$

从公式(14.39)可知，在近地面晴朗天气条件下，以 μmol/(m^2 · s)为单位的辐照度是以W/m^2为单位的辐照度的约 4.54 倍。

14.9.3　光合有效辐射表

光合有效辐射表可分为能量单位型和量子单位型两种，均为测量半球向辐照度而设计的，结构比较简单，仪器的关键部分是滤光片，均属于总辐射表类型。两种类型的光合有效辐射表在构造上并无差别，仅在于测量的单位不同。仪器主要由余弦修正器、滤光片、光电器件和外壳组成。

14.9.3.1　能量单位型

从感应元件所采取方式的不同，将能量单位型光合有效辐射表分为总辐射表型和专用型两种。

(1) 总辐射表型。将两台总辐射表的外层玻璃罩卸下，换上用锐截止型有色光学玻璃(WG395 和 RG695)制作的半球罩之后，进行平行测量，并分别除以各自的灵敏度，再将前者的结果与后者相减，所得到的就是以能量单位表示的光合有效辐照度。

利用这种方法测得的结果，直接取决于所用两台总辐射表本身的质量和仪器的安装质量。由于一个结果来自两台仪器，其误差是两台仪器误差的合成。

(2) 专用型。这是一种光电探测器型的总辐射表，在光电器件前面加装了相应的滤光器，滤除光合有效波段以外的杂光。在仪器的顶部进光部位装有乳白色圆片，由于其改善了入射光的余弦特性，也称余弦散射器。

14.9.3.2　光量子单位型

光量子单位型光合有效辐射表在外观与结构上与专用型光合有效辐射表完全一样，最大的区别仅在于校准时所得到的灵敏度或者说能量单位是不同的。国内外常用的仪器是荷兰Kipp&Zonen 公司的 PAR LITE 型光合有效辐射传感器，如图 14.14 所示。

该传感器可以直接连接在电压表或者数据采集器上进行测量，并直接获得以 μmol/(m^2 · s)为单位的读数，光谱波长为 0.4～0.7 μm，灵敏度为 4～6 μV · m^2 · s /μmol。

图 14.14 PAR LITE 型光合有效辐射传感器

14.9.4 观测仪器的安装、使用和维护

由于光合有效辐射表是为测量半球向辐照度而设计的，所以安装要求与总辐射表完全一样。光合有效辐射表没有干燥剂容器，所以无需更换干燥剂。如果实际需要，也可以倾斜安装或将仪器翻转 180°朝下安装。

14.10 辐射观测仪器的布设

14.10.1 场地要求

根据《气象仪器和观测方法指南》的要求，辐射观测点应视野开阔，尽可能不存在障碍物，特别是全年中在日出至日落方位角范围内应无障碍物。如果存在障碍物，仪器则应放在障碍物形成的高度角<5°的地方，使障碍物的影响降至最低。

对于总辐射、直接辐射、散射辐射、紫外辐射和大气长波辐射等仪器的观测点可选在地面或楼顶平台。

反射辐射、净全辐射、地球长波辐射等仪器的观测点只能在地面，且所选地点应尽量能够代表当地下垫面的自然状况，3 倍仪器安装高度的半径区域内下垫面具有较好的均匀性。

14.10.2 仪器架设

各辐射表安装在专用的台架、支柱或平台上，台架或支柱离地面或楼顶平台约 1.50 m，要求牢固，即使受到严重冲击震动(如大风等)，也不改变仪器的水平状态。台柱的颜色以尽量减少太阳辐射的反射为宜。辐射一级站各辐射表的安装示意图见图 14.15。

台架或支柱应做好防雷接地，符合防雷要求。仪器设施的布置要注意互不影响，便于操作。具体要求：

(1) 太阳自动跟踪器、散射辐射表遮光环底座等应放置在能承受一定压力的牢固的底座上，避免跟踪器、遮光环等在转动中水平状况发生变化。

(2) 各辐射表安装高度应尽可能基本相同，位置应尽量避免人员走动对其产生影响。为便于日常维护，可布设相应步梯，若有向上辐射观测时，用完步梯后，应及时移除，放置到对辐射测量无影响的地方。

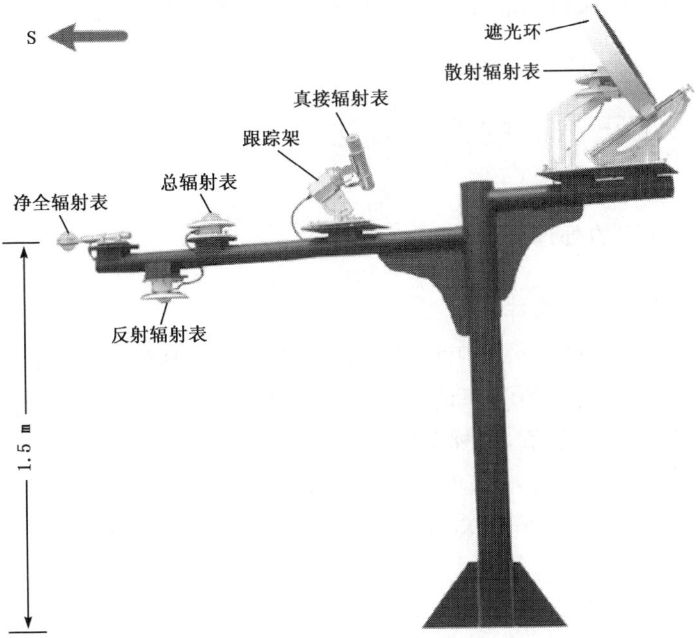

图 14.15　辐射一级站辐射表安装示意图

(3) 其他仪器，如紫外辐射表、光合有效辐射表等均应安装在相应的牢固的支架上，传感器的感应面与总辐射表等仪器的感应面应保持在相同的高度上。

目前，我国气象观测站地面辐射观测像气压等要素观测一样，已列为自动气象站的观测要素，各辐射表(传感器)只是自动气象站中传感器的一部分。有关要求详见本书第 19 章自动气象站相关内容。

14.11　要素值的观测和记录

各辐射观测项目的各观测要素均由自动气象站或辐射自动观测仪器测得，采样、计算及处理规定如下：

(1) 各种辐射的辐照度每分钟采样 6 次或 30 次，经质量控制处理后，计算样本数据的平均值，用 1 min 的平均值作为每分钟的辐照度。

(2) 从每分钟的辐照度挑取每小时内最大辐照度值和最小辐照度值及其出现时间，计算一定时段内的平均辐照度和曝辐量。平均辐照度有 1 min 和 1 h 值，观测记录中曝辐量有 1 h 和日值。在日没之后至日出之前的总辐射、直接辐射、散射辐射、反射辐射的小时曝辐量记录为空。

(3) 从每小时最大或最小辐照度值挑取日最大或最小辐照度值及其对应时间，当有两个或以上最大或最小辐照度值时，可任选其中一个的对应时间作为出现时间。总辐射、直接辐射、散射辐射、反射辐射的日最大辐照度值为“0”时，出现时间记录为空。

(4) 从每分钟的直接辐射辐照度，计算对应的水平面直接辐射辐照度，再以水平面直接辐射辐照度计算一定时段内水平面直接辐射的曝辐量。

(5) 将每分钟的直接辐射辐照度≥120 W/m^2 的时间累加,作为每小时的日照时数和每天的日照时数。

14.12 要素值不正常时的处理方法

14.12.1 时曝辐量缺测的处理

14.12.1.1 利用正点时辐照度计算

辐射自动观测仪出现故障时,采用精度高的毫伏表进行测量,即将辐射表与毫伏表连接,在每个地平时正点读出毫伏表的电压值 V。根据辐射表的灵敏度 K 算出辐照度 E,$E=V\times 1000/K$,然后根据两相邻的 E 值,用梯形内插法计算出每小时曝辐量 H。

例:某站某日日出时间为 6^{32},用毫伏表测得 07 时总辐射表为 2.67 mV,08 时为 5.93 mV。总辐射表的灵敏度为 9.03 $\mu V\cdot m^2/W$,则 06—07 时和 07—08 时的曝辐量计算如下:

07 时辐照度 $=2.67\times1000/9.03\approx296(W/m^2)$

08 时辐照度 $=5.93\times1000/9.03\approx657(W/m^2)$

06—07 时曝辐量 $=(0+296)/2\times(60-32)\times60=248640(J/m^2)\approx0.25(MJ/m^2)$

07—08 时曝辐量 $=(296+657)/2\times(60\times60)=1715400(J/m^2)\approx1.72(MJ/m^2)$

14.12.1.2 利用前后两时次的曝辐量内插计算

若某时曝辐量缺测,则用前、后两时次的曝辐量参照 14.12.1.1 节中的梯形内插法计算得到。

14.12.2 特殊情况下的观测记录处理

出现降水和沙尘天气时,按如下情况处理:

(1) 为保护仪器,降水强度大,辐射表加盖时,辐照度按"0"处理,对应时段的曝辐量记录为 0.00。

(2) 出现强沙尘暴或特强沙尘暴时,辐射表加盖,对应时段的曝辐量记录为缺测,即"—"。

(3) 若因降水影响,总辐射日曝辐量为 0.00,反射辐射日曝辐量也为 0.00 时,日反射比记录为缺测,即"—"。

14.12.3 辐射传感器灵敏度输错时记录的处理方法

实际工作中,出现过输错灵敏度 K 或辐射表信号输入插头相互插错的现象,造成观测记录错误。只要知道出错的时间段及正确与错误的 K 值,可以把错误记录改正。设 E_0 和 E_1 分别为正确与错误的辐射量;K_0 和 K_1 分别为正确与错误的灵敏度,则可用公式(14.40)进行转换:

$$E_0 = E_1 \times K_1/K_0 \tag{14.40}$$

例:某站 7 月初换总辐射表时,误将正确灵敏度 9.50,输错为 8.50。月底发现,则时曝辐量 H_g 的正确值应为:$H_g = H'_g \times 8.50/9.50$,式中 H'_g 为错误的时曝辐量值。

14.13　辐射数据的质量控制

14.13.1　质量控制方法

对于单站而言辐射观测数据质量控制方法主要包括要素物理可能界限值检查、要素极端界限值检查、要素或要素之间内部一致性检查、要素连续性检查和仪器漂移检查。通过组网，还可以进行要素空间一致性检查。

(1) 要素物理可能界限值检查。要素物理可能界限值是指与仪器性能和在不同太阳高度角时最大可能辐射相关的界限值。超出此界限值时，应该判断仪器设备出现故障。在表 14.3 中，短波辐射的下限值可以是负值，主要考虑了仪器的零点漂移现象，上限值考虑了在不同太阳高度角辐射最大可能的情况，使得界限值的设定更为科学。

表 14.3　各种辐射要素的物理可能界限值

项目	下限(W/m^2)	上限(W/m^2)
总辐射	−4	$S_a \times 1.5 \times \mu_0^{1.2} + 100$
直接辐射	−4	$S_a \times \mu_0$
散射辐射	−4	$S_a \times 0.95 \times \mu_0^{1.2} + 50$
反射辐射	−4	$S_a \times 1.2 \times \mu_0^{1.2} + 50$
大气长波辐射	40	700
地面长波辐射	40	900

注：S_a 为订正到日地平均实际距离处的太阳常数，$S_a = S_0/AU^2$，AU 为以天文单位表示的日地距离，S_0 为太阳常数，$S_0 = 1367\ W/m^2$。$\mu_0 = \cos Z$，Z 为太阳天顶距。

对于逐小时曝辐量的检查，可以按 1 小时内表 14.3 中上、下限值的最大或最小辐照度值计算出最大或最小曝辐量的上、下限值，进行要素值检查。对于日最大或最小曝辐量的上、下限值，可由当日逐小时的最大或最小曝辐量的上、下限值累加求得。

(2) 要素极端界限值检查。要素极端界限值是根据多年历史记录的极值而确定的界限值。由于气候极值的统计一般情况下只有月、年值，难以得到各瞬时的极端界限值，故按公式确定各种辐射要素的极端界限值(表 14.4)。日、月最大或最小曝辐量的极端上、下限值的计算方法同要素物理可能界限值的确定方法。出现超过上述界限值时，应仔细检查记录是否属实，以免出错。

表 14.4　各种辐射要素的极端界限值

项目	下限(W/m^2)	上限(W/m^2)
总辐射	−2	$S_a \times 1.2 \times \mu_0^{1.2} + 50$
直接辐射	−2	$S_a \times 0.95 \times \mu_0^{0.2} + 10$
散射辐射	−2	$S_a \times 0.75 \times \mu_0^{1.2} + 30$
反射辐射	−2	$S_a \times \mu_0^{1.2} + 50$
大气长波辐射	60	500
地面长波辐射	60	900

注：同表 14.3。

(3) 要素或要素之间内部一致性检查。要素或要素之间内部一致性检查对辐射观测数据而言，它是基于一个观测点内同一时刻所测得的辐射要素之间或多或少有点相关的事实，对某些有关联的气象要素间是否一致进行检查。例如:某时刻的直接辐射与散射辐射的辐照度之和大于等于该时刻的总辐射的辐照度,小时内极值出现时间只能是在本小时内。表 14.5 给出了辐射观测要素相互比较检查的内容和只能出现的结果,若出现相反的结果,则要检查记录是否属实。

表 14.5 数据的比较检查

要素	结果	条件
$E_g/(E_d+S_L)$	$1\pm 8\%$	$Z<75°$,$E_g>50$,否则不进行
	$1\pm 15\%$	$Z\geqslant 75°$,$E_g>50$,否则不进行
E_d/E_g	<1.05	$Z<75°$,$E_g>50$,否则不进行
	<1.10	$Z\geqslant 75°$,$E_g>50$,否则不进行
E_r 与 E_g 或 E_r 与 (E_d+S_L)	$E_r<E_g$ 或 $E_r<E_d+S_L$	$E_g>50$,否则不进行
$E_L\downarrow$ 与气温	$0.4\times\sigma T_a{}^4<E_L\downarrow<\sigma(T_a+25)^4$	
$E_L\uparrow$ 与气温	$\sigma(T_a-15)^4<E_L\uparrow<\sigma(T_a+25)^4$	
$E_L\downarrow$ 与 $E_L\uparrow$	$E_L\uparrow-300<E_L\downarrow<E_L\uparrow+25$	
极值与瞬时值	极大值不能小于瞬时值;极小值不能大于瞬时值;极值出现时间的值应与该时刻的瞬时值相等;小时内极值出现时间只能是在本小时内	

注:T_a 为气温(K);各辐射量单位为 W/m^2;Z 为太阳天顶距。

(4)要素连续性检查。辐射气象要素都是连续变化的,它们随时间的变化应该是连续的,在一定的时间间隔,同一要素的前后波动应在一定范围内。

(5)仪器漂移检查。仪器漂移是针对月值数据进行检查,每年检查一次。发现仪器漂移问题应及时报告省级业务主管部门,并在月、年数据文件中详细描述受影响的时间范围和程度。

(6)空间一致性检查。辐射观测资料的水平空间一致性分析是利用辐射要素自然分布具有连续性和均匀性的特点,将某一被检测站的观测资料与其周围其他邻近测站的资料进行比较分析,从而判别该要素值是否正常。目前使用较多的空间一致性分析方法有空间插值方法、空间回归检验法、气候统计比较法、Madsen Allerrupt 方法等。

14.13.2 质量控制流程

辐射数据质量控制的内容包括采集数据、自动气象站形成的采集数据文件和整理得到的全月归档辐射数据文件,其质量控制流程如下:

(1)自动气象站实时采集辐射数据。获取实时辐射采集数据→要素物理可能界限值检查→要素极端界限值检查→要素连续性检查→要素或要素之间内部一致性检查→写入自动气象站辐射采集数据文件。

(2)自动气象站辐射采集数据文件。气象观测站通过现有业务软件实现,其程序是:加载辐射采集数据文件→格式检查→要素物理可能界限值检查→要素极端界限值检查→要素连续性检查→要素或要素之间内部一致性检查→不同文件数据一致性检查→质量控制信息写入文件。

(3)全月归档数据文件(RIIiii-YYYYMM.TXT)。气象观测站通过现有业务软件实现,其程序是:加载数据文件→格式检查→要素物理可能界限值检查→要素极端界限值检查→要素连续性检查→要素或要素之间内部一致性检查→质量控制信息写入文件。

14.14　相关计算公式

14.14.1　时间

14.14.1.1　时差 E_Q

$$E_Q=0.0028-1.9857\sin Q+9.9059\sin(2Q)-7.0924\cos Q-0.6882\cos(2Q) \quad (14.41)$$

$$Q=2\pi\times 57.3\times\frac{N+\Delta N-N_0}{365.2422} \quad (14.42)$$

式中 N 为按天数顺序排列的积日，1 月 1 日为 0，2 日为 1，其余类推……，12 月 31 日为 364（平年），闰年 12 月 31 日为 365。ΔN 为积日订正值，由观测地点与格林尼治经度差产生的时间差订正值 L 和观测时刻与格林尼治 0 时时间差订正值 W 两项组成，见公式(14.43)，为日的小数部分：

$$\Delta N=\frac{1}{24}(W+L) \quad (14.43)$$

$$L=\frac{1}{15}\left(D+\frac{M}{60}\right) \quad (14.44)$$

$$W=S+\frac{F}{60} \quad (14.45)$$

式(14.44)和(14.45)中 D 为观测点经度的度值；M 为观测点经度的分值；S 为观测时刻的时值；F 为观测时刻的分值。

在式(14.43)中，在东经时，L 值取负号；在西经时，L 值取正号。因我国处于东经，故 L 取负值。

$$N_0=79.6764+0.2422(Y-1985)-\mathrm{INT}[0.25(Y-1985)] \quad (14.46)$$

式中 Y 为年份；INT(x)为 BASIC 语言中求取不大于 x 的最大整数的函数。

14.14.1.2　真太阳时 TT

$$TT=T_M+E_Q=C_T+L_c+E_Q \quad (14.47)$$

式中 TT 为真太阳时；T_M 为地方平均太阳时（地方时）；C_T 为时区时，我国以 120°E 地方时为标准，称为北京时；L_c 为经度订正（4 min/(°)），如果地方子午圈在标准子午圈的东边，则 L_c 为正，反之为负；E_Q 为时差。

14.14.2　太阳位置

14.14.2.1　赤纬 D_E

$$D_E=0.3723+23.2567\sin Q+0.1149\sin(2Q)-0.1712\sin(3Q)-0.7580\cos Q+0.3656\cos(2Q)+0.0201\cos(3Q) \quad (14.48)$$

式中 Q 含义同式(14.42)。

14.14.2.2　太阳高度角 H_A 与方位角 A

$$\sin H_A=\sin\varphi\times\sin D_E+\cos\varphi\times\cos D_E\times\cos T_0 \quad (14.49)$$

$$\cos A = (\sin D_E \times \cos \varphi - \cos D_E \times \cos \varphi \times \cos T_0)/\sin H_A \qquad (14.50)$$

$$\sin A = \cos D_E \times \sin T_0/\cos H_A \qquad (14.51)$$

式中 φ 为当地纬度（保留 1 位小数）；D_E 为太阳赤纬；T_0 为太阳时角（保留 1 位小数），$T_0 = (TT-12)\times 15°$。

14.14.2.3　可照时数 T_A 与日出时间 T_R、日没时间 T_S

$$\sin \frac{T_B}{2} = \sqrt{\frac{\sin\left(45° + \frac{\varphi - D_E + r}{2}\right)\times \sin\left(45° - \frac{\varphi - D_E - r}{2}\right)}{\cos \varphi \times \cos D_E}} \qquad (14.52)$$

式中 T_B 为半日可照时数；φ 为当地纬度；D_E 为太阳赤纬；r 为蒙气差，其值为 34′。

则可照时数 T_A 为：

$$T_A = 2T_B \qquad (14.53)$$

T_B 换算成时、分后，按下式计算日出时间 T_R 及日没时间 T_S：

$$T_R = 12 - T_B \qquad (14.54)$$

$$T_S = 12 + T_B \qquad (14.55)$$

上述 T_R 和 T_S 均为真太阳时，最后应换算为地方时。

14.14.3　日地平均距离修正值

日地平均距离修正值为 $\left(\frac{\overline{R}}{R}\right)^2$，其计算公式为

$$\left(\frac{\overline{R}}{R}\right)^2 = 1.000423 + 0.032359\sin Q + 0.000086\sin(2Q) - 0.008349\cos Q + 0.000115\cos(2Q) \qquad (14.56)$$

式中 Q 含义同式(14.42)。

复习思考题

1. 简述太阳辐射的特点。
2. 我国气象观测站使用的辐射观测仪器的基本原理是什么？
3. 我国气象观测站使用的直接辐射表由哪几部分构成，各部分的作用是什么？
4. 试举例说明紫外辐射表的光谱响应特征。
5. 简述长波辐射表的辐射平衡测量原理。
6. 辐射观测传感器安装对场地有哪些要求，对仪器架设又有哪些要求？
7. 辐射传感器灵敏度输错后如何处理？
8. 简述辐射数据质量控制的内容。
9. 太阳直接辐射观测中为何要包含一部分环日天空辐射，能否去除？为什么？
10. 如何通过经纬仪确定南北线？

第 15 章　日照观测

内容提要

本章主要介绍日照及日照时数的定义，常用日照计的观测方法和误差来源，简要介绍日照的自动观测方法。

15.1　概述

日照是指与天空背景漫射光的日盘亮度相关的、或易于由人眼观测的、并在受照射物背面出现阴影等有关的现象。最初的日照定义是直接由康培尔-斯托克(Campbell-Stokes)日照计确立的，它是由一特制的透镜聚焦太阳光束的能量，在一特制的黑纸卡上烧出焦痕，以此检测日照。为了在全球范围内使日照时数资料均一化，一种专门设计的康培尔-斯托克日照计，即所谓的“暂定标准日照计”(IRSR)，由世界气象组织在 1962 年建议作为标准。试验结果表明，烧焦日照计纸卡的阈值辐照度在 70～280 W/m^2 范围内变化。但进一步研究，特别是在法国使用 IRSR 结果表明平均值为 120 W/m^2，最后建议将此值作为太阳直接辐照度的阈值以辨别日照。

日照时数定义为在一给定时段内太阳直接辐照度达到或超过 120 W/m^2 的那段时间的总和，以小时(h)为单位，取 1 位小数。日照时数也称实照时数。

可照时数是指在无任何遮蔽条件下，太阳中心从某地东方地平线出现到进入西方地平线，其光线照射到地面所经历的时间，也称天文可照时数。可照时数由式(14.53)计算得到。通过每天可照时数的计算，累计求和可以求得一旬、一月、一年等不同时段的可照时数。

日照百分率是指日照时数占可照时数的百分率，记录取整数。

我国气象观测站使用的日照观测仪器有暗筒式日照计、聚焦式日照计、太阳直射辐射表等。我国绝大多数台站使用暗筒式日照计，只有少数高纬度台站使用聚焦式日照计。

15.2 日照计

15.2.1 暗筒式日照计

15.2.1.1 原理和仪器构造

暗筒式日照计又称乔唐式日照计，由金属圆筒、隔光板、纬度盘和支架底座等构成(见图15.1)。金属圆筒的一端密闭，一端有盖，筒身的上部有一块隔光板，筒身上在隔光板两侧边缘的同一垂直面上，各有一个圆锥形进光小孔，两孔前后位置错开，与圆心的夹角为120°。筒内有一弹性压纸夹，用以固定日照纸。圆筒下有固定螺钉，如松开后，圆筒可绕支架轴旋转，支架下部有纬度刻度盘与指示纬度的刻度线。它是利用太阳光通过仪器上的小孔射入筒内，使涂有感光剂的日照纸上留下感光迹线，来计算日照时数的。

在晴朗无云的日子里，任何时刻阳光都会通过进光小孔进入暗筒。由于隔光板的作用，使上、下午的迹线以真太阳时12时为分界，即上午感光迹线正好在12时结束，而下午迹线正好在12时开始记录。故感光迹线应该是：上、下午两条感光迹线等长且对称，即上、下午时间线对应。

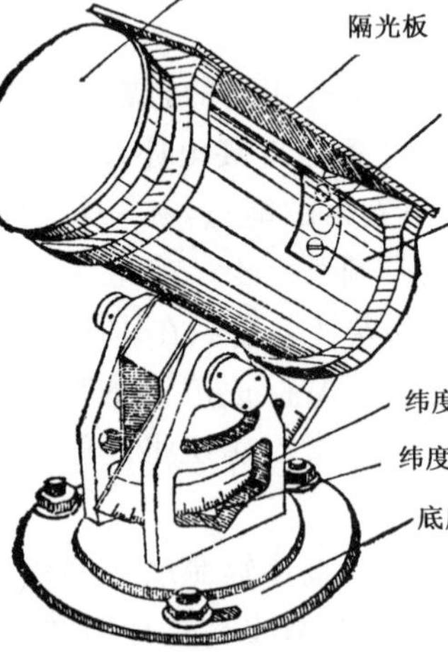

图15.1 暗筒式日照计示意图

15.2.1.2 安装

日照计要安装在开阔的、终年从日出到日没都能受到阳光照射的地方，日出日落方位遮挡物仰角不得大于5°。如安装在观测场内，要先稳固地埋好一根柱子(高度以便于操作为宜)，柱顶要安装一块比日照计底座稍大、水平而又牢固的台座，座面上要精确测定南北(子午)线，并标出标记。再把仪器安装在台座上，仪器底座要水平，筒口对准正北(误差不超过±0.5°)，并将日照计底座加以固定。然后，使支架上的纬度线对准当地纬度值(误差不超过±0.5°)，这样筒轴与地轴平行。

如果观测场内没有适宜地点，日照计可安装在平台或附近较高的建筑物上。

只要仪器安装正确，当春、秋分阳光直射赤道时，感光迹线就为通过筒身横切面的一条直线。夏半年(春分至秋分期间)阳光直射北半球，感光迹线就偏于水平线下方且较长。冬半年

(秋分至春分期间)阳光直射南半球,感光迹线偏于水平线之上且较短。

暗筒式日照计的方位、纬度、水平不正确,是造成日照迹线不正确的原因。为此,可以通过日照迹线检查日照计的安装,表现如下:

(1) 方位不正北

① 北端偏西,冬半年上午迹线长,下午迹线短,夏半年上午迹线短,下午迹线长。

② 北端偏东,冬半年上午迹线短,下午迹线长,夏半年上午迹线长,下午迹线短。

(2) 底座不水平

① 东高西低,上午感光迹线超过日照纸上 12 时的时间线,下午感光迹线在 12 时的时间线以后才开始。

② 东低西高,上午感光迹线未到日照纸上 12 时的时间线即终止,下午未到 12 时的时间线即开始。故上午日照迹线短,下午日照迹线长。

③ 南北方向不水平,只有从春、秋分两天的感光迹线上才能发现:底座北高南低,春、秋分感光迹线不是直线,春、秋分两天感光迹线偏下;底座南高北低,春、秋分感光迹线不是直线,春、秋分两天感光迹线偏上。

(3) 纬度未对准当地纬度

仪器纬度未对准当地纬度,与南北不水平的现象类似,即春、秋分两天的感光迹线都不是直线,感光迹线表现形式与南北方向不水平相同。

15.2.1.3 观测

日照纸的涂药质量,直接关系到日照记录的准确性。因此,对药剂的存放、配制,日照纸的涂刷等都应特别留心。

(1) 药品及药液配制

药品:赤血盐(铁氰化钾 $K_3[Fe(CN)_6]$);枸橼酸铁铵(枸橼酸铁 $FeC_6H_5O_7$ 与枸橼酸铵 $(NH_4)_3C_6H_5O_7$ 的复盐),又名柠檬酸铁铵。

赤血盐是有毒药品。枸橼酸铁铵是感光吸水性较强的药品,故应防潮,在暗处收藏并妥善保管。

药液配制:赤血盐、枸橼酸铁铵分别与水的比例一般为 1∶10 和 3∶10,实际操作时应根据药的质量与气象站实践经验灵活掌握配制。

用两个容器分别配好药液。每次配量不可过多,以能涂刷 10 张日照纸为宜(北方及冬季可以稍多些),以免涂了药的日照纸久存失效。

(2) 涂药的方法和要求

混合涂药法:将已配制好的两种药液,等量混在一起,搅匀,然后按要求进行涂刷。

两步涂药法:先将已配制好的枸橼酸铁铵药液,按要求涂在日照纸上,阴干后供逐日使用。每天换下日照纸后,再在感光迹线处用脱脂棉涂上赤血盐药液,便可显示出蓝色的迹线。

涂刷日照纸应在暗处或夜间弱灯光(最好是红灯光)下进行。涂药前,必须先用脱脂棉把需涂药的日照纸表面逐张擦净(去掉表面油脂,使纸吸药均匀)。

另用脱脂棉蘸药液涂在日照纸上,涂药应薄而均匀。涂好药的日照纸,应在暗处阴干后暗藏备用,严防感光。涂药后,用具应洗净,用过的脱脂棉也不能再使用。

暗筒式日照计日照纸所用药品质量好坏,以及涂药方法是否得当,是造成该仪器测量误差的主要原因。但只要严格按照操作规程,就能保证记录质量。

15.2.1.4 换纸与记录整理

每日在日落后换纸,即使是全日阴雨,无日照记录,也应照常换纸,以备日后查考。上纸时,注意使纸上10时线对准筒口的白线,14时线对准筒底的白线。纸上两个圆孔对准两个进光孔,压纸夹交叉处向上,将纸压紧,盖好筒盖。

换下的日照纸,应依照感光迹线的长短,在其下描画铅笔线。然后,将日照纸放入足量的清水中浸漂3~5 min拿出(全天无日照的纸,也应浸漂)。待阴干后,再复验感光迹线与铅笔线是否一致。如感光迹线比铅笔线长则应补上这一段铅笔线,然后按铅笔线计算各时日照时数及全天的日照时数。如果全天无日照,日照时数记0.0。

计算后的日照纸,应由次日白天值班员进行复验,以弥补夜间对迹线辨别不清的缺陷。

15.2.1.5 维护

每月应检查仪器安装情况,仪器的水平、方位、纬度等是否正确,发现问题,及时纠正。日出前检查日照计的小孔,有无小虫、尘沙等堵塞或被露、霜等遮住。

15.2.2 聚焦式日照计

15.2.2.1 构造与原理

聚焦式日照计又称康培尔-斯托克日照计,它由固定在弧型支架两端的实心玻璃球、金属槽(安装自记纸用)、纬度刻度尺和底座等构成(见图15.2)。它是利用太阳经玻璃球聚焦后烧灼日照纸(卡片)留下的焦痕,来记录日照时数的。我国高纬度地区使用这种仪器。

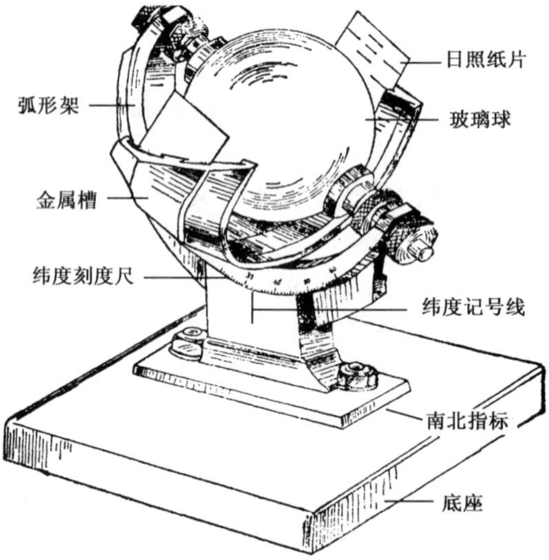

图15.2 聚焦式日照计示意图

金属槽内有上、中、下三道沟:下面一道,插夏季(4月16日—8月31日)用的长弧形纸片;中间一道,插春、秋季(3月1日—4月15日,9月1日—10月15日)用的直形纸片;上面一道,插冬季(10月16日至次年2月底)用的短弧形纸片。放纸时,12时的时间线应与槽内中线对齐。

15.2.2.2 安装

安装聚焦式日照计必须进行如下调整:

（1）底座必须调整成水平。

（2）球形截断面必须调整成使春、秋分卡片的中心线位于天球赤道面上（刻在槽面支架上的纬度标度使得调整容易进行）。

（3）通过球心的垂直平面和球形截断面上的正午标记必须在地理子午面上（南北调整）。

在地方时正午时，观测太阳的成像点（用以测试日照计的有水平和方位调整装置的双重基座），如果仪器调整正确，则成像点应落在球形截断面或卡片的正午标记上。

15.2.2.3　观测

日落后换纸，应注意纸型与季节是否匹配，是否插错槽。

换下纸后，根据纸上的焦痕（不论烧灼程度如何，只要看得出是焦痕即可），夏季短时间的太阳往往使焦痕烧得偏长，应扣去，然后计算逐时和全日日照时数。

为了从康培尔-斯托克日照计得出一致的结果，应严格按照下列测量方法。日照时数日总量的确定，应是在卡片边上用同一曲度的线标出与每一焦痕对应的长度，并且测量这样得出的线沿卡片的总长度，记录到最接近的 1/10 h。记录应按下述方法来求值：

（1）在烧痕清楚的圆形端界，长度应当减去烧痕端界曲率半径的一半，相当于减少 0.1 h。

（2）如果一天中有多于一个的圆形烧痕，按 2～3 个烧痕相当于 0.1 h 的日照，4～6 个烧痕相当于 0.2 h 的日照，以此类推，减少相应时数。

（3）日照纸只要有轻微的变色，全部长度都应算作有日照。

（4）若为清楚不均匀烧痕，宽度窄时减少达 1/3 及以上，应从该宽度减少的烧痕总长度中减去 0.1 h，减去的最大值不应超过全部烧痕总长度的一半。

15.2.2.4　维护

每天应至少检查一次安装及玻璃球表面状况，具体要求如下：

（1）检查安装的方位、水平、纬度等是否正确。

（2）应经常保持玻璃球的清洁，如有灰尘可用麂皮或软布擦净，但不能用粗布等擦拭，以免磨损玻璃球。如玻璃球上蒙有霜、雾凇等冻结物，应在日出前用软布蘸酒精擦除。

（3）有降水时，应加上防雨罩，但在降水稀疏且有日照时，应及时取掉。

15.2.3　误差分析

我国试验结果表明（张纬敏 2000）：晴天聚焦式日照计阈值（开始烧灼）在 120～160 W/m^2 范围变化，暗筒式日照计在 270～300 W/m^2 范围才有感光迹线，暗筒式日照记录比聚焦式偏少 0.2～0.3 h；地平线浑浊时聚焦式阈值（开始就明显烧灼）为 120 W/m^2 左右，暗筒式日照纸要 130～145 W/m^2 左右才出现感光迹线，暗筒式日照也比聚焦式少 0.2 h。暗筒式日照计阈值均比聚焦式日照计大，感光时间延迟，使记录偏少，记录偏少主要发生在日出后与日落前的时段。

仪器性能、操作方法、天气条件、日照纸与所用药品的质量等因素都会影响日照记录的质量，这些影响甚至会超过阈值的差异。暗筒式日照纸所用的药品枸橼酸铁铵与赤血盐质量的好坏，以及涂药方法是否得当，两者都是影响该仪器准确度的主要原因。

高纬度夏季日出很早、日落晚。我国最北地区真太阳 3 时后就日出，21 时前才日落，日照时数长达 18 h。暗筒式日照计由于安装固定，两个进光孔无法随太阳的方位转动，使得日出后、日落前一段时间太阳光射不到进光孔。聚焦式日照计(极地型)由于玻璃球可以转动,就避免了这种误差,因此纬度40°N以北的台站,如果使用暗筒式日照计会使日照记录更加偏少。

暗筒式日照计只要严格按规范规定操作,其资料的误差约为5%左右,符合同类气象要素如总辐射的准确度要求,可以满足业务需求。

聚焦式日照计记录受日照纸好坏与天气条件影响甚大。在晴天或多云天气时,有的日照纸烧灼的焦痕往往比实际日照时数偏多。阴雨天日照纸受潮使焦痕显不出来造成记录偏少。在实际观测中也经常可以观测到由于夜间或早晨雨、露、霜等使日照纸受潮,出现暗筒式日照计比聚焦式日照计记录偏多的现象。

15.3 双金属片日照传感器

双金属片日照传感器由置于聚丙烯圆罩下,相互均匀隔开的6对双金属黑化元件构成。当照射在仪器上的直接辐射大于某预设阈值(≥120 W/m^2)时(每个仪器双金属片触点之间的间隙和阈值设置由厂家给出),被照射的那对双金属片外部黑色元件受热高于内侧背光处元件,导致正向的接触闭合形成电回路,外部和内部的不同弯折度又使它们产生自动擦除动作,形成接触闭合。接触闭合的瞬间和持续时间被采集器按有日照记录下来。

当直接辐射小于预定阈值(或光线变暗)时,落在白色基板上的散射光反射到内部元件下侧,从而对内部温度进行补偿,这时触点断开,记录无日照。

这种仪器通过聚丙烯罩顶部的风道螺纹管端底部的网孔来通风散热。风道的外形使得在下雪时仍然能正常通风。

仪器安装点的场地条件、安装要求与日照计相同。

使用时要注意保持聚丙烯圆罩的清洁。检查仪器底部网屏和间隙中是否有堵塞物,以及聚丙烯罩和通风道是否损坏。检查元件的黑色涂层是否褪色或剥落,线路是否断开或者连接处腐蚀。

仪器的校准有两种方法:一种是纯技术调整,调整外部调节螺丝间隙,用隙片(厂家出厂时配备的)可以轻轻地对元件对夹紧,形成间歇设定。对元件的调节要在暗处进行,并保持温度在15 ℃左右。另一种是对阈值进行精确调整,利用太阳光源或室内参考光源的标准进行调整。

复习思考题

1. 日照标准是如何被确定的?
2. 如何从感光迹线判断暗筒式日照计的安装情况?
3. 对比分析暗筒式日照计与聚焦式日照计的优缺点。
4. 某站纬度为31°00′N,经度为118°32′E,试写出2010年9月22日计算可照时数的全部公式(需代入相关数据,注意单位)。
5. 在实际工作中,如何尽可能减小暗筒式日照计的测量误差?
6. 在整理聚焦式日照计自记纸时,如何对特殊烧痕进行处理?

第 16 章　冻土观测

内容提要

本章主要介绍冻土的定义，冻土器的构造、安装和观测方法，简要介绍冻土观测的意义和冻土自动观测的趋势。

16.1　概述

冻土是指含有水分的土壤因温度下降到 0 ℃或以下而呈冻结的状态。它是反映土壤热状况的一项指标，在研究地表和大气的热量交换上有重要意义。

冻土具有冻胀和融沉性，可以形成多种地质现象，容易破坏铁路、公路、桥梁、房屋等工程设施，导致路基鼓胀、沉陷，房屋开裂变形，威胁工程建筑和交通运输安全。例如，在青藏高原有多年性冻土层和季节性冻土层，开展长期连续的冻土观测对青藏铁路的稳定运行有着十分重要的作用。

承担冻土观测的气象站，应根据埋入土中的冻土器内水结冰的部位和长度，来测定冻结层次及其上限和下限深度。冻土深度以厘米(cm)为单位，取整数，小数四舍五入。

16.2　冻土器

16.2.1　仪器构造和安装

冻土器由外管和内管组成(见图 16.1)。外管为一标有 0 cm 刻度线的硬橡胶管；内管为一根有厘米刻度、长度为 50～350 cm 的橡皮管(管内有固定冰用的链子或铜丝、线绳)，底端封闭，顶端与短金属管、木棒及铁盖相连。内管中灌注当地干净的水(河水、井水、自来水等)至刻度的零线处。

气象站须根据当地可能出现的最大冻土深度，采用长度规格适用的冻土器。

冻土器应安装在观测场内有自然覆盖物的地段。有直管地温表的气象站，可安装在直管地温场中 320 cm 深层地温表的西边，相距约 50 cm。外管和内管的零线刻度要平齐，并与地表在同一水平面上，其他安装要求和方法均同直管地温表。

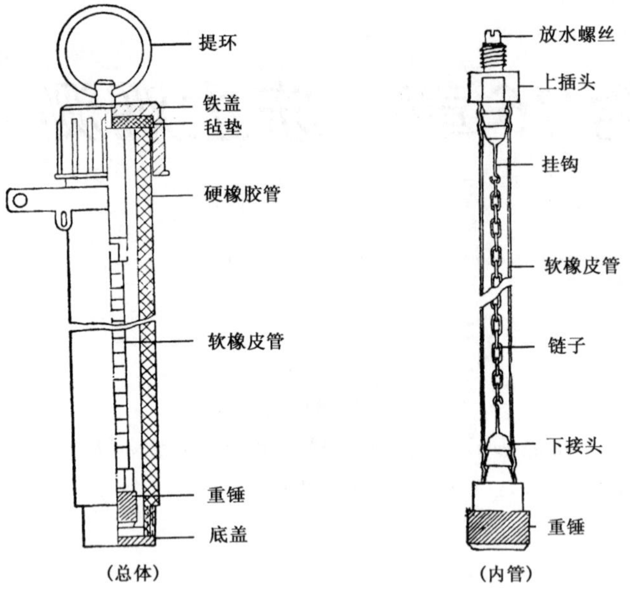

图 16.1 冻土器结构示意图

16.2.2 观测和记录

当地面温度降到 0 ℃或以下，土壤开始冻结时，应在每日 08 时观测一次冻土，直至次年土壤完全解冻为止。

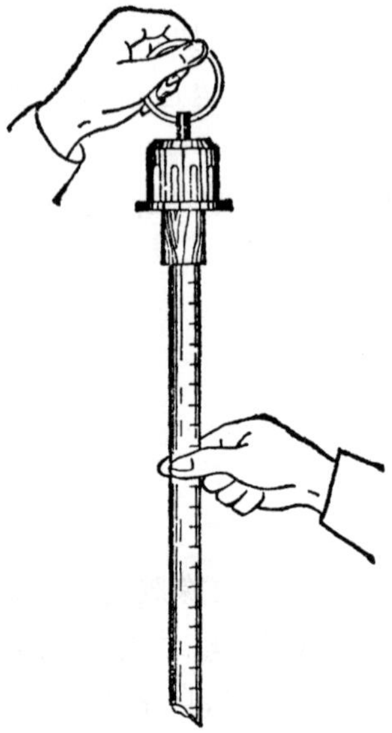

图 16.2 冻土器观测示意图

观测时，一手把冻土器的铁盖连同内管提起（见图 16.2），用另一只手摸测内管冰（包括冻结得不够坚实的冰柱）所在位置，从管壁刻度线上读出冰柱上、下两端的相应刻度数，即分别为此冻结层的上、下限深度值，记入观测簿当天冻土深度栏。冻土深度观测完毕即将内管重新插入，并盖好盖子。

遇有两个或以上冻结层，应分别测定每个冻结层的上、下限深度，并按由下至上的层次，顺序记入观测簿冻土深度栏。冻土深度不足 0.5 cm 时，上、下限均记“0”。

如某次测到两个冻结层，上面一段冰柱在 0～7 cm 之间，下面一段冰柱在 20～150 cm 之间，在中间段未冻结。则第一栏记下面一段冰柱的测定值，上限深度记“20”，下限深度记“150”；第二栏记上面一段冰柱的测定值，上限深度记“0”，下限深度记“7”。遇有两个以上的冻结层时，超过两个的冻土层记录应记入纪要栏。

当冻结层的下限深度超出最大刻度范围时，应记录最大刻度数字，并在数字前加记“＞”符号，如＞×××。待冻土期结束后，应换用更长规格的冻土器。

观测操作力求迅速，尽量勿使内管弯折。遇结冰不够坚实或气温较高时尤需小心，尽量避免冰柱滑动或消融。

16.2.3　维护

冻土器的日常维护要求有：

(1) 当内管水量不足时，应及时补充加水。但不能在临近观测前加水，以免水温偏高影响记录。内管灌水时，应注意不能使水柱中余留气泡。

(2) 注意内管是否漏水，管里的链子(铜丝或线绳)是否牢固，若有漏水或不牢固，应及时修复。

(3) 勿使降水和其他物体落入外管内，否则应及时清除。

(4) 每年使用冻土器前，应注意检查内管、外管的零线与地面是否齐平。若产生位移，应在土壤冻结前调整好。冻土期结束后，应将内管的水放掉，晾干，收回室内妥善保管；外管口用不渗水的物品包扎牢。

(5) 在冻结较深的地区，为提取内管和观测的方便，可在靠近冻土器的东北侧设一吊架供观测时悬挂内管用。

16.3　冻土自动观测简介

人工冻土观测根据水的冻结情况来判断冻土深度，实际上是观测地温 0 ℃的位置，并不能准确测量冻土的位置。由于土壤类型和所含盐分的不同，不同土壤的冰点温度并不相同，所以，用冻土器观测冻土深度并不科学。通过人工摸测内管冰判断冻结状况也存在人为性，而且当冻土层较深时，观测不便，不能有效观测冻土深度及其发展变化情况。因此，对冻土进行有效的自动观测具有极为重要的意义。

冻土的自动观测可通过在观测区域设置气温、不同深度的地温和土壤湿度传感器来间接观测。利用电磁脉冲原理，根据电磁波在土壤中的传播来测量土壤的介电系数，结合半导体温度传感器，建立基于介电系数和地温反演土壤水分、冻土和干土层的数学模型，测量出冻土深度。

自动观测冻土最深可达 3.2 m，可设置于现有的台站观测场内，也可设置于铁路、公路等沿线。可通过互联网、GPRS(或 CDMA)与电信线路实现数据实时接收，实时获取冻土观测资料，达到冻土的实时监控。

复习思考题

1. 简述观测冻土的意义。

2. 人工观测冻土应注意哪些问题？

3. 某站观测 0～50 cm 冻土，某日 8 时观测，发现 0，3～5，10～20 和 35～50 cm 冻结，应如何记录？

4. 自动观测冻土主要是依靠什么技术来实现，与人工观测相比各有什么优缺点？

第 17 章　电线积冰观测

内 容 提 要

本章主要介绍电线积冰的概念和观测方法，简要介绍影响积冰的因子和架空输电线路导线覆冰的自动观测。

17.1　概述

电线积冰是指雨凇、雾凇凝附在导线上或湿雪冻结在导线上的现象。在气象上，附着在导线上的霜、干雪花和沾附的雨滴，因气温下降至零下而冻结的少量的冰，不作为电线积冰。

电线积冰会造成电线损坏、农作物茎秆和树木折断、房屋垮塌及交通中断，尤其是输电线路覆冰常会引起线路的跳闸、断线、倒塔、导线舞动，绝缘子闪络和通信中断等事故，严重影响电力的正常传输。因此，电线积冰已成为气象观测的重要内容。

目前气象站在积冰架上进行 4 mm 导线电线积冰的观测，但这不能满足实际需求。由于电线悬挂高度、电线直径、线路所跨越的地理环境等和气象站积冰架的状况有很大差别，因此，仿输电线的积冰观测和架空输电线路导线覆冰的观测也已成为必然。

电线积冰架上的观测内容主要包括测定每一次积冰过程的最大直径和厚度、积冰重量，具体要求是：

(1)须伺机测定每一次积冰过程的最大直径和厚度，单位为毫米(mm)，取整数。

(2)一次积冰过程是指从积冰架上的导线开始形成积冰起，至积冰消失这一过程。

(3)当所测得的最大直径达到表 17.1 规定的值时，尚须测定一次积冰最大重量，单位为克每米(g/m)，取整数。

表 17.1　积冰重量测量标准

积冰电缆	单纯的雾凇积冰最大直径(mm)	雨凇、湿雪冻结物或包括雾凇在内的混合积冰最大直径(mm)
4 mm 导线	15	8
26.8 mm 电缆	38	31

17.2 电线积冰架观测

17.2.1 电线积冰架

电线积冰架由两组支架组成，一组呈南北向，一组呈东西向，两组之间距离以互不影响、方便操作为宜。

每一组支架，包括两根支柱和两根导线（见图 17.1）。支柱采用 50 mm×50 mm×5 mm 规格的角钢，长约 280 cm，或者相当尺寸的不锈钢，下部垂直埋入土中约 55 cm，地上部分为 225 cm，两根支柱中心点间距约为 90 cm，在支架上部的两侧，分别在上、下各置有绊钉两个，上绊钉拧在支柱上部的一侧，下绊钉拧在支柱下部的相反一侧，两根导线分别横挂在上面。上导线离地高度为 220 cm，下导线离地高度为 160 cm。导线是直径约 4 mm（又称 8 号）、长 100 cm的铁（钢）丝，两端在距端点 5 cm 处弯成直角，导线两端须能自由地插入绊钉孔中并容易取出，但在插入绊钉孔后，导线应不产生移动或滚动。

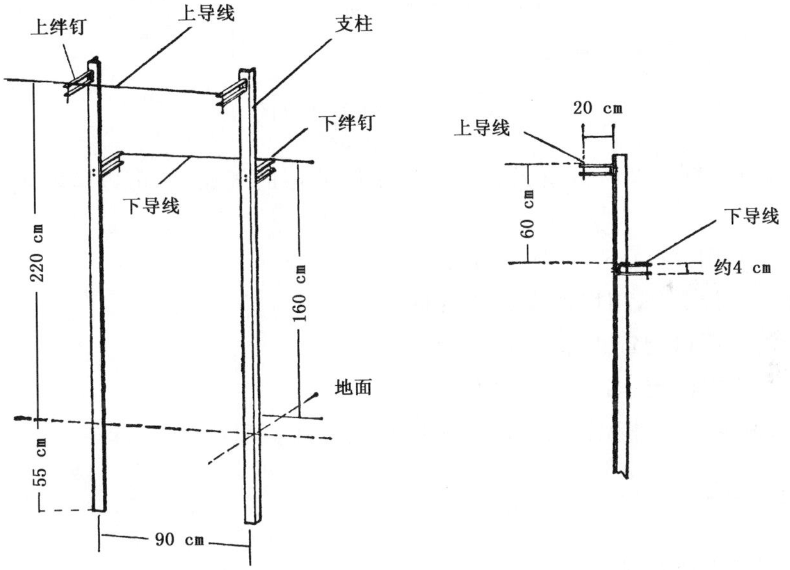

图 17.1　电线积冰架结构图

南北向支架和东西向支架上的上导线，合称为“第一对”导线；两个方向上的下导线，称为“第二对”导线。

在积冰比较严重、设置两对导线不够使用的气象站，可在两个方向上再分别增设一组支架，架设要求同前述。增设的两组支架的上导线合称“第三对”导线，下导线合称“第四对”导线。

在积冰严重地区，积冰架上有发生上、下两根导线上的积冰过于靠近、甚至相连情况的气象站，可在两个方向上多设置几组支架，并将每组支架改为只挂置离地 220 cm 高的一根导线。参照上述有关规定，对两个方向上的导线依序称为“第一对”、“第二对”、“第三对”和“第四对”导线。

此外，还应有 2 根或 4 根备份导线，供测定积冰重量时调换使用。

为便于观测，应配置活动小梯或踏凳，但不能靠着支柱，以免观测者上下时震落积冰物。支柱和绊钉的外表，应镀锌或刷上油漆，以防锈蚀。

17.2.2 观测辅助工具

观测辅助工具包括合页箱、量杯、台秤、外卡钳、米尺、手锯、鱼尾钳、三棱刮刀、喷灯等。

(1) 合页箱。用以截取导线上的积冰物（见图 17.2）。它是一个 25 cm 长、两端封闭的金属圆筒，筒分开上下两半，一边用合页连接。筒的直径，一般有 15 和 25 cm 两种。每种规格的合页箱应各配两个，一个供东西向导线用，另一个供南北向导线用。为避免记录发生混淆，箱外应标明方向，定向专用。

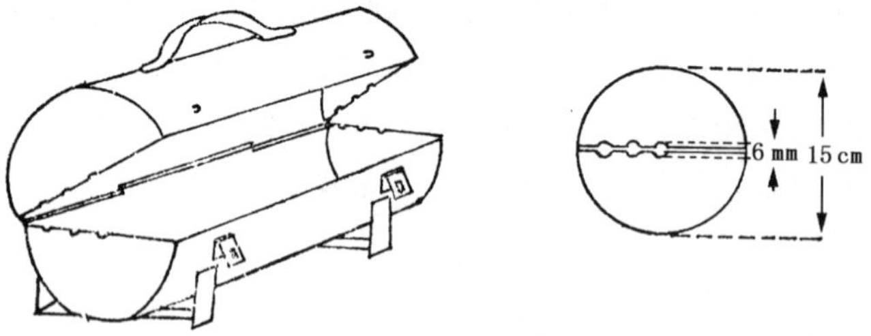

图 17.2 合页箱示意图

积冰严重地区，配有 25 cm 直径合页箱还不够使用的气象站，可以再配置直径为 40 cm 的合页箱两个。

(2) 量杯。通用毫升(ml)量杯，用以测定积冰重量。

(3) 台秤。单位为 g，用以测定积冰重量。

(4) 外卡钳。用以测定积冰直径和厚度。

(5) 米尺。用以测定积冰直径和厚度。

(6) 手锯、鱼尾钳、三棱刮刀、喷灯。用以切割和清除积冰。

17.2.3 观测和记录

17.2.3.1 积冰过程的观测

(1) 进入积冰季节，应注意积冰架导线上有无积冰形成。当积冰开始形成时，要在观测簿当日的电线积冰“记事”栏，分方向记载冻结现象符号和开始时间；积冰完全消失，应记下终止时间。冻结现象为雾凇者，记 V 符号；为雨凇或湿雪冻结物者，均记∾符号。前后两者同时形成时，则并记两者符号；两者先后相继形成时，其符号和起止时间的记录方法均同“天气现象”栏的规定。当积冰延续至次日时，当日终止时间记至 20 时止，并于次日“记事”栏再一次记上冻结现象符号（如前一段积冰是 V 和∾混合者，则两种符号并记），开始时间为 20 时。

(2) 开始积冰后，应注意观察“第一对”导线上积冰的变化。为便于观察，可在这一对导线的一端随时清除掉一小段冰层，视这段光裸导线有无冰层形成，来判断它的变化状况。当积冰积聚相当数量，结合天气条件估计已达本次积冰的最大程度，如果再坚持下去有可能发生大崩塌时，即应在“第一对”导线上进行该次积冰最大直径和厚度的测量。当直径达到规定标准时，还应测量最大重量。记录分别填入相应栏。

积冰的形成和变化是复杂的，有时会出现一个方向的导线上有积冰，另一个方向上没有；或两者起止时间早迟不一；或一个方向达到测重标准，另一个方向未达到测重标准等。遇到这类情况，对两个方向的积冰应分别按测量规定照实记载。

在积冰严重，一次积冰过程持续日子较长的情况下，要做到一次测量即能获得本次过程的最大值是困难的。很可能在第一次测量后，积冰并未发生大崩塌，或在崩塌之后（未崩塌完）又开始了新的增长。此时，须在“第二对”导线上对冰层状况继续观察，方法同“第一对”导线。当“第二对”导线积冰直径、厚度已超过“第一对”的测量值时，须做出判断，选择适当时机再在“第二对”导线上进行测定。该次测量的各项数值，也应记入观测簿中有关栏内。

若一天内进行了两次测量（不论是一次积冰过程还是两次积冰过程），应将第二次记录按照电线积冰栏的格式记入该日备注栏。

若第二次测定仍未达到要求，则应继续对“第三对”导线上的冰层进行观察和测定，具体要求同“第二对”导线的使用。“第四对”导线的使用同此。

（3）一次积冰过程，一般可以包括积冰的发展、保持、崩塌或消融几个阶段。这几个阶段可能顺次出现，也可能反复交错出现，时间长短不一。往往积冰在总的增长过程中，会夹杂出现一些较小的崩塌现象。只有当积冰增长至本次过程的最大程度时，在随之而来的崩塌之前，才是进行积冰最大直径、厚度和重量测定的时机。这个时机可在观察的基础上，结合天气条件和实践经验来具体判断。某次若因估计不足等原因，造成在积冰发生较大崩塌前未能测定最大直径、厚度和重量时，可在发现崩塌时，立即进行测定。同时，在备注栏注明崩塌前的积冰直径、厚度的大概状况。

（4）每次测定积冰重量之后，还应随即观测气温和风向、风速（2 min 平均）一次，记录在观测簿当天南北向的相应栏中。若遇上只测定积冰直径、厚度而不测定重量的情况时，此项观测应在测定厚度之后进行。若两个方向导线上的积冰不是一次相继测定的，则在每一个方向积冰测定后，都须观测气温和风向、风速，并区别方向填入观测簿。

17.2.3.2　测量方法及影响因子

（1）测量方法

① 积冰直径和厚度的测量。积冰直径是指垂直于导线的切面上冰层积结的最大数值线，导线直径包括在内；积冰厚度是指在导线切面上垂直于积冰直径方向上冰层积结的最大数值线，厚度一般小于直径，最多与直径相等（见图 17.3）。

测定时，先把外卡钳两脚尖张开，对着选定冰层的部位，再慢慢收拢到脚尖刚好挨着冰层，使两脚尖之间的距离相当于冰层的直径。然后把卡钳放在米尺上，读取两脚尖的距离，准确到 1 mm。随即再按此法测量冰层的厚度。测量时应小心，不要触落冰层。

冰层的表面往往不是很整齐，因此导线上各点的冰层切面不完全相同，测量时应区别对待（见图 17.4）。一般情况下，应在导线的中央部分测量。当冰层上有较大的隆突部分，但隆突部分数量很少，分布稀疏，则测量时可不予考虑，而按多数冰层的切面测定；若隆突部分数量较多，分布较密，测量时应按隆突的大小适当地加以平均。

② 积冰重量的测量。积冰重量是指 1 m 长导线上冰层的重量。

测量松脆冰层（例如雾凇）的重量时，应先把张开的合页箱的下半部分，从选定的冰层下方伸过去，让导线能嵌入合页箱横壁上适当的缺口位置，再将合页箱上半部分合拢扣上，导线上的冰层就有 25 cm 长的一段进入箱内，让合页箱连同冰层暂时挂在导线上。然后，用刮刀、喷灯等着手除去导线两端绊钉上的冰层，再用两手握住导线两端，把导线连同挂在上面的合页箱一起水平地取下来。假如冰层很坚硬（如雨凇），则应在套上合页箱之前，用手锯在选定的冰层上锯两个切口。切口彼此距离 25 cm。每个切口应分别向导线端点方向适当扩大（可用钳子将冰夹碎），使合页箱能在导线上扣合，并恰好将 25 cm 长的完整冰段扣在箱内。把导线连同合页箱从积冰架上水平地取下来，随即把备份导线挂到积冰架上。然后将合页箱带回室内，待冰层融化后，取出导线，把水注入毫升量杯，量得的数值就是 25 cm 长的冰层重量值(g)。再将此值乘以 4，即得 1 m 长导线的冰层重量。若有台秤，也可将带回室内的合页箱直接称量，然后扣除合页箱和导线的重量（应事先称好，并标明重量值），即得 25 cm 长冰层段的重量；再将此值乘以 4，便是 1 m 长导线上的冰层重量。

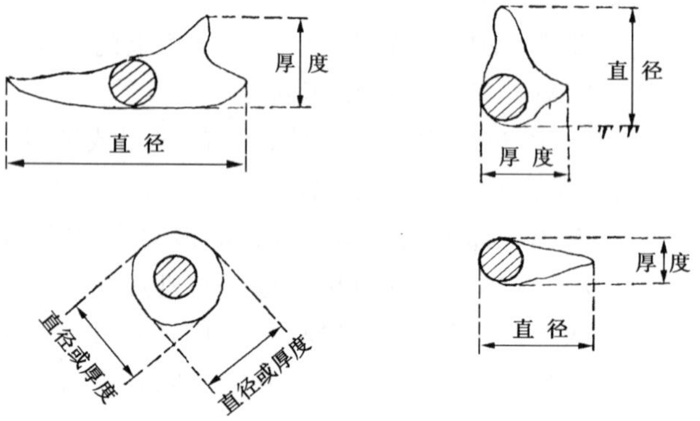

图 17.3　不同形状冰层直径和厚度的测量

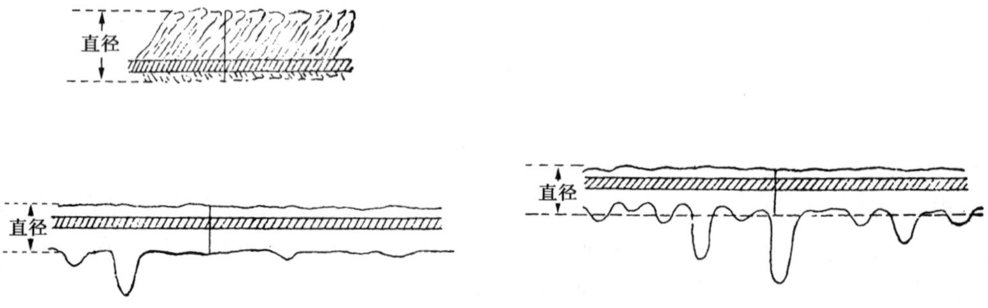

图 17.4　不同形状冰层直径测法

积冰严重的地区，每当取下导线十分困难，或积冰直径已超过所备有的合页箱直径时，在测定积冰重量时也可改为只取冰层，不取走导线的做法。其方法是：将合页箱张开置于选定的冰层下方，用锯、刮刀、钳子仔细地直接取下 25 cm 长的冰层，再将盛冰的合页箱带回室内进行称量。取冰时应小心操作，不要散失应取下的积冰。事后，应随即刮去这根导线上多余的冰层。

如果由于某种原因，从导线上测定的完整冰层段的长度不足 25 cm 时，则应按下式换算成 1 m 长导线上的冰层重量：

$$1\text{ m 长导线上的冰层重量(g)}=\frac{\text{冰层的重量值(g)}}{\text{被测量的冰层长度(cm)}}\times 100(\text{cm})$$

(2) 影响积冰重量的因子

影响积冰重量的主要因子是积冰过程的持续时间、风向和风速。

① 积冰持续时间对积冰重量的影响。由于雾凇型积冰和雨凇、湿雪型积冰形成于不同的天气条件,因而具有较大的差异。雾凇型积冰主要是由于过冷雾滴碰冻形成导线表面的积冰,雾从生成到消散是一个连续的过程,所以雾凇型积冰的持续时间对于积冰重量影响较大。湿雪型积冰主要是由雪降落到近地层较高的环境温度下,部分融化或通过过冷云雾滴依附到导线上冻结形成积冰,其积冰的过程主要是在降雪过程中完成的(雨凇主要是在降雨过程中完成),所以湿雪型积冰(或雨凇)与降雪(雨)的持续时间有关。

② 风向对积冰重量的影响。风向与南北向积冰观测导线之间的夹角称为风向夹角。风向夹角对积冰形成的影响较大,研究结果表明,两种类型积冰的南北向与东西向积冰重量之比随风向夹角增大而增大,并且湿雪型的变化速度和范围远大于雾凇型,这表明湿雪型积冰受风向的影响较大,而雾凇型相对较小。当雨量或雪量不大时,湿雪型积冰在迎风面增长较快,而在雨量或雪量较大时反而在背风面增长较快。

③ 风速对积冰重量的影响。雾凇型积冰和湿雪型积冰的积冰重量均随风速的增大而增大,增长的幅度上,湿雪型较雾凇型大,风速越大,湿雪型积冰增长越快。

由降雨形成的积冰过程还与雨滴的下落速度有关。

17.2.3.3　注意事项

(1) 每年非积冰季节,应将绊钉、导线和合页箱等金属器械、工具擦拭干净,适当涂油,防止锈蚀。在积冰季节临近前,再把积冰架等各项用具检查擦拭一次,并安装好导线。

(2) 为防止积冰时导线在绊钉孔中冻住,可事先在绊钉孔内外和导线两端的插入段上,涂上一些油脂(用机械油和凡士林油等量混合配制)。但要注意切勿把油脂沾到导线的水平段上,以免影响积冰的形成。

(3) 在积冰过程中,为了勿使支柱上的积冰影响导线上积冰的发展与变化,可视具体情况,适当刮除附着在支柱上的积冰物。

17.3　仿输电线路覆冰观测

为了更好地做好电力气象服务,从 2009 年起,气象部门开始在现有电线积冰架上安装 220 kVA 电力传输主干导线,开展仿输电线路覆冰观测。在常规电线积冰架的导线相对一边安装钢芯铝绞线(2 对),并用卡子固定,防止导线下垂或滑落。安装位置如图 17.5。考虑到积冰架的稳定,可只在上导线相对一侧的南北、东西向各安装一对。

电缆线采用钢芯铝绞线,参考型号为 JL/G1A—400/35,外径 26.8 mm(直径)(无外层绝缘胶、参见 GB/T 1179—2008《圆线同心绞架空导线》)。

仿输电线路覆冰观测方法与常规电线积冰架的观测方法相同。

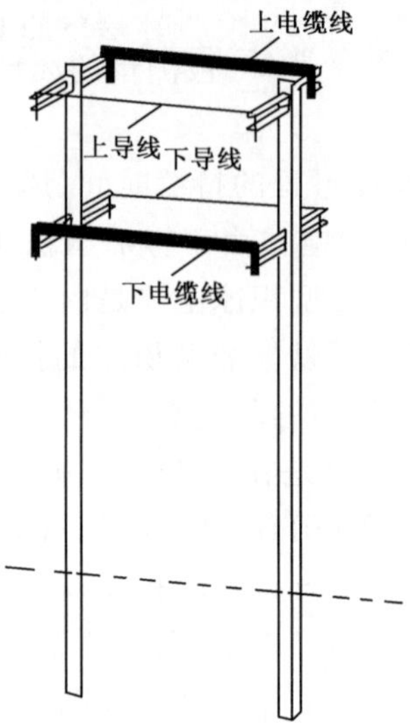

图 17.5　仿输电线电线积冰架结构图

17.4　架空输电线路导线覆冰自动观测

目前电力部门正在采用的输电线路覆冰实时监测系统(张予 2008)是集计算机技术、微量信号传感技术、电磁兼容技术、数据信息处理技术、低功耗技术、视频技术、网络通信技术等为一体的技术集合体。系统通过现场在线采集风速、风向、温度、湿度、垂直荷载(垂直挡距内的导线、绝缘子、金具的质量及冰荷载和风荷载)、绝缘子倾斜角等数据和图像,采用无线通信网络技术进行实时数据/图像传输。所有设备安装在输电线铁塔架上,其大致结构见图 17.6。

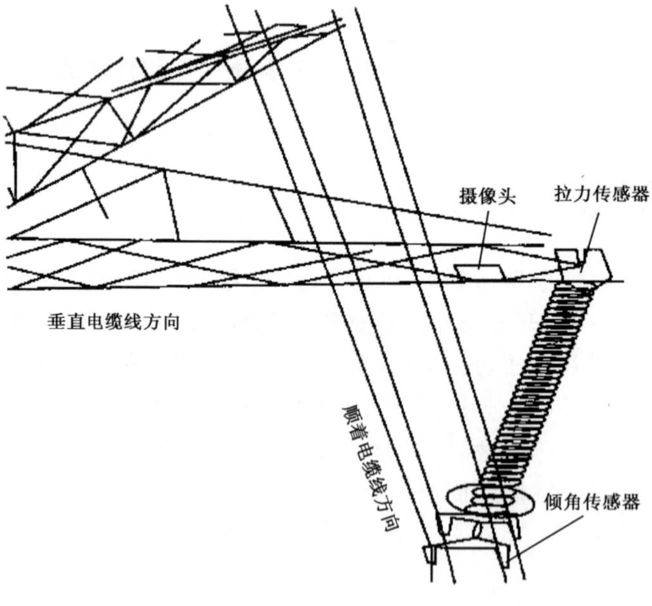

图 17.6　输电线路覆冰实时监测系统

基本工作原理：

在杆塔上安装视频装置，拍摄导线上的覆冰形状，利用 GPRS/CDMA 或已有无线数据接力传输系统等方式，将图片传输到中心处理后台，利用导线固有的几何尺寸，采用微积分的方法计算覆冰面积，再换算到等效覆冰厚度。

在悬垂线夹附近的导线上安装倾角传感器，监测导线倾角的变化、对应导线弧垂与温度的变化曲线，对比角度差，计算导线应力的增加量，得出覆冰的质量，再等效换算到等值覆冰厚度。

将拉力传感器替换球头挂环，直接测量在一个垂直挡距内导线的质量，利用风速、风向和倾角，计算出风阻系数和绝缘子串的倾斜分量，采用排除法，最终得出覆冰质量，再用 0.9 g/cm^3 的密度换算为等值覆冰厚度。

所有监测的信息通过无线传输系统传送至处理中心，通过建立在风荷载数学模型、垂直荷载数学模型、等值覆冰计算模型、杆塔三维力学模型、风偏距离数学模型等基础上的后台软件分析程序，根据前台获取的数据，直接得出等值覆冰厚度、杆塔纵向不均衡张力和导线风偏距离等数据，实现对导线等值覆冰厚度、杆塔纵向不均衡张力、导线风偏距离的实时监测。

复习思考题

1. 什么是电线积冰？电线积冰观测有何重要意义？
2. 什么是电线积冰的直径和厚度？如何测量积冰重量？
3. 何谓一次积冰过程？一次积冰过程的观测项目有哪些？
4. 影响电线积冰重量的主要因子有哪些？
5. 简述架空输电线路导线覆冰自动观测系统的构成及工作原理。

第 18 章　地面状态观测

内容提要

本章主要介绍地面状态的概念、分类标准和观测记录规定，简要介绍了下垫面状态自动观测仪。

18.1　概述

地面状态是指未经翻耕保持自然的地表状况。它反映的是由最近的气候和天气事件所造成的关于地表面的湿润情况或固态层的描述，以及覆盖在正常地表面上任何水的或非水的微粒层。

地面状态划分为表 18.1 中的两种类型，20 种状况，并以 00～19 的 20 个数码表示。

表 18.1　地面状态分类及编码表

类型	编码	地表状态分类
Ⅰ(没有雪或可测冰覆盖)	00	地面干(没有裂缝并无沙尘掩盖的地面)
	01	地面微湿
	02	地面湿(地面上洼处有积水)
	03	洪水
	04	地面冻结
	05	地面有雨凇
	06	干松沙尘掩盖地面，但未全部掩盖
	07	薄薄一层干松沙尘掩盖全部地面
	08	中等或厚的一层干松沙尘掩盖全部地面
	09	极干并有裂缝
Ⅱ(有雪或可测冰覆盖)	10	大部分地面被冰覆盖
	11	密实雪或湿雪(伴有或不伴有冰)覆盖不到地面一半
	12	密实雪或湿雪(伴有或不伴有冰)覆盖一半以上地面，但不完全覆盖
	13	均匀的密实雪层或湿雪层完全覆盖地面
	14	不均匀的密实雪层或湿雪层完全覆盖地面
	15	干松雪覆盖不到地面一半
	16	干松雪覆盖一半以上地面，但不完全覆盖
	17	均匀的干松雪层完全覆盖地面
	18	不均匀的干松雪层完全覆盖地面
	19	雪完全覆盖地面，堆积深

18.2　场地的选择

在观测场附近(或观测场内)选择一块约 2 m×5 m 的自然地面作为观测地面状态的特选场地,用于观测干、湿、积水和地面冻结这 4 种地面状态。该场地应是平整的自然土地,可代表周围一般地面状况。其他地面状态的观测可用观测场四周的一般土地,不限于特选场地。

18.3　观测记录

(1) 按表 18.1 划分的两种类型 20 种地面情况观测地面状态,并以对应的编码进行记录。

(2) 地面状态的"干"与"湿"一般是根据被太阳晒干的地面与被雨水浸湿的地面在颜色和软硬程度上的不同来区别的。对同一地面,湿时颜色比干时要深,用手按时发软,会下凹;干时手按上去是硬的,颜色较湿时淡。

(3) 有霜、露,已使地面湿润时,地面状态观测为"湿";草木上有霜、露而地面仍干燥时不应观测为"湿"。

(4) 微雨,地面颜色基本未变,应观测为"干"。

(5) 因露仅草根处显湿,而其他地面不湿记"干"。

(6) 雪水指雪融化形成的水。当雪水单独存在,并无冰雪时,地面状态应观测为"积水"。

(7) 雹覆盖地面时,地面状况按冰雪覆盖进行观测。

(8) 干松的雪一般都是颗粒很小,很易被风吹起;积在地面上的雪片大多都能辨出六角形的轮廓;靠近地面的雪没有融化成水或冻结成冰;落在衣物上易甩掉;用手将雪握紧,松开后不成团而仍分开。而非干松的雪则多为大片如柳絮,没有上述干松雪所表现出的特征。

18.4　道路路面状况自动观测

随着我国交通运输的快速发展,气象灾害对交通运输业的威胁日显突出,在诸多的气象灾害中,路面气象状况是造成交通大范围阻塞的直接和主要原因。加强交通气象条件和路面相关要素的实时监测,逐步建立和完善交通气象观测站网是专业气象观测中的一项重要任务。

公路交通道路路面状况的要素较多,包括干、湿润、潮湿、积水、积雪、结冰、冰水混合物、黑冰等表面状态,积水深度、冰层厚度和积雪层厚度,以及路面温度、含盐量等。

路面的干、湿润、潮湿、积水、积雪、结冰、冰雪水混合物、黑冰等状态可用"有/无"表示。

路面的积水深度、冰层厚度、积雪层厚度的单位为毫米(mm),取整数。

路面状况监测点宜选在公路路面上或与公路表面、路基材料同质且距离相近的地点。

路面状况传感器主要有两大类:一类是遥测类型的传感器,需要埋设在路面上,通过电源和信号线接到机箱内电源和采集器上;另一类是遥感类型的传感器,无需安装在道面上,而是安装在路侧的支架上,通过遥感路面上某一特定区域来实现观测目的。下面以 DRS511 道路传感器(见图 18.1)为例说明道路路面状况的自动观测。

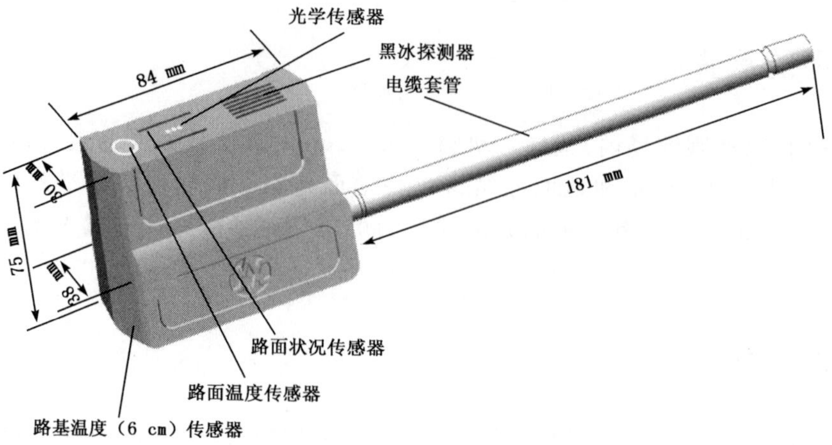

图 18.1 DRS511 道路传感器结构图

DRS511 道路传感器能够实现光学覆盖物检测、道面电导率、电化学极化强度、道面电容（黑冰）、道面温度和路基温度等 6 个要素的自动观测。

DRS511 道路传感器安装在道路上，表面要保持清洁，根据道面的粗糙程度比道面低 1～3 mm。在非常粗糙的道面上传感器表面应比道面低 3 mm；在稍微平滑的道路上传感器表面比道面低约1 mm。传感器表面应低于它周围道面的最高点。

传感器应水平安装，这样水泥可以在传感器表面均匀铺开。并且传感器周围的水泥应从传感器表面均匀过渡到道面上，无任何明显的阶梯。传感器应尽可能安装在轮印位置。在多道高速路上，可安装多个传感器，通常一个安装在快车道，另一个安装在慢车道。

复习思考题

1. 什么是地面状态？地面状态共分几类？
2. 如何区分地面状态的“干”与“湿”？
3. 干松的雪有何特征？
4. 反映公路交通路面状况的要素有哪些？

第 19 章　自动气象站

内 容 提 要

本章主要介绍自动气象站的构造、原理、安装、使用、维护，采样和算法，以及常见故障的判断方法，简要介绍现用地面气象测报业务系统软件和自动气象站组网。

19.1　概述

我国自动气象站正式投入业务运行始于 1999 年，从开始的 5 个示范站，逐步扩大到 60 个国家基本气象站的小区布点试验，其后，随着国家三峡气象保障工程、大气监测自动化系统工程、新一代多普勒天气雷达网工程等相继建设，国家级地面气象观测站的自动气象站建设和省内县以下的加密自动气象站建设相继全面展开，截止到 2009 年底，国家级地面气象观测站全部建成自动气象站，有加密自动气象站近 2.8 万个。自动气象站正在成为地面气象观测业务中的主体。全面推进地面气象观测业务的自动化，是地面气象观测发展的方向，确保自动气象站观测数据的准确、稳定、可靠，是地面气象观测业务发展的首要任务。

19.1.1　定义

自动气象站是一种能自动观测和存储气象观测数据的设备。如果需要，可直接在台站或在中心站编发气象报告，也可以按业务需求编制各类气象报表。

自动气象站网由一个中心站和若干自动气象站通过通信电路组成。

根据上述定义，自动气象站被看成是一种进行自动气象观测的设备。早期的自动气象站由于受当时技术发展水平的限制，所具有的功能和提供的观测数据的准确度都无法达到常规地面气象观测的需要。因此，这时的自动气象站只是作为一种补充观测手段在使用，还无法完全进入常规气象观测业务。随着科学技术特别是电子和测量技术的发展，现代的自动气象站不仅在功能上能达到常规地面气象观测的要求，而且在观测数据准确度上也已能满足常规地面气象观测的要求。因此已逐步大量进入常规地面气象观测业务使用。

19.1.2　分类

自动气象站可按多种方法进行分类。按照提供资料的方式，分为实时自动气象站和非实时自动气象站。实时自动气象站用于在规定的时间实时地向用户提供气象观测资料，如用于道路、机场等场所的危险天气状况的监测，以及为天气分析和预报提供气象资料。非实时自动气象站用于积累观测点的气象资料，主要用于气候分析，观测的资料存储在自动气象站存储设备中。

按照与用户终端之间的联系方式，自动气象站分为有线遥测自动气象站和无线遥测自动气象站。数据采集器与用户终端之间采用有线电缆的方式进行数据传输的称为有线遥测自动气象站，采用无线通信的方式进行数据传输的称为无线遥测自动气象站。有线遥测自动气象站常用于固定气象台站，用于实时提供气象观测资料，对于一些尚不能进行自动观测的项目，可以通过人工观测将观测结果输入数据处理终端，与自动观测的项目一并进行数据处理；而无线遥测自动气象站常用于无人管理区，用来提供实时和积累气象观测资料。

19.1.3 主要功能

现用自动气象站能够完成常规地面气象观测任务，具备下列主要基本功能：

(1) 数据采集。自动气象站的数据采集功能就是采集需要观测的气象要素值。通常是由传感器感应出气象要素量(如气温)，并将其转换成一种电量信号(电压或电流)，再由采集器按一定的采集速度(假设 1 s 采 1 次)，获得代表这个采集时刻气象要素量的电量信号值(电压或电流采集值)。

(2) 数据处理。自动气象站的数据处理功能就是将采集到的代表气象要素量(如气温)的电量信号值(电压或电流采集值)，经运算处理转换成要观测的气象要素值(如气温采样值和气温观测值)。这种运算处理一般包括测量、计数、累加、平均、公式运算、线性处理、挑选极值等。这些运算处理都由自动气象站的采集器来完成。

接有终端微机的自动气象站将观测数据传送给终端微机后，可通过终端微机的业务软件对观测数据做进一步的业务处理(如数据显示、存储和质量控制，编发气象报告，编制气象报表等)。

(3) 数据存储。自动气象站的数据存储功能是将经处理的各气象要素采样值和(或)气象要素观测值按规定的数据格式存储在存储器内。该存储器包括容量有限的内部存储器和通过采集器存储卡接口连接的大容量外接存储卡(器)。接有终端微机的自动气象站将观测数据传送给终端微机后，观测数据可进一步存储在终端微机的存储器内。

自动气象站的存储是实时存储，而终端微机的存储可以是非实时存储，即由于某种原因使终端微机有一段时间未能存取数据时，事后终端微机可通过调取所需的数据再补充进行数据存储。

(4) 数据传输。自动气象站的数据传输功能是将各种观测数据按规定的格式编制成数据文件、报文，通过采集器通信接口将观测数据传送给连接的终端设备，也可经连接的各种通信传输设备传送给指定的用户。

(5) 数据质量控制。数据质量控制功能是为保证观测数据质量，采集器对所采集的观测数据进行差错检测和标识的工作，一般包括采样值的质量控制和观测值的质量控制。

(6) 运行监控。运行监控功能是用户可通过输入规定的命令调看自动气象站一些关键节点的状态数据(如传感器状态、采集器测量通道、传输接口、供电电压、机箱内温度等)，以帮助判断设备的运行情况和出现故障的可能部位。

19.2 自动气象站构成与工作原理

自动气象站通常由硬件和软件两部分组成。硬件包括气象要素传感器、数据采集处理器、用户数据终端和外部设备等。传感器通过屏蔽电缆、光纤或无线通信等方式连接到数据采集处理器；数据采集处理器把传感器采集的数据转换成计算机可处理的数据，并利用微处理器的处理系统，根据特定的算法，对数据进行适当的处理、临时存储后，把数据传送到用户数据终端（也可将采集与处理功能分开成独立的两部分）；用户数据终端通常为微机，用于显示和存储气象数据。外部设备包括为自动气象站各个部分供电的电源、用于检测自动气象站的测试设备及打印设备等。

自动气象站的软件是实现自动气象站自动化、智能化的关键。软件通常包括系统软件和气象业务软件两类。系统软件完成系统的初始化、对传感器输出进行采样、把传感器输出信号转换成气象数据并进行线性化和平均处理等功能。系统软件通常固化在数据采集处理器中。气象业务软件运行于用户数据终端上，能对气象数据进行显示、存储，必要时还能接收人工观测数据的输入，对采集和输入的数据进行质量控制和订正，并对数据进行格式化处理，形成符合气象要求格式的报文和存储文件，同时也可进一步与站网中心进行通信。

19.2.1 体系结构

19.2.1.1 自动气象站的技术体系结构发展简况

自动气象站的技术体系结构类似于工业过程控制的采集系统的发展，大致经历了专业测量仪器、集中控制式和分布式三种体系结构的发展过程。

早期的自动气象站就是一种由硬件组装成的专业测量仪器，主要特点是其功能结构在仪器设计时按用户的要求确定下来，使用中难以做修改和扩充。

集中控制式自动气象站是将全部观测功能均集中在一个采集器中完成，采集器由各种功能插板（处理器板、接口板、存储器板和电源板等）和母板总线构成。采用这种体系结构的自动气象站有两个主要特点，一是设备组成不仅有硬件，而且包括系统软件；二是通过在母板总线上扩接所需的功能插板和适当升级系统软件就可按用户的要求修改扩充设备的功能结构。

分布式结构是由一个主采集器通过外部总线连接若干分采集器组成的自动气象站，由主采集器和各分采集器分别连接所需观测的传感器。这种自动气象站的主要特点是功能结构的扩充比集中控制式体系结构更简便、灵活。

19.2.1.2 集中控制式自动气象站体系结构

集中控制式自动气象站一般包括传感器、采集器（也有称中央处理机）和外部设备3部分。为了实现组网和远程监控，还需配置远程监控软件，将自动气象站与中心站连接形成自动气象观测系统（见图19.1）。

19.2.1.3 分布式自动气象站体系结构

分布式自动气象站基于现代总线技术和嵌入式系统技术构建，采用了国际标准并遵循开放的技术路线进行设计，它由硬件和软件两大部分组成。硬件包括采集器（1个主采集器和若干个分采集器)、外部总线、传感器、外围设备 4 部分;软件包括嵌入式软件、业务软件两部分。外围设备主要包括电源、[终端]微机、通信接口和外存储器。我国新型自动气象站属于总线技术的分布式,其结构如图 19.2 所示。

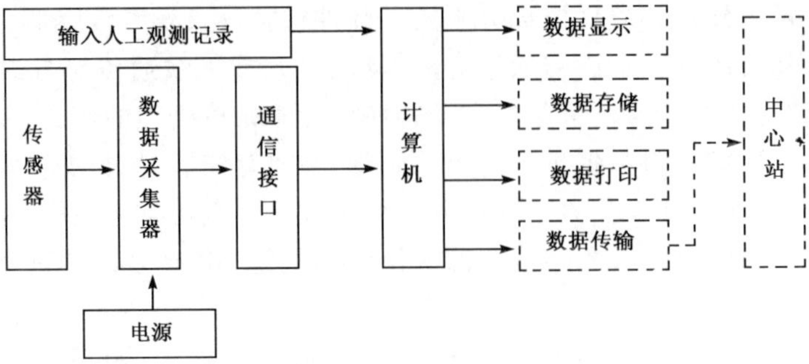

图 19.1 集中控制式自动气象观测系统框图

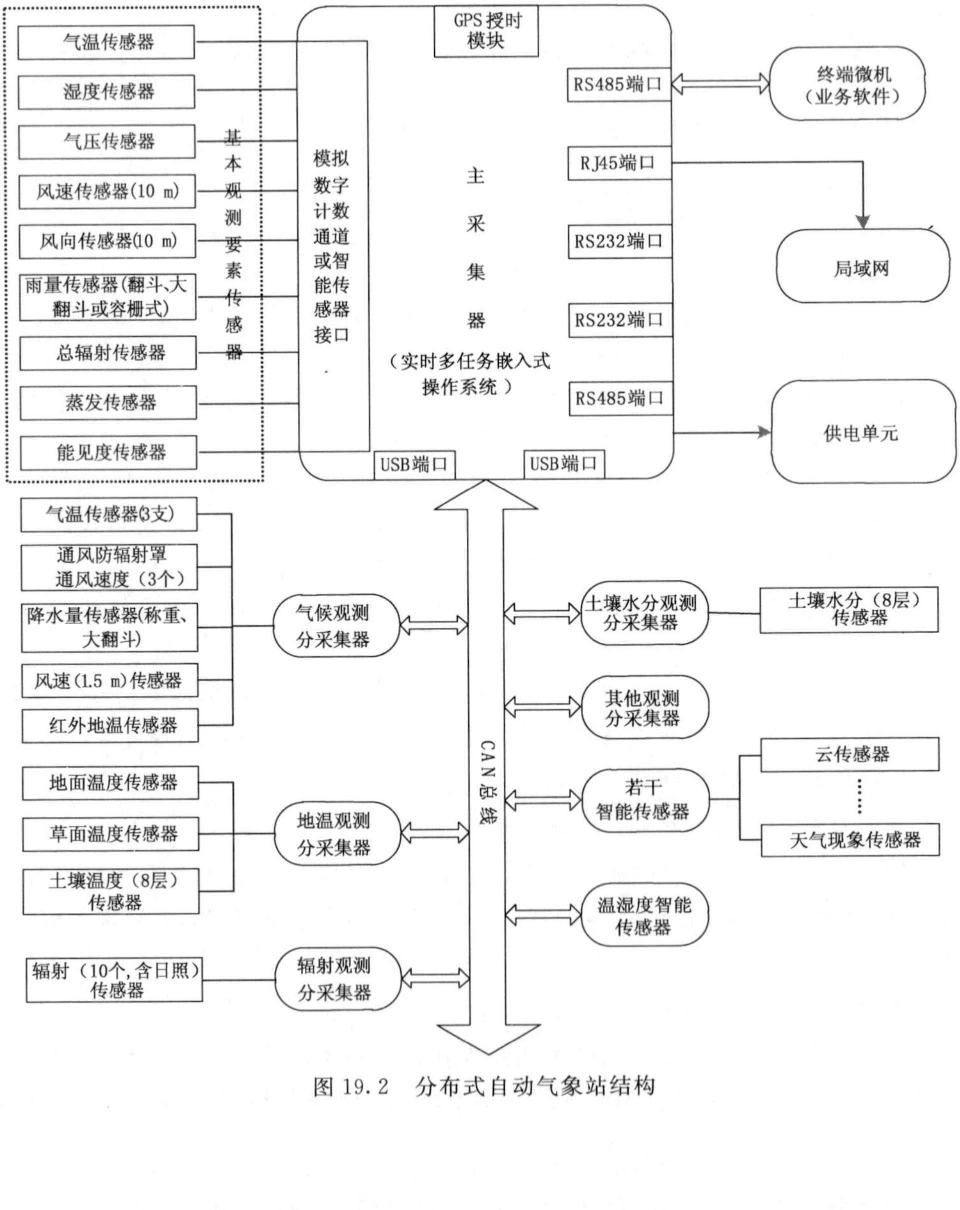

图 19.2 分布式自动气象站结构

19.2.2 工作原理

随着气象要素值的变化，自动气象站各传感器的感应元件输出的电量产生变化，这种变化量被 CPU 实时控制的数据采集器（分采集器）所采集，经过线性化和定量化处理，实现从工程量到要素量的转换，再对数据进行筛选，得出各个气象要素值，并按一定的格式存储在采集器中。

在配有计算机的自动气象站，实时将气象要素值显示在计算机屏幕上，并按规定的格式存储在计算机的硬盘上。在定时观测时刻，还将气象要素值存入规定格式的定时数据文件中。可根据业务需要实现各种气象报告的编发，形成各种气象记录报表和气象数据文件。

19.2.3 气象要素传感器

19.2.3.1 传感器分类

自动气象站对传感器的要求与常规使用的传感器差别不大。它们必须坚固耐用，在对所测变量的采样过程中没有系统性的偏差和不确定度，总的来说，所有能采用电信号输出的传感器都适用于自动气象站。根据输出信号的特点，传感器分为模拟、数字和智能 3 种。

（1）模拟传感器。最通常的传感器，输出是电压、电流、电荷、电阻或电容，通过信号转换，把这些基本信号转换成电压信号。如铂电阻温度传感器。

（2）数字传感器。带有并行数字信号输出的传感器，输出由二进制位或二进制位组组成的信息，以及那些输出脉冲和频率信号的传感器。如光电式风向标、翻斗式雨量传感器等。

（3）智能传感器。一种带有微处理器的传感器，具有基本的数据采集和处理功能，可以输出并行或串行信号。如气压传感器、激光云高仪、能见度仪等。

模拟传感器、数字传感器、智能传感器连接到主采集器或分采集器上，符合自动气象站总线接口的智能传感器可以直接挂在总线上作分采集器使用。

采用何种传感器及用几个传感器应根据实际需要测量的要素确定。

19.2.3.2 常用传感器

（1）气压传感器。目前，我国自动气象站常用的气压传感器是智能型全补偿式数字气压传感器，其感应元件是硅电容压力传感器。它由 1 个电阻器、5 个电容器和由 RC 振荡电路模块组成的 RC 振荡器构成。在一个测量周期内振荡器分别连接这 5 个不同的电容器，产生 5 个不同的振荡频率，电容压力传感器和温度传感器作连续测量，微处理器进行压力线性补偿和温度补偿获得精确的气压值。在全量程范围内有 7 个温度点，每个温度点有 6 个全量程压力调整点。其安装在采集器机箱内，通过静压压力连通管与外界大气相通。其高度要求与台站水银气压表的感应部位高度一致，如果无法调整到一致，则要重新测定海拔高度，对采集器的海拔高度参数进行更正，同时将测定的海拔高度输入地面气象测报业务软件，以便计算海平面气压。

（2）温度传感器。我国气象观测站普遍使用的温度传感器是纯金属电阻温度表或热敏电阻温度表。铂电阻温度表 Pt100 具有较好的长期稳定性，是自动气象站首选的传感器。电阻温度表通常有很短的时间常数，当快速的电子线路对它们进行采样时，其局地气温输出会显示出高频率、低振幅的脉动。为避免这一问题，可以使用时间常数较长的传感器；也可以用一合适的电子线路对电子温度表进行人工缓冲，以增大输出信号的时间常数；或者对温度表的采样输出值在中央处理器中进行数字平均。电阻温度表的线性化可以通过信号修正模块中的适当电路来实现，也可以通过软件方法实现。特别要注意对热敏电阻的特征函数进行线性化。正确安置传感器，防止辐射的影响，是气温测量需要注意的事项。

(3) 湿度传感器。我国气象观测站普遍采用电阻和电容传感器直接测量相对湿度，它们在有污染的地方使用时性能将会降低，且需用专门的过滤网进行保护。仪器的相互比对结果显示，在低于 0 ℃的环境中或处于饱和环境中进行测量时误差较大，需在传感器中增加温度补偿电路进行修正。湿度传感器由时间常数较短引起的问题比温度传感器更为关键。对于湿度测量，所有型号的传感器都必须安置在防辐射罩内。湿度传感器防辐射罩应在结构上优先考虑通风，传感器的通风和清洁问题是引起湿度测量较大误差的主要原因。

(4) 风传感器。我国气象观测站广泛使用常规的风杯或螺旋桨风速表，除了恶劣天气条件下存在着结(积)冰问题外，不存在特别的技术问题。在中等的结(积)冰条件下，这一问题可以通过加热传感器的方式解决，但会大大增加电能消耗。

(5) 降水传感器。自动气象站最常用的雨量测量设备是翻斗式雨量器。在使用过程中，这类雨量器会被诸如树叶、沙子和鸟粪之类的杂物堵塞。因此，在无人照看的地方布设自动气象站时，这类传感器应慎用。当测量 0 ℃以下的降雨或降雪时，需要对雨量器的不同部分进行加热，这时需要考虑供电问题。使用加热型雨量器时，还要考虑因蒸发损失引起的误差。在雨量器的周围安置适当的防风罩，可以提高测量准确度。

(6) 日照传感器。由于世界气象组织采用太阳直接辐照度 120 W/m^2 作为光亮日照的阈值，因而给日照的自动测量带来了方便，目前已有许多带电子输出的日照计。日照传感器的入射窗孔容易发生污染而使得测量发生误差，因而还不能在长时间无人照管的环境中使用日照传感器。

(7) 辐射传感器。由于常规气象站所用的大部分辐射传感器通常是模拟传感器，信号输出是非常小的、连续的可变电压，很容易受信号电缆上电磁干扰的破坏，因而将其作为自动气象站的传感器时，需进行处理。此外，在辐射绝对测量中，入射窗孔的污染问题比日照测量严重得多，灰尘聚积在天空辐射表的球形罩上面，会使辐射表的准确度降低 2%(出现雾和露的日子除外)。正因为如此，无法在几天或更长时间无人照管的场地上有效地使用辐射仪器。

(8) 云高传感器。自动气象站的云高测量大多数采用(激光)云幕仪，但还不能实现在各种自然条件下，特别是在雨雪天气条件下，准确地自动测量云底高度。由于激光云幕仪只能对探测器上方很小一块面积的云进行采样，因而其所提供的云高数据可能是一种不准确的天空状况，使用这种资料时应慎重。通过采用某种算法，可以估计 30 min 时段内的云量。由于所有的云高传感器一般都需要大量的电能，因而如果没有方便的市电供应，一般不可能使用此类传感器。

(9) 能见度传感器。透射仪、散射仪均可用于自动气象站的能见度测量。不同用途的气象站可采用不同精度的仪器。高精度的透射仪大多在机场使用，而低精度和低费用的后向、前向和积分能见度仪可用于其他类型的自动气象站。与云高传感器类似，能见度仪也需要消耗较大的电能，因而不可能在没有市电供应的地方使用。

19.2.4 数据采集处理器

数据采集处理器是自动气象站的核心，简称为数据采集器或采集器。一般来说，其主要功能是数据采集、数据处理、数据存储及数据传输。数据采集器应尽可能安装在靠近传感器不受天气影响的防护箱内，或安置在值班室内。如果这种设备是安装在传感器附近，则可以减少需传送的数据量，使数据能够以适当的形式直接与标准通信通道相连。在这种情况下，数据采集器易受电源故障和室外工作环境的影响。如果数据采集器安装在室内，一般可与市电连接，并在正常的办公室环境中工作。这种安置方式的结果是增加了信号电缆数目、长度和相应的信号调节器。

根据使用要求，数据采集器的不同功能也可以由不同的单元完成。各个单元有各自的微处理器和相关软件，安装在同一站的不同地方，通过数据传输连接和规程相互通信。

19.2.4.1 数据采集

一般来说，数据采集硬件包括信号加工硬件（主要有传感器电缆、电涌保护、双向发射机、数字隔离器、模拟隔离、低通滤波器、放大器、电阻转换器等）和数据采集电子部件（主要有模拟输入、并行数字输入/输出、脉冲和频率、串行数字端口）。

(1) 信号加工硬件。用于防止外部有害干扰源影响传感器原始信号，调整信号以适合进一步的处理。

信号加工是数据采集过程中的一个关键功能，一般将数个信号加工功能都集成在一个可以插拔的模块上，并安装在传感器电缆的端接板上。不同类型的传感器使用不同的信号加工技术。信号加工从以下几个方面入手：

传感器电缆：从传感器进入数据采集系统的电信号中包含无用的噪声，其对自动气象站是否产生影响，取决于信噪比和特定的使用情况。由于数字信号具有离散性和高电平的特点，因而受噪声影响的程度相对较小。相反，模拟信号容易受相对低的电平干扰的影响。噪声产生方式主要有两种：电容耦合和电感耦合。减少电容耦合误差的一种方法是使用屏蔽电缆，就是在信号电缆和外界干扰源之间设置导电物质（地电位）。使用一对相互缠绕的电线也是减少电磁耦合的一种有效办法。

电涌保护：自动气象站可能导入意外的高电压，为了避免损坏设备，必须采取保护措施。电磁场、静电、尤其是闪电都能感应出高电压。

双向发射机：为了维持最大的信噪比，比较理想的方法是将靠近传感器的低电平信号进行前置放大，以保持最大的信噪比。对此类信号进行加工的一种方式是采用双向发射机。这些发射机不仅对输入信号进行放大，而且对信号进行隔离，并把信号转换成高强度的电流（一般是 4～20 mA），电流信号传输的最大距离为 1 500 m 左右。

数字隔离器：为了获取数字输入信号，同时中断信号源与测量设备之间由电流所产生的联系，采取数字隔离器技术。通过隔离输入信号，并将其变换为标准电平，从而为数据采集设备的读取提供方便。

模拟隔离：模拟隔离模块用于保护仪器设备不受高压接触、接地线断开及分离大的共模信号。目前，主要采用电容式耦合或“浮动耦合”模拟隔离器、光学耦合模拟隔离器和变压器耦合模拟隔离器，其中变压器耦合模拟隔离器具有高隔离、高准确度的特性。

低通滤波器：低通滤波器的作用是把所需的信号从无用的信号中分离出来。无用的信号有噪声、交流电线交频拾波、无线电或电视台的干扰和大于 1/2 采样频率的信号频率。低通滤波器用于控制意外的误差源，滤除所需信号以外的频谱段。

放大器：模拟传感器的信号振幅可以在一个很宽的范围内变动。要使模拟-数字转换器表现出良好的运行性能，就需要高电平的信号输入。放大器既可用来把低电平的信号放大到所需的振幅；也可用于把所有传感器的电压输出标准化为公共电压值，例如，0～5 V 直流电压。

电阻转换器：专门用于把电阻（铂电阻温度表）转换成线性的电压信号输出，并提供必要输出电流的模块。线性转换有可能造成测量的不准确。

（2）数据采集电子部件。配有数字和模拟输入通道和端口、扫描及数据转换设备，以便将信号输送于中央处理系统的内存中。

数据采集功能是指对传感器或传感器加工模块按预定速率进行的扫描，并将信号转换成计算机可读信号。为了能接入类型不同的气象要素传感器，数据采集硬件带有类型不同的输入/输出通道，以适应传感器或信号加工模块可能具有的电输出特性。每类数据采集硬件所带的通道数目和类型取决于传感器的输出特性和不同的应用目的。主要有模拟输入、并行数字输入/输出、脉冲和频率、串行数字端口 4 种类型的通道。

模拟输入：模拟通道数通常在 4～32 个之间。大多数经常使用的传感器，如温度、湿度，通过传感器加工模块直接或间接地发送电压信号，因此，模拟输入通道特别重要。

数据采集的任务是通道扫描和把模拟信号转换成数字信号。扫描器仅仅是一排开关，它使许多模拟输入通道由同一个 A/D 转换器处理。用软件控制这些开关，可以选择某一个时间启用某一通道进行数据处理。A/D 转换器把原始的模拟信号转换成计算机可读的数据（数字格式，二进制码）。A/D 转换器的分辨率是用二进制位表示的。12 位 A/D 转换器的分辨率大约为全量程的 0.025%，14 位的分辨率为全量程的 0.006%，16 位的分辨率为全量程的 0.0015%。

并行数字输入/输出：独立通道总数通常以 16 位二进制码按 8 个一组来分组，并具有扩展能力，它们用于各二进制或状态感应，或者用于有并行数字输出的传感器的输入（例如，带格雷码输出的风向标）。

脉冲和频率：一般限于 2～4 个通道数，典型的此类传感器是风速和雨量器。此类传感器利用高速或低速计数器在存储器中累计脉冲数。能记录脉冲数或转换器开关状态的系统称为信号记录器。

串行数字端口：独立的异步串行输入/输出（I/O）通道用于智能传感器的数据通信。这些端口用于常规的设备之间的短距离数据传输（RS 232，几米）和长距离数据传输（RS 422/485，几千米）。不同的传感器或测量系统可以利用同一条线路和输入端口进行数据传输，在传输时，对每个传感器的地址以编码方法进行顺序编码。

19.2.4.2 数据处理和存储

数据处理硬件是数据采集器的心脏，其主要功能是：利用相关的软件，控制数据采集器数据的输入和输出，并对进入数据采集器的资料进行适当处理。

数据的处理过程是由微处理器控制的。数据处理应按照气象测量的原理和业务规定进行。现有的自动气象站大多数配 8 位微处理器和有限内存（32～64 kB）。根据业务需要，可以在资料处理硬件中增加数字协处理器，以增加处理速度。处理设备可以配备型号不同的存储器，如可配备随机存储器（RAM），用于存储资料和程序；也可配备固定的可编程只读存储器

(PROM)，用于存储程序(程序由 PROM 程序员输入)，还可配备不固定的可擦写可编程只读存储器(EPROM)，大都用于存储可以用软件直接修改的常数。RAM 存储器需配有备份电池，以避免因电源故障造成数据丢失。在不配备数据传输设备的非实时站，数据可以存储在外接存储器中，如存储卡。

19.2.4.3　数据传输

与外界的数据传输主要是指与当地的观测员或维护人员的传输，或者是与中央网络处理系统的传输，甚至是与气象信息用户的传输。通常采用串行或并行输入/输出口与数据采集器连接。数据传输方式主要有：专用线路数据通信的环路，电话线配置调制解调器(Modem)，电话交换网，高频、甚高频或超高频无线电通信，GPRS(general packet radio service，通用分组无线服务技术)，CDMA(code division multiple access，码分多址)等。

19.2.4.4　外部设备

外部设备包括电源、实时时钟、内置测试设备、显示终端等。

(1) 电源。自动气象站的设计和具有的能力很大程度上取决于它的供电方式，自动气象站供电电源应具有高稳定性和在无干扰条件下运行的特点。自动气象站可采用市电进行供电，但为了保证在市电出现故障时能正常运行，可采用 12 V 的直流电源供电，利用市电对 12 V 电池浮充电，从而可进行自动电源备份。在没有市电的边远地区使用的自动气象站，除了使用电池供电外，还可采用柴油发电机、风力或水力发电机、太阳能电池板等辅助供电方式。设计电源时，应考虑到云高测量传感器、能见度测量传感器等大功率供电的需要，同时还要考虑到带有加热器和通风器之类的传感器。

(2) 实时时钟。是一个 24 h 实时时钟，由电池对它供电，用以保证即使在停电的情况下也能准确走时。由于自动气象站的时钟准确度还不是很高，因此应定期调整时钟，也可利用一些设备使时钟与无线电广播基准信号同步。

(3) 内置测试设备。自动气象站核心部分一些单元的误操作和故障会使主要的输出信号降级或无法使用。设计设备状况自动监测电路，是连续地控制设备运行性能的一种有效办法。电源故障监测器是在电源出现故障后重新启动微处理器，继续发挥自动气象站功能的一种设备；看门狗计时器用于监测微处理器是否良好运行；测试电路用于监测自动气象站某些部分的运行状况，如电池电压和充电器、通风器(温度和湿度防辐射罩)、A/D 转换器、加热器等的运行状况。可以在当地自动显示状态信息，或把状态信息送到数据采集处理器，用于质量控制和维护。

(4) 显示终端。为了将观测资料人工输入自动气象站或对观测资料进行显示和编辑，可采用多种形式的显示终端：带键盘的简单数字发光二极管显示器、带键盘的显示屏、个人计算机。维护时，还可使用专用的手提终端。

19.2.5　自动气象站软件与数据处理

自动气象站软件包括应用软件和系统软件。应用软件与用户的技术规格及制定的资料处理算法有关，而系统软件与微处理器的配置有内在联系，包括开发和运行应用软件的所有软件。

系统软件是厂家根据用户的要求开发出来的，并存放在数据处理器的存储器内。用户只能执行预先设定的命令，因而在发生故障和需进行修改时需要依靠厂家。

应用软件需要完成以下功能的一部分或全部：初始化、对传感器输出进行采样、把传感器输出信号转换成气象数据、线性化、平均、人工输入观测数据、质量控制、数据处理、编发和检验、数据存储、数据传输和显示，这些功能需要按顺序完成。质量控制分不同的层次进行：在采样之后立即进行，在气象变量计算出来后进行，或人工输入和编发之后进行。没有数据质量控制和报文内容检验的自动气象站虽能运行，但数据的可信度将会降低。

19.3 地面气象测报业务系统软件简介

目前气象观测站使用的是地面气象测报业务系统软件(OSSMO 2004)，它由地面气象测报业务软件(OSSMO)、自动气象站监控软件(SAWSS)和通信组网接口软件(CNIS)组成。该系统软件充分考虑了地面气象观测自动化发展的需要，能够适用于气象观测站的地面气象测报业务。

19.3.1 地面气象测报业务软件

19.3.1.1 软件功能

软件包括参数设置、自动气象站监控、观测编报、数据维护、报表处理、工作管理、工具、外接程序管理和帮助等 9 大功能，各大功能项又由若干个子功能项组成。

19.3.1.2 软件构成

在地面气象测报业务软件中，采取了大量的程序控件和动态链接库，按照软件功能的不同，将参数文件、程序文件和数据文件安装在不同的文件夹下，其构成见表 19.1。

表 19.1 地面气象测报业务系统软件文件构成

系统软件安装文件夹和文件名			内容
文件夹		文件名	
		OSSMO. exe	地面气象测报软件执行程序
		SAWSS. exe	自动气象站监控软件执行程序
		CNIS. exe	通信组网接口软件
		BaseData. mdb	逐日地面气象观测基本数据库模板文件
		RBaseData. mdb	逐日气象辐射基本数据库模板文件
		Help. chm	系统帮助文件
Components	AwsDrivers	CAWS600SE. drv	中国华云技术开发公司自动气象站(带辐射)接口
		CAWS600SE_N. drv	中国华云技术开发公司新型自动气象站接口
		CAWS600BS. drv	中国华云技术开发公司自动气象站接口
		Milos500. drv	Vaisala 公司 Milos500 型自动气象站接口
		Milos520. drv	Vaisala 公司 Milos520 型自动气象站接口
		DYYZII. drv	长春气象仪器厂自动气象站接口
		DYYZIIB. drv	长春气象仪器厂新型自动气象站接口
		ZQZ_CII. drv	江苏无线电研究所自动气象站接口
		ZQZ_CIIB. drv	江苏无线电研究所新型自动气象站接口
		ZDZII. drv	广东省气象技术装备中心自动气象站接口
		RadPara. ini	辐射传感器参数配置文件

续表

系统软件安装文件夹和文件名			内容
文件夹		文件名	
Components	Controls	Graph. ocx	要素曲线和直方图显示控件
		Woei. ocx	要素图形显示控件组
		IPEdit. ocx	IP 地址输入控件
		NewEX. ocx	文件夹浏览器控件
		Threed32. ocx	3D 控件
		FlexCell. ocx	仿电子表格控件
	RegDll	SawssParaSet. dll	SAWSS 参数设置动态链接库
		SysDemand. dll	系统配置文件处理动态链接库
		AwsFile. dll	自动气象站数据文件处理动态链接库
		SysTool. dll	SAWSS 工具项动态链接库
		ParameterSet. dll	OSSMO 参数设置动态链接库
		Tools. dll	OSSMO 工具项动态链接库
		DataPrint. dll	各定时和日数据打印输出动态链接库
		AuditingFile. dll	各类数据文件审核动态链接库
		Year15TimeSegmentR. dll	挑选年时段最大降水量和雨量连续曲线显示的动态链接库
		FileConvert. dll	各类数据文件读写和转换动态链接库
		ReportPrint. dll	各类报表输出动态链接库
		WorkManage. dll	管理工具动态链接库
		JpegEncoder. dll	JPG 文件解码器
		Encryption. dll	文件加密器
SysConfig		SysPara. ini	系统运行配置文件
		UserOpt. ini	系统运行界面和文件打开路径配置文件
		Comset. ini	自动气象站与采集器通信端口参数配置文件
		NetSet. ini	自动气象站组网通信传输参数配置文件
		SysLib. mdb	台站参数数据库文件
		AuxData. mdb	台站辅助参数数据库文件
AWSSource		SAWSS 运行时生成	存放自动气象站采集生成的原始数据文件
AWSNet		SAWSS 运行时生成	存放自动气象站组网上传的数据文件
BaseData		OSSMO 运行时生成	存放经过人工处理的,包括人工和自动观测的全部数据的文件,即月基本数据文件
SYNOP		OSSMO 运行时生成	存放各类气象报文文件
	ReturnReceipt		存放上传报文文件后的回执文件
ReportFile		OSSMO 运行时生成	存放月年地面气象观测数据文件及其相关内容
	AuditingList	OSSMO 运行时生成	存放月年地面气象观测数据文件的格检审核信息文件
	InfoFile	OSSMO 运行时生成	存放月地面气象观测数据信息化文件
	Rpic	OSSMO 运行时生成	存放月年报表的位图文件
WorkQuality		DailyNote. mdb	值班日记数据库
		WorkLog. cel	值班日记输出模板文件
		WorkQualityA. cel	自动观测站地面测报工作质量报告模板文件
		WorkQualityM. cel	人工观测站地面测报工作质量报告模板文件

注:另有 WeatherSymbol. TTF Ture Type 字库文件,安装在操作系统下的 Fonts 文件夹下。

19.3.1.3 软件流程

进行各类参数的设置，包括操作员管理、台站参数、仪器检定证数据、旬月历史数据、地面审核规则库和文件传输路径等。这些参数数据提供了软件的支持环境。

(1) 进行交接班登记。建立本班值班工作任务，班内填写值班工作日记。

(2) 启动自动气象站监控软件，正点数据存入正点地面常规数据Z文件和正点辐射数据H文件(有辐射观测项目时)，本站气压、气温、相对湿度、1 min平均风向风速和降水量等要素的分钟数据存入各分钟数据文件。

(3) 根据各定时的发报任务，分别启动观测编报中的相应菜单，输入定时观测实时数据，计算有关查算记录，当与自动气象站连接时，则自动从自动气象站正点地面常规数据Z文件中调取各有关数据，编出气象报文，数据存入月基本数据库B文件中，并形成正点地面气象数据传输文件。选取通信条件，可实现气象报文的自动传输。

(4) 通过逐日地面数据维护，输入或从Z文件中调取实时和非实时数据，存入B文件。为了将Z文件的数据及时调入B文件，可随时启动该项维护。

(5) 对自动气象站原始数据文件(Z、H、P、T、U、W和R文件)和B文件进行备份，确保数据文件的安全性。

(6) 通过文件转换得到全月地面气象资料格式文件(A文件)。由B文件转换得到的A文件和由Z文件直接转换得到的A文件，存放在不同的文件夹中，以便自动气象站并轨运行阶段进行资料对比分析时用。若有辐射观测项目，还须由H文件转换得到R文件。

(7) 对A、R文件进行维护，除观测数据部分外，还包括观测基本参数和观测项目、封面封底数据的维护及质量控制方式的选取。

(8) 每月对A、R文件进行质量检查，包括对文件的数据格式检查和记录审核，形成疑误信息报告单。

(9) 编制地面气象记录月报表。根据服务的需要，可以形成不同格式的地面气象资料月简表。

(10) 有辐射观测项目的站需编制气象辐射观测记录月报表。

(11) 根据值班日记内容，形成月地面气象测报工作质量报表。

(12) 形成年地面气象资料格式文件(Y文件)。观测数据由上年度7—12月和本年度1—12月的A文件自动统计得到，基本参数和附加信息人工输入。

(13) 对Y文件进行质量检查，包括对文件的数据格式检查和记录审核，形成疑误信息报告单。

(14) 编制地面气象记录年报表。

19.3.2 自动气象站监控软件

自动气象站监控软件(SAWSS)是自动气象站采集器与计算机的接口软件。它能实现对采集器的控制；将采集器中的数据实时地调取到计算机中，显示在实时数据监测窗口，写入规定的采集数据文件和实时传输数据文件；对各传感器和采集器的运行状态进行实时监控；与地面气象测报业务软件挂接，可以实现气象台站各项地面气象测报业务的处理；还能与中心站相连，实现自动气象站的组网。

SAWSS 与自动站采集接口采用 ActiveX DLL 的方式进行连接，不同型号的自动气象站只要遵循自动气象站数据接口标准，建立相应的动态链接库，即可实现挂接。目前可以挂接的自动气象站包括 CAWS 系列、Milos 系列、DYYZⅡ系列、ZQZ-CⅡ系列和 ZDZII 型。

该软件主要包括数据采集、数据查询、自动站维护、系统参数、工具和帮助等功能。

19.3.3　通信组网接口软件

通信组网接口软件(CNIS)是自动气象站采集计算机与中心站服务器的接口软件。它是自动气象站监控软件(SAWSS)的子软件，能实现自动气象站数据文件的自动上传；实现中心站对自动气象站的远程控制，包括采集器终端控制、通信命令的接收及解析执行等；提供对网络状况的监视和通信传输情况的查询。CNIS 必须与配套的中心站组网软件相连，才能实现自动气象站的组网。

CNIS 与中心站可以有不同的通信方式，无论何种通信方式都是按照统一的接口标准，建立相应的动态链接库，更加简化了程序的结构和方便用户的使用。目前可以支持的通信方式包括拨号网络、静态 IP 网络(SDH、X.25、VSAT 等)、动态 IP 网络(ADSL 等)。

19.4　自动气象站采样和算法

19.4.1　采样

我国自动气象站的数据采样有两种采样频率，分别见表 19.2 和表 19.3。

表 19.2　现行自动气象站采样频率

<table>
<tr><th>测量要素</th><th>采样频率</th><th>计算平均值</th><th>计算累计值</th><th>计算极值</th></tr>
<tr><td>气压</td><td rowspan="6">6 次/min</td><td rowspan="6">去掉一个最大值和一个最小值，余下的 4 次采样值求算术平均。1 min 平均值为瞬时值</td><td rowspan="5"></td><td rowspan="6">小时内极值及出现时间</td></tr>
<tr><td>气温</td></tr>
<tr><td>湿度</td></tr>
<tr><td>草温</td></tr>
<tr><td>地温</td></tr>
<tr><td>辐射(辐照度)</td><td>小时累计值(曝辐量)</td></tr>
<tr><td>风速</td><td>1 次/s</td><td>以 1 s 为步长求 3 s 滑动平均值；以 1 s 为步长计算每分钟的 1 和2 min 的滑动平均；以 1 min 为步长计算每分钟的 10 min 滑动平均</td><td></td><td>每小时内 3 s 极值(即极大风速)；10 min 极值(即最大风速)；极值对应时间</td></tr>
<tr><td>降水量</td><td>1 次/min</td><td rowspan="2"></td><td rowspan="2">每分钟、小时累计值</td><td rowspan="2"></td></tr>
<tr><td>蒸发量</td><td>1 次/min</td></tr>
</table>

表 19.3 新型自动气象站采样频率

<table>
<tr><th>测量要素</th><th>采样频率</th><th>计算平均值</th><th>计算累计值</th><th>计算极值</th></tr>
<tr><td>气压</td><td rowspan="7">30 次/min</td><td rowspan="7">每分钟算术平均</td><td rowspan="5"></td><td rowspan="6">小时内极值及出现时间</td></tr>
<tr><td>气温</td></tr>
<tr><td>湿度</td></tr>
<tr><td>草温</td></tr>
<tr><td>地温</td></tr>
<tr><td>辐射(辐照度)</td><td>小时累计值(曝辐量)</td></tr>
<tr><td>辐射传感器腔体温度</td><td></td><td></td></tr>
<tr><td>通风防辐射罩通风速度</td><td>1 次/min</td><td>每分钟、每小时平均</td><td></td><td></td></tr>
<tr><td>日照</td><td>1 次/min</td><td></td><td>每分钟、每小时累计值</td><td></td></tr>
<tr><td>风速</td><td>4 次/s</td><td>以 0.25 s 为步长求3 s滑动平均值；以1 s为步长(取整秒时的采样值)计算每分钟的 1 和 2 min 的算术平均；以 1 min 为步长(取 1 min 平均值)计算每分钟的 10 min 滑动平均</td><td></td><td>每分钟、每小时内 3 s 极值(即极大风速)；每小时内 10 min极值(即最大风速)；小时内极值对应时间</td></tr>
<tr><td>风向</td><td>1 次/s</td><td>求 1 和 2 min 的平均；以 1 min 为步长(取 1 min 平均值)计算每分钟的 10 min 平均</td><td></td><td>对应极大风速和最大风速时的风向</td></tr>
<tr><td>降水量</td><td>1 次/min</td><td></td><td rowspan="2">每分钟、每小时累计值</td><td rowspan="2"></td></tr>
<tr><td>蒸发量</td><td>6 次/min</td><td>每分钟水位的算术平均</td></tr>
<tr><td>能见度(气象光学视程)</td><td>4 次/min</td><td>每分钟算术平均</td><td></td><td>小时内极值及出现时间</td></tr>
<tr><td>土壤水分(体积含水量)</td><td>6 次/min</td><td>每分钟、每小时算术平均</td><td></td><td></td></tr>
</table>

19.4.2 算法

19.4.2.1 算术平均法

(1) 采样频率低于每分钟 30 次时，按公式(19.1)计算：

$$\overline{Y}=\frac{\sum_{i=1}^{N} y_i}{N} \tag{19.1}$$

式中 $\overline{Y}$ 为观测时段内气象变量的平均值；y_i 为观测时段内第 i 个气象变量的采样瞬时值(样本)，其中，“最大值”、“最小值”等样本应丢弃而不用于计算，即令 $y_i=0$；N 为观测时段内去掉“最大、最小值”后的样本总数，由“采样频率”和“平均值时间区间”决定。

式(19.1)适用于气温、湿度、气压、地温、辐射等要素的分钟算术平均值的计算。

(2) 采样频率在每分钟 30 次或以上时，按公式(19.2)计算：

$$\overline{Y}=\frac{\sum_{i=1}^{N}y_i}{m} \tag{19.2}$$

式中 $\overline{Y}$ 为观测时段内气象变量的平均值；y_i 为观测时段内第 i 个气象变量的采样瞬时值（样本），其中，“错误”、“可疑”等非“正确”的样本应丢弃而不用于计算，即令 $y_i=0$；N 为观测时段内的样本总数，由“采样频率”和“平均值时间区间”决定；m 为观测时段内“正确”的样本数（$m \leqslant N$）。

式(19.2)适用于气压、气温、湿度、1 min 平均风速、2 min 平均风速、草温、地温、辐照度、能见度、土壤水分等气象变量平均值的计算。

19.4.2.2　风向、风速平均值

按本书 10.2.3 节给定算法求得。

19.4.2.3　极值挑取

最大风速及其相应的风向和出现时间，从滑动过程中的 10 min 平均值中挑取。极大风速（即阵风）及其相应的风向和出现时间，从滑动过程中的 3 s 平均值中挑取。其他要素的极值均从瞬时值中选取，并记录时间。

19.4.2.4　累计值计算

降水量、蒸发量、日照时数、辐射均计算累计值，均由相应区间的每分钟值累加求得，其中每分钟的曝辐量等于该分钟的瞬时辐照度值乘以 60。

19.4.2.5　导出量的计算

导出量包括海平面气压、水汽压、露点温度、水平面直接辐射总量、土壤重量含水量、土壤相对湿度、日照时数等，按本书中各章相应的计算公式计算得到。

19.4.2.6　传感器测量值修正

在进行自动气象站标校时，若某传感器的测量值与标校值存在差值，按照传感器的校准规程进行校正。

19.5　自动气象站组网

19.5.1　组成

自动气象站网由多台自动气象站、中央网络处理系统、通信系统等组成，以此在上级业务单位建立中心站，实现对分散在各地的自动气象站的数据进行实时收集、质量控制和处理，并按照业务规定实现实时观测数据的上传。目前，国家级自动气象站以省级组网为主，通过省级观测数据的汇集，再向国家级上传，实现全国自动气象站的组网。

中心站应具备以下基本功能：

(1) 能够对子站或下级中心站上传的数据文件进行格式检查和对相应的数据进行解码。格式检查包括：

① 文件名检查。文件名中主要特征码应符合特定资料文件要求。

② 文件结构及行数检查。文件的行数、每行的字节数和文件结束符应符合规定。

③ 参数行行数及长度检查。参数行的行数、每行字节数应符合规定。

④ 参数组数及合法性检查。参数组数及每组参数的格式应符合规定。

⑤ 数据行行数及长度检查。数据行的行数、每行字节数应符合规定。

⑥ 数据组数及合法性检查。数据组数及每组数据的格式应符合规定。

⑦ 数据与文件名一致性检查。参数中的站号与文件名中的站号应一致，数据组中的时间与文件名中的时间应一致。

⑧ 文件结束符检查。文件结束符应为“NNNN”。

（2）能够实时对各子站或下级中心站上传的数据文件进行数据质量控制，形成经过质量控制后的数据文件。质量控制的内容及方法参照第21章内容，并应增加空间一致性检验。

（3）能够实时接收各子站或下级中心站上传的数据文件，并能实时打包上传至国家级数据中心。

（4）能够对实时数据的收集、入库、转存、上传情况进行实时监控，对单站上传的完整率、及时率等情况进行动态统计和定期发布。

当子站出现通信或其他故障导致资料传输中断或数据质量有疑误时，要及时通告有关部门进行处理。当故障恢复后，要及时将子站上传的更正报入库并转发至国家级数据中心。

（5）能够提供符合保密规定、以系统安全为前提的省域自动站实时数据显示产品。

19.5.2 中心站数据质量管理

为了确保中心站数据质量，应建立准实时监测系统，定期对所发送的量值比照同一测量地点的分析场进行检测。

自动气象站的自动质量控制机制存在着局限性，即使使用最高水平的控制方法，有些误差还是不能检测出来，如传感器和部件的基点长期漂移，此外，自动气象站资料在传输过程中又增加了传输误差，因此，应在中央网络处理系统中增加一个附加的质量控制程序，以便实现下述质量控制：

（1）按照传输协议和循环冗余码对资料传输误差进行检测。

（2）对规定的编报信息的内容和格式进行校验。

（3）对自动气象站管理文件标志为有误差的资料进行剔除或处理。

采用交互式的显示方式可以对数据进行补充质量控制。通过对一个或多个气象站上的一个或多个变量时间序列的显示，可以直观地检测全自动质量控制算法难以发现的短期和长期的异常情况。定期比照分析数值场，可对量值进行空间和时间一致性检验。

19.6 自动气象站的安装

19.6.1 基本要求

（1）自动气象站气温、湿度、风向、风速、雨量、蒸发、辐射、草温、地温、日照传感器，均按照《地面气象观测规范》（中国气象局 2003）和相关业务规定的要求安装在观测场规定的位置上。

风向、风速传感器也可以安装在屋顶平台上，气压传感器一般安装在数据采集器内。

（2）安装前应认真阅读仪器技术手册，按照要求进行安装。不同型号的自动气象站的数据采集器安装地点不同，可安装在观测场内或观测值班室内。

（3）微机、打印机及其电源（蓄电池、UPS 电源）等设备均安放在观测值班室内。

（4）传感器和数据采集器用专用电缆连接。

（5）自动气象站避雷装置应符合 QX 30—2004《自动气象站场室防雷技术规范》的要求。

（6）安装在室内的采集器和计算机、电源、微机与打印机等的安装以便于操作为宜。

19.6.2 电缆的安装与连接

（1）为了防雷、防鼠、防水和安装、维修方便，自动气象站的电缆应穿入电缆管内，电缆管应安置在电缆沟内。

（2）电缆沟应便于排水、通风，两侧应砌砖墙，砖墙壁上预设安置电缆管的金属支架（或金属挂钩）。为防止电缆被积水浸泡，安置电缆的金属支架（或金属挂钩）距离地沟底的高度以不小于 30 cm 为宜。观测场内的电缆沟一般在小路下面，沟上面盖的水泥盖板就是路面，沟的宽度以 30 cm 左右为宜，沟的深度以便于安装电缆和防止大雨后积水为宜。

（3）不宜建电缆沟的台站，也可采用埋电缆管和修建电缆井的方法铺设电缆。

（4）电缆不能在地面架空架设。

（5）自动气象站转接盒根据实际需要安置，应尽可能靠近地沟，电缆线应通过线管引入。

19.6.3 软件安装

采集软件已由厂家在设备出厂前安装在采集器中。配备微机的需安装业务软件，安装方法按照业务软件技术操作手册进行，运行前需进行初始化，初始化的主要内容有：

（1）对时（设定和修改采集器、微机时钟）。

（2）设定系统管理权限。

（3）设定气象站基本参数和自动气象站有关参数。

19.7 自动气象站的日常使用

在自动气象站的运行中，气象观测站应做好日常使用，基本要求是：

（1）根据业务需要，定期（时）巡视观测场和自动气象站设备；定期检查维护各要素传感器，检查、维护要求详见各要素观测中的有关规定。

（2）每年春季对防雷设施进行全面检查，对接地电阻进行复测。

（3）每年至少一次对自动气象站的传感器、采集器和整机进行现场检查、校验。

（4）保持自动站设备处于正常连续的运行状态，每小时正点前 10 min 要查看数据采集器的显示屏或计算机显示的实时观测数据是否正常。

（5）自动气象站的数据出现缺测时，在有人值守的气象站，应进行人工补测。

（6）每天 20 时后应认真检查当日数据是否齐全，并做好数据文件的备份。检查当日数据文件上传是否正常，当发现数据有漏传时，应及时补传完整。

（7）对采集器、传感器的更换和检定，采集和业务软件的更新或升级，以及观测场周围的环境发生变化可能影响要素测量等，应进行详细登记。

(8) 每月查看台站配电箱一次，发现隐患及时排除。

(9) 每周检查室内给采集器供电的接线板是否正常，线路是否有发热现象。

(10) 每周检查采集器供电电源是否正常。

(11) 每周将发电机开启一次，检查运行是否正常；定期检查燃油备用情况是否充足。

(12) 定期取回无人值守自动气象站的数据。由业务部门每 3 个月派技术人员到现场对无人值守自动气象站进行检查维护。

在日常使用中，为了保证自动气象站观测设备处于正常运行状态，应对表 19.4 所列的内容进行全面、仔细的检查。

表 19.4 自动气象站日常检查内容

项目		检查内容及要求
采集器		采集器箱不能有锈蚀
		蓄电池供电电压应在正常范围内
		各传感器信号接线、电源接线应牢固，用手轻拔，不能有松动
		机箱应接地良好
		不应存在雷击隐患
		对采集器内部进行外观检查，各部件应完好，指示灯工作应正常
		显示屏读取各要素值，要素间的相关性好，与人工观测值比较应正常
		盖板螺钉应齐全、紧固，门应关紧
		电缆线、管道应完好
		场地防雷应完好，各接地体接点牢固
		应在检定期内
仪器性能及安装	气压传感器	安装应牢固
		传感器海拔高度与 GPS 实测值比较，判断基本正确
		通气孔无异物堵塞现象，若在较密封的值班室应与外界连通
		值班室内空调排风不应直接扫至传感器
		应在检定期内
	温度传感器或温湿传感器	百叶箱应安装牢固，洁净，无破损，箱内不应放传感器以外的物品，信号电缆放置整齐，箱内照明灯符合规定
		有固定支架，传感器应安置在百叶箱中央，传感器感应部位距地面高度正确
		传感器金属外管不应有锈蚀现象，外橡胶套应完好，密封良好
		保护滤膜罩不应有明显尘埃污染
		不应经常出现高湿且连续稳定(24 h 以上)在同一值
		应在检定期内
	风传感器	风杆、横臂不应有变形
		风杆应垂直，各拉线受力应均匀
		风向、风速传感器应完好
		风向、风速传感器安装应牢固
		横臂应为南北向、水平
		风杯、风标转动应灵活
		风向方位应正确
		传感器距地面或屋顶高度应正确
		应在检定期内

续表

项目		检查内容及要求
仪器性能及安装	雨量传感器	混凝土基础不应有冻风化
		安装应牢固，不可摇动
		高度应正确
		承水器应正圆，器口的刀刃应完好
		漏斗、翻斗内应洁净，入口和出口处不应有堵塞物
		底部排水孔应畅通
		翻斗翻动应灵活
		干簧管吸合应正常
		使用10～20 mm的降水测量，人工计数翻斗次数(或用校准仪)，计算所测降水量的误差百分率，并检查干簧管，不应有连续吸合现象
	地温传感器	在地温场观测地段的布局位置应正确，地面及浅层地温场应平整、无杂草、土壤疏松
		0～20 cm地温传感器应安装在固定支架上，传感器金属外套管不应接触支架，0 cm地温传感器应与土壤密贴，有一半裸露
		传感器金属外管不应有锈蚀现象，外橡胶套应完好，密封性良好
		从传感器至地沟的电缆线不应存在裸露现象
		40～320 cm地温传感器的外套管四周土壤应密实，不应有下陷现象；东西排列应整齐，顶部高度一致，顶部盖子、外套管不应有破裂，外套管内不能有积水
		草面温度安装高度应正确，四周草层不能超高
		各温度值与人工观测值对比，不应有系统性偏差
		各传感器应在检定期内
	E—601B型蒸发传感器	水圈、土圈、防塌墙结构应完整，观测缺口位置应合理，便于人工观测
		口沿应水平，距地面高度正确
		水面应位于最高和最低刻度线之间，器内水应清洁
		应使用溢流装置，排水管应畅通，溢流桶不应有锈蚀，桶内没有长期积水的现象
		安装有蒸发专用雨量筒，而不应存在不使用的情况
	辐射传感器	支(柱)架结构、安装应牢固，下垫面的代表性好，踏板放置位置不应对向上辐射有直接影响
		传感器安装应水平，纬度应正确，直接辐射表光点不能有偏离
		外罩应清洁，热电堆表面色泽和质地应均匀，外罩不能有破痕，内部不能出现有水汽，干燥剂不能褪色，薄膜罩不能变形严重
		加盖和开盖应及时
		检定证应保存完好
		各传感器应在检定期内
	能见度传感器	安装应牢固
		朝向应正确
		发射器和接收器应清洁
		安装高度应正确

19.8　自动气象站的维护

自动气象站的维护可分为部件故障的矫正性维护、预防性维护和适应性维护三类。当硬部件出现故障或计算机程序因设计失误而失效时，需要进行矫正性维护。对于机械部件等，需要进行清洗和润滑等预防性维护。而为了适应技术的飞速变化和备件供应缺少等问题，需要对原系统进行适应性维护，例如用新的部件代替原有部件、把程序和操作系统从一种处理器转移到另一种处理器或连接到新的通信系统等。随着自动气象站电子部件的可靠性不断提高，维护和校准传感器的需求可能会成为对自动气象站进行维护的一个主控因素。

自动气象站的模块结构允许进行现场维护，或在地区和省中心进行维护。

现场维护时，观测员一般只进行简单的预防性维护，而现场的矫正性维护须由区域或省级以上检测中心的专门技术人员来做。定期把自动气象站自检和诊断的信息记录下来，确保出现故障后能做出快速反应也是现场维护的一个方面。不宜在现场修理自动气象站的传感器或其他部件。

地区级保障：负责对那些需要检测和排除小故障的传感器和部件进行更换和维修，或者到现场进行维护，定期对边远地区的自动气象站进行巡查等。地区级保障技术人员必须具有自动气象站硬件运行方面的知识，且受过运行软件维护程序的培训。地区级保障应当配备合适的测试设备及足量的备份传感器和部件，以保证自动气象站的维护工作。

省级保障：负责检测和排除传感器、部件及数据传输通道中出现的复杂故障。省中心须配备检测和修理自动气象站各个部件的必要设备，这些检测和维护工作必须由省级保障中心完成。任何环节出现的毛病应该反映到设计者和供应商那里，由他们负责改正设计错误。由于软件在自动气象站及中心站处理系统中起着非常重要的作用，因此，省级保障需要有熟练掌握自动气象站和中心站处理系统软件知识的技术人员，也应拥有必要的软件开发和测试设备。此外，省级保障应该完成所有与适应性维护有关的任务。

19.9 自动气象站的校准

传感器，特别是带电子输出的自动气象站的传感器，会随时间出现准确度漂移。因此需要进行周期性的检查和校准。原则上，校准周期是根据厂家提供的漂移规律和所需的准确度要求来确定的。由于信号加工模块、数据采集和传输设备也都是组成整个测量链的环节，因此，它们的稳定性和修正业务也需进行控制或周期性校准。校准一般应包括下述三个环节：

(1) 初始校准。在自动气象站订货和安装以前进行。主要是验证厂家所提供的技术指标，测试自动气象站的总体性能，验证仪器的运输过程有没有对仪器的测量特性造成影响。

(2) 现场校准。利用移动标准在气象站上对自动气象站的传感器进行周期性的相互比对。在现场比对期间，移动标准应安装在与传感器相同的环境条件中。移动标准应具有与自动气象站测量系统相似的过滤特性，最好带有数字式读数器。为了防止移动标准在运输过程中可能出现的准确度变化，也可以使用两套同类标准。为了能够测定小的漂移，移动标准的准确度必须远高于自动气象站传感器的准确度。由于信号修正模块和数据采集设备(如 A/D 转换器)也会出现性能漂移，因此，须使用合适的电气标准源和万用表，确定仪器异常情况。

在现场检查前后，移动标准和标准信号源应与实验室中的工作标准进行比对。当测出准确度有偏差时，应由维护部门进行处理。

(3) 实验室校准。在现场检查中，对准确度的偏差已经超出了规定范围的仪器及经过维修的仪器，均须送到实验室进行校准后才能重新使用。传感器的校准是在一个能控制的环境(环境箱)中，借助合适的工作标准进行的。这些工作标准要定期与二级标准进行比对和校准。

也应注意对组成测量和遥测系统的不同部分进行校准，特别是信号修正模块的校准。这涉及合适的电压、电流、电容和电阻标准，合格的传输测试设备，高准确度的数字式万用表。在校准过程中需要高准确度的仪器和数据采集系统。每当某个传感器或模块在现场维护中安装或更换到某个自动气象站上时，应重新计算出新的校准常数，并输入自动气象站。

校准实验室中使用的二级标准，必须按照比对时间表与本国及世界气象组织的国际或区域一级标准定时进行比对。

19.10　常见故障处理

19.10.1　现场判断故障的原则、步骤和方法

当自动气象站出现故障时，只要掌握自动气象站的基本构造和原理，学会故障分析和判断的基本原则，按照一定的步骤去排查，而无需电子方面高深的专业知识和复杂的仪表，即能找到和排除大多数的故障。

19.10.1.1　故障分类

自动站故障可按故障严重程度、故障部位、故障原因等进行分类。从方便于故障的判断和排除出发，可将故障分为以下三类：

(1) 气象要素测量性能下降。即一般所说的超差或测量数据严重错误，其特征是自动气象站运行正常。这类故障的判断和排除比较容易，故障原因多为传感器性能下降引起的。

(2) 自动气象站工作不正常。即自动气象站不能正常完成采集、计算、存储、显示、输出数据等功能。这类故障原因较多，判断和排除比较困难。属于软件方面的，多半是强干扰，例如雷电引起的；属于硬件方面的，多半是电源系统故障引起的。

(3) 业务应用软件运行不正常。即在业务测报软件进行采集编报、数据维护、报表处理时会出现一些小的错误。

19.10.1.2　故障判断的基本原则

当自动气象站出现故障时，要冷静对待，掌握以下基本原则，仔细分析，逐步排查。

(1) 安全原则。采集器、后备电源、微机、UPS、打印机均与市电相接，插拔电源插头时，千万要注意安全。只有专业维修人员才能打开带市电的自动气象站各组件。

(2) 逻辑原则。当发生故障时，应依据电路原理进行分析。例如，某一气象要素值超差或明显不正常，多半是相应的传感器或连接线路故障，不大可能是采集器产生故障，更不太可能是微机或电源故障造成的。而若采集器显示不正常，出现乱码，或秒闪灯不闪，这多半是电源系统或采集器系统故障。

在进行充分的分析和列出众多的故障可能性后，找出最符合逻辑即最符合电原理的故障原因，从而判别故障部位。

(3) 分解原则。自动气象站的组件很多，有时，分析的结果可能有多个原因和多个组件产生故障，在这种情况下，就要脱开部分连接线，把自动气象站分成几个部分，缩小范围进一步检查分析。在图 19.1 和图 19.2 中，将数据采集器与微机终端间的信号线脱开、微机终端与打印机间的信号线脱开，自动气象站就被拆成采集系统(分采集器)、微机系统和打印机三个独立系统，这样分别进行故障诊断。

在计算机系统中，把计算机和 UPS 脱开，可分别查找计算机和 UPS 的故障。在采集系统中，可以把后备电源脱开，用市电直接对采集器供电，这样就可以在采集器和传感器这个范围内查找故障。如果把采集器与传感器一一脱开，则可进一步缩小判别故障的区域，故障部位可被锁定在传感器和连接导线处这一很小的区域内。例如，自动气象站因遭受雷击出现多处故障现象，这时，就宜把自动气象站分拆成几个有独立功能的小系统，多处故障现象将被分散在几个小系统中，相对独立的因果关系使故障判别变得容易。

（4）替代原则。依据电原理进行分析，可大体上分析出故障部位，但没有得到证实。最简单而又可信的证实就是用好的组件"替代"可能故障的组件。事实上，若故障现象消失，表明"替代"成功，分析判断正确，与此同时，维修也就成功了。注意："替代"时，必须切断电源，严禁带电操作，以免损坏设备。

（5）记录原则。要把自动气象站的故障现象、故障判别和维修过程、维修结果进行整理记录，以便备查，积累经验。

19.10.1.3 故障分析和判断的基本方法

"替代"的方法：依据电原理图，进行逻辑分析，确定故障部位。用好的组件替代"坏"的组件，故障现象消失，则说明分析判断是正确的。

测量的方法：如果台站没有备用组件，此时，可用万用表测量电参数，分析判断可能出现故障的组件，然后再联系有关部门进行维修。测量电参数时，一般使用万用表，请注意万用表的"挡"、"量程"和"极性"。还请注意，万用表的"测笔"较粗，操作稍有不当，单笔同时触及两个"点"时，便会导致印制板线路短路。

故障分析和判断的基本步骤：若要进行一次全面的检查，故障分析和判断的基本步骤可按图 19.3 所示的流程进行。

19.10.2 几种常见故障与判别

（1）计算机显示实时数据不正常

出现计算机显示实时数据不正常时，按图 19.4 的流程检查。

（2）气压缺测时故障的判断

① 原因分析。当自动气象站交流电源输入出现故障（可能由停电、保险丝坏、后备电源故障等原因引起）时，正常情况下，自动站可依靠电池供电继续工作。

目前，PTB220 型气压传感器要求最低输入电压较高（10～30 V），当自动气象站供电电压下降到一定值的时候，气压传感器最先无法正常工作，导致气压缺测，随着输入电压进一步下降，采集器就会因输入电压过低而停止工作。

② 故障排查方法。故障判断按图 19.5 的流程检查。

（3）ZQZ-CⅡ型自动气象站，湿度缺测或长时间处于一稳定的高湿值

① 原因分析。目前，气象观测站使用的温湿度传感器均为 HMP45D 型传感器，湿度传感器与采集器之间的连线有 4 根，分别为电源、湿度信号、信号地、电源地。当因某种原因（如受潮或电缆短路等）造成湿度信号线与地线短接时，采集器就测量不出信号线与信号地之间的电压，导致湿度缺测或长时间为 100%或处于一稳定的高湿值。由于湿度传感器与气温传感器的地线互联，当湿度传感器出现故障时，就可能导致气温测值异常，进而可能会导致地温测值异常。

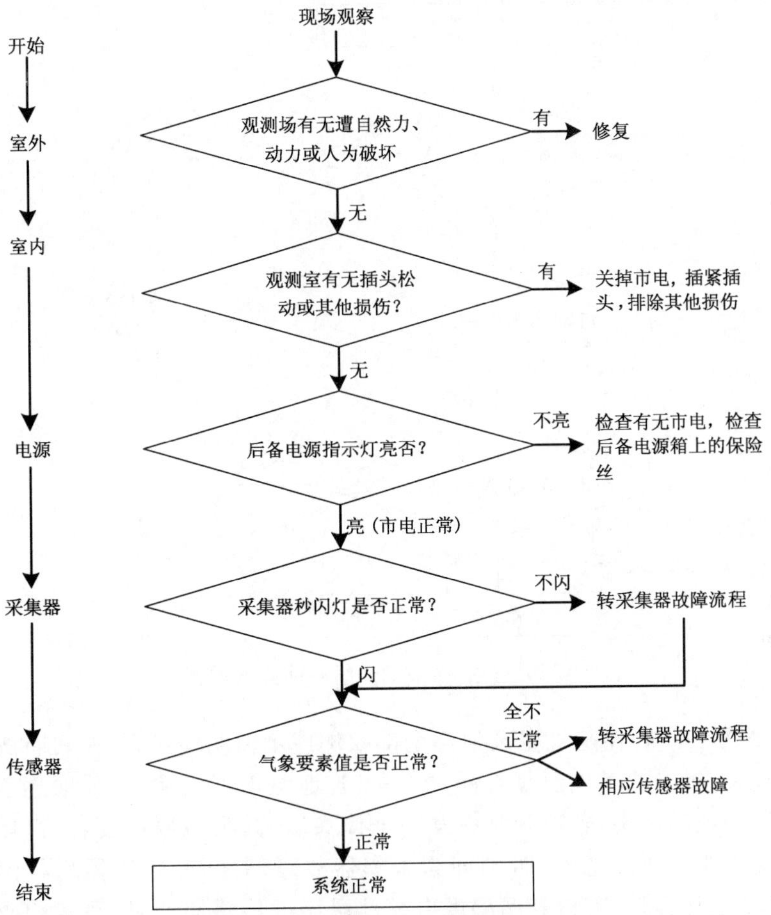

图 19.3　故障分析和判断的基本步骤

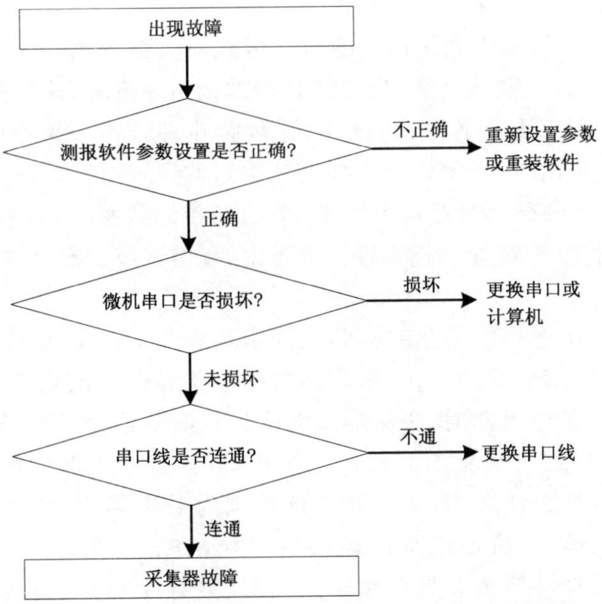

图 19.4　实时数据显示不正常故障判断的基本步骤

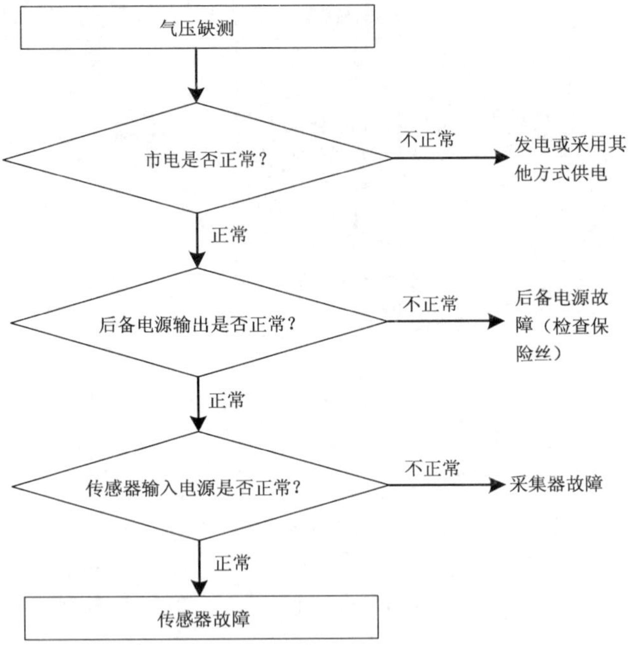

图 19.5 气压缺测故障判断基本步骤

② 故障排查方法。若伴随气温及地温全部缺测或示值明显错误，则可首先断开采集器后板温湿度电缆接头，查看此时地温是否恢复正常，若地温仍不正常，可采取逐步断开采集器后板地表、浅层、深层地温接头，若断开其中某一个接头后，其余地温恢复正常，则继续检查该电缆及所连的地温接线盒和传感器，否则即为采集器故障；若断开采集器后板温湿度电缆接头后，地温示值恢复正常，则只需检查温湿度电缆及温湿度传感器即可，重点检查温湿度传感器与电缆之间的航空插头是否受潮。

（4）雨量测值偏大 33％左右

① 原因分析。目前，气象观测站使用的雨量传感器大部分为 SL—3 型传感器，计数翻斗翻转过程中碰到底部时有一轻微反弹，当干簧管稍微偏向一侧时，计数翻斗翻转到该侧时干簧管导通一次，在反弹过程中再导通一次，这样，计数翻斗翻转一个来回就导通 3 次（正常情况下，计数翻斗翻转一个来回时，干簧管应该导通 2 次），就导致雨量计数偏大约 33％。

② 故障排查方法。检查干簧管是否居中，手动翻转计数翻斗，查看翻斗反弹过程中计数翻斗上部的簧片是否扫过干簧管。若干簧管未居中，缓慢调节固定螺栓，使之居中。

（5）雨量不计数

① 原因分析。对 SL—3 型雨量传感器，当降水达到 0.1 mm 时，计数翻斗翻转过程中，其顶部簧片扫过干簧管，干簧管导通一次，采集器根据电路导通的次数来换算降水量，若电路开路、计数翻斗不翻转、干簧管开路时，采集器就无法计算电路导通次数，导致雨量测值为 0。

② 故障排查方法。拔下采集器后板雨量接头，人为将采集器后板的雨量信号线与地线快速短接，查看采集器是否计数，若采集器不计数则为采集器故障；接上采集器后板雨量接头，断开传感器内的电缆线，将该电缆两端快速短接，查看采集器是否计数，若采集器不计数则为电缆故障；查看雨量传感器是否堵塞；查看计数翻斗翻转是否正常；检查干簧管是否正常。

复习思考题

1. 简述我国自动气象站体系结构。

2. 自动气象站中传感器是如何分类的？各有何特点?。

3. 自动气象站采集器的主要功能有哪些?

4. 地温的采样频率为每分钟 30 次，请写出地温值的算法?

5. 自动气象站日常使用和维护的基本要求有哪些?

6. 自动气象站校准的基本环节有哪些?

7. 自动气象站故障判断的基本原则有哪些?

8. 自动气象站的气压出现缺测，请分析缺测原因和故障诊断方法，并给出故障诊断流程图。

9. 试分析翻斗式雨量传感器测值偏大 33% 左右的原因？故障如何排除?

10. 地面气象测报业务软件有哪些功能?

第 20 章　数据文件与记录处理

内容提要

本章主要介绍地面气象观测的所有数据文件及观测记录的处理方法。

20.1　数据文件

地面气象观测的数据文件包括业务软件运行过程中形成的各种文本文件、数据库文件和表格文件。其主要内容有自动气象站采集数据文件、地面气象数据传输文件、气象报文文件、月基本数据库文件、地面气象观测数据归档文件、格检审核的疑误信息文件、信息化模式文件、系统日志文件。

20.1.1　自动气象站采集数据文件

自动气象站采集数据文件是指由数据采集器处理后，通过通信接口直接存储到计算机硬盘中的数据文件。它是自动气象站与地面气象测报业务软件的接口数据文件(见表 20.1)。

表 20.1　自动气象站采集数据文件

文件名	文件内容	说明
ZIIiiiMM. YYY	全月逐日每个正点的地面气象要素值	由 SAWSS 形成，每月一个
PIIiiiMM. YYY	全月逐分钟本站气压值	
TIIiiiMM. YYY	全月逐分钟气温值	
UIIiiiMM. YYY	全月逐分钟相对湿度值	
WIIiiiMM. YYY	全月逐分钟 1 min 平均风	
RIIiiiMM. YYY	全月逐分钟降水量值	
ZZ. TXT	某分钟的地面气象要素值	每分钟刷新
FJ. TXT	达到大风标准的数据	保留最近 40 次的大风数据
HIIiiiMM. YYY	全月逐日每个正点的辐射要素值	按月生成，每月一个
HH. TXT	某分钟的辐射要素值	每分钟刷新
IIIiiiMM. YYY	全月逐日每个正点的紫外辐射和长波辐射要素值	按月生成，每月一个

表 20.1 的文件名中，IIiii：区站号；MM：月份，不足两位时，前面补“0”；YYY：年份的后 3 位；其他为固定代码。

20.1.2　地面气象数据传输文件

地面气象数据传输文件是指通过自动气象站或人工观测的地面气象记录实时形成的数据文件，该文件可用做实时上传的地面气象报告(见表 20.2)。

表 20.2　地面气象数据传输文件

文件名	文件内容
Z_SURF_I_IIiii_YYYYMMDDHHmmSS_O_AWS_FTM[-CCx].txt	地面气象要素数据文件，用于上传正点或加密地面气象要素值，包括人工观测项目
Z_RADI_I_IIiii_YYYYMMDDHHmmSS_O_ARS_FTM[-CCx].txt	气象辐射数据文件，用于上传正点或加密气象辐射要素值
Z_SURF_I_IIiii_YYYYMMDDHHmmSS_O_AWS_DAY[-CCx].txt	日数据文件，用于上传每日 20 时(北京时)形成的有关日数据
Z_SURF_I_IIiii_YYYYMMDDHHmmSS_R_AWS_FTM[-CCx].txt	状态信息文件，用于上传正点自动气象站的状态值
Z_SURF_I_IIiii_YYYYMMDDHHmmSS_O_AWS-SS_DAY[-CCx].txt	日照数据文件，用于上传在逐日地面数据维护中形成的各时日照时数

表 20.2 的文件名中，Z：固定代码，表示文件为国内交换的资料；SURF：固定代码，表示地面观测资料；RADI：固定代码，表示气象辐射资料；I：固定代码，指示其后字段代码为测站区站号；IIiii：区站号；YYYYMMDDHHmmSS：文件生成时间"年月日时分秒"(UTC)；O：固定代码，表示文件为观测类资料；R：固定代码，表示文件为状态信息类资料；AWS：固定代码，表示文件为自动气象站资料；ARS：固定代码，表示文件为自动气象站气象辐射资料；FTM：固定代码，表示定时观测资料；DAY：固定代码，表示日数据；txt：固定代码，表示文件为文本文件；CCx：资料更正标志，可选标志，仅在单站资料文件名中使用。对于某测站(由 IIiii 指示)已发观测资料进行更正时，文件名中必须包含资料更正标志字段。CCx 中：CC 为固定代码；x 取值为 A～X，x＝A 时，表示对该站某次观测的第一次更正；x＝B 时，表示对该站某次观测的第二次更正，依次类推，直至 x＝X。

对于人工观测的气象站，实时上传的地面气象数据文件仅有地面气象要素数据文件和日数据文件。

20.1.3　地面气象观测数据归档文件

地面气象观测数据归档文件是指通过气象观测站级、地区或省级、国家级逐级审核，最终形成的地面气象观测各类归档的数据文件(见表 20.3)。

表 20.3 的各文件名中，第 1 个字符均为固定代码；IIiii：区站号；YYYY：年份；MM：月份，不足两位时，前面补"0"；TXT：固定代码，表示文件为文本文件。

其中：

A、R 文件由台站参数、观测数据、质量控制、附加信息 4 部分构成。观测数据部分的结束符为"??????"，质量控制部分的结束符为"******"，附加信息部分的结束符为"######"。

J 文件由台站参数、观测数据 2 部分构成。观测数据部分的结束符为"??????"。

Y文件由台站参数、年报数据、附加信息3部分构成。年报数据部分的结束符为“??????”,附加信息部分的结束符为“######”。

表 20.3 地面气象观测数据归档文件

文件名	文件内容	说明
AIIiii-YYYYMM.TXT	地面气象观测数据文件	正式记录文件
AIIiii-YYYYMM-0.TXT		人工与自动同时观测时的人工观测资料(不作正式使用)
AIIiii-YYYYMM-1.TXT		人工与自动同时观测时的自动气象站观测资料(不作正式使用)
AIIiii-YYYYMM-9.TXT		迁址对比观测新址资料
JIIiii-YYYYMM.TXT	地面气象观测逐分钟数据文件	气压、气温、相对湿度、风向风速、降水量的逐分钟数据,是A文件的补充
RIIiii-YYYYMM.TXT	气象辐射观测数据文件	
YIIiii-YYYY.TXT	地面气象年报数据文件	

20.2 记录处理

20.2.1 月地面气象观测记录的处理

自动气象站根据自动观测数据和人工录入的观测记录及月报表封面、纪要、天气气候概况、备注等文字说明,经加工整理后形成统一的月观测数据文件,包括地面气象观测数据文件(A文件)、逐分钟观测数据文件(J文件)。地面气象观测数据文件,由自动气象站和人工观测站的地面测报业务软件处理生成。

20.2.1.1 人工观测各项目的抄录

人工观测气压(包括本站气压和海平面气压)、气温、湿球温度、水汽压、相对湿度、露点温度、总低云量、云状、云高、能见度、定时降水量、天气现象、蒸发量、雪深和雪压、电线积冰、定时风向风速、地温、冻土深度和地面状态等项,均抄自观测簿;自记降水量、自记风向风速和日照时数,分别从相应的自记纸上抄入。当记录遇有“—”、“>”、“<”、“B”、“[ ]”等符号时一律照抄。下列项目抄录时,还须按相应规定执行:

(1) 云高。只抄实测的云底高度值与其云属简写字母(包括Fc、Fs、Fn),实测符号“S”不抄。

(2) 天气现象。按观测簿中天气现象出现顺序和记录的内容抄入。但遇同一现象前段的终止时间与后段的开始时间相隔在15 min或以内时,则应将此两段的起止时间综合成一段,起止时间用点线连接。若同一现象某两段的相隔时间虽在15 min或以内,但其间歇时间跨在日界两边时,起止时间照抄,不必进行综合。

(3) 雪深和雪压。抄录雪深和雪压的平均值。

(4) 电线积冰。只抄录每次积冰过程南北、东西两个方向的最大值;若一天中出现两次或以上积冰过程,则只抄录重量值(或直径+厚度总值)最大的一次积冰过程南北、东西两个方向的最大值。

一次积冰过程最大值的挑选方法:按南北、东西方向分别挑取。凡有重量记录时,则从该次过程的各次记录中挑取一个重量值最大者，并同时抄入该次测量的直径、厚度值，以及现象符号、气温、风向、风速；一次过程中，若无重量记录，则从该次过程的各次记录中挑取一次“直径＋厚度”总值最大者，并同时抄入该次测量的现象符号、气温、风向、风速。若两个方向上的最大值出现在同一天的不同观测时间时，则气温、风向、风速栏只抄录其中重量值(或直径＋厚度总值)最大的一个最大值对应的气温、风向、风速记录。

现象符号系填写该次积冰过程的冻结物符号，从观测簿电线积冰“记事”栏中摘入。

某次积冰过程至月末尚未结束，则该次积冰过程的最大值，按上述原则从本月内已测得的各次记录中挑取；同样，下月该次积冰过程的最大值，亦按上述原则在下月内的各次记录中挑取。

(5) 冻土深度。按观测簿记录顺序，抄录第一、第二栏冻土深度的上限和下限值；第三栏冻土深度的上限和下限值，抄入纪要栏。

(6) 海平面气压。编发 02,08,14,20 时 4 次天气报且报文中编有海平面气压的气象站才抄录。

(7) 某项目因无仪器(或仪器收回、停用期间)而未进行观测时，则有关各栏空白。

(8) 08—08 时降水量。填写该日 08 时以后至次日 08 时以前的降水总量(包括跨月)。

20.2.1.2　日极值的挑选

(1) 最高、最低气温。从当日最高、最低气温和各定时气温中挑取。

(2) 最高、最低本站气压和最小相对湿度。配有自记仪器的，从当日自记纸上抄入；无自记仪器的，逐日各栏空白。

(3) 最大风速、极大风速及其风向和出现时间。配有自记仪器的，从当日自记纸上抄入；无自记仪器的，逐日各栏空白。

(4) 地面最高、最低温度。从当日地面最高、最低温度和各定时地面温度中挑取。

(5) 自动观测项目的日极值从当日各瞬时值中挑取；日极值出现两次或以上时，出现时间任挑一个。

20.2.1.3　天气现象摘要

根据当日天气现象栏记载的内容和顺序，按《地面气象观测规范》(中国气象局 2003)中天气现象摘要表对应的摘要符号录入。

20.2.1.4　日、候、旬、月平均值的统计

(1) 气压、气温、水汽压、相对湿度、总低云量、风速、地温等项的日平均值为该日相应要素各定时值之和除以定时次数而得；自动观测 24 次记录和基准站人工观测 24 次记录，须同时做 02,08,14,20 时 4 次日平均。

(2) 气压、气温、水汽压、相对湿度、总低云量、风速、地温等项的各定时及日平均，每旬应作旬平均，月终应作月平均(含自记风速)。旬、月平均值，均用纵行统计，即各定时及日平均的旬、月平均值，分别为该旬、月各定时及日平均的旬、月合计值除以该旬、月的日数而得。

(3) 候平均气温

① 候期的划分。每旬 2 候，每月 6 候。即每月 1—5 日为第 1 候，6—10 日为第 2 候，……26 日至月末最后一日为第 6 候。每月第 6 候的日数，可为 5 天、6 天，或 3 天、4 天(候降水量同)。

② 候平均气温的统计。候平均气温为该候各日平均气温(02,08,14,20 时 4 次平均)之和除以候的日数而得。

(3) 日、候、旬、月平均值,所取小数位与相应要素记录的规定位数相同(平均云量取一位小数),计算时规定小数位后的小数四舍五入。

20.2.1.5 日、候、旬、月总量值的统计

(1) 降水量、蒸发量、日照时数等项的日总量由该日相应要素各时值累加。

(2) 定时降水量及其日总量、蒸发量、日照时数的日总量,每旬应作旬合计,月终应作月合计(含自记降水量)。旬、月合计值,均由逐日总量值累加而得。

(3) 候降水量。由该候各日降水量累加。

(4) 全候、旬、月无降水,该候、旬、月合计栏空白。

20.2.1.6 月极值及出现日期(或起止日期)的挑选

(1) 最高、最低本站气压和气温的月极值及其出现日期,分别从逐日最高、最低值中挑取,并记其相应的出现日期。无自记仪器的,月极值及其出现日期,从逐日各定时记录中挑取。

(2) 最小相对湿度的月极值及其出现日期,分别从逐日的最小值中挑取,并记其相应的出现日期。无自记仪器的,月极值及其出现日期,从逐日各定时记录中挑取。

(3) 最大风速和极大风速的月极值及其风向、出现日期和时间,分别从逐日的日极值中挑取,并记其相应的出现日期和时间。

定时最大风速的月极值及其风向、出现日期,无自记仪器的,从每日定时记录中挑取,并记其相应的出现日期。配有自记仪器的,不挑取本项极值,有关栏空白。

(4) 地面、草面最高、最低温度的月极值及其出现日期,分别从逐日地面和草面最高、最低温度中挑取。

(5) 水汽压和无自记仪器的本站气压、相对湿度的月极值及其出现日期,从逐日各定时记录中挑取。

(6) 降水量、雪深和雪压的月极值及其出现日期,分别从各日记录中挑取。

(7) 电线积冰直径、厚度、重量的月极值及其出现日期,按南北、东西方向分别挑取。凡有重量记录时,则从各日记录中挑取重量值最大者,并记录相应的直径、厚度值,以及现象符号、气温、风向、风速;若全月无重量记录时,则从各日记录中挑取"直径+厚度"总值最大者及其相应的现象符号、气温、风向、风速。两个方向月极值的气温、风向、风速有两个或以上时,只记其中一个重量(或直径+厚度)最大的月极值对应的气温、风向、风速;重量(或直径+厚度)相同时,则记南北向月极值对应的气温、风向、风速。

若重量(或直径+厚度)的月极值出现两个或以上相同时,对应直径、厚度值,以及现象符号、气温、风向、风速均取第 1 个日期对应的值填入。

(8) 冻土深度的月极值及出现日期,从冻结层的下限深度中挑取。

上述(1)—(8)项的月极值,若出现两天或以上相同时,日期栏记天数。

月最大、极大风速的风向,若出现两个或以上时,风向记个数。

全月一日最大降水量为 0.0 mm,月最大雪深和月最大冻土深度为 0 cm 时,月极值和出现日期照填;全月无降水、无积雪、无冻土时,一日最大降水量、月最大雪深和月最大冻土深度及出现日期栏,均空白。

(9) 月最长连续降水日数及其降水量、起止日期：从降水量日总量栏中，挑取一个月内日降水量≥0.1 mm 的最长的连续日数，并统计其相应的连续各日降水量的累计值，记其相应的起止日期。

最长连续降水日数可跨月、跨年挑取，但只能上跨，不能下跨。跨月时，开始日期须注明月份，用分式表示，分母代表月份，分子代表日期。跨年时，开始日期的年份不必注明。

最长连续降水日数为一天时，日数记 1，降水量照记，起止日期只记一个日期。最长连续降水日数出现两次或以上相同时，降水量和起止日期记其降水量最大者；若两次或以上降水量都相同时，起止日期栏记出现次数。

全月无降水或仅有微量降水时，最长连续降水日数及其降水量、起止日期栏，均空白。

(10) 月最长连续无降水日数及起止日期：从降水量日总量栏中，挑取一个月内无降水(包括微量降水)的最长的连续日数，并记其相应的起止日期。

最长连续无降水日数，可跨上月(年)挑取。跨月、跨年时起止日期的填写方法，与最长连续降水日数相同。

最长连续无降水日数为一天时，日数记 1，起止日期只记一个日期。

最长连续无降水日数出现两次或以上相同时，起止日期栏记出现次数。

全月各日降水量均≥0.1 mm 时，最长连续无降水日数及起止日期栏，均空白。

(11) 月最多风向及频率

① 从“风的统计”栏各风向(包括静风)频率中，挑选出现频率最大者，即为月最多风向。当月最大频率有两个或以上相同时，挑其出现回数最多者；若回数又相同时，挑其平均风速最大者；若平均风速又相同时，挑取其中与邻近的两个风向频率之和最大者为最多风向。

② 挑选月最多风向时，若某风向出现频率与静风 C 同时为最多，则只挑该风向，不挑 C。若 C 的出现频率为最多时，则挑 C 为月最多风向，但须另挑次多风向；若次多风向有两个或以上时，则按第①条规定挑选。

20.2.1.7　“风的统计”栏的统计(2 min 平均风向、风速)

(1) 各风向月平均风速。根据各定时风向、风速，先统计出各风向 02，08，14，20 时每日 4 次定时记录或 21，22，…，19，20 时每日 24 次定时记录的风速合计和出现回数，再分别相加求出月合计值，然后按下式计算：

$$\text{某风向月平均风速}=\frac{\text{该风向的风速月合计}}{\text{该风向出现回数的月合计}}$$

(2) 各风向月频率。月的某风向频率，是表示月内该风向的出现回数占全月各风向(包括静风)记录总次数的百分比，即

$$\text{某风向月频率}=\frac{\text{该风向出现回数的月合计}}{\text{全月各风向记录总次数}}\times 100\%$$

风向频率取整数。某风向未出现，频率栏空白；频率<0.5，记 0。

(3) 各风向月最大风速。从各定时风向的风速中挑取。

20.2.1.8　月日照百分率的统计

月日照百分率为月日照总时数占该月可照总时数的百分比，即

$$\text{月日照百分率}=\frac{\text{月日照总时数}}{\text{该月可照总时数}}\times 100\%$$

月日照百分率取整数。

20.2.1.9　月各类日数的统计

(1) 日平均云量量别日数。按总、低云量分别统计其日平均云量(4 次平均)为 0.0～1.9,2.0～8.0,8.1～10.0 成的日数。

(2) 各级降水日数。分别统计日降水量≥0.1,≥1.0,≥5.0,≥10.0,≥25.0,≥50.0,≥100.0和≥150.0 mm 的日数。

(3) 天气日数。从天气现象“摘要”栏的记录,分别统计雨、雪、冰雹、冰针、雾、轻雾、露、霜、雨凇、雾凇、吹雪、龙卷、积雪、结冰、沙尘暴、扬沙、浮尘、烟幕、霾、尘卷风、雷暴、闪电、极光、大风、飑等天气现象的日数。

(4) 地面、草面(雪面)最低温度≤0.0 ℃日数。从逐日地面、草面(雪面)最低温度栏中,统计地面、草面(雪面)最低温度≤0.0 ℃的日数。

(5) 日照量别日数。分别统计当月逐日的日照时数占本站纬度该月 16 日可照时数的60%或以上和 20%或以下的日数。

某项类别日数,若全月未出现,则该栏空白。

20.2.1.10　月定时回数的统计

(1) 云量出现回数。按总、低云量分别统计各定时(4 次)云量为 0～2,3～7,8～10 成的出现回数。

(2) 能见度出现回数。分别统计各定时(4 次)能见度为 0.0～0.9,1.0～1.9,2.0～3.9,4.0～9.9 和≥10.0 km 的出现回数。

某项定时回数,若全月未出现,则该栏空白。

20.2.2　月气象辐射记录的处理

气象辐射观测数据文件是在逐日定时观测数据文件的基础上建立起来的,内容包括各种辐射的时曝辐量、日曝辐量、辐照度的日最大值及出现时间等。气象辐射观测数据文件由气象辐射观测业务软件处理而成。

20.2.2.1　月平均值的统计

总辐射、净全辐射、散射辐射、直接辐射、反射辐射的时、日曝辐量及水平面直接辐射日总量、日反射比等,均应做月合计、月平均统计。统计方法,月合计值均由逐日各时、日记录累加而得,月平均值均由月合计值除以该月日数而得。

一个月内,因日出、日落时间不同,造成某时月初或月末连续数日无观测记录,则该时月合计值由该时的实有记录累加而得,月平均值由月合计值除以该月全部日数而得。

20.2.2.2　月极值及出现日期和时间的挑选

总辐射、净全辐射、散射辐射、直接辐射、反射辐射的最大辐照度和净全辐射的最小辐照度,均应挑取月极值及出现日期和时间。挑选方法:月极值均从逐日极值中挑取最大(小)者,并记其相应的出现日期和时间。当月最大(小)值出现两天或以上相同时,日期栏记天数。

20.2.3　年地面气象资料的处理

自动气象站的地面气象观测站根据各月观测数据文件(含 A 文件、J 文件)统计得到的候、旬、月资料和人工录入的年报表封面、天气气候概况、备注、现用仪器等文字说明,经加工整理后形成统一的地面气象年报数据文件(即 Y 文件)。

年报数据文件,由自动气象站和人工观测站的地面测报业务软件处理生成。

20.2.3.1　年平均值的统计

平均气压、气温、水汽压、相对湿度、总低云量、风速、地温和平均最高(最低)本站气压、气温、地面温度、草面(雪面)温度的年平均值,均按纵行统计。即:

$$年平均=年合计\div 12$$

20.2.3.2　年总量值的统计

降水量、蒸发量、日照时数的年总量值,均由 1—12 月各月总量值累加而得。

20.2.3.3　年极值及出现月份、日期(或起止日期)的挑选

(1) 极端最高(最低)本站气压和气温、最大(最小)水汽压、最小相对湿度、一日最大降水量、最长连续降水日数和无降水日数、最大雪深和雪压、电线积冰最大重量及直径和厚度、最大和极大风速、地面及草面(雪面)极端最高(最低)温度、最大冻土深度等项目的年极值及出现日期(或起止日期),均分别从各项目的月极值中挑取,并记其相应的出现月份和日期。

电线积冰最大重量及直径和厚度的年极值的挑选方法,与月极值的挑选方法相同。

年最大和极大风速的风向,若出现两个或以上时,风向记个数。

注有“＞”、“＜”等符号的月极值被挑为年极值时,该符号仍应保留。

上述各项年极值的出现月份、日期,均以分式表示,分母代表月份,分子代表日期。同一极值若出现在两个或以上月份时,则月份栏记个数。出现日期若有两天或以上时,则日期栏记天数。

最长连续降水日数的年极值出现两次或以上相同时,起止日期挑其降水量最大者,若两次或以上降水量都相同时,起止日期栏记出现次数。

最长连续无降水日数的年极值出现两次或以上相同时,起止日期栏记出现次数。

(2) 年最多风向及频率。从“风的统计”栏各风向(包括静风)频率中,挑选年出现频率最大者,即为年最多风向。

年最多风向及频率的挑选方法,与月最多风向及频率的挑选方法相同。

20.2.3.4　“风的统计”栏的统计(2 min 平均风向、风速)

(1) 各风向年平均风速。按下式计算:

$$某风向年平均风速=\frac{该风向的风速年合计}{该风向年出现回数}$$

(2) 各风向年频率。按下式计算:

$$某风向年频率=\frac{该风向年出现回数}{全年各风向(包括静风)记录总次数}\times 100\%$$

风向频率取整数。某风向未出现,频率栏空白;频率＜0.5,记 0。

(3) 各风向年最大风速。从各风向 1—12 月最大风速中挑取,并记其相应的月份。若出

现月份有两个或以上时，月份栏记个数。

20.2.3.5 年日照百分率的统计

年日照百分率为该年日照总时数占全年可照总时数的百分比，即

$$年日照百分率=\frac{该年日照总时数}{全年可照总时数}\times 100\%$$

年日照百分率取整数。年可照总时数，可参照本书14.14节所列公式计算。

20.2.3.6 年各类日数的统计

日平均云量量别日数、各级降水日数、天气日数、地面和草面(雪面)最低温度≤0.0 ℃日数、日照量别日数的年合计值，均由1—12月各月日数累加而得。

20.2.3.7 初、终日期，初终间日数及无霜期日数的统计

(1) 初、终日期

① 霜、雪、积雪、结冰、最低气温≤0.0 ℃、地面最低温度≤0.0 ℃、草面(雪面)最低温度≤0.0 ℃的初、终日期，挑其上年度(上年7月1日至本年6月30日)出现的初日、终日和本年度7月1日至12月31日出现的初日。例如，在编制2000年年报表时，上年度系指1999年度，即从1999年7月1日至2000年6月30日；本年度系指2000年7月1日至12月31日。

霜、雪、积雪、结冰的初、终日期，从各月天气现象摘要栏或观测数据文件的天气现象中挑取；最低气温≤0.0 ℃、地面最低温度≤0.0 ℃、草面(雪面)最低温度≤0.0 ℃的初、终日期，分别从各月报表或观测数据文件的最低气温、地面最低温度中挑取。挑选方法，在上年7月1日至本年6月30日的年度内，最早出现的日期即为上年度初日，最晚出现的日期即为上年度终日；若上年度内未出现，则上年度初、终日期栏空白。在本年7月1日至12月31日内，最早出现的日期即为本年度初日；若在此期间未出现，则本年度初日栏空白。

例：某站1991年度霜的初日出现在1991年12月18日，终日出现在1992年2月2日；
1992年度的初日出现在1992年12月13日，终日出现在1992年12月28日；
1993年度的初日出现在1993年12月14日，终日出现在1993年12月29日；
1994年度的初、终日均出现在1995年1月10日；
1995年度的初日出现在1996年1月4日，终日出现在1996年2月3日；
1996年度的初日出现在1996年12月25日。

则1992,1993,1994,1995和1996年年报表霜的初、终日期(日/月)栏录入方法如下表：

报表年份	上年度		本年度
	初日	终日	初日
1992	18/12	2/2	13/12
1993	13/12	28/12	14/12
1994	14/12	29/12	
1995	10/1	10/1	
1996	4/1	3/2	25/12

在高寒地区，由于气候特殊，在挑选霜、雪、积雪、结冰、最低气温≤0.0 ℃、地面最低温度≤0.0 ℃、草面(雪面)最低温度≤0.0 ℃的终日和初日时，可不受年度界限(6月30日)的限制，应在暖季内选一连续无霜、雪、积雪、结冰和最低气温>0.0 ℃、地面最低温度>0.0 ℃、草

面(雪面)最低温度>0.0 ℃日数最长的时期(若此最长连续日数有两段或以上相同时,则取其中日平均气温的累积温度最大的一段),并以此来挑取上年度霜、雪、积雪、结冰和最低气温≤0.0 ℃、地面最低温度≤0.0 ℃、草面(雪面)最低温度≤0.0 ℃的终日和本年度的初日。

例:某站某年 6—8 月霜的出现日期如下表:

月份	日期
6 月	1,2,7,13,14,19,23,24,30
7 月	1,4,5,9,10,30,31
8 月	3,8,16,17,24,25,30,31

从霜日记录看,以 7 月 11—29 日连续无霜日数为最长,应挑 7 月 10 日为上年度的终霜日,7 月 30 日为本年度的初霜日。

② 雷暴的初、终日期,挑其当年(1 月 1 日至 12 月 31 日)出现的初日和终日,从各月天气现象摘要栏或观测数据文件的天气现象中挑取。挑选方法:在 1 月 1 日至 12 月 31 日内,最早出现的日期即为初日,最晚出现的日期即为终日;若全年未出现,则初、终日期栏空白。

(2) 初终间日数。各种天气现象和界限温度的初终间日数,是指包括初日和终日在内的初、终日期之间的日数。初终间日数,可按下式求得:

初终间日数=终日累计日数-初日累计日数+1

① 霜、雪、积雪、结冰和最低气温≤0.0 ℃、地面最低温度≤0.0 ℃、草面(雪面)最低温度≤0.0 ℃的初终间日数,按年度(上年 7 月 1 日至本年 6 月 30 日)统计。

例:1991—1995 年度霜的初终间日数如下表:

年度	初日	终日	初终间日数(d)
1991	18/12	2/2	47
1992	13/12	28/12	16
1993	14/12	29/12	16
1994	10/1	10/1	1
1995	4/1	3/2	31

② 雷暴的初终间日数,按年份(当年 1 月 1 日至 12 月 31 日)统计。

例:某站 1991 年雷暴的初日为 4 月 18 日,终日为 9 月 21 日,则初终间日数为 157 d。

(3) 无霜期日数。按以下规定分别统计:

① 无霜期日数=初日累计日数-终日累计日数-1

当上年度终霜日和本年度初霜日出现在同一个年份内时,则无霜期日数为上年度终霜日的次日至本年度初霜日的前一天之间的日数。

在下表所举的例子中,1992 和 1996 年的无霜期日数即属此种情况。

报表年份	上年度终日	本年度初日	无霜期日数(d)
1992	2/2	13/12	314
1993	28/12	14/12	347
1994	29/12	10/1*	365
1995	10/1	4/1**	355
1996	3/2	25/12	325

注:1994 和 1995 年的本年度初日栏,在 1994 和 1995 年的年报表中应为空白。

② 当上年度终霜日和本年度初霜日不在一个年份内时，则无霜期日数按年份(1 月 1 日至 12 月 31 日)统计。

(a) 当本年度初霜日出现在 12 月 31 日以前(在本年份内)，但上年度终霜日出现在 1 月 1 日以前(不在本年份内)时，则无霜期日数为当年 1 月 1 日至本年度初霜日前一天之间的日数(如上表中的 1993 年)，即

无霜期日数＝初日累计日数－1。

(b) 当上年度终霜日出现在 1 月 1 日以后(在本年份内)，但本年度初霜日出现在 12 月 31 日以后(不在本年份内)时，则无霜期日数为上年度终霜日的后一天至当年 12 月 31 日之间的日数(如上表中的 1995 年)，即

无霜期日数＝365(或 366)－终日累计日数。

(c) 当上年度终霜日出现在 1 月 1 日以前，本年度初霜日出现在 12 月 31 日以后，即本年份内未出现霜时，则无霜期日数为 365 d(如上表中的 1994 年，闰年为 366 d)。

20.2.3.8 各时段年最大降水量及开始时间的挑选

从全年的降水自记纸或每分钟降水量数据文件中，挑选出本年内 15 个时段的年最大降水量及相应的开始时间。

(1) 时段划分。挑选年最大降水量的时段分为 5，10，15，20，30，45，60(1)，90(1.5)，120(2)，180(3)，240(4)，360(6)，540(9)，720(12)，1 440(24)min(h)，共 15 个时段(括号内的数字为分钟对应的小时数)。

(2) 挑选方法。各时段年最大降水量从年内各月降水量自记纸或每分钟降水量数据文件中滑动挑取，且不受日、月界的限制(但不跨年挑取)。各时段年最大降水量及开始时间，只有当 1 440 min(24 h)年最大降水量≥10.0 mm 时才挑选。全年中任意 1 440 min(24 h)最大降水量都不足 10.0 mm 时，15 个时段各栏均空白。

① 计算机挑选方法。以 1 min 为步长，从 1—12 月的每分钟降水量数据文件中滑动挑取最大的 5，10，…，1 440 min累计降水量及开始时间。

② 人工挑选方法。根据各月报表逐日各时的自记降水量记录，先挑出一年中几次(或十几次)较大的降水过程，并从相应的自记纸上在各时段降水量最大的线段上(一般在自记迹线较陡的地方)，用铅笔分别作出开始与终止的时间记号，计算出各时段的降水量，记其相应的开始时间(终止时间不记。当某时段最大降水量在一段迹线上交错出现两次或以上时，则开始时间任挑其中的一个)，录入在自记纸的空白处。为了避免漏挑某些时段的年最大值，还应把全年的自记纸再普查一次，并补挑一些时段的最大降水量及开始时间，特别要注意在降水时间较短、但降水强度很大的自记迹线上挑选短时段最大降水量及开始时间。然后把全年各次挑出的各时段最大降水量及开始时间列成统计表，并按时段分别进行比较，从中挑取其中一个降水量最大者，即为各时段的年最大降水量，并记录其相应的开始时间。

降水过程的选择和每次降水过程中降水时段的选取，均应根据降水强度而定，总的要求以不漏挑各时段的年最大值为原则。为避免漏挑年最大值，降水过程和降水时段应尽量多挑一些，但也不要求每次降水过程都选 15 个时段。在挑选各时段最大降水量时，如遇某些时段在规定时间内降水有停歇，或降水时间不足某时段的规定分钟数，但其降水量估计有可能接近该

时段的年最大值时，则该时段最大降水量仍应挑选；若某一时段（例如 5 min）的年最大降水量同时也为另一时段（例如 10 min）的年最大值时，也应照常挑取。

各时段年最大降水量，出现两次或以上相同时，开始时间栏记出现次数。

20.2.4　不正常观测记录的处理

20.2.4.1　疑误记录的处理方法

（1）当某次记录不完全正确或有疑误时，应根据该记录前后相关气象要素的变化情况和历史资料极值记录进行判断；当某次记录不完全正确但基本可用时，按正常记录处理；当某次记录有明显错误且无使用价值时，按缺测处理（记“—”）。

（2）温度表水银柱发生中断时，一般按缺测处理。但若对记录质量影响不大时，也可用温度表示度值减去空隙部分所占的度数求得。温度表酒精柱发生中断时，一律按缺测处理。

20.2.4.2　定时观测记录缺测时的处理方法

（1）人工观测定时记录缺测时的处理方法

① 定时观测记录缺测时，若有自动观测记录，应用自动观测记录代替；若无自动观测记录，但有自记仪器的项目，应用订正后的自记记录代替；无自记仪器的项目，应在一小时或以内（以 02，08，14，20 时 00 分为准）进行补测；既无自记仪器（或自记记录也缺测）又未补测时，该定时记录按缺测处理，有关栏记“—”。

定时观测记录迟测、早测时，若有自动观测记录，应用自动观测记录代替；若无自动观测记录，但有自记仪器的项目，应用订正后的自记记录代替；无自记仪器的项目，迟测、早测时间距 02，08，14，20 时 00 分在一小时或以内，仍用原观测记录，迟测、早测时间在一小时以上时，该定时记录按缺测处理。

② 三次观测站 02 时压、温、湿、风自记记录缺测时，若有自动观测记录，应用自动观测记录代替；若无自动观测记录，应从正点前、后 10 min（风为正点前 20 min 至正点后 10 min，下同）内取接近正点的自记记录代替；若正点前、后 10 min 内的自记记录也缺测时，应该按无自记仪器的有关规定处理。其中求算 02 时气温时，若当日最低气温或前一天 20 时气温也缺测，02 时气温用 08 时记录代替。

③ 风速记录缺测但有风向时，则风向亦按缺测处理；有风速而无风向时，则风速照记，风向记“—”。

④ 在人工和自动气象站平行观测期间，定时观测记录缺测时，人工观测记录和自动气象站的同类观测记录可相互代替。

⑤ 人工观测站湿度记录缺测时，当有人工观测的相对湿度和气温时，则用人工观测值反查求得水汽压和露点温度；若相对湿度缺测，则水汽压、相对湿度和露点全部用自动气象站记录代替；若气温缺测，相对湿度不缺测，则水汽压和露点用自动气象站记录代替，此时允许气温与相对湿度反查不一致的现象出现。

⑥ 2 min 与 10 min 平均风有缺测时，不能相互代替（自动气象站用同样方法处理）。

（2）自动观测定时数据缺测时的处理方法

① 自动观测定时数据有缺测时，基准站用人工平行观测记录代替；其他站一般时次不进行补测，仅在 02，08，14，20 时 4 个定时和规定编发气象观测报告的时次补测。气压、气温、湿

度、风向、风速、降水记录缺测时，用现有人工观测仪器或通风干湿表、轻便风向风速表等在正点后 10 min 内进行补测；超过 10 min 时不进行补测，该时数据按缺测处理。

② 在自动观测定时数据中，某一定时数据（降水量、风除外）缺测时，用前、后两定时数据内插求得，按正常数据统计；若连续两个或以上定时数据缺测时，不能内插，仍按缺测处理。

③ 当湿度记录有缺测时，先用内插法求得相对湿度，再用气温（也可是内插值）与内插求得的相对湿度反查求得水汽压和露点温度。

④ 当湿敏电容测得的相对湿度缺测或异常时：

若自动气象站观测的气温＜－10.0 ℃，则用毛发湿度表进行补测，水汽压、露点温度用自动气象站气温和经过订正后的毛发湿度表读数反查求得；

若自动气象站观测的气温≥－10.0 ℃，需同时观测干球和湿球温度，用以计算水汽压、相对湿度及露点温度。此时不用考虑干球温度是否＜－10.0 ℃。

⑤ 自动气象站正点数据缺测，若能获取非正点的分钟数据，在作不正常记录处理中，优先考虑用正点前、后 10 min 内接近正点的记录来代替。具体作法是：

若正点前 10 min 内有数据，则用正点前 10 min 接近正点的记录代替；

若正点前 10 min 内的分钟数据也缺测，则用正点后 10 min 内接近正点的记录（除极值项和时累计值外）代替。

⑥ 辐射自动观测仪出现故障时，采用精度高的毫伏表进行测量，时曝辐量的计算处理方法见本书 14.12 节。

⑦ 总辐射、净辐射、直接辐射、散射辐射、反射辐射的值相互之间出现矛盾时的处理：

若在日出后第 2 个时次至日落前 2 个时次之间（当为阴天或地面有积雪，反射辐射很强时除外）净辐射出现负值，或日落后至日出前净辐射出现正值，当时曝辐量的绝对值＞0.10 时，可将该时的值作缺测处理，再用内插法求得该时值；若在日落之后和日出之前有总辐射、直接辐射、散射辐射、反射辐射，则将其作“0”处理。

若记录之间有矛盾，但不是很突出或不能判断是何要素有明显错误时，则维持原记录；若能判断某要素有明显错误时，则先将该要素的记录值按缺测处理，再按记录缺测时的处理规定对该记录进行处理，此时在备注栏中注明。当出现水平面直接辐射等于或大于垂直于太阳面的直接辐射时，维持原记录。若水平面直接辐射较大，应检查直接辐射表跟踪是否正常。

20.2.4.3 各时自记记录缺测时的处理方法

（1）风向、风速（或其中一项）某时自记记录缺测时，应用其他风的自记记录代替；若无其他风的自记仪器时，应从正点前 20 min 至正点后 10 min 内，取接近正点的 10 min 平均风速和最多风向代替；若正点前 20 min 至正点后 10 min 内的自记记录也缺测时，该时风向、风速按缺测处理（若缺测一项，则当风速缺测时，风向亦按缺测处理；当风向缺测时，风速照记，风向记“—”）。

（2）降水量自记迹线有缺测，若缺测时间在两正点之间时（无虹吸或笔位无下落），该时降水量照常计算；若缺测时间跨越某一个或几个正点时，有关各时降水量应用其他雨量计的自记记录代替；若无其他雨量计时，则整个缺测时段记其累计量，并填在该时段的最后一个小时栏内，其他各时共用“←”符号表示。

例：某日 2 时以后至 6 时以前迹线缺测，2 时读数为 2.4 mm，6 时为 8.5 mm，则报表填写为：

2—3　3—4　4—5　5—6

⟵ 6.1

若缺测时间内的累计量无法从自记纸上直接计算出来时，则均按缺测处理。

(3) 日照时数全天缺测时，若全日为阴雨天气，则日照时数日合计栏记 0.0；否则，该日日照时数按缺测处理，日合计栏记“—”(各时日照时数栏空白)。

(4) 自动气象站降水记录不正常时的记录处理：

① 若无降水现象，因其他原因(蚂蚁、风、人工调试等)或自动站故障而多记录时，应删除该时段内的全部分钟和小时降水量。该情况在值班日记中说明。

② 降水现象停止后，仍有降水量，若能判断为传感器翻斗滞后(其量一般为 0.1，0.2，0.3 mm，且滞后时间不超过 2 h)，可将该量累加到降水停止的那分钟和小时时段内，否则将该量删除。该情况在备注栏中说明。夜间不守班的站，夜间(20—08 时)混有滞后降水量时，因无法判断，按正常处理。

③ 出现漏斗堵塞或固态降水随降随化，若自动站记录的过程总量与人工雨量筒观测的量的差值百分率与其在正常时相当，则按正常处理；若自动站记录的降水量明显偏小或滞后严重，则该时段的分钟和小时降水量按缺测处理。该情况在备注栏中说明。

④ 若自动站记录的过程总量与人工雨量筒观测的量存在明显偏差，如有雨量自记记录，则该时段的小时降水量用雨量自记记录值代替，分钟降水量作缺测处理；如雨量自记记录也没有，则对应降水现象时段内的分钟和小时降水量均作缺测处理。该情况在备注栏中说明。

⑤ 使用自动站降水量编发报的观测站，有关降水量组和天气现象组必须配合一致。若无降水现象，而从自动气象站 Z 文件读取有降水量时，在定时观测编报中，应人工将该量删除。该情况在值班日记中说明。

20.2.4.4　日极值缺测时的处理方法

(1) 人工观测日极值缺测时的处理方法

① 一日中，本站气压、相对湿度、风速的自记迹线有部分记录缺测时，则从实有的自记迹线中挑选日极值。从实有的自记迹线中挑取的日最高、最低本站气压和日最小相对湿度已不及从定时观测记录中挑取的日极值为高(或低、小)时，则日最高、最低本站气压和日最小相对湿度改从当日各定时观测记录中挑取；从实有的自记迹线中挑取的日最大、极大风速无代表性时，则按缺测处理。

② 日最高、最低气温缺测时，用订正后的自记日最高、最低气温代替(订正方法，与日最高、最低本站气压相同)；若无温度自记仪器或温度自记日极值也缺测时，改从当日各定时观测气温中挑取。

③ 日地面最高、最低温度缺测时，改从当日各定时地面温度中挑取。

(2) 自动观测日极值缺测时的处理方法

一日中，本站气压、气温、相对湿度、风速、地面温度、草面(雪面)温度的自动观测记录有部分缺测或极值异常时，如果能够判断该日极值不会出现在该时内，则该日日极值从其他正常时次记录中挑取；不能判断是否出现在该时内时，则改从已有的自动气象站时极值和人工观测或从自记纸中挑取的日极值中挑取，若此时日极值为人工观测或从自记纸中挑取的值，则出现时间作缺测处理，若自动观测极值和人工观测极值相同时，相应出现时间以自动观测记录为准；若无人工观测记录，则从实有的自动气象站时极值中挑取日极值；自动观测记录全天缺测时，则从人工补测的定时观测记录中挑取日极值(地面、草面/雪面最高、最低温度按缺测处理)。

20.2.4.5 天气现象起止时间缺测时的处理方法

天气现象的开始时间缺测时,只记终止时间,如 ⋇—9^{08};终止时间缺测时,只记开始时间,如 ⋇ 16^{17}—;起止时间都缺测时,只记该现象符号,如 ⋇。

上述所有不正常记录的处理方法,均应在备注栏说明。

20.2.4.6 不完整记录的统计方法

20.2.4.6.1 平均值项目的统计

(1) 4 次(或 3 次)定时记录平均值的统计规定

① 一日中定时记录缺测 1 次或以上时,该日不作日平均,但该日其他各定时记录仍参加各定时的候、旬、月统计。若 24 次平均没有缺测,则 4 次平均缺测时用 24 次平均值代替。

② 一候、旬、月中某定时的记录分别缺测 1 次、2 次、6 次或以下时,各定时按实有记录作候、旬、月统计,日平均栏的候、旬、月平均值按横行统计;缺测超过上述次数时,该候、旬、月不作统计,按缺测处理。

③ 一年中有 1 个月或以上记录不作月统计时,该年不作年统计,按缺测处理。

④ 日平均栏的候、旬、月平均值的横行统计方法:日平均栏的候、旬、月平均值,分别为该候、旬、月各定时的候、旬、月平均值除以每日记录次数而得。

(2) 24 次定时记录平均值的统计规定

① 一日中,若 24 次定时记录有缺测时,该日按 4 次定时记录作日平均;若 4 次定时记录缺测 1 次或以上,但该日各定时记录缺测 5 次或以下时,按实有记录作日统计;缺测 6 次或以上时,不作日平均,但该日其他各定时记录仍参加各定时的候、旬、月平均值统计。

② 一候、旬、月中,某定时记录分别缺测 1 次、2 次、6 次或以下时,各定时按实有记录作候、旬、月统计;缺测超过上述次数时,该定时不作候、旬、月统计。

③ 日平均栏的候、旬、月平均值的横行统计方法:一候、旬、月中,各定时平均值缺测 5 个或以下时,日平均栏按实有定时平均值作候、旬、月统计;缺测 6 个或以上时,日平均栏不作候、旬、月统计(遇日平均值按 02,08,14,20 时 4 次定时记录统计时,则日平均栏的候、旬、月平均值按 4 次定时记录的统计规定进行统计)。

20.2.4.6.2 总量值项目的统计

(1) 日总量值

人工观测降水量,一日中定时记录缺测 1 次,另一定时记录未缺测时,则按实有记录作日合计。

自动气象站或自记雨量观测的降水量、自记日照时值有缺测,自动气象站观测的蒸发量、辐射曝辐量和日照时数的时值缺测连续 2 h 或以上时,日总量按缺测处理。当自动气象站观测的蒸发量时值有缺测,使日总量值缺测时,可用人工观测的日蒸发量代替,此时人工观测的日蒸发量记录在 19—20 时,在 A 文件中,其他时次用“- - -”代替。

(2) 候、旬、月、年总量值

① 一候中,降水量缺测 1 d 时,按实有记录作候合计;缺测 2 d 或以上时,该候不作候合计,按缺测处理。

② 一旬中,降水量、蒸发量、日照时数缺测 2 d 或以下时,按实有记录作旬合计;缺测 3 d

或以上时，该旬不作旬合计，按缺测处理。

③ 一月中，降水量、蒸发量、日照时数缺测 6 d 或以下时，按实有记录作月合计；缺测 7 d 或以上时，该月不作月合计，按缺测处理。

一月中，各项辐射曝辐量日总量缺测 9 d 或以下时，各时及日总量的月合计、月平均按下列方法统计：

时(日)总量的月平均＝实有记录之和÷实有记录天数

时(日)总量的月合计＝时(日)总量的月平均值(取三位小数)×该月全部天数

缺测 10 d 或以上时，该月不作月统计，按缺测处理。

④ 一年中总量值项目因缺测有 1 个月或以上不作月合计时，该年不作年合计，按缺测处理。

一年中，蒸发量有几个月是小型蒸发器观测，有几个月是大型蒸发器观测，该年小型蒸发量和大型蒸发量均不作年合计。

⑤ 记录有缺测时，日合计栏及降水量的 20—08，08—20，08—08 时栏的候、旬、月合计值，由各栏横行或纵列累加而得。

20.2.4.6.3　极端值项目的统计

(1) 日极值有缺测时，则从各日实有的日极值中挑选月极值。

(2) 水汽压定时记录有缺测时，则从各日实有定时记录中挑取月极值；日降水量有缺测时，则从各日实有日总量中挑取一日最大降水量。

(3) 月极值有缺测时，则从各月实有月极值中挑取年极值。

(4) 降水自记记录(或自动观测每分钟降水量)有缺测时，缺测时段人工观测的定时降水量记录应参加各时段年最大降水量及开始时间的挑选。

20.2.4.6.4　频率值项目的统计

(1) 月、年“风的统计”栏的统计

① 各风向平均风速：一月中，4 次(或 24 次)观测各定时风向、风速缺测 10 次(或 60 次)或以下时，月、年各风向平均风速均按各定时实有记录作统计；缺测 11 次(或 61 次)或以上时，月、年各风向平均风速按缺测处理。

② 各风向频率：一月中，4 次(或 24 次)观测各定时风向、风速缺测 10 次(或 60 次)或以下时，月、年各风向出现频率按实有记录作统计；缺测 11 次(或 61 次)或以上时，月、年各风向频率按缺测处理。

③ 各风向最大风速：一月(年)中，各定时风向、风速有缺测时，则从实有记录中挑取各风向月(年)最大风速。

(2) 月、年日照百分率的统计

一月中，某日日照时数缺测，在计算月、年日照百分率时，该月、年的可照总时数中应减去该日的可照时数，然后按公式计算得到月、年日照百分率值；月、年日照总时数缺测时，月、年日照百分率亦按缺测处理。

20.2.4.6.5　日数和回数的统计

记录有缺测，但仍作月、年平均值、总量值统计时，有关月、年日数、回数亦应作统计；月、年平均值、总量值缺测时，有关日数、回数亦按缺测处理。

能见度记录有缺测时，以定时为单位统计能见度出现回数：某定时能见度缺测 6 次或以下时，按实有记录作统计；缺测 7 次或以上时，该定时能见度出现回数按缺测处理。

20.3 数据文件的台站级检查和预审

20.3.1 月地面气象观测数据文件

为了确保获取的地面气象观测数据资料的完整和准确，台站人员对观测数据必须进行预审。其基本流程是：

(1) 完善数据审核规则库

根据台站的实际情况，修改完善审核规则库，保证审核规则库各参数的合理设置，如果尺度过宽则可能会有漏审，如果尺度太窄则非疑误的审核信息多，人工判断容易忽视错误信息。

(2) 逐日数据维护

逐日地面数据维护主要是对基本数据文件(B 文件)的数据进行维护，输入逐日天气现象、电线积冰、雪深、雪压、冻土、日照时数和月末跨月降水资料等。

在进行日数据维护时，特别要注意 B、Z 文件不一致的情况，要根据实际情况选择是否进行替换。B、Z 文件数据产生不一致的情况是复杂的，一般情况下，除降水量和人工干预的项目不替换外，其他选择替换。

(3) A 文件维护

对逐日地面数据维护得到的全月完整基本数据文件(B 文件)进行转换，而得到地面气象观测数据文件(A 文件)。

对 A 文件中的附加信息部分进行输入，对参数部分、观测数据部分可输入修改，质量控制段和更正数据段由计算机程序自动处理形成。

(4) A 文件的审核

对 A 文件的全部数据进行格式检查，对记录进行相关审核，分析找出各类矛盾或不合理、不正常的记录。

计算机审核信息与疑误记录以交互式方式给出，审核发现的问题用“错误”和“可疑”两种性质给出。已定为“错误”的内容，必须对其指定的观测记录进行处理；定为“可疑”的内容不能确定对错，需要人工加以判断。例如，在地温审核中时空变化错误判断问题，这是因为计算机程序是利用当月的不同云天状况下不同时次的平均值进行分析判断的，在相同状况下，某时次的空间变化或某个要素的时间变化超出平均值一定范围时，则认为异常，这种异常的判断受样本多少的限制，样本多时判断就准确，样本少时判断就容易产生偏差；又如，在天气现象审核中降水现象时间重叠的问题，降水现象出现点线(…)记载时，若其间出现需要合并记录的其他降水现象时，均认为错误，实际情况是可以出现的。当确定为不正常记录时，则按《地面气象观测规范》(中国气象局 2003)及其技术问题综合解答(第 1 号)的要求进行处理。

对人工观测记录检查，重点放在以下方面：

① 检查各定时云量、云状记录是否合理，相互之间是否有矛盾，与天气现象、日照记录是否匹配。

② 检查能见度记录与视程障碍现象是否相符，最小能见度是否漏记。

③ 检查天气现象记录是否合理，与云、能见度、相对湿度、降水等是否有矛盾。当冰雹直

径>10 mm 时，是否有重量及是否在纪要栏中有记载。

④ 检查人工降水量与自动站降水量记录的偏差是否过大。

⑤ 检查雪深、雪压记录是否符合规范要求，补测记录是否有备注；积雪深度变化是否合理。

⑥ 检查蒸发量的日变化是否合理，查找偏大、偏小的原因。

⑦ 检查电线积冰的直径、厚度、重量记录是否矛盾，是否多记或漏记。

⑧ 检查日照迹线是否正确，日照记录与云和天气现象是否配合。

(5) 对 A 文件附加信息的审查

① 台站参数。检查基本参数、项目索引和相关制作信息是否正确，注意冬季雨量自记仪器停用后参数是否修改。

② 备注栏。检查不正常记录是否进行了一般备注；台站参数环境变动情况是否漏记。

③ 纪要栏。检查需要记载的内容是否按规定进行了录入。

④ 气候概况。检查是否根据规范要求，概括出该月主要天气气候特征、月内出现的主要天气过程及持续时间较长的不利天气(比如连阴雨)，同时分析温度、降水、日照等主要气象要素与历年平均值或极端值的比较，对当地的工农业生产方面等产生的有利和不利的影响，特别是灾害性、关键性天气对工农业生产及人民生产生活的影响，以及是否进行了本月天气气候综合评价。

20.3.2　年地面气象观测数据文件

年地面气象观测数据文件(Y 文件)可以由业务软件自动对 A 文件进行统计形成，需要确保全年(含上年度 7—12 月)A 文件的正确和完整，这是台站观测员需要重点检查和校对的内容，特别是检查上级审核错误或可疑的内容、相关 A 文件是否修改及修改是否完整。

在自动形成 Y 文件时，若 A 文件不齐全或某要素某月资料缺测，则相应月统计值按空缺给出；没有按缺测处理，部分还会影响年统计值，此时，必须在 Y 文件维护中进行人工干预。例如：蒸发观测项目，当冬季结冰时，大型蒸发改用小型蒸发观测，没有小型或大型蒸发观测的月份，在月统计中，相应月份的统计按空缺处理了，对于年统计值，只要有某月值，则按缺测处理，所以此时应将相应月份的统计值改为缺测；又如：草温观测项目，当年内只有部分月观测时，则有关年合计、年平均均按缺测处理，对于年极值，考虑到没有观测或缺测月不会影响到年极值的挑取，故照常挑取了年极值，此时应根据实际情况人工判断修改。

通过业务软件在 Y 文件维护中，可以由程序从全年 J 文件中自动挑取 15 个时段年最大降水量，其过程是：先将各月分钟降水量数据写入加载 Y 文件文件夹下的数据库文件 MinuteR. mdb 中，再滑动挑取 15 个时段的年最大降水量(当有 2 次或以上相同时，开始时间均取第 1 次的时间)，当 J 文件不全时，缺少的 J 文件数据按缺测处理。所以，若 J 文件有缺测，需要人工对软件自动挑取的时段最大降水量判断是否有影响，当可能有影响时，需人工从降水自记纸中挑取极值后，进一步加以确认并进行处理。时段降水量包括开始时间分钟的量，开始时间均以北京时 20 时为日界记录，开始时间为正点或 20 时 00 分时，应注意时界和日界处理。

Y 文件的观测数据部分由业务软件通过 A 文件统计得到，对 Y 文件中的附加信息部分需要人工进行输入。

复习思考题

1. 地面气象观测的数据文件有哪些？

2. 大风数据文件 FJ.TXT 为什么不能作为大风记录的唯一依据？当与 Z 文件中的记录不一致时如何处理？

3. 假如某站的区站号为 57000，位于北纬 30°17′，东经 114°08′，属于国家基本站和辐射观测一级站，2009 年 8 月 3 日，北京时间 20 时至 21 时（该站地平时 20 时正点为北京时间的 20 时 23 分）上传数据文件一共有多少个？文件名是什么？

4. 月地面气象观测数据文件（A 文件）有哪 4 种形式，各代表的资料性质是什么？

5. 自动气象站中，因时极值不正常，影响日极值挑取，如何进行处理？

6. 自动气象站降水记录不正常时，分钟、小时降水量如何进行处理？

7. 因云、能见度、天气现象的观测时间不一致，定时观测中是否允许相互之间不匹配？

8. 自动气象站正点数据缺测，可否用正点前、后 10 min 接近正点的记录来代替？

9. 降水量、蒸发量、日照时数、辐射曝辐量的时值有缺测时，日总量值应该如何处理？

10. 简述月地面气象观测数据文件（A 文件）的预审流程。

第21章　地面气象观测数据质量控制

内容提要

本章主要介绍地面气象观测记录质量控制方法、自动气象站与人工观测记录对比分析方法。

21.1　概述

数据质量控制就是检查和消除观测数据中的错误数据。质量控制分为基本质量控制和广延质量控制两种类型，前一种类型的质量控制通常是在采集器和业务终端内对从原始传感器输出到转换、处理成气象参量过程的各个阶段执行质量控制；后一种类型的质量控制是在外接终端微机或中心站对观测数据的完整性、正确性和一致性检查的质量控制。

21.2　质量控制的一般方法

质量控制的一般方法有：合理性检查、逻辑检查、气候学界限值检查、气候极值检查、内部一致性检查和时间一致性检查等。

（1）合理性检查。指观测记录必须具有合理性的检查。

（2）逻辑检查。指观测记录必须符合一定的逻辑规定的检查。

（3）气候学界限值检查。指观测记录必须在气候学界限值之内的检查。气候学界限值是指从气候学的角度不可能发生的要素值。

（4）气候极值检查。指气象记录是否超过气候极值的检查。气候极值是指在固定地点的气象台站在一定的时间范围内出现概率很小的气象记录。

（5）内部一致性检查。指同一时间观测的气象要素记录之间的关系必须符合一定规律的检查。

（6）时间一致性检查。指对气象记录变化是否符合时间一致性的检查。气象记录的时间一致性是指气象记录在一定时间范围内的变化具有特定的规律。

21.3 数据采集器的质量控制方法

数据采集器应在原始采样值、气象瞬时值和导出量、各要素测量值的一致性三个阶段对采集的数据进行质量检查和控制，主要包括出错总量报告与标识、合理值检查、内部一致性检查、时间一致性检查。

21.3.1 原始采样值的质量控制

对自动气象站采样值采取实时质量控制，其质量控制方法如下：

（1）采样值可疑性检查。对每一个样本值检查是否在其传感器的测量范围内，如果样本值不在其范围内，则该样本被舍弃，且该样本不能参与其后的相关参数的计算。

（2）采样值可疑变化率的检查。当前样本与前一个样本进行比较，如果该两个样本之间的差大于某一阈值，则当前样本值当做可疑，并且不能用于平均值的计算。然而，它仍然可以用于检查样本的时间一致性。这就意味着新的样本仍然被可疑的样本检测，其导致的结果就是产生比较大的噪声，一个或者两个后续的样本都不能用于平均值的计算。在自动气象站具有连续样本要素的时间变化界限（差的绝对值）应该遵循如下原则：

① 气温：2 ℃。

② 气压：1 hPa。

③ 相对湿度：10％。

④ 地表和土壤温度：2 ℃。

⑤ 风速：20 m/s。

⑥ 太阳辐射（辐照度）：800 W/m^2。

⑦ 至少应该有66％（2/3）的样本可用于计算一个瞬时（1 min）值；对于风速，至少应该有75％的样本可以用来计算2 min或10 min平均值。如果可以用于计算瞬时值的样本少于66％，那么当前的计算值就不能通过质量控制，而被标记为缺测，并且在以后的相关参数的计算中不能被使用。

21.3.2 气象瞬时值和导出量的质量控制

对气象瞬时值和导出量（如1 min的平均或总量，风的2和10 min平均）是否在可接受的合理界限范围内进行检查和标识。可参考以下可接受的合理界限值：

① 气温：－90～70 ℃。

② 地表温度：－80～80 ℃。

③ 本站气压：400～1 100 hPa。

④ 相对湿度：0～100％。

⑤ 风速：0～75 m/s（2和10 min平均）。

⑥ 瞬时风速：0～150 m/s。

⑦ 太阳辐射（辐照度）：0～1 600 W/m^2（海拔高度3 000 m以下）或0～2 000 W/m^2（海拔高度3 000 m或以上）。

⑧ 降水量（1 min）：0～40 mm。

如果超出允许的界限，该值应标记为错误。

有关辐射数据质量控制详细内容见本书 14.13 节，下同。

21.3.3　测量值时间一致性检查

测量值时间一致性检查是指验证瞬时值的变化率，检测不真实的尖峰或跳变值。

如果当前瞬时值与前次值的差异大于给定的界限，该瞬时值未通过检验，并应标记为数据可疑。

瞬时值最大允许变化，参考判断值如表 21.1 所示。

表 21.1　自动气象站瞬时值最大允许变化参考标准

参量	可疑界限	错误界限
气温(℃)	3	5
本站气压(hPa)	0.5	1
相对湿度(%)	5	10
地表温度(℃)	5	10
2 min 平均风速(m/s)	10	20
太阳辐射(辐照度)(W/m^2)	800	1 000

瞬时值最小变化，参考判断值如下：

(1) 气温：0.1 ℃，超过 60 min。

(2) 地表温度：0.1 ℃，超过 60 min。

(3) 风速：0.2 m/s(风速>0.2 m/s)，超过 60 min。

如果这些值未能通过一致性检验，应标记为数据可疑。

21.3.4　要素测量值内部一致性检查

可按下面列出的两个或多个要素的关系作内部一致性检查：

(1) 极大、最大风速应大于等于相应时段内的平均风速，否则两个测量值有疑问。

(2) 气温与相对湿度或露点温度反算计算水汽压和露点温度或相对湿度，若不一致，则相关值有疑问。

(3) 如果日照时数>0 而总辐射=0，这两个测量值有疑问。

(4) 如果总辐射>500 W/m^2 而日照时间=0，这两个测量值有疑问。

这些值如果有疑问，则未能通过内部一致性检验，相应测量应标记为可疑。

21.4　地面气象观测记录质量控制方法

21.4.1　气候学界限值检查

各要素观测记录不能超出气候学界限值(见表 21.2)，超出的记录为错误的记录。

表 21.2 各要素气候学界限值表

要素	气候学界限值
本站气压(hPa)	400～1 080
海平面气压(hPa)	400～1 080
气温(℃)	－75～80
湿球温度(℃)	－70～70
露点温度(℃)	－90～70
最大水汽压(hPa)	70
相对湿度(%)	0～100
最大能见度(km)	99(＞50)
日最大风速(m/s)	65
日极大风速(m/s)	75
日蒸发量(mm)	50
最大积雪深度(cm)	200
最大积雪雪压(g/cm^2)	50
电线积冰最大直径(mm)	400
电线积冰最大重量(g/m)	50 000
0 cm 地面温度(℃)	－90～90
5 cm 地温(℃)	－80～80
10 cm 地温(℃)	－70～70
15 cm 地温(℃)	－60～60
20 cm 地温(℃)	－50～50
40 cm 地温(℃)	－45～45
深层(0.8,1.6,3.2 m)地温(℃)	－40～40
最大冻土深度(cm)	600
风向(°)	0～360
云量(成)	0～10
时间	0≤小时≤23,0≤分钟≤59
每小时日照时数(h)	0～1

21.4.2 逻辑检查

各要素气象观测记录必须符合以下关系,不符合的记录是错误的记录。

(1) 总、低云量≤10 成。

(2) 相对湿度≤100%。

(3) 电线积冰厚度≤直径。

(4) 冻土深度上限＜下限(上、下限均为 0 cm 时除外)。

(5) 各时日照时数≤1.0 h。

(6) 风向为 N、E、S、W、C 或前 4 个字母的规定组合。

(7) 云状为《地面气象观测规范》(中国气象局 2003)规定的 29 类云的符号及雾、吹雪、雪暴、浮尘、霾、烟幕、扬沙、沙尘暴、轻雾等现象的符号或代码。

(8) 天气现象为《地面气象观测规范》(中国气象局 2003)规定的 34 种现象符号或代码。

21.4.3 气候极值检查

(1) 计算被检查观测站不同月份的气候极值。

（2）检查观测记录是否超出了气候极值。

对于超出气候极值的观测记录，必须进一步检查，以判断记录是正确还是错误。

21.4.4　内部一致性检查

各要素气象观测记录必须符合以下关系，不符合的记录是错误的记录。

（1）日最低气压≤定时气压≤日最高气压。

（2）日最低气温≤定时气温≤日最高气温。

（3）日地面最低温度≤定时地面温度≤日地面最高温度。

（4）定时风速≤日最大风速。

（5）日最小相对湿度≤定时相对湿度。

（6）干球温度≥湿球温度。

（7）定时温度≥露点温度。

（8）总云量≥低云量。

（9）海平面气压≥本站气压（海拔高度<0.0 m 的台站除外）。

（10）极大风速≥最大风速。

（11）冻土深度≥0 cm 时，地面最低温度≤0.0 ℃（解冻时除外）。

（12）总云量≥1 时，应有云状。

（13）低云量≥1 时，应有低云状。

（14）云状为吹雪、雪暴、雾现象时，总低云量均应为 10。

（15）云状为烟、霾、浮尘、沙尘暴、扬尘时，总低云量均应为“—”。

（16）定时能见度<1.0 km 时，应有雾或沙尘暴、雪暴现象。

（17）定时能见度<10.0 km 时，应有轻雾或吹雪、扬沙、浮尘、烟幕、霾、降水现象。

（18）降水量≥0.0 mm 时，应有降水现象或雪暴。

（19）积雪深度≥0 cm 时，应有积雪现象。

（20）积雪深度≥5 cm 时，应有雪压值。

（21）电线积冰直径≥4 mm 时，应有雨凇或雾凇现象。

（22）雨凇（雾凇）直径≥8 mm（≥15 mm）（4 mm 导线）或≥15 mm（≥38 mm）（268 mm 电缆）时，应有重量值。

（23）极大风速≥17.2 m/s 时，应有大风现象。

（24）风向为“C”时，风速≤0.2 m/s。

21.4.5　时间一致性检查

各要素记录不能超出一定时间内的变化范围（见表 21.3），超出的记录为错误的记录。

表 21.3　各要素 24 h 变化范围

要素	24 h 内的变化范围值
本站气压（hPa）	50
气温（℃）	50
0 cm 地温（℃）	60
5 cm 地温（℃）	40

续表

要素	24 h 内的变化范围值
10 cm 地温(℃)	40
15 cm 地温(℃)	40
20 cm 地温(℃)	30
40 cm 地温(℃)	30
80 cm 地温(℃)	20
160 cm 地温(℃)	20
320 cm 地温(℃)	20

21.5 观测记录质量标识方法

对每个观测记录必须作出表示该记录质量状况的标识。表示记录质量状况的标识有:记录正确、记录可疑、记录错误、记录为订正值、记录为修改值、记录缺测、记录未作质量控制。

其中,"记录为订正值"是指当原始记录疑误或缺测时,通过一定的统计方法计算出一个值以替代原始记录;

"记录为修改值"是指当原始记录疑误或缺测时,经过向观测站查询确认一个正确的值并替代原始记录。

在月地面气象观测数据文件(A 文件)中质量控制码含义为:

0:数据正确;

1:数据可疑;

2:数据错误;

3:数据有订正值;

4:数据已修改;

8:数据缺测;

9:数据未作质量控制。

21.6 自动气象站与人工观测记录对比分析

21.6.1 自动气象站与人工 20 时观测记录差值比较

自动气象站转入单轨运行后,在保留全部人工器测仪器的情况下,每日 20 时按人工观测方式的规定进行全部要素的观测,观测值须与自动气象站观测数据进行对比分析,从而进行质量评估。人工器测与自动气象站观测数据的差值达到某一控制标准时,应查找原因及时排除故障。这些标准是:气压≥0.8 hPa、气温≥1.0 ℃、风速≥1.0 m/s、过程降水量≥4%、地面温度日极值≥2.0 ℃、浅层地温≥1.5 ℃、深层地温≥0.5 ℃。

21.6.2 自动气象站与人工站平行观测记录对比分析评估

在自动气象站平行观测期间,自动气象站与人工站观测数据需要进行对比分析评估。这些要素包括本站气压、气温、相对湿度、2 min 风、10 min 风、降水量、地面温度、5～320 cm 地温及相关要素的极值。

评估的内容包括自动气象站各要素的缺测率、粗差率、标准差、一致(相符)率，通过自动气象站观测数据与人工观测数据的检验及比较，给出系统误差。

(1) 各要素的月缺测率。按如下公式计算：

$$月缺测率=\frac{月缺测次数}{月应测次数}\times 100\%$$

(2) 各要素的月粗差率。按如下公式计算：

$$月粗差率=\frac{月粗差次数}{月应差次数}\times 100\%$$

逐个检查对比差值，设第 i 次观测值的对比差值为 X_i，对比差值月平均值为 X，对比差值的月标准差为 σ，则当 $|X_i-X|>3\sigma$ 时，视为粗差。

对比差值月标准差(σ)按如下公式计算：

$$\sigma=\sqrt{\frac{1}{n-1}\sum_{i}^{n}(X_i-X)^2}$$

计算粗差次数方法：首先根据全部数据计算 σ，逐个检查对比差值，若有 $|X_i-X|>3\sigma$ 时，剔除其中一个最大者，再按计算标准差的公式计算新的 σ，若还有差值 $|X_i-X|>3\sigma$ 者，再剔除其中的一个最大者，又计算新的 σ，……一直到没有数据需要剔除为止。

(3)各要素的月一致率。按如下公式计算：

$$月一致率=\frac{对比差值小于一致范围的次数}{总有效次数}\times 100\%$$

一致率的范围按要素对比差值月平均值标准的 2 倍考虑，其中本站气压为 0.2 hPa、气温为 0.2 ℃、相对湿度为 2%、风速为 0.2 m/s(只对自动气象站或人工站风速>0.9 m/s 的记录统计)、地面温度和 5 cm 地温为 1.0 ℃、10～320 cm 地温为 0.5 ℃。自动气象站观测降水量只与人工定时降水量比较，当人工定时降水量≤10.0 mm 时两者差值≤0.4 mm；定时人工降水量>10.0 mm 时两者差值百分率≤4%，则为一致。

(4) 风向分析相符率。若风向观测值(只对自动气象站或人工站风速>0.9 m/s 的记录作统计)自动气象站与人工站相差 1 个以上方位，则为 1 次不相符，例如，人工观测风向为 E，若自动气象站观测的风向在 68°～112°之间，则该次观测视为相符。

月相符率的计算公式如下：

$$月相符率=\frac{月相符次数}{月总有效次数}\times 100\%$$

(5) 系统误差为剔除粗差值后的自动气象站与人工站差值的月平均值。

(6) 降水量按误差百分率统计，计算公式如下：

$$误差百分率=\frac{人工月降水量-自动气象站月降水量}{人工月降水量}\times 100\%$$

复习思考题

1. 地面气象观测记录质量控制包括哪几个方面的检查?

2. 自动气象站与人工 20 时观测记录差值比较,当差值达到某些控制标准时,就应查找原因及时排除故障,这些控制标准是多少?

3. 自动气象站与人工站平行观测记录对比分析评估的内容包括哪些? 计算粗差次数的方法是什么?

4. 在月地面气象观测数据文件(A 文件)中质量控制码有哪些? 其含义是什么?

参 考 文 献

李爱贞，刘厚凤. 2004. 气象学与气候学基础[M]. 第二版. 北京：气象出版社.

李黄. 2007. 自动气象站实用手册[M]. 北京：气象出版社.

全国科学技术名词审定委员会. 2009. 大气科学名词[M]. 第三版. 北京：科学出版社.

任芝花，黎明琴，张纬敏. 2002. 小型蒸发器对 E－601B 蒸发器的折算系数[J]. 应用气象学报，**13**(4)：508-512.

任芝花，涂满红，陈永清，等. 2006. 玻璃钢百叶箱与木制百叶箱内温湿度测量的对比分析[J]. 气象，**32**(5)：35-40.

任芝花，王改利，邹风玲，等. 2003. 中国降水测量误差的研究[J]. 气象学报，**61**(5)：621-627.

沈艳，任芝花，王颖，等. 2008. 我国自动与人工蒸发量观测资料的对比分析[J]. 应用气象学报，**19**(4)：463-470.

孙学金，王晓蕾，等. 2009. 大气探测学[M]. 北京：气象出版社.

谭海涛，王贞龄，等. 1986. 地面气象观测[M]. 北京：气象出版社.

王炳忠，莫月琴，杨云. 2008. 现代气象辐射测量技术[M]. 北京：气象出版社.

王成，蒋秋华，史天运，等. 2008. 青藏铁路冻土地温自动检测系统及其关键技术. 中国铁道科学，**29**(3)：140-144.

杨宁. 1982. 识别视程障碍现象中的几个问题[J]. 气象，(11)：28-30.

易仕明. 1982. 略谈轻雾、霾、浮尘、烟幕[J]. 气象，(11)：25-28.

张霭琛. 2007. 现代气象观测[M]. 北京：北京大学出版社.

张文煜，袁九毅. 2007. 大气探测原理与方法[M]. 北京：气象出版社.

张予. 2008. 架空输电线路导线覆冰在线监测系统[J]. 高电压技术，**34**(9)：1 992-1 995.

郑东. 2005. 解析 DEM6 型轻便三杯风向风速表常见故障[J]. 福建气象，(5)：25-26.

中国气象局. 1993. 农业气象观测规范[M]. 北京：气象出版社.

中国气象局. 1996. 气象辐射观测方法[M]. 北京：气象出版社.

中国气象局. 2003. 地面气象观测规范[M]. 北京：气象出版社.

中国气象局. 2004a. 中华人民共和国行业标准——QX/T 24—2004 气象用铂电阻温度传感器[S]. 北京：气象出版社.

中国气象局. 2004b. 中国云图. 北京：气象出版社.

中国气象局. 2005a. 地面气象观测数据文件和记录簿表格式[M]. 北京：气象出版社.

中国气象局. 2005b. 中华人民共和国行业标准——QX 30—2004 自动气象站场室防雷技术规范[S]. 北京：气象出版社.

中国气象局. 2007a. 中华人民共和国行业标准——QX/T 66—2007 地面气象观测规范第 22 部分：观测记录质量控制[S]. 北京：气象出版社.

中国气象局. 2007b. 中华人民共和国行业标准——QX/T 69—2007 大气浑浊度观测 太阳光度计方法[S]. 北京：气象出版社.

中国气象局监测网络司. 1999. 地面气象电码手册. 北京：气象出版社.

中国气象局监测网络司. 2005. 地面气象测报业务系统软件操作手册[M]. 北京：气象出版社.

朱旭东，何洪林，等. 2010. 近 50 年中国光合有效辐射的时空变化特征. 地理学报，**65**(3)：270-280.